태안반도의 식물

Flora of Taean Peninsula in Korea

저자 / 최기학, 김종근, 엄의호, 이정관, 이주헌

감수 / 김용식, 그림 / 김어진

design post

[태안반도의 식물]을 다시 정리하면서

최기학, 김종근, 엄의호, 이정관, 이주헌

일천 삼백리 해안선이 아름답게 펼쳐지는 태안반도의 자연에 숨겨진 신비를 찾아가는 즐거움을 많은 분들과 함께 나누고자 저희들이 만났던 식물들을 다시 정리하면서 이곳에서 저절로 자라는 풀 한 포기, 나무 한 그루도 소중히 해야겠다는 점을 깊게 깨우쳤습니다. 아름다운 태안반도에는 우리가 생각하는 것보다 훨씬 다양한 식물들이 살고 있습니다. 황량하고 척박한 바닷가 모래땅에서 자라는 사구식물, 염분이 많은 갯벌에서 자라는 염생식물 등 거센 파도와 해풍을 견디며 바닷가 바위틈에서 자라는 식물들은 우리에게 생명의 신비함과 존귀함을 일깨워 주었습니다.

지난 2006년에는 약 8년간 태안반도의 구석구석을 탐사하며 확인했던 식물들을 정리하여 "태안반도의 식물"을 출간한 바 있습니다. 그 당시에는 조사를 통해 확인했던 총 864종류의 목록 중 469종류를 선별하여 1,350여장의 사진과 함께 수록하였습니다. 그 때 "책머리에" 저희 저자들은 앞으로도 식물 탐사활동을 계속하여 얻게 되는 새로운 식물들을 꾸준히 소개하겠다고 독자분들께 약속드린 바 있습니다. 저희들은 그 약속을 과연 지킬 수 있을까 하는 심적 부담과 함께 걱정도 많이 하였지만, 마침내 15년이 지난 오늘에서야 부족하지만 약속을 지키게 되어 너무 기쁘게 생각합니다.

특히 이번 개정 증보판에는 많은 성과와 발전이 있었습니다. 기존 139과 447속 717종, 11아종, 114변종, 21품종, 1교잡종 등 총 864종류(Taxa)에서 이번 개정판에는 140과 544속 1,011종, 8아종, 114변종, 20품종, 2교잡종 등 총 1,155종류(Taxa)를 저자들이 직접 확인하여 무려 291종류를 추가 수록할 수 있었습니다. 한반도에서 저절로 자라는 식물(자생식물/귀화식물)이 국가표준식물목록(2022) 기준 총 4,270종류라는 점을 감안하면 1,155종류라는 숫자는 한반도 전체 식물상의 약 27%에 달할 정도로 좁은 면적에 위대한 식물종다양성을 가지고 있다고 할 수 있습니다.

이는 오직 양적인 성과로 그치는 것이 아니라 세계자연보전연맹(IUCN)지정 Red List 34종을 비롯하여 환경부 지정 멸종위기 야생생물(육상식물) 4종, 영국왕립원예협회(RHS)지정 우수정원식물 14종 등 중요한 식물유전자원도 다수 포함되어 있어 질적으로도 매우 훌륭한 의미를 가지고 있다고 생각합니다. 그간 확인하지 못했던 갈퀴지치, 회색사초, 뿌리대사초, 검정방동사니, 검은개수염, 숫잔대, 병아리다리, 털까마중, 큰천일사초 등의 희귀한 식물 서식지 확인도 큰 성과 중 하나였습니다. 이렇게 저희들은 태안반도의 독특한 자연환경에서 자생하는 다양한 식물들과 함께하면서 다양한 지적 호기심 속에 해안생태계의 아름다움을 마음으로 볼 수 있어 너무 행복했습니다.

검은 상처는 아물었지만 2007년 12월 7일 원유 유출로 오염되었던 태안반도의 해안선과 자원봉사자들의 손길을 잊을 수 없습니다. 유조선 허베이 스피리트(Hebei Spirit)호 원유 유출로 인해 해안생태계의 중요성과 함께 회복하는데 엄청난 희생과 봉사가 필요한 것과 함께 태안반도 해안선의 다양성도 다시 한번 확인하게 되었습니다.

'태안반도의 식물'을 다시 정리하면서 식물 사진의 질을 높여 식물의 고유 특성을 살리고자 노력하였고, 식물을 연구하는 전문가뿐만 아니라 자연에 관심을 가지는 다양한 사람들이 알고자 하는 의미에도 접근하고자 하였습니다. '자연을 아는 것이 자연을 사랑하는 것이다.'라는 말처럼 태안반도에 자생하는 식물들의 서식지를 찾아 생육환경을 알아가는 데 도움을 주고자 하였습니다.

저희들은 많이 부족하지만 공부하는 마음으로 태안반도의 구석구석을 다니며 후세에게 아름다운 자연유산의 기록을 남겨주고자 했습니다. 이 책과 더불어 태안반도의 자연과 함께 어우러져 갯내음, 풀냄새를 맡으며 해안생태계에 대한 인식을 새롭게 하여 자연의 나무 한 그루, 풀 한 포기도 사랑할 수 있는 기회가 되길 바라며 태안반도의 아름다운 해안생태계 속에서 다양한 생명체들과의 만남을 통해 자연의 소중함을 알며 사랑하고 배우고 감동하는 데 도움이 되길 원합니다.

마지막으로 출판을 맡아 수고하신 [도서출판 디자인포스트] 김광규 대표님, 부족한 글을 세심하게 감수하여 주신 [천리포수목원] 김용식 원장님께 진심으로 감사드리며, 의미있게 마칠 수 있도록 적극적인 지원과 배려를 아끼지 않은 가족들에게 사랑의 마음을 전합니다.

감사합니다.

태안지역의 식물상을 이해하는데 중요한 자료가 될 것이다.

김용식 농학박사, FLS 천리포수목원 원장

2006년 3월에 발간한 「태안반도의 식물」은 저자들의 현지답사, 시간과 노력 및 헌신의 결집이었다. 지금으로부터 불과 16년 전의 일이다. 당시 우리 사회에서 생물다양성 보전 또는 식물 다양성 보전에 관심이 그리 크지 않은 상황에서 지역의 식물상을 기록하여 책을 펴낸 것은 매우 뜻깊은 일이었다.

세계적으로 유명한 천리포수목원이 태어난 태안반도는 제한된 해양수역을 포함하여 태안해안 국립공원으로 지정하기 전까지 식물학자와 생태학자 모두에게 별 관심이 없었다. 이번에 크게 개정·보완한 개정판 『태안반도의 식물(Flora of the Taean Peninsula in Korea)』 에는 총 1,155종의 분류군을 기재하였으며, 이는 한반도 전체 식물군의 약 27%에 해당하여 태안지역의 식물상을 이해하는데 중요한 자료가 될 것이다.

지구식물보전전략(GSPC: Global Strategy for Plant Conservation)은 전 세계 식물을 안전하게 보호하기 위하여 국제협약인 생물다양성협약(CBD)을 체계적으로 이행하기 위한 중요한 국제적인 식물보전의 틀이다. 식물종의 체계적인 보전을 위하여 5개 항목 16개 목표를 설정하여 함께 노력 중이다. GSPC 2020의 Target I인 "모든 알려진 식물의 온라인 식물상" 을 달성하기 위해서는 지역 식물상을 자세히 기록하는 일이 매우 중요하다. 그런 점에서, 생육지역과 사진 자료를 포함한 내용을 대폭 보완한 이 책은 태안 지역의 식물보전을 위한 괄목할 만한 성과이다.

코로나19와 오미크론의 위협에도 밤낮없이 본 책자의 발간을 위하여 애써주신 최기학, 김종근, 엄의호, 이정관, 이주헌 선생님께 존경과 함께 축하의 말씀을 드립니다.

Will be important data for understanding the local flora of the areas in Taean Peninsula.

Kim Yong-Shik Ph.D., FLS Director of Chollipo Arboretum Foundation

Published in March 2006, Flora of the Taean Peninsula in Korea was an outstanding output from an efforts of field trips, time and dedication by the authors. It was just 16 years ago. At that time, it was very significant to record local flora and publish books at a time when our society was not very concerned in biodiversity conservation or conservation of plant diversity.

The Taean Peninsula, where the world-famous Chollipo Arboretum Foundation was born, was deserted land to both botanists and ecologists until it was designated as Taean Coastal National Park, including limited marine waters. A total of 1,155 taxa were described in the revised edition which was of great supplemented by the 5 authors, accounting for about 27% of the total plant diversity on the Korean Peninsula, which will be important data for understanding the local flora of the areas in Taean Peninsula.

The Global Strategy for Plant Conservation (GSPC) is a core international framework to plant conservation for systematically implementing the Convention on Biological Diversity (CBD), an international agreement to conserve plant diversity of the world. For the systematic conservation of plant diversity, 16 goals of 5 targets are main set for working together to pursue the conservation of plant diversity. It is urgent to document local flora in detail in order to achieve "online flora of all known plants," GSPC 2020's Target I. In this regard, the flora of the Taean Peninsula, which greatly supplemented the habitats including an image data, is an outstanding achievement for the conservation of plants in the area.

I would like to congratulate Choi Ki-Hag, Kim Chong-Geun, Uom Eui-Ho, Lee Jeong-Kwan, and Lee Ju-Hun for their efforts and contribution to publish this book under the threat of COVID-19 and Omicron.

1 이 책은 약 20여 년간 필자들이 태안반도의 산과 들에서 관찰한 자생식물과 저절로 퍼져서 자라는 식물을 중심으로 정리하였다. 총 140과 544속 1,011종, 8아종, 114변종, 20품종, 2교잡종 등 총 1,155종류(Taxa)의 식물을 확인하였으며, 이 중 총 766종류(Taxa)의 식물을 923장의 사진과 함께 수록하였다.

2 수록된 식물의 순서는 대한식물도감(이창복, 1989), 과명/학명/국명은 국가표준식물목록(KPNI)를 기준으로 작성하였으나 간혹 학명의 명확한 오류로 판단되는 식물은 The Plant List를 참고하여 수정 후 기재하였다.

3 각 식물이 속하는 과(Family)와 속(Genus)의 전반적 특징 설명과 함께 학명을 쉽게 이해할 수 있도록 속명과 종명 해설을 수록하였으며, A Gardener's Handbook of Plant Names: Their Meanings and Origins(1997)와 대한식물도감(이창복, 1989)을 참고하였다.

4 환경부 멸종위기 보호종, 국제자연보전연맹 보호종(IUCN Red List), 영국왕립원예협회 우수정원식물 인증(AGM; Award of Garden Merit), 한국특산식물, 어린이가 꼭 알아야 할 식물(초등학교 전학년 국정교과서 수록종), 중등과학교과서 수록종 등은 별도의 심벌로 표시하였다.

5 혼동하기 쉬운 다른이름과 영명, 분포지, 재배번식 방법 등은 별도 기재하였으며, 식물의 높이와 폭은 각각 ↕, ↔ 로 나타내었다.

6 식물 설명은 전문가보다는 일반인이 쉽게 이해할 수 있는 주요 특징과 유사종 등을 중심으로 간략하게 작성하였으며, 꽃과 열매의 색깔 및 시기는 각 종류 별 설명의 하단부에 기재하였다.

7 사진은 식물의 특징이 잘 나타나는 전체모습, 꽃, 잎, 열매 등을 집필진이 자생지에서 직접 촬영한 사진을 이용하였고, 서식지는 별도로 기재하였다.

8 태안반도에서 지금까지 관찰한 모든 식물상 목록은 책의 마지막 '부록' 부분의 조사지 별 식물상 목록에서 확인할 수 있도록 하였다.

목차

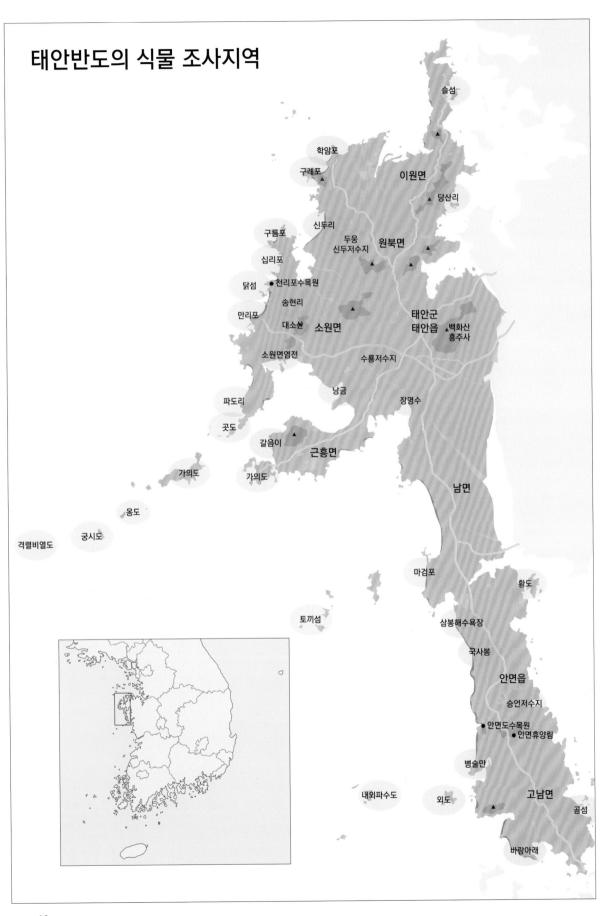

태안반도의 식물 조사지역

솔섬

학암포
구례포
이원면
당산리

구름포
신두리
두웅
신두저수지
원북면
십리포
닭섬 ●천리포수목원
송현리
태안군
태안읍
백화산
만리포
대소산
소원면
흥주사
소원면염전
수룡저수지
파도리
낭금
곳도
장명수
갈음이
근흥면
가의도
가의도
남면
옹도
격렬비열도
궁시도
마검포
황도
삼봉해수욕장
토끼섬
국사봉
안면읍
승언저수지
●안면도수목원
●안면휴양림
병술만
내외파수도
외도
고남면
곰섬
바람아래

석송과(Lycopodiaceae)
전세계 17속 494종류, 땅위나 나무, 바위 등에 붙어서 자라는 늘푸른여러해살이 양치식물

석송속(*Lycopodium*)
전세계 74종류, 우리나라에 12종류, 비늘조각 같은 작은잎이 줄기에 밀생
[*Lycopodium*: 그리스어 lycos(늑대)와 podion(발)의 합성어이며 비늘조각 잎이 달린 줄기를 늑대의 다리에 비유]

석송

Lycopodium clavatum L.

[*clavatum*: 곤봉 모양의]
영명: Running Clubmoss, Ground Pine
이명: 애기석송
서식지: 갈음이, 안면도, 천리포
주요특징: 기는줄기는 지면으로 뻗으며 사방으로 갈라지고, 서는줄기는 자라면서 1~수회 갈라진다. 잎은 길이 3.5~7mm로 끝부분에 미세한 톱니가 있다. 홀씨주머니는 노란색이며 긴 자루 끝에 다시 3~6개의 짧은 자루로 갈라져 그 끝에 붙는다.
크기: ↕↔10~40cm
번식: 포자뿌리기, 포기나누기, 꺾꽂이
 ⑦~⑧ ⑦~⑧

뱀톱

Lycopodium serratum Thunb.

[*serratum*: 톱니가 있는]
영명: Toothed Clubmoss
이명: 배암톱, 넓은잎뱀톱
서식지: 안면도
주요특징: 잎은 길이 9~17mm, 너비 2~4mm, 약간 광택이 있고 가죽질이며 가장자리는 불규칙한 톱니모양이다. 살눈은 줄기 끝에 달리며 3개의 작은 육질엽으로 구성된다. 잎겨드랑이에는 연노랑을 띠는 홀씨주머니가 달리는데 자루는 없다.
크기: ↕↔7~25cm
번식: 포자뿌리기, 포기나누기
 ⑥~⑨ ⑧~⑨

뱀톱 *Lycopodium serratum* Thunb.

속새과(Equisetaceae)
전세계 3속 34종류, 축축한 습지에 자라는 여러해살이 양치식물

속새속(*Equisetum*)
온대지방을 중심으로 32종류, 우리나라에 10종류, 줄기의 마디 사이는 속이 비어 있음
[*Equisetum*: 라틴어 equus(말)와 saeta(강모,꼬리)의 합성어이며 층층이 돋은 잔가지를 말꼬리에 비유]

쇠뜨기

Equisetum arvense L.

[*arvense*: 경작할 수 있는 땅의, 야생의]
영명: Field Horsetail
이명: 뱀밥, 즌슬, 필두채
서식지: 태안전역
주요특징: 땅속줄기는 길게 뻗는다. 영양줄기는 속이 비어있는데, 가지와 비늘같은 잎집이 돌려나기한다. 홀씨줄기는 가지를 치지않고 끝에 홀씨주머니가 생긴다. 홀씨주머니 무리는 자루가 있으며 2~4cm이다.
크기: ↕↔20~50cm
번식: 포자뿌리기, 포기나누기
 ④~⑤

쇠뜨기 *Equisetum arvense* L.

고사리삼과(Ophioglossaceae)
전세계 7속, 121종류, 초지에서 자라는 작은 양치식물

나도고사리삼(*Ophioglossum*)
전세계 40종류, 우리나라에 4종류, 땅속줄기가 짧게 포복하고 다육질, 영양잎은 홑잎 또는 1~2회 갈라지며 홀씨주머니가 달리는 잎은 갈라지지 않음
[*Ophioglossum*: 그리스어 ophio(뱀)와 glossa(혀)의 합성어이며 포자낭군의 형태에서 유래]

자루나도고사리삼

Ophioglossum petiolatum Hook.

[*petiolatum*: 잎자루가 있는]
영명: Netted Adder's Tongue
이명: 줄고사리
서식지: 천리포, 마도
주요특징: 영양잎은 긴타원모양 또는 넓은달걀모양, 땅에 가까운쪽의 잎은 급히 좁아지며 짧은 잎자루가 있다.
크기: ↕↔8~25cm
번식: 포자뿌리기, 포기나누기
 ⑤~⑩

석송 *Lycopodium clavatum* L.

자루나도고사리삼 *Ophioglossum petiolatum* Hook.

좀나도고사리삼

Ophioglossum thermale Kom.

[*thermale*: 따뜻한, 봄의]
영명: Meadow Adder's Tongue
이명: 좀줄고사리, 갯줄고사리
서식지: 모항리
주요특징: 영양잎은 잎자루가 없고 가늘고 긴 모양에서 달걀모양이다. 홀씨주머니의 표면은 평탄하게 보인다.
크기: ↕ ↔ 7～20cm
번식: 포자뿌리기, 포기나누기
ⓥ ⑥

좀나도고사리삼 *Ophioglossum thermale* Kom.

나도고사리삼

Ophioglossum vulgatum L.

영명: Southern Adder's Tongue
이명: 메고사리삼, 줄고사리삼
서식지: 천리포
주요특징: 영양잎은 잎자루가 없고 넓은 피침모양에서 넓은달걀모양이다. 홀씨주머니의 표면에는 돌기가 있는 것처럼 보인다.
크기: ↕ ↔ 15～30cm
번식: 포자뿌리기, 포기나누기
ⓥ ⑥   ◀ ⑧～⑨

나도고사리삼 *Ophioglossum vulgatum* L.

고사리삼속(*Sceptridium*)
전세계 10종류, 우리나라에 4종류, 식물체에 털이 많고, 긴 잎자루를 가진 영양잎 발달

고사리삼

Sceptridium ternatum (Thunb.) Lyon

[*ternatum*: 3출의, 3수의]
영명: Glabrous-Ternate Grapefern
이명: 꽃고사리
서식지: 태안전역
주요특징: 홀씨주머니가 달리는 잎은 홀씨를 넓게 퍼트린 후에 바로 낙엽이 진다. 영양잎의 잔깃조각은 자루가 길며 가장자리가 밋밋하고 둔한 톱니가 있다.
크기: ↕ ↔ 10～40cm
번식: 포자뿌리기
ⓥ ⑨～⑪

고사리삼 *Sceptridium ternatum* (Thunb.) Lyon

고비과(Osmundaceae)
전세계 5속 20종류, 땅위에 자라는 여러해살이 양치식물

고비속(*Osmunda*)
전세계 14종류, 우리나라에 3종류, 땅속줄기가 있고 곧게 서거나 비스듬하게 자라는 큰크기 양치식물
[*Osmunda*: 색슨(Saxon)의 신 오스먼더(Osmunder)에서 유래]

꿩고비

Osmunda cinnamomea var. *forkiensis* Copel.

[*cinnamomea*: 갈색의, *forkiensis*: 중국 복건성의]
영명: Cinnamon Fern
서식지: 천리포, 신두리
주요특징: 잎은 깃모양겹잎이며 우축 표면에 홈이 있고 끝부분의 깃조각은 서서히 좁아진다. 홀씨주머니가 달리는 잎은 영양잎보다 먼저 나오지만 작게 자라고 이회깃모양겹잎이다.
크기: ↕ 30～80cm
번식: 포자뿌리기
ⓥ ⑤～⑦   ◀ ⑧～⑨

꿩고비 *Osmunda cinnamomea* var. *forkiensis* Copel.

고비

Osmunda japonica Thunb.

[*japonica*: 일본의]
영명: Asian Royal Fern
이명: 가는고비
서식지: 태안전역
주요특징: 잎은 이회깃모양겹잎이며 잎자루의 길이는 30~50cm로 잎몸과 거의 비슷하다. 잔깃조각은 자루가 없고 가장자리에 잔톱니가 있다. 홀씨주머니가 달리는 잎은 영양잎보다 먼저 나오며 키가 작다.
크기: ↕↔60~100cm
번식: 포자뿌리기, 포기나누기
▼ ③~⑤

고비 *Osmunda japonica* Thunb.

잔고사리과(Dennstaedtiaceae)

전세계 16속 232종류, 땅위에 자라는 여러해살이 양치식물

잔고사리속(*Dennstaedtia*)

전세계 40종류, 우리나라에 3종류, 땅속줄기가 길게 뻗으며 잎자루와 잎축에는 골이 발달
[*Dennstaedtia*: 19세기 독일의 식물학자인 덴슈타트(August Wilhelm Dennstadt, 1776~1826)에서 유래]

잔고사리

Dennstaedtia hirsuta (Sw.) Mett. ex Miq.

[*hirsuta*: 거친 털이 있는, 많은 털이 있는]
영명: Hairy Hayscented Fern
이명: 양지고사리
서식지: 학암포, 흥주사
주요특징: 홀씨주머니 무리는 잎가장자리에 붙고 홀씨주머니 막과 연결되어 컵모양을 이룬다. 잎자루와 엽축에는 골이 있으며, 잎몸은 달걀을 닮은 피침모양으로 폭이 10cm이하이며 잎에 긴털이 있다.
크기: ↕↔15~35cm
번식: 포자뿌리기, 포기나누기
▼ ⑦~⑨   ◀ ⑧~⑨

황고사리

Dennstaedtia wilfordii (T.Moore) Chris

[*wilfordii*: 식물을 채집한 월퍼드(Wilford)의]
영명: Wilford's Hayscented Fern
이명: 황련고사리
서식지: 신두리, 안면도
주요특징: 홀씨주머니 무리는 잎가장자리에 붙고 홀씨주머니 막과 연결되어 컵모양을 이루며 털이 없다. 잎자루와 엽축에는 골이 있으며 잎자루 밑부분은 흑자색을 띤다. 잎몸은 긴 타원을 닮은 피침모양으로 깃조각에 짧은 자

잔고사리 *Dennstaedtia hirsuta* (Sw.) Mett. ex Miq.

루가 있고 털이 거의 없다.
크기: ↕↔20~50cm
번식: 포자뿌리기, 포기나누기
▼ ⑦~⑨

황고사리 *Dennstaedtia wilfordii* (T.Moore) Chris

일엽초속(*Lepisorus*)

아시아 온대부터 열대지역 96종류, 우리나라에 5종류, 잎은 홑잎이며 가장자리는 밋밋하며 측맥은 복잡한 그물맥
[*Lepisorus*: 그리스어 lepis(인편)와 sorus(포자낭군)의 합성어이며 포자낭군에 인편이 섞여 있다는 뜻]

산일엽초

Lepisorus ussuriensis (Regel & Maack) Ching

[*ussuriensis*: 시베리아 우수리지방의]
영명: Ussuri Weeping Fern
서식지: 송현리
주요특징: 잎자루는 2~5cm로 가늘다. 잎몸은 홑잎으로 선상피침모양이며 밑부분이 뾰족하고 가장자리는 밋밋하거나 다소 뒤집힌다. 주맥을 따라 비늘조각이 납작하고 드물게 달린다. 홀씨주머니 무리는 원모양으로 윗부분에 2줄로 달리고 홀씨주머니 막은 없다.
크기: ↕↔10~25cm
번식: 포자뿌리기, 포기나누기
▼ ⑦~⑨   ◀ ⑧~⑨

산일엽초 *Lepisorus ussuriensis* (Regel & Maack) Ching

고사리 *Pteridium aquilinum* var. *latiusculum* (Desv.) Underw. ex A. Heller

고사리속(*Pteridium*)

전세계 17종류, 우리나라에 1종류, 잎몸은 3~4회 깃모양으로 갈라지고 잎축에는 골이 있고 각축으로 연결

[*Pteridium*: 그리스어 pteron(날개)의 축소형이며 깃모양겹잎에서의 연상 또는 *Pteris*속과 비슷한 데서 유래]

고사리

Pteridium aquilinum var. *latiusculum* (Desv.) Underw. ex A. Heller

[*aquilinum*: 독수리같은, 굽은]
영명: Eastern Brakenfern
이명: 북고사리, 참고사리
서식지: 태안전역
주요특징: 굵은 땅속줄기가 옆으로 뻗으며 군데군데 잎이 1개씩 나온다. 잎자루에는 옅은 갈색 털이 밀생한다. 잎몸은 삼회깃모양겹잎으로 갈라지고 뒷면에 털이 약간 있다. 홀씨주머니 무리는 잎가장자리를 따라 붙고, 결각의 가장자리가 뒤로 말려 홀씨주머니 막처럼 된 위포막으로 덮이는데 위포막은 투명하며 털이 없다.
크기: ↕↔1m **번식**: 포자뿌리기, 포기나누기
⬇ ⑦~⑨ ✂ ⑧~⑨

넉줄고사리과(Davalliaceae)

전세계 10속 62종류, 바위나 나무에 붙어서 자라는 여러해살이 양치식물

넉줄고사리속(*Davallia*)

전세계 23종류, 우리나라에 1종, 땅속줄기가 길게 뻗고 비늘조각이 밀생, 잎모양은 삼각 또는 장타원 모양
[*Davallia*: 영국인 데이비드(Edm Davall, 1763-1799)에서 유래]

넉줄고사리 🏆

Davallia mariesii T.Moore ex Baker

[*mariesii*: 영국의 식물채집가 마리스 (Charles Maries, 1851~1902)의]
영명: Squirrel's-Foot Fern
서식지: 가의도, 백화산, 안면도, 송현리
주요특징: 땅속줄기는 길게 뻗고 흑갈색의 가늘고 긴 모양의 비늘조각이 밀생한다. 잎자루는 5~15cm로 일찍 떨어지는 비늘조각이 있다. 잎몸은 삼각상 달걀모양으로 삼회깃모양으로 깊게 갈라지며 털이 없다. 홀씨주머니 무리는 결각에 1개씩 달리며 홀씨주머니 막은 컵모양이다.
크기: ↕↔20~45cm
번식: 포자뿌리기, 포기나누기
⬇ ⑥~⑧ ✂ ⑧~⑨

넉줄고사리 *Davallia mariesii* T.Moore ex Baker

처녀고사리속(*Thelypteris*)

전세계 462종류, 우리나라에 23종류, 잎자루는 땅속줄기와 관절로 연결되지 않고, 통기공이 있기도 함

가는잎처녀고사리

Thelypteris beddomei (Baker) Ching

[*beddomei*: 영국의 학자 베돔(Richard Henry Beddome, 1830~1911)의]
영명: Slender-Leaf Marsh Fern
이명: 가는잎새발고사리
서식지: 신두리, 안면도
주요특징: 비늘조각은 쇠달걀모양이며 뒷면에 털이 약간있고 가장자리가 밋밋하다. 잎몸은 이회깃모양겹잎이고 넓은 피침모양으로 밑부분이 갑자기 좁아진다. 중축은 옅은 녹색이고 표면에 잔털이 있으며 뒷면에 샘점이 있다. 홀씨주머니 무리는 결각 가장자리 가까이에 생기며 홀씨주머니 막은 긴털이 있다.
크기: ↕ ↔20~40cm
번식: 포자뿌리기, 포기나누기
▼ ⑦~⑨

지네고사리 *Thelypteris japonica* (Baker) Ching

처녀고사리 *Thelypteris palustris* Schott

가는잎처녀고사리 *Thelypteris beddomei* (Baker) Ching

관중과(Dryopteridaceae)

전세계 55속 1,928종류, 땅위에 자라거나 바위, 나무에 붙어서 자라는 여러해살이 양치식물

쇠고비속(*Cyrtomium*)

동북아시아를 중심으로 47종류, 우리나라에 6종류, 늘푸른 양치식물, 잎은 모여나기, 비늘조각이 많이 붙고 가죽질
[*Cyrtomium*: 그리스어 cyrtoma(곡)이란 뜻으로 우편이 낫처럼 굽은데서 유래]

도깨비쇠고비

Cyrtomium falcatum (L.f.) C.Presl

[*falcatum*: 낫 같은]
영명: Hollyfern
이명: 도깨비고비
서식지: 태안전역
주요특징: 땅속줄기는 곧게서며 비늘조각은 흑갈색이다. 잎자루는 볏짚색으로 땅 가까운쪽에 비늘조각이 밀생한다. 잎몸은 깃모양겹잎이며 넓은 피침모양이다. 잎의 끝부분 깃조각은 확실하게 발달하고 가죽질이며 광택이 난다. 땅에 가까운쪽의 잎은 둥글고 가장자리는 톱니가 있지만 앞의 끝부분에는 거의 없다. 홀씨주머니 무리는 잎 뒤에 흩어져 나고 홀씨주머니 막은 중앙부가 흑색이다.
크기: ↕ ↔30~50cm
번식: 포자뿌리기, 포기나누기
▼ ⑦~⑨

도깨비쇠고비 *Cyrtomium falcatum* (L.f.) C.Presl

지네고사리

Thelypteris japonica (Baker) Ching

[*japonica*: 일본의]
영명: East Asian Gland Fern
서식지: 안면도
주요특징: 땅속줄기는 옆으로 자라고 비늘조각이 드물게 달린다. 잎자루는 쇠줄같고 밑부분에 비늘조각이 있는데 짙은 갈색이다. 털이 있는 피침모양의 잎몸은 이회깃모양으로 갈라지며 깃조각은 자루가 없고 밑부분이 좁아진다. 홀씨주머니 무리는 결각 가장자리 또는 중간에 붙는다. 홀씨주머니 막은 둥근 콩팥모양으로 털이 많다.
크기: ↕ ↔35~75cm
번식: 포자뿌리기, 포기나누기
▼ ⑥~⑨

처녀고사리 🏵 LC

Thelypteris palustris Schott

[*palustris*: 축축한 땅에서 자라는]
영명: Eastern Marsh Fern
이명: 새발고사리
서식지: 백리포, 안면도, 천리포, 송현리
주요특징: 땅속줄기는 옆으로 뻗고 비늘조각은 없으며 잎이 드문드문 나온다. 잎자루는 털이 없고 암자색을 띠며 약간의 비늘조각이 붙으나 잘 떨어진다. 잎몸은 넓은 피침모양으로 이회깃모양겹잎이며 잎은 초질이다. 홀씨주머니 무리는 원모양으로 결각의 중앙부에 달리고 홀씨주머니 막은 둥근 콩팥모양으로 털이 밀생하나 일찍 떨어진다.
크기: ↕ ↔25~70cm
번식: 포자뿌리기, 포기나누기
▼ ⑥~⑨

쇠고비

Cyrtomium fortunei J.Sm.

[*fortunei*: 동아시아식물의 채집가 포춘(Fortune)의]
서식지: 백리포, 흥주사, 천리포
주요특징: 땅속줄기는 곧게서며 덩어리지고, 흑갈색의 비늘조각이 밀생한다. 잎자루는 볏짚색으로 비늘조각은 위로 갈수록 가늘고 긴 모양이 된다. 잎몸은 깃모양겹잎이며 끝부분의 깃조각이 확실하고 잎은 광택이 적으며 종이질이다. 깃조각의 땅에 가까운쪽 잎은 둥글고 앞의 끝부분에는 톱니가 분명하다. 홀씨주머니 무리는 잎뒷면에 흩어져나며 홀씨주머니 막은 회백색이다.
크기: ↕ ↔30~50cm
번식: 포자뿌리기, 포기나누기
▼ ⑦~⑨

쇠고비 *Cyrtomium fortunei* J.Sm.

관중속(*Dryopteris*)

전세계 325종류, 우리나라에 42종류, 땅속
줄기가 짧고 곧게서거나 비스듬히 서며 비늘
조각이 많이 붙음

[*Dryopteris*: 그리스어 dry(가시나무)와 Pteris(양
치식물)의 합성어로 가시나무에 붙어 사는 양
치류에서 유래]

산족제비고사리

Dryopteris bissetiana (Baker) C.Chr

[*bissetiana*: 식물채집가 비셋(Bisset)의]
영명: Mountain Buckler Fern
이명: 큰검정털고사리
서식지: 안면도
주요특징: 땅속줄기는 짧고 덩어리져 잎이 모여
나기한다. 잎자루 밑부분에 옅은 갈색의 막질비
늘조각이 밀생한다. 잎몸은 이회깃모양이며 우축
에는 주머니모양의 비늘조각이 밀생한다. 홀씨주
머니 무리는 약간 대형이고 홀씨주머니 막의 지
름은 1~1.2mm로 큰편이다.
크기: ↕ ↔30~70cm
번식: 포자뿌리기, 포기나누기
▼ ⑥~⑨

산족제비고사리 *Dryopteris bissetiana* (Baker) C.Chr

가는잎족제비고사리

Dryopteris chinensis (Baker) Koidz.

[*chinensis*: 중국의]
영명: Narrow-Leaf Buckler Fern
이명: 화엄고사리, 누른털고사리
서식지: 태안전역
주요특징: 땅속줄기는 짧게 기거나 비스듬히 서
고 잎은 모여나기한다. 잎자루에 갈색이나 흑갈
색 비늘조각이 붙는다. 잎몸은 오각모양을 닮은
삼회 깃모양으로 깊게 갈라진다. 홀씨주머니 무
리는 결각 가장자리에 가깝게 붙고 홀씨주머니
막은 소형이다.
크기: ↕ ↔30~50cm
번식: 포자뿌리기, 포기나누기
▼ ⑥~⑨

관중 🏆

Dryopteris crassirhizoma Nakai

[*crassirhizoma*: 굵은 뿌리]
영명: Shield Fern
이명: 호랑고비, 면마
서식지: 태안전역
주요특징: 땅속줄기는 짧고 굵으며 곧게선다.
광택이 있는 황갈색에서 흑갈색 비늘조각이 붙
는다. 잎자루는 20cm 정도로 잎몸의 1/4 정도이
다. 잎몸은 이회깃모양겹잎이며 중축에 비늘조각
이 밀생한다. 홀씨주머니 무리는 윗부분 깃조각
에만 붙고 잔깃조각의 주맥 가까이 붙는다.
크기: ↕ ↔60~100cm
번식: 포자뿌리기
▼ ⑥~⑨

가는잎족제비고사리 *Dryopteris chinensis* (Baker) Koidz.

관중 *Dryopteris crassirhizoma* Nakai

홍지네고사리

Dryopteris erythrosora (D. C. Eaton) Kuntze

[*erythrosora*: 붉은 홀씨주머니의]
영명: Autumn Fern
서식지: 솔섬, 만리포, 안면도
주요특징: 땅속줄기는 짧고 굵으며 비스듬히 선다. 잎자루에 갈색, 흑갈색의 비늘조각이 많이 붙고 잘 떨어지는 편이다. 잎몸은 이회깃모양겹잎이고 우축에 주머니모양 비늘조각이 밀생하고 잎은 종이질로 광택이 있다. 새잎이 나올때 홍색을 띤다. 홀씨주머니 무리는 잔깃조각 주맥에 가까이 붙고 홀씨주머니 막은 주로 홍색이며 간혹 회백색을 띠기도 한다.
크기: ↕ ↔60~120cm
번식: 포자뿌리기, 포기나누기
🌱 ⑥~⑨

홍지네고사리 *Dryopteris erythrosora* (D. C. Eaton) Kuntze

곰비늘고사리

Dryopteris uniformis (Makino) Makino

[*uniformis*: 전체가 같은 모양인]
영명: Uniform Wood Fern
이명: 숫곰고사리, 곰고사리
서식지: 백리포, 안면도, 신두리
주요특징: 땅속줄기는 굵고 짧으며 곧게서거나 비스듬히 선다. 잎자루는 잎몸보다 짧고 갈색에서 흑갈색 비늘조각이 붙는다. 잎몸은 이회깃모양겹잎이며 결각의 소맥은 2개로 갈라진다. 홀씨주머니 무리는 잎몸의 상반부에만 붙는다.
크기: ↕ ↔50~80cm
번식: 포자뿌리기, 포기나누기
🌱 ⑥~⑨

곰비늘고사리 *Dryopteris uniformis* (Makino) Makino

야산고비속(*Onoclea*)

동아시아 및 북아메리카에 5종류, 우리나라에 2종류, 땅위에서 자라는 하록성, 영양잎은 1회 깃모양, 홀씨주머니가 달리는 잎은 1~2회 깃모양

[*Onoclea*: 디오스코라이드(Pedanius Dioscorides)가 사용한 식물명의 전용]

야산고비

Onoclea sensibilis var. *interrupta* Maxim.

[*sensibilis*: 민감한, *interrupta*: 단속적인, 중단된]
영명: Sensitive Fern
이명: 야산고사리
서식지: 안면도, 천리포
주요특징: 땅속줄기는 옆으로 길게 뻗고 드문드문 잎이 나온다. 땅 부근의 잎자루는 갈색으로 윤채가 돌고 갈색 비늘조각이 약간 있다. 영양잎은 깃모양이고 가장자리가 밋밋하거나 둔한 톱니가 있으며 중축하부에 뚜렷한 날개가 있다. 홀씨주머니가 달리는 잎은 이회깃모양이며 잔깃조각은 둥글고 2줄로 달린다. 홀씨주머니 무리는 홀씨주머니가 달리는 잎의 우측 위에 얇고 투명한 홀씨주머니 막에 덮여 붙는다.
크기: ↕ ↔35~60cm
번식: 포자뿌리기, 포기나누기
🌱 ⑨~⑩

야산고비 *Onoclea sensibilis* var. interrupta Maxim.

십자고사리속(*Polystichum*)

전세계 285종류, 우리나라에 19종류, 땅속줄기가 짧고 덩이모양, 비스듬히 또는 곧게 서며, 비늘조각이 많이 붙음

[*Polystichum*: 그리스어 polys(많은)와 stichos(늘어선)의 합성어이며 포자낭군의 줄이 많다는 뜻]

참나도히초미

Polystichum ovatopaleaceum
var. *coraiense* (H.Christ) Sa.Kurata

[*coraiense*: 한국의]
영명: Korean Holly Fern
이명: 수비늘개관중
서식지: 천리포
주요특징: 땅속줄기는 짧고 비스듬하거나 곧게 선다. 잎자루 하부에 긴달걀모양의 비늘조각이 밀생한다. 잎몸은 이회깃모양겹잎이며 중축에 달걀을 닮은 피침모양 또는 피침모양의 비늘조각이 붙는다. 홀씨주머니 무리는 잔깃조각의 주맥과 가장자리의 중간에 붙는다.
크기: ↕ ↔60~120cm **번식**: 포자뿌리기
▼ ⑥~⑨

참나도히초미 *Polystichum ovatopaleaceum*
var. *coraiense* (H.Christ) Sa.Kurata

십자고사리

Polystichum tripteron (Kunze) C.Presl

영명: Cross Holly Fern
서식지: 신두리, 안면도
주요특징: 땅속줄기는 짧고 곧게서거나 옆으로 긴다. 잎자루의 비늘조각은 축에 바짝 달라붙고 쉽게 떨어진다. 잎몸은 초질로 깃모양겹잎이다. 홀씨주머니 무리는 잔깃조각에 흩어져 나고 홀씨주머니 막은 일찍 떨어진다.
크기: ↕ ↔30~75cm
번식: 포자뿌리기, 포기나누기
▼ ⑦~⑨

십자고사리 *Polystichum tripteron*
(Kunze) C.Presl

꼬리고사리과(Aspleniaceae)

전세계 25속 544종류, 땅위, 바위, 나무에 붙어서 자라는 양치식물

꼬리고사리속(*Asplenium*)

전세계 488종류, 우리나라에 31종류, 잎은 홑잎에서 수회 깃모양으로 갈라지며, 잎자루는 땅속줄기와 관절로 이어지지 않음

[*Asplenium*: 그리스어 splen(비장)의 병에 효과가 있다고 생각하였던 어느 양치류의 이름이고 a는 접두어]

꼬리고사리

Asplenium incisum Thunb.

[*incisum*: 깊게 갈라진]
영명: Long–Tail Spleenwort
서식지: 태안전역
주요특징: 땅속줄기는 짧고 비스듬히 서며 모여나기한다. 잎자루는 1~3cm이고 뒷면이 적갈색으로 윤채가 있고 표면에 얕은 골이 있다. 잎몸은 일회깃모양겹잎인데, 영양잎은 15cm이내로 옆으로 퍼지고 홀씨가 달리는 잎은 30cm이상 곧게 자란다. 홀씨주머니 무리는 긴타원모양인데, 2줄로 주맥에 가까이 달린다.
크기: ↕ ↔10~40cm
번식: 포자뿌리기, 포기나누기
▼ ⑥~⑨

꼬리고사리 *Asplenium incisum* Thunb.

거미고사리

Asplenium ruprechtii Sa.Kurata

[*ruprechtii*: 체코슬로바키아 사람의 이름]
영명: Asian Walking Fern
이명: 거미일엽초
서식지: 흥주사
주요특징: 땅속줄기는 짧고 작으며 모여나기한다. 잎몸은 홑잎으로 20cm 내외이며 선상 피침모양으로 중축 끝에 무성아가 붙는다. 홀씨주머니 무리는 맥위에 달리며 중축 양쪽에 배열하고 홀씨주머니 막은 앞쪽으로 벌어진다.
크기: ↕ ↔6~20cm
번식: 포자뿌리기, 포기나누기
▼ ⑥~⑨

거미고사리 *Asplenium ruprechtii* Sa.Kurata

개고사리속(*Athyrium*)

전세계 227종류, 우리나라에 16종류, 잎자루에 관절은 없고 우축의 표면에 홈이 발달

[*Athyrium*: 그리스어의 athyros(입구가 없는)에서 유래되었거나, 홀씨주머니 무리가 자라는 동안 형태가 변하기 때문에 sthyrein(변하다)에서 유래]

참새발고사리

Athyrium brevifrons Nakai ex Kitag.

[*brevifrons*: 짧은 잎새의]
영명: Glandular Ladyfern
이명: 새발고사리, 긴새발고사리
서식지: 안면도
주요특징: 땅속줄기는 비스듬히 서고 잎이 모여나기한다. 잎자루는 대개 자갈색을 띠며 밑부분에는 갈색 비늘조각이 많이 붙으나 상부에는 드물다. 잎몸은 달걀을 닮은 피침모양으로 삼회깃모양으로 깊게 갈라지며 털이 없고 중축에 떨어지기 쉬운 비늘조각이 드물게 붙는다. 잔깃조각의 자루는 거의 없고 깃모양으로 깊게 갈라지며 결각 가장자리에 날카로운 톱니가 있다. 홀씨주머니 무리는 결각의 주맥과 가장자리 중간에 붙고 홀씨주머니 막 가장자리는 잘게 갈라진다. 식물체 전체가 자주색을 띠는 것이 많다.
크기: ↕ ↔90~120cm
번식: 포자뿌리기, 포기나누기
▼ ⑥~⑨

참새발고사리 *Athyrium brevifrons* Nakai ex Kitag.

개고사리

Athyruim niponicum (Mett.) Hance

[*niponicum*: 일본산의]
영명: Oriental Ladyfern
이명: 물개고사리, 골개고사리
서식지: 태안전역
주요특징: 땅속줄기는 가늘게 뻗는다. 잎자루는 볏짚색으로 갈색 막질의 비늘조각이 드문드문 달린다. 잎몸은 이회~삼회깃모양겹잎으로 깊게 갈라지며 잎은 초질, 상부는 급히 좁아지며 긴 꼬리모양이다. 깃조각의 자루가 길고 잔깃조각은 뾰족하고 날카로운 톱니가 있다. 홀씨주머니무리는 작으며 주맥 가까이에 달리고 홀씨주머니막은 타원모양, 말굽모양으로 가장자리는 잘게 갈라진다.
크기: ↕↔30~70cm
번식: 포자뿌리기, 포기나누기
🔽 ⑦~⑨

뱀고사리

Athyrium yokoscense
(Franch. & Sav.) Christ

[*yokoscense*: 일본 횡수하산의]
영명: Asian Common Ladyfern
이명: 새고비, 풀고비
서식지: 태안전역
주요특징: 땅속줄기는 짧고 곧게서거나 비스듬히 선다. 땅 가까운쪽의 잎자루에 3~4mm의 비늘조각이 많은데 갈색에서 흑갈색이며 가장자리가 옅은 색이다. 잎몸은 이회깃모양겹잎으로 밑부분이 좁아지지 않는다. 깃조각 중축에 날개가 거의 없고 우축은 대부분 털이 없다. 홀씨주머니무리는 잔깃조각에 2줄로 배열하고 홀씨주머니막은 긴타원 또는 갈고리모양이며 가장자리가 밋밋하다.
크기: ↕35~55cm
번식: 포자뿌리기, 포기나누기
🔽 ⑥~⑨

고란초과(Polypodiaceae)

전세계 116속 8,280종류, 바위나 나무에 붙어서 자라거나 땅위에 자라는 양치식물

고란초속(*Crypsinus*)

동아시아, 열대, 아열대 지역에 20종류, 우리나라에 3종류, 땅속줄기가 옆으로 기며, 잎은 홑잎 또는 깃모양으로 갈라지고 가죽질 또는 막질
[*Crypsinus*: 그리스어 cryphi(숨다)와 sinuo(변곡)의 합성어]

고란초

Crypsinus hastatus (Thunb.) Copel.

[*hastatus*: 창모양의]
영명: Spear-Leaf Selliquea Fern
서식지: 십리포, 삼봉해수욕장, 신두리, 구례포
주요특징: 땅속줄기는 옆으로 길게 뻗으며 비늘조각은 갈색으로 가장자리에 돌기가 있다. 잎자루는 갈색이고 광택이 있다. 잎몸은 홑잎으로 모양에 변이가 많다. 홀씨주머니 무리는 원모양으로 갈색이며 측맥 사이에 하나씩 달리고 홀씨주머니 막은 없다.
크기: ↕↔10~20cm
번식: 포자뿌리기
🔽 ⑦~⑨

개고사리 *Athyruim niponicum* (Mett.) Hance

고란초 *Crypsinus hastatus* (Thunb.) Copel.

지고 잎이 드문드문 달린다. 잎자루는 물속에 잠기나 물이 마르면 곧게 서기도 한다. 잎몸은 4개의 잎자루 끝에서 수평으로 퍼진다. 뒷면은 옅은 갈색으로 가늘고 긴 모양의 비늘조각이 있다. 홀씨주머니 무리는 잎자루 밑부분에서 1개의 가지가 갈라지고 다시 2~3개로 갈라져 끝에 각각 1개씩 홀씨주머니가 생기고 그 안에 크고 작은 홀씨주머니가 형성된다.

크기: ↕10~15cm　번식: 포기나누기

▼ ⑨~⑩

소나무과(Pinaceae)

전세계 11속 365종류, 늘푸른큰키나무 또는 작은키나무

소나무속(*Pinus*)

북반구 175종류, 우리나라에 13종류, 늘푸른바늘잎나무, 잎은 바늘모양, 짧은가지 위에 모여나고 세모지거나 반달모양의 단면, 암수한그루 [*Pinus*: 라틴 고명이며 켈트어의 pin(산)에서 유래]

소나무　🏵 LC 초

Pinus densiflora Sieb. & Zucc.

[*densiflora*: 빽빽이 달린 꽃이 있는]
영명: Korean Red Pine
이명: 적송, 육송
서식지: 태안전역
주요특징: 나무껍질은 적갈색, 어린가지는 황적색이고 겨울눈은 타원상 달걀모양이며 적갈색을 띤다. 잎은 바늘모양이며 2개씩 모여나고 다소 뒤틀린다. 암수한그루로 열매는 이듬해 가을에 익는다. 밑동에서 가지를 많이치는 '반송', 곧게 자라는 '금강소나무', 가지가 아래로 처지는 '처진소나무' 들은 소나무의 품종으로 통합 처리한다.
크기: ↕20~35m, ↔10~20m
번식: 씨앗뿌리기
▼ ④~⑤ 수꽃: 황색, 암꽃: 자주색
🌰 ⑨~⑩ 황갈색

뱀고사리 *Athyrium yokoscense* (Franch. & Sav.) Christ

네가래과(Marsileaceae)

전세계 5속 34종류, 물가 진흙에 자라는 작은 크기 양치식물

네가래속(*Marsilea*)

전세계 29종류, 우리나라에 1종, 땅속줄기가 포복하고 털이 발달, 작은잎은 4개로 십자형, 잎맥은 2갈래로 여러 차례 갈라짐
[*Marsilea*: 이탈리아의 자연과학자 마르시길 (Luigi Fernando Conte Marsigil, 1658~1730)에서 유래]

네가래

Marsilea quadrifolia L.

[*quadrifolia*: 네 개의 잎을 가진]
영명: Four-Leaf Clover
서식지: 안면도, 송현리
주요특징: 물속줄기는 옆으로 길게 뻗으며 갈라

네가래 *Marsilea quadrifolia* L.

소나무 *Pinus densiflora* Sieb. & Zucc.

곰솔 ^초

Pinus thunbergii Parlatore

[*thunbergii*: 스웨덴 식물학자 툰베리
(C. P. Thunberg)의]
영명: Black Pine
이명: 해송, 왕솔, 곰반송
서식지: 태안전역
주요특징: 나무껍질은 회색 또는 짙은 회색, 어
린가지는 황갈색, 겨울눈은 은백색의 통모양이
다. 잎은 바늘모양으로 2개씩 모여나며 억센 편
이다. 암수한그루이며 열매는 이듬해 가을에 익
는다. 흔히 바닷가에 잘 자라서 '해송'이라고도 부
른다.
크기: ↕ 20~25m, ↔10~20m
번식: 씨앗뿌리기
▼ ④~⑤ 수꽃: 황색, 암꽃: 홍자색
◄ ⑨~⑩ 황갈색

곰솔 *Pinus thunbergii* Parlatore

측백나무과(Cupressaceae)
전세계 32속 208종류, 늘푸른큰키나무 또는
작은키나무

향나무속(*Juniperus*)
북반구와 열대 고산지대 103종류, 우리나라에
9종류, 늘푸른바늘잎나무, 어린 가지가 잘 자
라서 전정에 강함, 잎은 비늘 또는 바늘모양

노간주나무 [🌼] LC

Juniperus rigida Siebold & Zucc.

[*rigida*: 딱딱한]
영명: Needle Juniper, Hairy Horn Fern
이명: 노가주나무, 노가지나무
서식지: 태안전역
주요특징: 나무껍질은 적갈색이며 세로로 얇게
갈라져 긴 조각으로 떨어진다. 잎은 1.2~2cm의

바늘모양으로 표면에 백색의 홈이 있어 횡단면
은 V자모양이고, 흔히 3개씩 돌려난다. 암수딴그
루이지만 간혹 암수한그루이고 2년지의 잎겨드
랑이에 솔방울모양꽃차례가 달린다. 열매는 원모
양 장과인데 이듬해 가을에 남청색에서 흑색으

로 익으며 표면에 백색분이 있다.
크기: ↕ 7~10m, ↔1~1.5m
번식: 씨앗뿌리기, 꺾꽂이
▼ ④ 수꽃: 황갈색, 암꽃: 녹색
◄ ⑩~⑫ 흑색

노간주나무 *Juniperus rigida* Siebold & Zucc.

홀아비꽃대과(Chloranthaceae)
전세계 4속 73종류, 풀 또는 작은키나무

홀아비꽃대속(*Chloranthus*)
아시아, 열대, 온대에 약 14종류, 우리나라에 4종류, 잎은 홑잎으로 마주나기, 가장자리에 톱니가 발달, 줄기에는 관절이 발달
[*Chloranthus*: 그리스어 chloros(황록)와 anthos(꽃)의 합성어]

홀아비꽃대 *Chloranthus japonicus* Siebold

옥녀꽃대

Chloranthus fortunei (A. Gray) Solms

[*fortunei*: 동아시아식물 채집가 포춘(Fortune)의]
영명: Maiden chloranthus
이명: 조선꽃대
서식지: 태안전역
주요특징: 잎은 줄기 아래에서 2장이 마주나고, 줄기 윗부분에서 4장이 돌려난다. 꽃술의 길이가 10~15mm로 홀아비꽃대에 비해 길고 가늘다. 주로 남해안 및 지리산 등 남부지방에 분포한다.
크기: ↕ ↔20~35cm
번식: 씨앗뿌리기, 포기나누기
▼ ④~⑤ 백색　✂ ⑥~⑦ 황록색

홀아비꽃대

Chloranthus japonicus Siebold

[*japonicus*: 일본의]
영명: Single-Spike Chloranthus
이명: 홀애비꽃대, 호래비꽃대
서식지: 백화산
주요특징: 줄기 윗부분에서 두쌍의 잎이 마주나지만 가까이 있어서 돌려난 것처럼 보인다. 꽃술의 길이는 5~7mm로 옥녀꽃대에 비해 짧고 두툼하다. 주로 중부 이북에 분포한다.
크기: ↕ ↔20~35cm
번식: 씨앗뿌리기, 포기나누기
▼ ④~⑤ 백색　✂ ⑥~⑦ 황록색

옥녀꽃대 *Chloranthus fortunei* (A. Gray) Solms

버드나무과(Salicaceae)
전세계 54속 1,386종류, 잎이지는 큰키나무 또는 작은키나무

버드나무속(*Salix*)
전세계 627종류, 우리나라에 45종류, 잎은 어긋나기, 피침 또는 원모양, 가장자리는 밋밋하거나 톱니 발달, 턱잎은 있으나 떨어짐, 암수딴그루
[*Salix*: 켈트어의 sal(가깝다)과 lis(물)의 합성어로서 물가에서 흔히 자란다는 뜻, 또는 라틴어 salire(뛰다)는 생장이 빠르다는 표현이고 그리스어의 helix(선회하는)는 바구니 등을 만드는 데서 유래]

왕버들 　초

Salix chaenomeloides Kimura

[*chaenomeloides*: 명자꽃속(*Chaenomeles*)과 닮은]
영명: Giant Pussy Willow
이명: 버드나무
서식지: 백화산, 신두리, 안면도, 옹도
주요특징: 잎은 어긋나며 양면에 털이 없고 뒷면에 흰빛이 돌며, 가장자리는 안으로 굽은 톱니가 있다. 잎자루는 털이 있다가 차츰 없어지고 끝에 선점이 있다. 암수딴그루이고 꽃은 잎과 동시에 나온다. 새순이 적색을 띠어 구별이 쉽고 수술이 5개이고 꽃차례가 곧게선다. 개화시기는 다소 늦은 편이며 겨울눈은 삼각상으로 끝이 뾰족하고 비늘조각은 털이 없다.
크기: ↕ 15~20m, ↔15~25m
번식: 씨앗뿌리기, 꺾꽂이
▼ ④ 황록색
✂ ⑤~⑥ 연한 녹색

왕버들 *Salix chaenomeloides* Kimura

갯버들

Salix gracilistyla Miquel

[*gracilistyla*: 가늘고 긴 암술대의]
영명: Rose–Gold Pussy Willow
이명: 솜털버들
서식지: 신두리, 안면도
주요특징: 잎은 어긋나며 긴타원 모양이다. 턱잎은 큼직한 달걀모양이며 가장자리에 톱니가 있다. 잎보다 꽃이 먼저 피며 수술은 2개지만 붙어서 1개로 보인다. 어린가지와 겨울눈, 잎 뒷면에 회백색 털이 밀생하여 구별된다.
크기: ↕ ↔2~3m
번식: 씨앗뿌리기, 꺾꽂이
▼ ③~④ 수꽃: 흑색, 암꽃: 적색
◀ ④~⑥ 연한 녹색

갯버들 *Salix gracilistyla* Miquel

가래나무과(Juglandaceae)

전세계 12속 98종류, 큰키나무 또는 작은키나무

굴피나무속(*Platycarya*)

전세계 2종류, 우리나라에 2종류, 잎지는큰키나무, 잎은 어긋나기, 겹잎, 작은잎 가장자리에 가는 겹톱니모양, 수꽃이삭은 원통모양, 암꽃이삭은 솔방울모양

[*Platycarya*: 그리스어 platys(넓다)와 caryon(견과)의 합성어이며 가래와 달리 견과가 편평함]

굴피나무

Platycarya strobilacea Sieb. et Zucc.

[*strobilacea*: 구과의]
영명: Cone–Fruit Platycarya
이명: 굴태나무, 꾸정나무
서식지: 태안전역
주요특징: 나무껍질은 회색이며 세로로 갈라진다. 잎은 작은잎 7~15개로 이루어진 깃모양겹잎이다. 작은잎은 달걀을 닮은 피침모양 또는 긴타원을 닮은 피침모양이다. 잎끝은 길게 뾰족하며 가장자리에는 깊은 톱니가 있다. 뒷면 맥겨드랑이엔 백색털이 있다. 암수한그루이며 총상꽃차례의 중앙에는 양성꽃차례, 암꽃차례가 있고 수꽃

차례가 이를 둘러싸고 있다. 소견과는 넓은 거꿀달걀모양이며 가장자리에 날개가 있다.
크기: ↕ ↔5~10m
번식: 씨앗뿌리기
▼ ⑥ 황색 ◀ ⑨ 흑갈색

굴피나무 *Platycarya strobilacea* Sieb. et Zucc.

자작나무과(Betulaceae)

전세계 6속 282종류, 큰키나무 또는 작은키나무

오리나무속(*Alnus*)

북반구 온대와 아한대에 57종류, 우리나라에 10종류, 잎은 달걀모양, 잎가장자리에 겹톱니가 발달, 수꽃이삭은 통모양, 암꽃이삭은 타원모양

오리나무 *Alnus japonica* (Thunb.)Steud.

오리나무   LC 초

Alnus japonica (Thunb.)Steud.

[*japonica*: 일본의]
영명: East Asian Alder
이명: 잔털오리나무, 오리목
서식지: 안면도
주요특징: 나무껍질은 회갈색이며 겨울눈은 긴타원모양으로 4~6mm의 자루가 있다. 잎의 측맥은 7~11쌍이며, 끝은 뾰족하고 밑은 넓은 쐐기모양으로 가장자리에 불규칙한 잔톱니가 있다. 표면에는 털이 없으나 뒷면 아래쪽 맥위에는 적갈색 털이 있다. 꽃은 암수한그루로 잎이 나오기 전에 핀다. 암꽃차례는 수꽃차례 아래에서 위를 향해 곧게 달린다.
크기: ↕ 10~20m, ↔7~15m
번식: 씨앗뿌리기
▼ ②~③ 홍자색 ◀ ⑩ 흑갈색

물오리나무   LC

Alnus sibirica Fisch. ex Turcz.

[*sibirica*: 시베리아의]
영명: Manchurian Alder
이명: 산오리나무, 덤불오리나무, 물갬나무
서식지: 태안전역
주요특징: 나무껍질은 회흑색에서 회갈색이며 어린가지는 짙은 회색이고 부드러운 털이 밀생하나 차츰 떨어진다. 겨울눈은 굵은 자루가 있고 털이 있다. 잎의 측맥은 7~8쌍이며 넓은달걀모양에서 원모양으로 가장자리에는 겹톱니가 있고 얕게 갈라진다. 잎의 뒷면은 회백색이며 갈색털이 있다. 꽃은 암수한그루로 잎이 나오기 전에 핀다. 열매는 달걀모양이다.
크기: ↕ 10~20m, ↔7~15m
번식: 씨앗뿌리기
▼ ③~④ 홍자색 ◀ ⑩ 흑갈색

물오리나무 *Alnus sibirica* Fisch. ex Turcz.

서어나무속(*Carpinus*)

북반구 온대와 난대지방에 54종류, 우리나라에 6종류, 잎은 어긋나기, 잎가장자리에는 톱니, 평행한 측맥이 뚜렷하게 발달
[*Carpinus*: 라틴 고명이며 켈트어의 car(목)와 pin(두)의 합성어]

까치박달　LC

Carpinus cordata Blume

[*cordata*: 심장모양의]
영명: Heart-Leaf Hornbeam
이명: 나도밤나무, 물박달, 박달서나무
서식지: 갈음이, 천리포
주요특징: 나무껍질은 회색이고 마름모꼴의 껍질눈이 발달하며 겨울눈은 7~12mm의 피침모양이다. 잎은 어긋나며 측맥이 15~23쌍으로 많으며, 밑은 비대칭 심장모양이고 끝은 급히 뾰족해지고 가장자리에 뾰족한 겹톱니가 촘촘하다. 뒷면 맥위에 긴 누운털이 있다. 꽃은 암수한그루로 잎이 나오면서 같이 핀다. 수꽃차례는 2년지에서 암꽃차례는 새가지끝에서 달린다. 과수는 10cm정도의 통모양이며 잎모양의 과포에 빽빽이 싸여있다.
크기: ↕ 10~18m, ↔ 7~12m
번식: 씨앗뿌리기
▼ ④~⑤ 황록색　◀ ⑨ 갈색

소사나무　LC

Carpinus turczaninowii Hance

영명: Korean Hornbeam
이명: 산서나무, 서나무, 왕소사나무
서식지: 태안전역
주요특징: 나무껍질은 회색이며 세로로 불규칙하게 갈라진다. 겨울눈은 적갈색의 긴달걀모양이며 비늘조각의 가장자리에 백색 털이 있다. 잎의 측맥은 9~13쌍이며 뒷면 맥부분에 털이 있다. 꽃은 암수한그루이며 잎이 나오기 직전에 핀다. 과수는 5cm로 짧고 늦여름에 익는다. 과포는 달걀모양으로 4~8개가 있으며 가장자리에 불규칙한 톱니가 있다.
크기: ↕ 3~10m, ↔ 3~7m
번식: 씨앗뿌리기
▼ ④ 적색
◀ ⑨~⑩ 갈색

소사나무 *Carpinus turczaninowii* Hance

까치박달 *Carpinus cordata* Blume

개암나무속(*Corylus*)

북반구에 22종류, 우리나라에 5종류, 잎은 어긋나기, 달걀모양, 잎가장자리에 겹톱니 발달, 열매는 견과로 총포에 싸임
[*Corylus*: 라틴 고명이며 그리스어의 corys(투고)에서 유래(소총포의 형태에서 유래)]

개암나무　초

Corylus heterophylla (Fischer) var. *thunbergi* Blume

[*heterophylla*: 한 그루에 다른모양의 잎이 섞여 나는, *thunbergi*: 스웨덴 식물학자 툰베리(C. P. Thunberg)의]
영명: Asian Hazel
이명: 개암나무, 깨금나무, 난티잎개암나무
서식지: 태안전역
주요특징: 어린가지에 샘털이 있고 백색의 껍질눈이 뚜렷하다. 잎은 어긋나며 넓은 거꿀달걀모양에서 달걀모양으로 잎끝이 급히 편평해지거나 뾰족해져서 짧은 꼬리처럼 된다. 가장자리는 불규칙한 이빨같은 모양의 겹톱니가 있다. 꽃은 암수한그루이며 잎이 나오기 전에 핀다. 암술은 2~6개가 모여달리고 적색의 암술대가 겨울눈의 비늘조각 밖으로 나온다. 열매는 종모양의 포가 감싼다.
크기: ↕ ↔ 2~3m　**번식**: 씨앗뿌리기
▼ ③~④ 황록색　◀ ⑨~⑩ 갈색

개암나무 *Corylus heterophylla* (Fischer) var. *thunbergi* Blume

참나무과(Fagaceae)

전세계 9속 1,151종류, 잎이 지거나, 늘푸른큰키 또는 작은키나무

밤나무속(*Castanea*)

북반구 온대에 9종류, 우리나라에 3종류, 잎은 어긋나기, 홑잎, 가장자리에 톱니가 있고 측맥은 평행, 잎자루가 없음
[*Castanea*: 고대 라틴명이며 그리스어 castana(밤)에서 유래]

밤나무

Castanea crenata Siebold & Zucc.

[*crenata*: 둥근 톱니의]
영명: Korean Castanea
서식지: 안면도
주요특징: 어린 나무의 껍질은 마름모 모양의 껍질눈이 발달하지만 성장하면서 짙은 회색이 되어 세로로 깊이 갈라진다. 잎은 어긋나며 끝은 점차 뾰족해지며 가장자리에는 녹색의 가시같은 톱니가 있다. 잎 표면에는 광택이 있고 뒷면에는 별모양의 털이 있다. 꽃은 암수한그루이며 위에는 수꽃, 아래는 암꽃차례가 발달한다.
크기: ↕ 7~15m, ↔ 7~10m
번식: 씨앗뿌리기
▼ ⑤~⑥ 황록색　◀ ⑨~⑩ 갈색

밤나무 *Castanea crenata* Siebold & Zucc.

참나무속(*Quercus*)

북반구 온대, 난대, 아열대에 633종류, 우리나라에 31종류, 잎은 어긋나기, 홑잎, 깃모양, 잎가장자리는 톱니가 있거나 밋밋
[*Quercus*: 켈트어의 quer(질이 좋은)와 cuez(재목)의 합성어]

상수리나무

Quercus acutissima Carruth.

[*acutissima*: 가장 뾰족한]
영명: Sawtooth Oak
이명: 참나무, 도토리나무, 보춤나무
서식지: 태안전역
주요특징: 나무껍질은 회갈색이며 불규칙하게 세로로 깊게 갈라지나 코르크는 발달하지 않는다. 잎은 어긋나며 긴타원을 닮은 피침모양이다. 잎끝은 길게 뾰족하고 밑부분은 둥글며 가장자리는 예리한 톱니가 있다. 표면은 녹색이고 광택이 있으며 뒷면은 연한 녹색, 측맥은 12～16쌍이다. 꽃은 암수한그루이며 수꽃차례는 새가지 밑부분에서 암꽃차례는 새가지 끝의 잎겨드랑이에 달린다.
크기: ↕ 20～25m, ↔ 15～20m
번식: 씨앗뿌리기
▼ ④～⑤ 황록색　◀ ⑩ 갈색

상수리나무 *Quercus acutissima* Carruth.

갈참나무

Quercus aliena Blume

[*aliena*: 초록색이 없는]
영명: Galcham Oak
이명: 재잘나무, 큰갈참나무, 홍갈참나무
서식지: 태안전역
주요특징: 나무껍질은 회색에서 흑갈색이며 얇고 불규칙하게 갈라진다. 겨울눈은 긴타원모양이며 끝이 다소 둥글다. 잎은 어긋나고 거꿀달걀모양이며 양끝이 뾰족하고 가장자리에 치아모양의 톱니가 있다. 뒷면은 회백색이며 별모양의 털이 밀생한다. 꽃은 암수한그루이며 잎이 나오면서 동시에 핀다. 잎자루가 약간 길게 자라기 때문에 거의 없는 신갈 및 떡갈나무와의 구별점이 되기도 한다.
크기: ↕ 15～25m, ↔ 10～20m
번식: 씨앗뿌리기
▼ ④～⑤ 황록색　◀ ⑩ 갈색

갈참나무 *Quercus aliena* Blume

떡갈나무 LC 초

Quercus dentata Thunb.

[*dentata*: 어금니같은 톱니가 있는, 뾰족한 톱니가 있는]
영명: Korean Oak
이명: 선떡갈나무, 왕떡갈, 가랑닢나무
서식지: 태안전역
주요특징: 나무껍질은 회색 또는 회갈색이며 불규칙하게 갈라진다. 겨울눈은 달걀을 닮은 긴타원모양이다. 잎은 어긋나지만 가지끝에 모여나며 12～30cm의 거꿀달걀모양을 닮은 긴타원모양, 끝은 둔하고 밑은 귀모양이며 가장자리에 물결모양의 둥근톱니가 있다. 잎자루는 매우 짧고 뒷면

에는 회갈색의 짧은 털 또는 별모양의 털이 밀생한다. 열매의 비늘조각은 가늘고 긴 모양인데 뒤로 젖혀진다.
크기: ↕ 10～20m, ↔ 5～15m
번식: 씨앗뿌리기
▼ ④～⑤ 황록색　◀ ⑩ 갈색

떡갈나무 *Quercus dentata* Thunb.

신갈나무 초

Quercus mongolica Fisch. ex Ledeb.

[*mongolica*: 몽골의]
영명: Mongolian Oak
이명: 물나무, 돌참나무, 물가리나무
서식지: 태안전역
주요특징: 나무껍질은 회색, 회갈색이며 불규칙하게 갈라진다. 겨울눈은 긴타원을 닮은 달걀모양이다. 잎은 어긋나지만 끝에서 모여나는 것처럼 보인다. 끝은 둔하고 밑은 귀모양이며 가장자리에는 물결모양의 둔한 톱니가 있다. 잎자루는 짧고 털이 없다. 꽃은 암수한그루로 잎이 나오면서 동시에 핀다. 열매의 비늘조각은 삼각상 피침모양이다.
크기: ↕ 15～30m, ↔ 10～25m
번식: 씨앗뿌리기
▼ ④～⑤ 황록색
◀ ⑩ 갈색

떡갈나무 *Quercus dentata* Thunb.

신갈나무 *Quercus mongolica* Fisch. ex Ledeb.

졸참나무

Quercus serrata Thunb. ex Murray

[*serrata*: 톱니가 있는]
영명: Jolcham Oak
이명: 굴밤나무, 재잘나무, 재량나무
서식지: 태안전역
주요특징: 나무껍질은 회색 또는 회백색이며 불규칙하게 갈라진다. 겨울눈은 3~6mm의 달걀모양이다. 잎은 어긋나며 타원상 달걀모양 또는 달걀을 닮은 피침모양으로 끝은 뾰족하고 가장자리 톱니는 안쪽으로 굽는다. 잎자루는 1~3cm로 털이 없다. 꽃은 잎과 같이 피며, 암수한그루이다. 열매는 긴타원모양이며 비늘조각은 삼각상 피침모양이다.
크기: ↕ 15~25m, ↔ 10~20m
번식: 씨앗뿌리기
▼ ④~⑤ 황록색 ◢ ⑩ 갈색

졸참나무 *Quercus serrata* Thunb. ex Murray

굴참나무

Quercus variabilis Blume

[*variabilis*: 각종의, 변하기 쉬운]
영명: Oriental Cork Oak
이명: 물갈참나무, 구도토리나무
서식지: 태안전역
주요특징: 나무껍질은 회백색이며 코르크가 두껍게 발달하고 세로로 깊게 갈라진다. 잎은 어긋나며 뒷면은 별모양의 회백색 털이 밀생한다. 측맥은 11~17쌍이다. 잎가장자리의 톱니는 갈색이다.
크기: ↕ 25~30m, ↔ 15~25m
번식: 씨앗뿌리기
▼ ④~⑤ 황록색 ◢ ⑩ 갈색

느릅나무과(Ulmaceae)

전세계 8속 67종류, 작은키 또는 큰키나무

팽나무속(*Celtis*)

북반구 온대에서 열대에 80종류, 우리나라에 9종류, 잎은 어긋나기, 가장자리는 밋밋하거나 톱니모양, 밑은 비뚤어진모양, 3개의 중맥
[*Celtis*: 단맛이 있는 열매가 달리는 나무의 고대 그리스명에서 전용]

굴참나무 *Quercus variabilis* Blume

팽나무

Celtis sinensis Pers.

[*sinensis*: 중국의]
영명: East Asian Hackberry
이명: 둥근잎팽나무, 섬팽나무, 자주팽나무
서식지: 태안전역
주요특징: 나무껍질은 회색, 겨울눈은 달걀을 닮았으며 암갈색이다. 잎은 어긋나며 찌그러진 달걀모양 또는 넓은타원모양이다. 잎맥은 3~4쌍이고, 잎자루에 털이 있다. 꽃은 수꽃양성꽃한그루로 잎이 나면서 동시에 핀다. 수꽃은 가지 아래쪽에 양성꽃은 위쪽에 달리며 자방에 털이 없다. 열매는 6~15mm의 자루가 있다.
크기: ↕ 15~20m
번식: 씨앗뿌리기
▼ ④~⑤ 연황색 ◢ ⑩ 황적색

팽나무 *Celtis sinensis* Pers.

느릅나무속(*Ulmus*)

북반구의 온대에 43종류, 우리나라에 7종류, 잎은 홑잎, 톱니 발달, 드물게 끝이 얕게 2~3갈래, 밑이 비뚤어진 모양, 열매는 시과로 넓은 날개
[*Ulmus*: 라틴 고명이며 켈트어의 명칭 elm에서 유래]

느릅나무 초

Ulmus davidiana var. *japonica* (Rehder) Nakai

[*davidiana*: 중국식물 채집가이며 선교사인 데이비드(A. David)의, *japonica*: 일본의]
영명: Japanese Elm
이명: 반들느릅나무, 빛느릅나무, 뚝나무
서식지: 솔섬, 안면도, 천리포
주요특징: 나무껍질은 회갈색이고 오래되면 비늘모양으로 불규칙하게 벗겨지며 코르크층이 발달하기도 한다. 겨울눈은 달걀모양이며 비늘조각에 털이 약간 있다. 잎은 어긋나고 거꿀달걀을 닮은 타원모양이며 끝은 갑자기 뾰족해지고 가장자리에 겹톱니가 있다. 잎자루에는 털이 있으며, 꽃은 잎이 나오기 전에 2년지에서 취산꽃차례의 양성꽃이 핀다. 열매는 거꿀달걀을 닮은 타원모양이고 털이 없다. 씨는 날개의 중앙, 약간 윗부분에 있다.
크기: ↕ 10~15m
번식: 씨앗뿌리기, 꺾꽂이
▼ ④ 자갈색
◢ ⑤~⑥ 갈색

느릅나무 *Ulmus davidiana* var. *japonica* (Rehder) Nakai

참느릅나무 *Ulmus parvifolia* Jacq.

느티나무 *Zelkova serrata* (Thunb.) Makino

참느릅나무

Ulmus parvifolia Jacq.

[*parvifolia*: 잎이 작다는 뜻]
영명: Lacebark Elm
이명: 좀참느릅나무, 둥근참느릅나무
서식지: 태안전역
주요특징: 나무껍질은 회갈색이며 갈색의 작은 껍질눈이 발달하고 오래되면 불규칙하게 작은 조각으로 떨어진다. 겨울눈은 달걀 모양이고 비늘조각은 적갈색이며 털이 없다. 잎은 어긋나며 끝은 둔하고 밑부분은 좌우 비대칭으로 가장자리에 둔한 톱니가 있다. 표면에 광택이 있으며 뒷면 잎겨드랑이에 갈색 털이 밀생한다. 잎자루엔 짧은 털이 있다. 가을에 새가지의 잎겨드랑이에서 양성꽃이 핀다. 열매는 자루가 있고 양면에 털이 없다.
크기: ↕ ↔10~15m
번식: 씨앗뿌리기, 꺾꽂이
🌼 ⑨~⑩ 황갈색
🍂 ⑩~⑪ 갈색

느티나무속(*Zelkova*)

남유럽, 남서부와 동부아시아에 6종류, 우리나라에 1종, 잎은 어긋나기, 짧은 잎자루와 턱잎, 깃모양 맥 뚜렷, 가장자리에 홑톱니
[*Zelkova*: 코카서스(Caucasus)에서 자라는 *Z. carpinifolia*의 지역명 Zelkoua(Tselkwa)에서 유래]

느티나무

Zelkova serrata (Thunb.) Makino

[*serrata*: 톱니가 있는]
영명: Sawleaf Zelkova
이명: 긴잎느티나무, 둥근잎느티나무
서식지: 태안전역
주요특징: 나무껍질은 회갈색으로 오래되면 비늘처럼 떨어진다. 겨울눈은 털이 없고 갈색이다. 잎은 어긋나며 측맥은 9~15쌍이고, 가장자리에 규칙적인 톱니가 있다. 꽃은 암수한그루로 잎이 나면서 꽃이 함께 핀다. 열매는 일그러진 원모양이며 표면에 털이 없다.
크기: ↕ ↔20~35m
번식: 씨앗뿌리기
🌼 ④~⑤ 황록색
🍂 ⑤ 갈색

닥나무 *Broussonetia kazinoki* Siebold

뽕나무과(Moraceae)
전세계 40속 1,347종류, 늘푸른 또는 잎지는 큰키나무, 드물게 풀

닥나무속(*Broussonetia*)
아시아에 11종류, 우리나라에 3종류, 잎은 어긋나기, 털이 있으며, 거칠고 가장자리에 톱니, 3~5갈래, 수꽃이삭은 타원모양, 암꽃이삭은 원모양

[*Broussonetia*: 프랑스 몽펠리의 의사이며 자연과학자인 브루소넷(P.M.A. Broussonet, 1761~1807)에서 유래]

닥나무 🌱特

Broussonetia kazinoki Siebold

[*kazinoki*: 일본명 '가지노기(꾸지나무)']
영명: Japanese Paper Mulberry
이명: 딱나무
서식지: 백리포, 안면도, 천리포
주요특징: 나무껍질은 갈색이며 좁은 타원모양의 껍질눈이 있다. 잎은 어긋나며 끝이 뾰족하고 밑은 둥글다. 불규칙한 결각이 있고 가장자리에 삼각상의 톱니가 있다. 표면은 짧은 털이 밀생하고 뒷면은 부드러운 털이 있다. 꽃은 암수한그루이며 봄에 새가지의 잎겨드랑이에서 핀다. 열매는 1~1.5cm의 원모양이다.
크기: ↕ ↔ 2~6m
번식: 씨앗뿌리기
🌸 ④~⑤ 적자색
🍎 ⑧~⑩ 적색

꾸지뽕나무속(*Cudrania*)
우리나라에 1종류, 잎지는 작은키나무, 작은 가지는 흔히 가시모양으로 퇴화, 잎은 어긋나기, 가장자리는 밋밋하거나 3갈래

[*Cudrania*: 그리스명 cudros(영광이 있는) 또는 말라야의 지역명 커드랭(cudrang)에서 유래]

꾸지뽕나무

Cudrania tricuspidata (Carr.) Bureau ex Lavallée

[*tricuspidata*: 3첨두의, 3철두의]
영명: Silkworm Thorn
이명: 구지뽕나무, 굿가시나무, 활뽕나무
서식지: 태안전역
주요특징: 나무껍질은 회갈색이며 5~20cm의 줄기가 변한 가시가 있다. 잎은 어긋나며 끝은 뾰족하고 밑은 둥글며 가장자리는 밋밋하다. 뒷면은 흰빛이 돌고 털이 있으며 결각은 불규칙하다. 꽃은 암수딴그루이며 머리모양꽃차례로 핀다. 열매는 2.5cm 정도의 원모양이다.
크기: ↕ ↔ 2~8m
번식: 씨앗뿌리기
🌸 ⑥ 녹색
🍎 ⑨~⑩ 적색

꾸지뽕나무 *Cudrania tricuspidata* (Carr.) Bureau ex Lavallée

뽕나무속(*Morus*)

북반구의 온대와 난대에 19종류, 우리나라에 8종류, 줄기에 가시가 없고 잎자루를 자르면 흰 유액이 남, 드물게 잎가장자리가 3∼5갈래
[*Cudrania*: 켈트어의 mor(검정)이란 뜻으로 열매가 검은 색에서 유래]

뽕나무

Morus alba L.

[*alba*: 백색의]
영명: White Mulberry
이명: 오디나무, 새뽕나무
서식지: 태안전역
주요특징: 나무껍질은 회백색에서 회갈색이며 세로로 갈라진다. 겨울눈은 넓은달걀모양이며 잔털이 드물게 있다. 잎은 어긋나며 끝은 뾰족하나 길어지지 않고 밑은 심장모양이며 가장자리는 둔한 톱니가 있다. 표면은 광택이 나며 뒷면 맥 위에 잔털이 있다. 꽃은 암수딴그루이며 수꽃차례는 새가지 밑이나 잎겨드랑이에, 암꽃차례는 새가지 밑부분에서 나온다. 열매는 원모양에서 타원모양이다.
크기: ↕ 7∼12m, ↔ 7∼10m
번식: 씨앗뿌리기, 꺾꽂이
▼ ⑤ 황록색 ◀ ⑥∼⑦ 흑자색

뽕나무 *Morus alba* L.

산뽕나무 <u>초</u>

Morus bombycis Koidzumi

[*bombycis*: 누에의, 명주의]
영명: Korean Mulberry
이명: 뽕나무
서식지: 태안전역
주요특징: 잎은 어긋나며 달걀모양으로 3∼5개의 결각이 생기기도 한다. 끝은 꼬리처럼 뾰족하고 밑은 심장모양 또는 편평하며 가장자리에 예리한 톱니가 있다. 표면은 광택이 나고, 뒷면은 맥 위에 털이 있다. 꽃은 암수딴그루로 암꽃차례는 원모양에서 통모양으로 백색털이 밀생하며 암술대가 길고 열매가 익을 때까지 떨어지지 않는다.
크기: ↕ 6∼15m, ↔ 6∼10m
번식: 씨앗뿌리기, 꺾꽂이
▼ ④∼⑤ 녹색 ◀ ⑥∼⑦ 흑자색

산뽕나무 *Morus bombycis* Koidzumi

삼과(Cannabaceae)

전세계 40속 1,347종류, 늘푸른 또는 잎지는 큰키나무, 드물게 풀

환삼덩굴속(*Humulus*)

북반구에 5종류, 우리나라에 1종, 덩굴성 풀, 밑을 향해 가시 발달, 잎은 마주나기, 손바닥모양, 깊게 3∼7갈래로 갈라짐, 가장자리에 톱니
[*Humulus*: 호프에 대한 Teuton어 기원의 라틴명이며 네덜란드어의 홈멜(hommel), 덴마크어의 홉(humle)과 관계가 있음

환삼덩굴

Humulus japonicus Sieb. et Zucc.

[*japonicus*: 일본의]
영명: Wild Hop
이명: 한삼덩굴, 범삼덩굴, 언겅퀴
서식지: 태안전역
주요특징: 암수딴그루의 한해살이풀로 줄기와 잎자루에 밑을 향한 거친 가시가 있다. 잎은 마주나며 손바닥모양이고 밑은 심장모양이다. 가장자리에 불규칙한 톱니가 있고, 양면에 거친 털이 있다. 수꽃은 원뿔꽃차례로 모여달린다. 암꽃차례는 포가 밀착되어 겹쳐진 솔방울모양이며 아래를 향해 달린다. 열매는 일그러진 원모양으로 포의 끝부분은 뒤로 약간 젖혀진다.
크기: ↕ ↔ 3∼7m
번식: 씨앗뿌리기
▼ ⑥∼⑨ 황록색 ◀ ⑧∼⑩ 자갈색

환삼덩굴 *Humulus japonicus* Sieb. et Zucc.

쐐기풀과(Urticaceae)

전세계 54속 1,540종류, 풀 또는 드물게 큰키나무

모시풀속(*Boehmeria*)

전세계 104종류, 우리나라에 13종류, 잎은 마주나기, 이모양의 톱니, 2∼3갈래, 꽃은 작고 암수꽃이 각각 모여서 꽃차례를 이룸
[*Boehmeria*: 독일 비텐베르크의 베이머(Georg Rudolf Boehmer, 1723∼1803)교수에서 유래]

모시풀 <u>초</u>

Boehmeria nivea (L.) Gaudich.

[*nivea*: 눈같이 흰]
영명: Ramie
이명: 남모시
서식지: 태안전역
주요특징: 잎은 어긋나며 넓은 달걀모양이다. 끝은 길게 뾰족해지고 가장자리에는 크기가 비슷한 톱니가 있다. 뒷면에는 백색의 털이 많다. 턱잎은 피침모양이며 2장인데 합쳐지지 않는다. 꽃은 원뿔모양의 취산꽃차례에 모여달리는데 줄기 상부에는 암꽃차례가 달린다.
크기: ↕ ↔ 1∼2m
번식: 씨앗뿌리기, 포기나누기
▼ ⑦∼⑨ 녹색
◀ ⑧∼⑩

모시풀 *Boehmeria nivea* (L.) Gaudich.

개모시풀

Boehmeria platanifolia Franch. & Sav.

[*platanifolia*: 버즘나무속(*Platanus*)의 잎과 비슷한]
영명: Sycamore-Leaf Falsenettle
이명: 좀모시풀, 흰개모시풀
서식지: 천리포
주요특징: 줄기는 높이가 1m에 달하고, 짧은 털이 빽빽하게 난다. 잎은 마주나고 넓은달걀모양 또는 달걀을 닮은 긴타원모양이다. 잎끝은 꼬리처럼 뾰족하고 가장자리에 규칙적인 톱니가 있다. 수꽃차례는 줄기 아래쪽에 달리고 암꽃차례는 줄기 위쪽에 달린다. 열매는 거꿀달걀모양이며 가장자리에 날개가 있고 전체에 털이 있다.
크기: ↕ ↔ 50∼100cm
번식: 씨앗뿌리기, 꺾꽂이, 포기나누기
▼ ⑦∼⑧ 연한 녹색 ◀ ⑧∼⑩

개모시풀 *Boehmeria platanifolia* Franch. & Sav.

혹쐐기풀 *Laportea bulbifera* (Siebold & Zucc.) Wedd.

좀깨잎나무

Boehmeria spicata (Thunb.) Thunb.

[*spicata*: 이삭모양의 꽃차례]
영명: Spicate Falsenettle
이명: 새끼거북꼬리, 신진, 점거북꼬리
서식지: 갈음이, 안면도, 흥주사, 천리포
주요특징: 나무껍질은 회갈색이며 어린가지는 붉은빛이 돈다. 잎은 마주나며 마름모꼴인데 끝은 꼬리처럼 길어지며 밑은 쐐기모양이다. 꽃은 암수한그루로 암꽃차례는 위에 수꽃차례는 아래에 달린다.
크기: ↕ ↔50~100cm
번식: 씨앗뿌리기, 꺾꽂이
🌼 ⑦~⑧ 홍자색
🍂 ⑧~⑩

혹쐐기풀속(*Laportea*)

전세계 25종류, 우리나라에 2종류, 쐐기 가시털이 있음, 잎은 어긋나기, 가장자리는 톱니가 있거나 밋밋
[*Laportea*: 19세기의 곤충학자로 유명한 프랑스의 라포르트(F.L. de Laporte)에서 유래]

혹쐐기풀

Laportea bulbifera (Siebold & Zucc.) Wedd.

[*bulbifera*: 비늘줄기가 있는]
영명: Bulbiferous Woodnettle
이명: 알쐐기풀
서식지: 안면도
주요특징: 줄기는 곧게 자라고 능각이 지며 자모(刺毛)가 있어 식물체에 스치면 벌에 쏘인듯한 통증이 있다. 잎은 어긋나고 잎자루가 길며 긴달걀모양 또는 달걀을 닮은 피침모양이다. 잎끝은 뾰족하며 밑부분이 둥글거나 심장모양이다. 잎가장자리의 끝은 뾰족하며 규칙적인 톱니가 있고 양면, 특히 맥 위에 짧은 털이 있다. 수꽃은 원뿔모양꽃차례며, 암꽃차례는 원줄기 끝에서 한쪽으로 가지를 치며 짧은 털이 있다. 열매는 비스듬한 원반모양이고 편평하며 길이 2.5~3mm이고 짧은 대가 있다.
크기: ↕ ↔40~70cm
번식: 씨앗뿌리기, 포기나누기, 살눈심기
🌼 ⑦~⑨ 녹색 🍂 ⑧~⑩

물통이속(*Pilea*)

전세계 286종류, 우리나라에 6종류, 한해살이풀 또는 여러해살이풀, 드물게 작은키나무, 잎은 마주나기, 가장자리는 밋밋하거나 톱니 발달, 3맥
[*Pilea*: 라틴명이며 수꽃의 꽃받침이 큰 것을 로마인의 pileus(휠트모자)에 비유]

모시물통이

Pilea mongolica Wedd.

[*mongolica*: 몽고의]
영명: Mongolian Clearweed
이명: 푸른물풍뎅이, 푸른물통이, 모시물퉁이
서식지: 안면도
주요특징: 물기가 많은 숲 가장자리에 흔하게 자라는 한해살이풀이다. 줄기는 곧게서며 연한 녹색이다. 잎은 마주나며 달걀모양으로 길이 2~10cm, 폭 1~7cm이다. 잎 끝은 꼬리처럼 뾰족하고 가장자리에 톱니가 있다. 잎자루는 1~3cm이다. 꽃은 암수한포기로 피며 연한 녹색이다. 꽃차례는 잎겨드랑이에서 발달하며 길이 1~3cm이다. 수꽃은 꽃덮이 조각과 수술이 각각 2개씩이다. 암꽃은 길이가 다른 꽃덮이 조각이 3장 있다. 열매는 수과이며 달걀모양, 갈색 점이 있다.
크기: ↕ ↔30~50cm
번식: 씨앗뿌리기
🌼 ⑦~⑨ 연한 녹색 🍂 ⑧~⑩ 연한 갈색

좀깨잎나무 *Boehmeria spicata* (Thunb.) Thunb.

모시물통이 *Pilea mongolica* Wedd.

물통이

Pilea peploides (Gaudich.) Hook. & Arn.

[*peploides*: 대극과의 *Euphorbia peplus*와 비슷한]
영명: Pacific Island Clearweed
이명: 물풍뎅이, 물통이
서식지: 가의도, 백화산, 안면도
주요특징: 숲 속의 그늘진 습지에 자라는 한해살이풀이다. 줄기는 연약하고 가지가 거의 갈라지지 않으며, 물이 찬 듯 투명하게 보이고 연한 녹색을 띠며 털이 없다. 잎은 마주나지만 줄기 끝에서는 거의 돌려난다. 잎몸은 달걀모양, 길이와 폭은 각각 5~10mm, 양 끝은 둔하거나 둥글고, 가장자리는 밋밋하거나 얕은 물결모양이다. 잎맥은 3개로 뚜렷하다. 잎자루는 잎몸보다 짧거나 길다. 꽃은 잎겨드랑이에 수꽃과 암꽃이 함께 모여 달린다. 수꽃은 꽃부리가 4갈래로 갈라지고, 암꽃은 3갈래로 갈라진다. 열매는 수과이다.
크기: ↕ ↔5~10cm
번식: 씨앗뿌리기
▼ ⑦~⑧ 녹색   ◀ ⑧~⑩ 연한 갈색

물통이 *Pilea peploides* (Gaudich.) Hook. & Arn.

쥐방울덩굴과 (Aristolochiaceae)

전세계 8속 643종류, 풀, 작은키나무 또는 덩굴식물

쥐방울덩굴속(*Aristolochia*)

열대, 아열대 등지 489종류, 우리나라에 2종류, 잎은 가장자리가 밋밋하고 심장모양, 꽃은 잎겨드랑이에 붙으며 좌우 상칭

[*Aristolochia*: 그리스어 aristos(가장 좋은)와 lochia(출산)의 합성어이며 꼬부라진 꽃의 형태를 태아의 모양과 같이 생각하고 굵어진 밑부분을 자궁에 비하면서 해산을 돕는다고 생각한데서 유래]

쥐방울덩굴

Aristolochia contorta Bunge

[*contorta*: 꼬인, 회선한]
영명: Northern Pipevine
이명: 마도령, 까치오줌요강, 방울풀

서식지: 안면도
주요특징: 잎은 어긋나는데 밑은 움푹 패어 있으며 가장자리는 밋밋하고, 잎자루의 길이는 1~7cm이다. 초록색의 꽃은 잎겨드랑이에 핀다. 나팔모양의 꽃은 아래쪽이 혹처럼 볼록하고 그 윗부분은 깔때기처럼 생겼는데, 한쪽만 길게 꼬리처럼 자란다. 혹처럼 생긴 부위에 6개의 암술과 수술이 들어 있다. 삭과로 익는 열매는 밑으로 처지며 6갈래로 터진다.
크기: ↕ ↔1~1.5m
번식: 씨앗뿌리기
▼ ⑥~⑦ 황록색   ◀ ⑧ 연한 갈색

쥐방울덩굴 *Aristolochia contorta* Bunge

족도리풀속(*Asarum*)

북반구의 온대와 난대에 135종류, 우리나라에 8종류, 땅속줄기가 있는 여러해살이풀, 밑동에서 잎이 나옴, 잎은 심장 또는 콩팥모양, 꽃은 족도리 모양

[*Asarum*: 그리스어 a(무)와 saroein(장식)의 합성어 또는 asaron(가지가 갈라지지 않음)에서 유래]

각시족도리풀

Asarum glabrata (C.S.Yook & J.G.Kim) B.U.Oh

[*glabrata*: 탈모한, 다소 매끈한]
영명: Glabrate Wildginger
이명: 반들족도리풀
서식지: 태안전역
주요특징: 잎은 심장모양으로 녹색이며, 길이 5~8cm, 너비 7~10cm이다. 잎끝이 둔한 모양이고, 표면과 표면 맥에 털이 많으며, 뒷면은 털이 없고 맥에만 조금 있다. 잎자루는 길이 18~23cm로 털이 없다. 꽃은 갈색을 띤 자주색이며 꽃받침결각은 세 갈래로 둥근 삼각모양이며 끝이 뾰족하다. 꽃받침은 뒤로 많이 젖혀져 꽃받침통에 가깝게 붙는다. 꽃받침은 갈색 계열의 보라색이며, 밑부분은 녹색을 띤 흰색 또는 흰색이다.
크기: ↕ ↔10~20cm
번식: 씨앗뿌리기, 포기나누기
▼ ④ 흑자색   ◀ ⑧~⑨ 갈색

각시족도리풀 *Asarum glabrata* (C.S.Yook & J.G.Kim) B.U.Oh

족도리풀

Asarum sieboldii Miq.

[*sieboldii*: 식물 연구가 지볼트(Philipp Franz Balthasar von Siebold, 1796~1866)의]
영명: Wildginger
이명: 민족도리풀, 세신, 화세신
서식지: 갈음이, 안면도, 천리포
주요특징: 땅속줄기는 마디와 수염뿌리가 많다. 잎은 뿌리잎 2장이며 잎자루는 길고, 잎몸은 심장모양으로 표면은 녹색이고 털이 없으며 뒷면은 잔털이 있다. 가장자리는 밋밋하고 잎자루는 자줏빛이다. 꽃은 항아리모양으로 윗부분은 3갈래로 갈라진다.
크기: ↕ ↔10~20cm
번식: 씨앗뿌리기, 포기나누기
▼ ⑤~⑥ 흑자색   ◀ ⑧~⑨ 갈색

족도리풀 *Asarum sieboldii* Miq.

범꼬리 *Bistorta manshuriensis* (Petrov ex Kom.) Kom.

마디풀과(Polygonaceae)
전세계 59속 1,584종류, 풀, 드물게 작은키나무

싱아속(*Aconogonon*)
우리나라에 8종류, 잎은 어긋나기, 긴타원 또는 피침모양, 가장자리는 밋밋하고 꽃은 원뿔모양의 이삭꽃차례

[*Aconogonon*: 그리스어 akonais(암상), akoa(투창) 및 gonu(무릎, 마디)의 합성어로서 투창같은 잎과 무릎같이 두드러진 식물의 특색에서 유래]

싱아

Aconogonon alpinum (All.) Schur

[*alpinum*: 고산성의]
영명: Alpine Knotweed
이명: 승애
서식지: 갈음이, 백리포, 안면도
주요특징: 줄기는 곧게서며, 가지가 많이 갈라진다. 잎은 어긋나며, 달걀을 닮은 타원 또는 긴타원모양으로 길이 10~15cm, 폭 3~5cm이고 끝은 좁아진다. 꽃은 잎겨드랑이와 가지 끝에서 총상 원뿔모양꽃차례를 이룬다. 열매는 수과로 세모지고 윤이 난다.
크기: ↕ ↔80~100cm **번식**: 씨앗뿌리기
▼ ⑥~⑧ 백색 ◀ ⑧ 황백색

싱아 *Aconogonon alpinum* (All.) Schur

범꼬리속(*Bistorta*)
우리나라에 9종류, 여러해살이풀, 땅속줄기가 있고 줄기는 가지를 치지 않고, 곧게 섬, 꽃차례는 끝에 통모양으로 모여 달림

[*Bistorta*: 라틴어 bis(2회)와 tortus(꼬이다)의 합성어이며 두 번 꼬인다는 뜻으로서 땅속줄기의 형태에서 유래]

범꼬리

Bistorta manshuriensis
(Petrov ex Kom.) Kom.

[*manshuriensis*: 만주산의]
이명: 만주범의꼬리, 북범꼬리풀
서식지: 천리포, 구례포
주요특징: 땅속줄기는 짧고 크며 많은 잔뿌리가 나온다. 줄기는 전체에 털이 없거나 잎 뒷면에 백색 털이 있다. 뿌리잎은 잎자루가 길며 넓은달걀모양으로 점차 좁아져서 끝이 뾰족해지며 밑부

분이 심장모양이고 뒷면이 흰빛이다. 줄기잎은 위로 올라갈수록 작아지고 잎자루가 없다. 꽃은 줄기끝에서 길이 4~8cm 정도의 통모양꽃차례가 발달한다.
크기: ↕ ↔30~80cm
번식: 씨앗뿌리기
▼ ⑥~⑦ 백색
◀ ⑦~⑧ 갈색

메밀속(*Fagopyrum*)
인도, 중국 등 중앙아시아에 27종류, 우리나라에 1종 퍼져 자람, 5장의 꽃잎으로 이루어진 작은꽃들이 모여 총상꽃차례

[*Fagopyrum*: 라틴명 *Fagus*(너도밤나무)와 그리스명 pyros(밀, 곡물)의 합성어이며 3능선이 있는 열매가 너도밤나무의 열매와 비슷한데서 유래]

메밀 　초

Fagopyrum esculentum Moench

[*esculentum*: 식용의]
영명: Buckwheat, Notch-seeded Buckwheat, Brank
이명: 뫼밀, 매물
서식지: 태안전역
주요특징: 전국에서 재배하는 한해살이풀로 빈터에 씨가 떨어져 저절로 자라기도 한다. 줄기는 가지가 갈라지며 속이 비어있고 붉은빛이 돈다. 잎은 어긋나며 심장을 닮은 세모모양, 길이 3~5cm, 폭 2~4cm, 가장자리가 밋밋하다. 꽃은 잎겨드랑이와 가지 끝에서 난 총상꽃차례에 핀다. 열매는 수과로 세모진 달걀모양, 길이 5~6mm, 검은 갈색으로 익고 윤이 난다.
크기: ↕ ↔40~70cm
번식: 씨앗뿌리기
▼ ⑦~⑩ 백색
◀ ⑩~⑪ 연한 홍색

메밀 *Fagopyrum esculentum* Moench

닭의덩굴속(*Fallopia*)
전세계 17종류, 우리나라에 자생 6종류, 귀화 3종류, 덩굴성 또는 작은키나무, 잎은 어긋나기, 화살모양의 심장 또는 달걀모양

큰닭의덩굴

Fallopia dentatoalata (F.Schmidt) Holub

[*dentatoalata*: 어금니같은 톱니 날개가 있는]
이명: 왕모밀덩굴, 참덩굴메밀
서식지: 안면도
주요특징: 줄기는 잔털 같은 돌기가 있다. 잎은 어긋나며 화살같은 달걀모양으로 끝이 뾰족하고 밑부분이 심장모양이다. 잎자루는 길이 1~6cm 정도이고 잎집은 길이 3~6mm 정도이다. 꽃은 가지 끝이나 잎겨드랑이에서 나오는 수상꽃차례에 모여 달린다. 수과는 길이 4mm 정도의 세모진 심장모양으로 다소 윤기가 있다.
크기: ↕ ↔70~100cm
번식: 씨앗뿌리기
▼ ⑨~⑩ 황록색 ◀ ⑩~⑪ 흑색

큰닭의덩굴 *Fallopia dentatoalata* (F.Schmidt) Holub

닭의덩굴

Fallopia dumetorum (L.) Holub

[*dumetorum*: 총림의, 소관목상의]
영명: Copse Buckwheat
이명: 참덩굴메밀, 산덩굴메밀, 개여뀌덩굴
서식지: 태안전역
주요특징: 줄기는 옆으로 길게 뻗으며, 가지가 많이 갈라지고 표면에 미세한 돌기가 있다. 잎은 어긋나며, 달걀모양 또는 삼각형으로 길이 5~10cm, 양면의 잎맥과 가장자리에 미세한 돌기가 있다. 꽃은 잎겨드랑이에서 모여 총상꽃차례를 이룬다. 꽃덮이는 날개가 발달한다. 열매는 수과로 원모양이며 표면에 돌기가 없고 매끈하며 광택이 있다.
크기: ↕ ↔1~2m
번식: 씨앗뿌리기
▼ ⑥~⑨ 연한 홍색 ◀ ⑧~⑨ 흑색

물여뀌 *Persicaria amphibia* (L.) S. F. Gray

34

닭의덩굴 *Fallopia dumetorum* (L.) Holub

감절대 *Fallopia forbesii* (Hance) K.Yonekura & Ohashi

감절대

Fallopia forbesii (Hance)
K.Yonekura & Ohashi

영명: Forbes' Knotweed
이명: 호장근
서식지: 천리포
주요특징: 줄기는 곧게 자라며, 윗부분에서 가지가 갈라지고, 전체에 가늘고 긴 모양의 털이 드물게 있다. 잎은 어긋나며 원모양, 밑부분은 둥글고 끝 부분은 뾰족해진다. 꽃은 가지 끝과 잎겨드랑이에서 나온 원뿔모양꽃차례에 달린다. 꽃덮이는 흰색 또는 녹색이 돌며, 5갈래로 갈라진다. 열매는 수과로 달걀을 닮은 원모양이다.
크기: ↕ ↔1~2.5m
번식: 씨앗뿌리기, 포기나누기, 꺾꽂이
🌸 ⑤~⑥ 녹색　🌰 ⑥~⑦ 갈색

여뀌속(*Persicaria*)

북반구에 71종류, 우리나라에 자생 42종류, 귀화 3종류, 한해살이풀, 드물게 여러해살이풀, 줄기는 가지를 치고 꽃은 길고 가느다란 꽃차례 축에 작은꽃자루가 없는 작은꽃이 조밀
[*Persicaria*: Persica(복숭아)와 비슷하다는 뜻으로 잎이 복사나무와 비슷한데서 유래]

물여뀌　🦋 LC

Persicaria amphibia (L.) S. F. Gray

[*amphibia*: 물과 땅 양쪽에서 자라는]
영명: Water Smartweed
이명: 개구리낚시
서식지: 천리포
주요특징: 원줄기가 진흙 속으로 뻗고 마디에서 뿌리가 내리며, 잎은 긴타원모양이며 길이 5~15cm, 폭 2~6cm로서 끝이 둔하거나 둥글고 밑부분은 심장모양이다. 잎자루는 물속의 것은 길며 지상부의 것은 짧고 잎집의 턱잎은 막질이며 중앙에서 잎자루 밑부분이 붙어있다. 지상에서 자라는 것은 곧게서서 많은 잎이 달리지만 물속에서 자라는 것은 잎겨드랑이에서 꽃이 피는

짧은 꽃대가 나오고 모두 털이 없다. 땅에서 난 잎은 피침모양으로 털이 있다.
크기: ↕ ↔30~50cm
번식: 씨앗뿌리기, 포기나누기
🌸 ⑦~⑨ 연한 홍색　🌰 ⑨~⑩ 흑갈색

이삭여뀌

Persicaria filiformis (Thunb.) Nakai ex Mori

[*filiformis*: 실 모양의]
영명: Loose-Spike Smartweed
서식지: 가의도, 안면도, 흥주사, 병술만
주요특징: 줄기는 마디가 있으며 전체에 긴 털이 있다. 잎은 어긋나고 거꿀달걀모양으로 끝이 뾰족하며 밑부분이 좁고 양면에 털이 있으며, 표면에는 흔히 흑색의 반점이 있다. 잎자루는 길이 1~3cm 정도이다. 꽃은 길이 20~40cm 정도의 수상꽃차례에 드문드문 달리는 짧은 꽃대에 적색의 꽃이 핀다. 열매는 양끝이 좁은달걀모양이다. 암술대가 갈고리모양으로 휘고 탈락하지 않는다.
크기: ↕ ↔50~80cm
번식: 씨앗뿌리기
🌸 ⑦~⑧ 적색　🌰 ⑧~⑨ 암갈색

여뀌　🦋 LC 🌱

Persicaria hydropiper (L.) Delarbre

[*hydropiper*: 물가에서 자라는 후추라는 뜻]
영명: Water Pepper
이명: 버들여뀌
서식지: 태안전역
주요특징: 줄기는 가지가 많이 갈라진다. 잎은 어긋나며 피침모양으로 양끝이 좁고 가장자리가 밋밋하다. 표면은 털이 없으며 녹색이고 씹으면 매운 맛이 난다. 턱잎은 막질이고 가장자리에 털이 있다. 수상꽃차례는 밑으로 처지고 꽃덮이는 녹색이나 약간 적색인 꽃이 핀다. 수과는 길이 2~3mm 정도의 일그러진 달걀모양이고 잔 점이 있으며 꽃받침에 싸여 있다.
크기: ↕ ↔40~80cm
번식: 씨앗뿌리기
🌸 ⑦~⑧ 연한 홍색　🌰 ⑧~⑨ 흑갈색

이삭여뀌 *Persicaria filiformis* (Thunb.)
Nakai ex Mori

흰꽃여뀌

Persicaria japonica (Meisn.) H.Gross ex Nakai

[*japonica*: 일본의]
영명: White-Flower Smartweed
이명: 흰꽃여뀌
서식지: 태안전역
주요특징: 땅속줄기는 옆으로 길게 뻗으며, 줄기는 곧게 자라고 밑에서 가지가 갈라진다. 잎은 넓은 피침모양, 끝은 뾰족하고 가장자리와 뒷면 맥 위에 거센 털이 있다. 꽃은 줄기 끝의 이삭꽃차례에 달리며, 꽃차례는 밑으로 처진다. 꽃덮이는 5갈래로 갈라진다. 수술은 8개, 암술은 2개 또는 3개이며 아랫부분이 합쳐진다. 수과는 달걀모양으로 윤기가 돈다.
크기: ↕ ↔50~100cm
번식: 씨앗뿌리기
🌸 ⑦~⑧ 백색　🌰 ⑧~⑨ 흑색

여뀌 *Persicaria hydropiper* (L.) Delarbre

흰꽃여뀌 *Persicaria japonica* (Meisn.) H.Gross ex Nakai

며느리배꼽

Persicaria perfoliata (L.) H. Gross

[*perfoliata*: 줄기를 둘러싼 잎을 가진]
영명: Asian Tearthumb
이명: 참가시덩굴여뀌
서식지: 태안전역
주요특징: 덩굴성 줄기는 밑으로 향한 가시가 있어 다른 물체에 잘 붙는다. 어긋나는 잎의 긴 잎자루는 잎몸 밑에서 약간 올라붙어 있으며 삼각형의 잎몸은 표면이 녹색이고 뒷면은 흰빛이 돌며 잎맥 위에 밑을 향한 잔가시가 있다. 꽃은 수상꽃차례에 달린다. 수과는 지름 3mm 정도의 달걀을 닮은 원모양으로 약간 세모가 지고 윤기가 있으며 육질화된 하늘색 꽃받침으로 싸여 있어 장과처럼 보인다.
크기: ↕ ↔1~2m **번식**: 씨앗뿌리기
▼ ⑦~⑨ 연한 녹색 ◪ ⑨~⑩ 흑색

며느리배꼽 *Persicaria perfoliata* (L.) H. Gross

장대여뀌 *Persicaria posumbu*
(Buch.–Ham. ex D.Don) H.Gross

장대여뀌

Persicaria posumbu (Buch.–Ham. ex D.Don) H.Gross

영명: Tall Smartweed
이명: 꽃여뀌
서식지: 안면도
주요특징: 줄기는 전체에 털이 없으며 밑에서 가지가 많이 갈라지고 땅에 닿은 부분에서 뿌리가 내린다. 잎은 달걀모양 또는 달걀을 닮은 피침모양으로 끝은 꼬리처럼 길어지고 잎자루는 짧다. 턱잎은 통모양으로 되며 같은 길이의 부드러운 털이 있다. 꽃은 길이 3~10cm인 이삭꽃차례에 성글게 달린다. 열매는 수과. 세모난 달걀모양으로 윤기가 난다.
크기: ↕ ↔35~60cm
번식: 씨앗뿌리기
▼ ⑥~⑨ 홍색 ◪ ⑨~⑩ 흑색

바보여뀌 🐾 LC

Persicaria pubescens (Blume) H. Hara

[*pubescens*: 작고 부드러운 털이 있는]
영명: Nonspicy Smartweed
이명: 점박이여뀌
서식지: 태안전역
주요특징: 줄기는 털이 약간 있으며 '여뀌'와 달리 매운맛이 없다. 어긋나는 잎은 긴타원상 피침모양이며 양면에 짧은 털이 있고 표면에 흑색 점이 있다. 잎자루가 없으며 잎집의 턱잎은 막질이고 누운 털이 있다. 꽃차례는 길이 5~10cm 정도이며 가늘고 밑으로 처지고 꽃은 드문드문 달린다. 수과는 길이 2mm 정도의 세모진 달걀모양으로 윤기가 없다.
크기: ↕ ↔40~80cm
번식: 씨앗뿌리기
▼ ⑧~⑨ 연한 홍색 ◪ ⑨~⑩ 흑색

바보여뀌 *Persicaria pubescens* (Blume) H. Hara

며느리밑씻개

Persicaria senticosa (Meisn.)
H.Gross ex Nakai

영명: Prickled–Vine Smartweed
이명: 가시덩굴여뀌
서식지: 태안전역
주요특징: 덩굴줄기는 잎자루와 더불어 붉은빛이 돌고 갈고리같은 가시가 있어 다른 물체에 잘 붙는다. 잎은 어긋나며 삼각형으로 양면에 털이 있다. 잎자루가 길고 턱잎은 잎 같지만 작고 녹색이다. 꽃은 가지 끝에 둥글게 모여 달리고 꽃대에 잔털과 샘털이 있다. 씨는 꽃받침으로 싸여 있고 둥글지만 약간 세모가 진다.
크기: ↕ ↔1~2m
번식: 씨앗뿌리기
▼ ⑥~⑨ 연한 홍색
◀ ⑧~⑩ 흑색

며느리밑씻개 *Persicaria senticosa*
(Meisn.) H.Gross ex Nakai

고마리

Persicaria thunbergii
(Siebold & Zucc.) H.Gross

[*thunbergii*: 스웨덴 식물학자 툰베리
(C. P. Thunberg)의]
영명: Thunberg's Smartweed
이명: 고만이, 꼬마리, 줄고만이
서식지: 태안전역
주요특징: 줄기는 옆으로 비스듬히 자라고 땅에 닿은 마디에서는 뿌리가 내리며 가지가 갈라진다. 잎은 어긋나며 달걀모양으로 밑부분이 심장모양이며 짙은 녹색으로 약간의 털이 있고 윤기가 없다. 밑부분의 잎은 잎자루가 있으나 윗부분의 잎은 짧아지고 흔히 날개가 있으며 작은잎같이 달리는 잎집은 길이 4~8mm 정도로 가장자리에 짧은 털이 있다.
크기: ↕ ↔70~100cm
번식: 씨앗뿌리기
▼ ⑦~⑨ 연한 홍색
◀ ⑧~⑩ 갈색

고마리 *Persicaria thunbergii*
(Siebold & Zucc.) H.Gross

끈끈이여뀌

Persicaria viscofera (Makino) Nakai

[*viscofera*: 점질물이 있는]
영명: Sticky Smartweed
서식지: 갈음이, 안면도
주요특징: 줄기는 비스듬히 퍼진 털이 있다. 잎은 어긋나기하는데 피침모양이며 잎자루가 거의 없다. 잎집의 턱잎은 길이 5~10mm로서 가장자리에 수염같은 털이 있다. 꽃은 이삭꽃차례로 10여개가 가지 끝과 원줄기 끝에 달리며 꽃대의 일부에서 점액을 분비한다. 열매는 수과로 세모진 거꿀달걀모양이며 길이 1.8~2mm이고 꽃받침에 싸여 있다.
크기: ↕ ↔30~100cm
번식: 씨앗뿌리기
▼ ⑦~⑧ 분홍색   ◀ ⑧~⑨ 흑색

끈끈이여뀌 *Persicaria viscofera* (Makino) Nakai

큰끈끈이여뀌

Persicaria viscofera var. *robusta*
(Makino) Hiyama

[*viscofera*: 점질물이 있는, *robusta*: 보다 큰, 보다 강한]
서식지: 갈음이
주요특징: 줄기는 곧게 서며 비스듬히 퍼진 털이 있으나 끈끈이여뀌에 비해 전체에 털이 적으며 가지가 갈라지기도 한다. 잎은 어긋나기하며 피침모양이고 잎자루가 거의 없다. 식물체가 크고 잎 뒷면 맥 위와 표면 전체 또는 가장자리에만 털이 있다. 잎집의 턱잎은 가장자리에 수염같은 털이 있다. 이삭꽃차례는 10여개가 가지 끝과 원줄기 끝에 달리며 꽃대의 일부에서 점액을 분비한다. 열매는 수과로서 세모진 거꿀달걀모양이며 꽃덮이로 싸여 있다.
크기: ↕ ↔40~80cm
번식: 씨앗뿌리기
▼ ⑦~⑧ 녹색, 연한 홍색
◀ ⑧~⑨ 흑색

큰끈끈이여뀌 *Persicaria viscofera* var. *robusta*
(Makino)

기생여뀌

Persicaria viscosa (Buch.Ham.ex D.Don)
H.Gross ex T.Mori

[*viscosa*: 점질의]
영명: Reddish Marsh Smartweed
이명: 향여뀌
서식지: 안면도
주요특징: 줄기는 갈색의 긴 털이 많다. 잎은 어긋나고 달걀을 닮은 피침모양으로 길이 7~15cm, 폭 1.5~4cm이다. 꽃은 6~9월에 홍자색으로 핀다. 수상꽃차례는 가지 끝과 잎겨드랑이에서 나오고 길이 3~5cm이다. 꽃덮이는 5개로 갈라진다. 수술은 8개이고 꽃덮이보다 짧다. 암술대는 3개로 갈라지고 씨방은 세모가 진다.
크기: ↕ ↔40~100cm
번식: 씨앗뿌리기
▼ ⑦~⑨ 분홍색
◀ ⑨~⑩ 흑색

기생여뀌 *Persicaria viscosa* (Buch.Ham. ex D.Don) H.Gross ex T.Mori

소리쟁이속(*Rumex*)

전세계 183종류, 우리나라에 자생 10종류, 귀화 4종류, 여러해살이풀 또는 한해살이풀, 잎은 어긋나기, 밑동에서 나오고 잎자루의 밑부분을 칼집모양으로 줄기를 싸고 열매는 세모짐 [*Rumex*: 라틴 고명으로서 rumex는 창의 일종이며 잎의 형태에서 유래]

소리쟁이

Rumex crispus L.

[*crispus*: 물결모양의]
영명: Curled Dock
이명: 긴소루쟁이, 송구지
서식지: 태안전역
주요특징: 줄기에는 얕은 홈이 있다. 잎은 긴타원모양으로 끝은 뾰족하고 잎가장자리는 물결모양이다. 뿌리잎과 아래의 줄기잎은 긴 잎자루가 있으나 윗부분의 줄기잎은 잎자루가 짧다. 꽃은 줄기 끝에 원뿔모양꽃차례에 달린다. 꽃덮이는 달걀모양이다.
크기: ↕ ↔40~120cm
번식: 씨앗뿌리기
🌸 ⑤~⑦ 연한 녹색　🟤 ⑦~⑧ 갈색

소리쟁이 *Rumex crispus* L.

명아주과(Chenopodiaceae)

전세계 100속 1,500종류, 건조지역에 자라는 풀, 드물게 작은키나무

갯는쟁이속(*Atriplex*)

전세계 305종류, 우리나라에 자생 2종류, 귀화 1종, 풀 또는 작은키나무, 표면이 비듬 같은 것에 덮여 있고 줄기에 잎이 많이 달림, 잎은 어긋나기 또는 마주나기

갯는쟁이

Atriplex subcordata Kitag.

[*subcordata*: 다소 심장형의]
영명: Asian Seashore Saltbush
이명: 갯능쟁이
서식지: 태안전역
주요특징: 줄기는 곧게 자라며 전체에 털이 없다. 잎은 어긋나며 짧은 잎자루가 있다. 잎은 삼각상 피침모양으로 밑부분은 쐐기모양이고 가장자리에는 불규칙한 톱니가 있다. 꽃은 잎겨드랑이에 모여 달리며 이삭꽃차례를 이룬다. 수꽃은 포가 없다. 암꽃의 포는 삼각상 달걀모양으로 끝은 뾰족하다. 열매는 낭과이다.
크기: ↕ ↔40~60cm
번식: 씨앗뿌리기
🌸 ⑦~⑧ 연한 녹색
🟤 ⑧~⑨ 갈색

갯는쟁이 *Atriplex subcordata* Kitag.

명아주속(*Chenopodium*)

전세계 164종류, 우리나라에 자생 7종류, 귀화 6종류, 한해살이풀 또는 여러해살이풀, 잎은 밋밋하거나 깃모양으로 갈라짐, 꽃은 잎겨드랑이에 이삭꽃차례 또는 원뿔모양꽃차례 [*Chenopodium*: 그리스어 chen(거위)과 podion(작은 발)의 합성어이며 명아주 잎의 형태에서 유래]

흰명아주　초

Chenopodium album L.

[*album*: 백색의]
영명: White Goosefoot
이명: 흰능쟁이, 가는명아주
서식지: 태안전역
주요특징: 잎은 어긋나기하며 잎자루가 길고 세모난 달걀모양이다. 잎 가장자리에는 물결모양의 톱니가 있으며, 명아주와 달리 어린 잎이 적색으로 되지 않는다. 가지 끝에서 이삭꽃차례가 발달하여 전체적으로 원뿔모양꽃차례를 형성하고 많은 낱꽃이 달린다.
크기: ↕ ↔70~100cm　**번식**: 씨앗뿌리기
🌸 ⑥~⑦ 황록색　🟤 ⑦ 녹갈색

흰명아주 *Chenopodium album* L.

취명아주

Chenopodium glaucum L.

[*glaucum*: 회청색의]
영명: Oak-Leaf Goosefoot
이명: 쥐명아주, 분명아주, 잔능쟁이
서식지: 외파수도, 소원면 염전
주요특징: 곧게 또는 비스듬히 자라는 줄기는 가지가 많으며 약간 육질이다. 어긋나는 잎은 긴 타원상 달걀모양이고 가장자리에 깊은 물결모양의 톱니가 있으며 표면은 녹색, 뒷면은 분백색이다. 잎자루는 길이 5∼20mm 정도이다. 꽃잎이 없는 꽃이 달리는 수상꽃차례가 모여 원뿔모양을 이룬다. 씨는 윤기가 있다.
크기: ↕ ↔15∼100cm
번식: 씨앗뿌리기
🌱 ⑤∼⑨ 황록색
🔹 ⑧∼⑨ 흑갈색

호모초속(*Corispermum*)

전세계 74종류, 우리나라에 6종, 곧게서는 한해살이풀, 잎은 납작하고 가늘며 꽃에는 긴포가 발달
[*Corispermum*: 그리스어 coris(빈대)와 sperma(종자)의 합성어이며 종자가 빈대를 닮은데서 유래]

호모초

Corispermum stauntonii Moq.

[*stauntonii*: 영국인 스탠턴(Sir George Leonard Staunton, 1st Baronet, 1737∼1801)의, 멀꿀속(*Stauntonia*)의]
영명: Staunton's Bugseed
이명: 푸른댑싸리, 푸른장다리풀, 푸른대싸리
서식지: 학암포, 천리포
주요특징: 바닷가 모래땅에서 자라며 줄기는 높이 50cm 정도에 달하고 밑부분에서 가지가 많이 갈라지며 털이 없다. 잎은 어긋나며 가늘고 긴 모양이고 끝이 뾰족하다. 중앙부의 잎은 길이 3cm, 너비 1mm 정도로서 위로 다소 말리고 털이 없다. 꽃은 수상꽃차례에 달린다. 씨는 편평한 타원모양이고 길이 3mm 정도로 표면이 다소 들어가고 뒷면은 다소 볼록해지며 가장자리가 좁은 날개로 되고 누른빛이 도는 볏짚색이다.
크기: ↕ ↔15∼50cm
번식: 씨앗뿌리기
🌱 ⑦∼⑧ 황록색　🔹 ⑧∼⑨ 황색

갯댑싸리속(*Kochia*)

유럽, 아시아, 호주, 아프리카에 9종류, 우리나라에 1종류, 풀이지만 밑동이 흔히 목질화, 비단털 발달, 잎은 좁고 가장자리는 밋밋함
[*Kochia*: 독일의 유명한 식물학자 코흐(Wilhelm Daniel Joseph Koch, 1771∼1849)에서 유래]

갯댑싸리

Kochia scoparia var. *littorea* Makino

[*scoparia*: 빗자루 같은, *littorea*: 해안의]

취명아주 *Chenopodium glaucum* L.

호모초 *Corispermum stauntonii* Moq.

영명: Coastal mock-cypress
이명: 갯대싸리
서식지: 안면도, 구례포
주요특징: 곧게 서며 전체에 약간의 털이 있고 줄기는 가지를 많이 친다. 잎은 어긋나며 가늘고 긴 피침모양으로 양끝이 뾰족하고 톱니가 없으며 3줄의 맥(脈)이 뚜렷하고 가장자리는 밋밋하며 밑부분이 가늘어지면서 자루를 이룬다. 잎 길이 2∼5cm, 폭 2∼8mm로서 긴 털이 약간 있다. 꽃은 암수딴그루로 2∼3송이씩 잎겨드랑이에서 나오며 꽃이 잘고 꽃대와 꽃잎이 없다.
크기: ↕ ↔70∼100cm
번식: 씨앗뿌리기
🌱 ⑦∼⑨ 황록색
🔹 ⑧∼⑨

갯댑싸리 *Kochia scoparia* var. *littorea* Makino

퉁퉁마디속(*Salicornia*)

전세계 29종류, 우리나라에 1종. 털이 없고, 가지는 마주나기, 마디가 있음, 잎은 마주나기, 비늘모양, 밑동에서 서로 붙음
[*Salicornia*: 라틴어 sal(소금)과 cornu(뿔)의 합성어이며 해안에서 자라고 뿔같은 가지가 있는 것에서 유래]

퉁퉁마디

Salicornia europaea L.

[*europaea*: 유럽의]
영명: Marshfire Glasswort
서식지: 백리포, 안면도, 소원면 염전
주요특징: 바닷가에 자라는 한해살이풀이다. 전체가 다육질이고 녹색이지만 가을에 붉은색으로 변한다. 줄기는 곧게서며 마디마다 양쪽으로 퉁퉁한 가지가 갈라진다. 잎은 마디의 윗부분에 마주나며 비늘조각모양이다. 꽃은 가지 윗부분 마디의 양쪽 비늘잎겨드랑이 홈 속에 3개씩 달려 전체적으로 이삭꽃차례를 이룬다. 열매는 낭과이며 납작한 달걀모양이다.
크기: ↕ ↔10~35cm   **번식**: 씨앗뿌리기
🌼 ⑧~⑨ 녹색   ◀ ⑨~⑩

수송나물속(*Salsola*)

전세계 북반구 소금기 있는 토양이나 해변에 178종류, 우리나라에 3종류, 가지에는 마디 없음, 잎은 어긋나기, 드물게 마주나기, 비늘모양
[*Salsola*: 라틴어 salsus(짜다)에서 유래했으며 해안에서 자란다는 뜻]

솔장다리

Salsola collina Pall.

[*collina*: 구릉에 사는]
영명: Slender Russian Thistle
서식지: 태안 바닷가 전역
주요특징: 바닷가에 자라는 한해살이풀이다. 줄기는 서며 밑에서 가지가 많이 갈라진다. 잎은 어긋나며 육질이고 끝은 가시처럼 뾰족하다. 꽃은 줄기와 가지 끝에서 이삭꽃차례를 이룬다. 포는 달걀모양으로 끝은 뾰족하며 가장자리는 막질이다. 열매는 낭과이고 둥글며 1개의 씨가 들어 있다.
크기: ↕ ↔20~100cm
번식: 씨앗뿌리기
🌼 ⑧~⑨ 연한 녹색
◀ ⑨~⑩

솔장다리 *Salsola collina* Pall.

수송나물

Salsola komarovii Iljin

[*komarovii*: 소련의 분류학자 코마로프(Vladimir Leontyevich Komarov, 1869~1945)의]
영명: Komarov's Russian Thistle
이명: 가시솔나물
서식지: 태안 바닷가 전역
주요특징: 바닷가에 자라는 한해살이풀이다. 줄기는 밑에서 가지가 갈라져 비스듬히 자라며, 털이 없고 윤기가 난다. 잎은 어긋나며 가늘고 긴 모양이고 끝은 뾰족하고 연하지만 나중에는 딱딱해진다. 꽃은 잎겨드랑이에 1개씩 달리거나 짧은 이삭꽃차례를 이룬다. 열매는 낭과로 1개의 씨가 들어 있다.
크기: ↕ ↔20~50cm
번식: 씨앗뿌리기
🌼 ⑦~⑧ 연한 녹색
◀ ⑧~⑨

퉁퉁마디 *Salicornia europaea* L.

수송나물 *Salsola komarovii* Iljin

나문재속(*Suaeda*)

전세계 해안에 76종류, 우리나라에 6종류, 보통 털이 없음. 잎은 어긋나기, 통통하고 선모양, 꽃은 잎겨드랑이에 모여 붙음
[*Suaeda*: 아랍어의 suad(소다)에서 유래했으며 해안에서 자란다는 뜻]

나문재

Suaeda glauca (Bunge) Bunge

[*glauca*: 회청색의]
영명: Asian Common Seepweed
이명: 갯솔나물
서식지: 태안 바닷가 전역
주요특징: 바닷가에 자라는 한해살이풀이다. 줄기는 곧게서며 가지가 많이 갈라진다. 잎은 가늘고 긴 모양으로 빽빽하게 어긋나며 다육질이고 단면은 반달모양이다. 꽃은 줄기 윗부분의 잎겨드랑이에서 난 짧은 꽃대 끝에 1~3개씩 달리거나 줄기 끝에 이삭꽃차례로 달린다. 열매는 낭과이며 둥글다.
크기: ↕ ↔40~80cm
번식: 씨앗뿌리기
▼ ⑦~⑧ 황록색　✎ ⑧~⑨

나문재 *Suaeda glauca* (Bunge) Bunge

해홍나물

Suaeda maritima (L.) Dumort.

[*maritima*: 바다의, 해안의]
영명: Herbaceous Seepweed
이명: 남은재나물, 갯나문재
서식지: 가의도, 백리포, 안면도, 장명수
주요특징: 갯벌에 자라는 한해살이풀이다. 줄기는 곧게서며 가지가 많이 갈라진다. 잎은 가늘고 긴 모양으로 빽빽하게 어긋나며 다육질이고 흰가루로 덮인다. 잎은 가을에 매우 통통해지며 붉은색으로 변한다. 꽃은 잎겨드랑이에서 3~5개씩 모여 달린다. 꽃덮이는 5장이다. 열매는 낭과이며 원반모양이다.
크기: ↕ ↔20~60cm
번식: 씨앗뿌리기
▼ ⑦~⑧ 황록색　✎ ⑧~⑨

비름과(Amaranthaceae)

전세계 178속 2,212종류, 풀, 드물게 작은 키나무

쇠무릎속(*Achyranthes*)

전세계 21종류, 우리나라에 2종류, 줄기는 가지를 치고 마디부분이 두꺼움, 잎은 마주나기, 잎자루가 있고, 달걀 또는 피침모양, 가장자리는 밋밋함
[*Achyranthes*: 그리스어 achyron(겨)과 anthos(꽃)의 합성어이며 연한 녹색의 꽃이 쌀겨같이 보인다는 뜻]

쇠무릎

Achyranthes japonica (Miq.) Nakai

[*japonica*: 일본의]
영명: Oriental Chaff Flower
이명: 쇠무릅, 우슬, 쇠무릅풀
서식지: 태안전역
주요특징: 줄기는 네모지고 곧게 자라며 가지가 많이 갈라진다. 잎은 마주나기하며 긴타원모양이고 양끝이 좁으며 털이 약간 있고 길이 10~20cm, 나비 4~10cm로서 잎자루가 있다. 꽃은 잎겨드랑이와 원줄기 끝에서 녹색의 이삭꽃차례가 자라며 꽃이 진 다음 밑으로 굽어서 꽃대축에 붙는다.
크기: ↕ ↔50~100cm
번식: 씨앗뿌리기
▼ ⑧~⑨ 녹색
✎ ⑨~⑩

해홍나물 *Suaeda maritima* (L.) Dumort.

쇠무릎 *Achyranthes japonica* (Miq.) Nakai

미국자리공 *Phytolacca americana* L.

자리공과(Phytolaccaceae)

전세계 13속 64종류, 풀, 드물게 작은키나무 또는 큰키나무

자리공속(*Phytolacca*)

열대 또는 아열대 25종류, 우리나라에 자생 1종, 귀화 2종류, 키가 큰 풀, 가지는 곧게 서거나 기고 털이 없거나 부드러운 털이 발달, 잎은 어긋나기, 총상꽃차례, 열매는 둥근모양

[*Phytolacca*: 그리스어 phyton(식물)과 중세 라틴어 lacca(심홍색 안료)의 합성어이며 열매에 심홍색 즙액이 있는것에서 유래]

미국자리공 [초]

Phytolacca americana L.

[*americana*: 미국의]
영명: Poke, Virginian Poke, Scoke, Pocan, Garget, Pigeo
서식지: 태안전역
주요특징: 줄기는 가지가 많이 갈라지고, 녹색 또는 붉은색이다. 잎은 어긋나며 타원모양 또는 달걀모양으로 길이 10~30cm, 폭 5~15cm이고 가장자리가 밋밋하다. 꽃은 주로 잎겨드랑이와 마주 달린 길이 10~40cm의 총상꽃차례에 빽빽하게 달린다. 열매는 장과로 둥글며 10개의 골이 있다.
크기: ↕ ↔1~1.5m
번식: 씨앗뿌리기
▼ ⑥~⑨ 백색, 연한 홍색
◀ ⑨~⑩ 적자색

석류풀과(Aizoaceae)

전세계 146속 2,331종류, 풀, 드물게 작은키나무

석류풀속(*Mollugo*)

전세계 19종류, 우리나라에 자생 1종, 귀화 1종, 잎은 돌려나기처럼 보이는 어긋나기, 납작하고 턱잎은 막질, 꽃은 녹색, 잎겨드랑이에 달림
[*Mollugo*: 꼭두서니과 *Galium mollugo*의 고명에서 전용되었고 잎이 돌려나는 점이 같음]

석류풀

Mollugo pentaphylla L.

[*pentaphylla*: 오엽의]
영명: Five-Leaf Carpetweed
서식지: 안면도
주요특징: 줄기는 가지가 많이 갈라지며 전체에 털이 없다. 잎은 아래쪽에서 3~5장씩 돌려나지만 위쪽에서는 마주나며 잎 가장자리가 밋밋하다. 잎의 양쪽 끝부분은 좁아져서 아래부분은 잎자루 없이 줄기에 붙는다. 꽃은 가지 끝과 잎겨드랑이에서 나며 취산꽃차례에 달린다. 열매는 삭과로 둥글고 3갈래로 갈라진다.
크기: ↕ ↔10~30cm
번식: 씨앗뿌리기
▼ ⑦~⑩ 황록색 ◀ ⑧~⑪

석류풀 *Mollugo pentaphylla* L.

큰석류풀

Mollugo verticillata L.

[*verticillata*: 윤생한]
영명: Carpet-Weed
서식지: 천리포
주요특징: 잎은 4~7장씩 돌려나기하고 피침모양 또는 넓고 긴 모양이다. 잎끝이 둔하거나 뾰족하고 밑부분이 좁아진다. 잎가장자리는 밋밋하고, 주맥이 하나이며, 턱잎은 얇은 막질이다. 꽃은 잎겨드랑이에 모여 달리고 꽃자루는 길이 2~5mm이며 꽃덮이는 5장으로 긴타원모양이고 끝이 둔하거나 둥글며 3맥이 있다. 열매는 삭과로서 달걀을 닮은 타원모양이고 씨는 콩팥모양이다.
크기: ↕ ↔10~40cm
번식: 씨앗뿌리기
▼ ⑦~⑨ 연한 황록색 ◀ ⑧~⑩ 다갈색

큰석류풀 *Mollugo verticillata* L.

번행초과(Tetragoniaceae)

전세계 135속 1,900종류, 풀 또는 작은키나무

번행초속(*Tetragonia*)

주로 열대지역에 49종류, 우리나라에 1종, 약간 다육질, 잎은 어긋나기, 납작, 가장자리는 밋밋, 턱잎 없음, 꽃은 녹색 또는 황록색, 잎겨드랑이에 달림
[*Tetragonia*: 그리스어 tetra(4)와 gonia(무릎, 모서리)의 합성어이며 열매에 4~5개의 돌기가 있다는 뜻]

번행초 [초]

Tetragonia tetragonoides (Pall.) Kuntze

[*tetragonoides*: 4각형 비슷한]
영명: Common Tetragonia
이명: 번향
서식지: 태안전역

주요특징: 줄기는 누워 자라거나 비스듬히 선다. 잎은 어긋나며 두껍고 잎자루는 2cm 정도이다. 잎몸은 달걀을 닮은 삼각형 또는 달걀모양으로 길이 4~6cm, 폭 3~5cm이며 가장자리가 밋밋하다. 꽃은 잎겨드랑이에 1~2개씩 달린다. 꽃받침통은 4~5갈래로 얕게 갈라지는데 겉은 녹색이고 안쪽은 노란색이다. 열매는 견과로 윗부분에 가시 같은 돌기가 있다.
크기: ↕ ↔30~60cm **번식**: 씨앗뿌리기
▼ ⑥~⑨ 황록색 ◀ ⑨~⑪

번행초 *Tetragonia tetragonoides* (Pall.) Kuntze

43

쇠비름 *Portulaca oleracea* L.

쇠비름과(Portulacaceae)
전세계 10속 267종류, 다육질의 풀 또는 작은키나무

쇠비름속(*Portulaca*)
주로 아메리카에 116종류, 우리나라에 1종, 잎은 홑잎, 꽃은 가지 끝에 달림, 꽃잎은 4~5장, 드물게 다수, 꽃받침은 2장
[*Portulaca*: 라틴어 porta(입구)의 축소형이며 열매가 익으면 뚜껑이 떨어져서 구멍이 생긴다는 뜻]

쇠비름 초

Portulaca oleracea L.

[*oleracea*: 식용으로 가능한 채소의]
영명: Purslane
이명: 돼지풀
서식지: 태안전역
주요특징: 원줄기는 적갈색으로 육질이며 비스듬히 옆으로 퍼진다. 잎은 마주나거나 어긋나지만 끝부분의 것은 돌려나는 것처럼 보인다. 잎몸은 길이 10~20mm, 너비 5~15mm 정도의 거꿀달걀모양으로 가장자리가 밋밋하다. 꽃은 가지 끝에 달린다. 열매는 타원모양이고 중앙부가 옆으로 갈라진다. 씨는 찌그러진 원모양이며 검은 빛이 돌고 가장자리가 약간 거칠다.
크기: ↕ ↔20~30cm
번식: 씨앗뿌리기
▼ ⑤~⑨ 황색 ◀ ⑨~⑩

석죽과(Caryophyllaceae)
전세계 91속 2,866종류, 풀, 드물게 작은키나무

벼룩이자리속(*Arenaria*)
전세계 314종류, 우리나라에 3종류, 잎은 편평하고 선모양, 꽃은 원뿔모양으로 늘어서고, 흰색, 꽃받침 5장, 꽃잎 5장, 수술은 10개, 암술대는 3갈래
[*Arenaria*: 라틴어 arena(모래)에서 유래되었고 모래땅에서 자란다는 뜻]

벼룩이자리

Arenaria serpyllifolia L.

[*serpyllifolia*: 백리향의 잎과 같은]
영명: Thyme-Leaf Sandwort
이명: 벼룩나물
서식지: 태안전역
주요특징: 밑에서부터 가지가 많이 갈라져서 모여 난 것처럼 보인다. 마주나는 잎은 길이 4~8mm, 너비 2~5mm 정도의 달걀모양으로 양 끝이 좁으며 잎자루가 없다. 윗부분의 잎겨드랑이에서 길이 10mm 정도의 꽃자루가 나와 백색의 꽃이 달리며 전체적으로 잎이 달리는 취산꽃차례로 된다. 삭과는 길이 3mm 정도의 달걀모양, 씨는 길이 0.3~0.5mm 정도의 콩팥모양으로 짙은 갈색이며 겉에 잔 점이 있다.
크기: ↕ ↔10~30cm
번식: 씨앗뿌리기, 포기나누기
▼ ④~⑤ 백색 ◀ ⑤~⑥ 갈색

벼룩이자리 *Arenaria serpyllifolia* L.

점나도나물속(*Cerastium*)

전세계 70종, 258종류 우리나라에 자생 6종류, 귀화 1종, 잎은 편평함, 꽃은 취산꽃차례, 꽃받침, 꽃잎 5장, 수술은 10개, 암술대는 5개, 꽃잎은 흰색, 끝이 2갈래

[*Cerastium*: 그리스어 cerastes(각상)에서 유래되었고 삭과가 길고 흔히 굽는다는 뜻]

점나도나물

Cerastium holosteoides var. *hallaisanense* (Nakai) Mizushima

[*holosteoides*: 홀로스테움속(*Holosteum*)과 비슷한, *hallaisanense*: 한라산의]
영명: Common Mouse-Ear Chickweed
이명: 섬점나도나물
서식지: 태안전역
주요특징: 가지가 많이 갈라져서 모여 난 것처럼 보이며 흑자색이 돌고 털이 있다. 마주나는 잎은 잎자루가 거의 없고 잎몸은 길이 6~12mm, 너비 4~8mm 정도의 달걀모양으로 가장자리가 밋밋하며 양끝이 좁고 잔털이 있다. 꽃은 취산꽃차례에 달린다. 삭과는 길이 9mm 정도의 통모양이며 수평으로 달린다. 씨는 사마귀 같은 작은 돌기가 있다.
크기: ↕ ↔15~25cm
번식: 씨앗뿌리기
🌼 ④~⑦ 백색
🍂 ⑤~⑧ 황갈색

점나도나물 *Cerastium holosteoides* var. *hallaisanense* (Nakai) Mizushima

패랭이꽃속(*Dianthus*)

전세계 442종류, 우리나라에 10종류, 잎은 편평하고 좁음, 꽃받침은 통모양, 끝이 5갈래, 꽃잎은 5장으로 끝부분은 이모양 또는 술모양으로 갈라짐

[*Dianthus*: 그리스어 dios(그리스신화 중의 Jupiter신)와 anthos(꽃)의 합성어이며 주피터(Jupiter) 자신의 꽃이라는 뜻]

패랭이꽃　초

Dianthus chinensis L.

[*chinensis*: 중국의]
영명: Rainbow Pink
이명: 패랭이, 석죽, 난쟁이패랭이꽃
서식지: 안면도
주요특징: 잎은 마주나며, 가늘고 긴 모양 또는 피침모양이다. 잎 끝은 뾰족하고, 밑은 줄기를 조금 감싼다. 꽃은 줄기 또는 가지 끝에서 1~3개씩 핀다. 꽃받침은 짧은 통모양이고 5갈래로 갈라진다. 꽃잎은 5장, 끝이 여러 갈래로 얕게 갈라지며, 아래쪽에 점이 있고, 밑이 좁아져서 꽃받침통 속으로 들어간다. 열매는 삭과이며, 끝이 4갈래로 갈라지고, 꽃받침이 남아있다.
크기: ↕ ↔10~30cm
번식: 씨앗뿌리기, 꺾꽂이
🌼 ⑥~⑧ 적자색　🍂 ⑧~⑨

패랭이꽃 *Dianthus chinensis* L.

대나물속(*Gypsophila*)

전세계 155종류, 우리나라에 2종류, 한해살이풀, 여러해살이풀 또는 작은키나무, 잎은 마주나기, 꽃받침은 통모양, 끝은 5갈래, 꽃잎은 5장, 수술은 10개, 임술대는 2개

[*Gypsophila*: 그리스어 gypsos(석탄)와 philein(좋아한다)의 합성어이며 석탄질토양에서 잘 자란다는 뜻]

대나물

Gypsophila oldhamiana Miq.

[*oldhamiana*: 식물채집가 올덤(Richard Oldham, 1861~1866)의]
영명: Manchurian Baby's-Breath
이명: 은시호, 마디나물
서식지: 태안전역
주요특징: 줄기는 한군데에서 여러개가 나와 곧게 자라고 윗부분에서 가지가 갈라지며 전체에 털이 없다. 마주나는 잎은 길이 3~6cm, 너비 5~10mm 정도의 피침모양이며 밑부분이 좁아져서 잎자루처럼 되고 가장자리는 밋밋하다. 산방상 취산꽃차례에 꽃이 많이 달린다. 삭과는 둥글며 4개로 갈라진다.
크기: ↕ ↔50~100cm
번식: 씨앗뿌리기, 포기나누기
🌼 ⑥~⑦ 백색　🍂 ⑦~⑧

대나물 *Gypsophila oldhamiana* Miq.

큰개별꽃 *Pseudostellaria palibiniana* (Takeda) Ohwi

개별꽃 *Pseudostellaria heterophylla* (Miq.) Pax.

개별꽃속(*Pseudostellaria*)

동부 아시아와 히말라야에 17종류, 우리나라에 13종류, 작은 여러해살이풀, 뿌리는 비대, 길게 옆으로 뻗음, 잎은 편평, 1맥, 꽃받침 5장, 꽃잎 5장, 흰색

[*Pseudostellaria*: 그리스어 pseudos(거짓)와 *Stellaria*(별꽃속)의 합성어로 *Stellaria*(별꽃속)과 닮았으나 다르다는 뜻]

개별꽃

Pseudostellaria heterophylla (Miq.) Pax.

[*heterophylla*: 이엽성(한 그루에 다른모양의 잎이 섞여나는 성질)의]
영명: Heterophylly Falsestarwort
이명: 섬개별꽃, 다화개별꽃, 들별꽃
서식지: 태안전역
주요특징: 덩이뿌리는 방추형이며, 흰색 또는 회색을 띤 노란색이다. 줄기는 곧게서며, 털이 2줄로 난다. 줄기 끝 부분의 잎은 2쌍이 돌려난 것처럼 보이며, 넓은달걀모양이다. 꽃은 줄기 끝의 잎겨드랑이에서 1~5개가 취산꽃차례에 달린다. 꽃받침잎과 꽃잎은 각각 5장이며 닫힌꽃도 있다. 열매는 삭과이고 3갈래로 갈라진다.
크기: ↕ ↔ 8~12cm
번식: 씨앗뿌리기, 포기나누기
🌼 ④~⑤ 백색
🍂 ⑤~⑥

개미자리속(*Sagina*)

북반구에 26종류, 우리나라에 5종류, 한해살이풀, 두해살이풀, 여러해살이풀, 잎은 송곳모양, 마주나기, 턱잎 없음, 꽃은 잎겨드랑이 또는 가지끝에 1송이, 흰색, 꽃자루 있음

[*Sagina*: 라틴어 sagina(비대)에서 유래되었고 처음에는 유럽에서 목초로 재배한 Spergula에 붙인 이름을 사용]

큰개미자리

Sagina maxima A. Gray

[*maxima*: 최대의]
영명: Sticky-Stem Pearlwort
이명: 좀개미자리
서식지: 안면도, 구례포
주요특징: 줄기는 밑에서 가지를 치며 털이 없다. 잎은 아래에서 모여나며 실모양이다. 꽃은 줄기 끝이나 잎겨드랑이에 1개씩 달린다. 꽃자루에 샘털이 있으며 꽃이 필 때 끝 부분이 밑으로 구부러진다. 꽃잎은 5장이고 꽃받침잎보다 길이가 약간 짧거나 거의 같다. 열매는 삭과이다.
크기: ↕ ↔ 4~15cm
번식: 씨앗뿌리기
🌼 ⑤~⑧ 백색
🍂 ⑥~⑨ 갈색

장구채속(*Silene*)

전세계 558종류, 우리나라에 자생 16종류, 귀화 3종류, 잎은 납작, 길고 좁음, 꽃받침은 통 또는 종모양, 10~20개의 맥, 끝은 톱니모양, 꽃잎은 주걱모양, 끝은 2갈래

[*Silene*: 그리스의 Silenes(주신, Bacchas의 양부)가 취하여 거품투성이가 된 모습에 비유한 것이며 *Silene*속 중에서 점액성 물질을 분비하는 것이 많음]

갯장구채

Silene aprica var. *oldhamiana*
(Miq.) C.Y.Wu

[*aprica*: 양지의 건조한 곳에서 자라는, *oldhamiana*: 식물채집가 올덤(Richard Oldham, 1861~1866)의]
영명: Seashore catchfly
이명: 해안장구채, 흰갯장구채
서식지: 태안전역
주요특징: 잎은 끝이 뾰족하고 마주나며 가장자리가 밋밋하다. 줄기는 원줄기에서 가지가 갈라지는데, 전체에 회백색의 털이 나 있다. 꽃은 원

줄기와 갈라진 가지 끝의 꽃대 끝에서 하나가 피고 계속해서 다른 것들이 핀다. 꽃잎은 5장이고 끝이 2갈래로 갈라진다. 열매는 달걀모양으로 앞부분이 6개로 갈라진다.
크기: ↕ ↔ 20~70cm
번식: 씨앗뿌리기
🌼 ⑤~⑥ 분홍색
🍂 ⑦~⑧ 갈색

갯장구채 *Silene aprica* var. *oldhamiana*
(Miq.) C.Y.Wu

장구채

Silene firma Siebold & Zucc.

[*firma*: 강한, 견고한]
영명: Catchfly
서식지: 백화산, 안면도
주요특징: 줄기는 가지가 갈라지고 자줏빛이 도는 녹색이지만 마디 부분은 흑자색이다. 마주나는 잎은 길이 4~10cm, 너비 1~3cm 정도의 긴타원모양이며 양면에 털이 약간 있다. 꽃은 취산꽃차례로 층층이 달린다. 삭과는 길이 7~8mm 정도의 달걀모양이고 끝이 6개로 갈라진다. 씨는 콩팥모양이며 겉에 작은 돌기가 있다.
크기: ↕ ↔ 30~80cm
번식: 씨앗뿌리기
🌼 ⑥~⑦ 백색
🍂 ⑦~⑧ 자갈색

큰개미자리 *Sagina maxima* A. Gray

장구채 *Silene firma* Siebold & Zucc.

갯개미자리속(*Spergularia*)

전세계 53종류, 우리나라에 자생 1종, 귀화 1종, 풀, 줄기는 옆으로 퍼지고, 주로 해안 근처나 모래땅에 자람, 잎은 선모양, 송곳모양, 겨드랑이에 붙어 돌려나기

[*Spergularia*: 그리스어 sparganon(띠)의 축소형인 sparganion에서 유래된 것으로 잎의 형태를 나타냄]

갯개미자리 🔲 LC

Spergularia marina (L.) Besser

[*marina*: 바다의, 해안의]
영명: Salt Sandspurry
이명: 개미바늘, 나도별꽃, 바늘별꽃
서식지: 궁시도, 안면도, 옹도, 십리포, 곰섬
주요특징: 줄기는 밑에서 가지가 여러개로 갈라지며 윗부분과 꽃받침에 샘털이 있다. 마주나는 잎은 길이 1~3cm 정도의 가늘고 긴 모양이고 털이 없으며 가장자리에 2~3개의 톱니가 있다. 꽃은 잎겨드랑이에 달린다. 삭과는 길이 5~6mm 정도의 달걀모양으로 3개로 갈라진다. 씨는 길이 0.5~0.7mm 정도의 넓은달걀모양이다.
크기: ↕ ↔ 8~25cm
번식: 씨앗뿌리기
🌸 ④~⑧ 백색, 분홍색
🍂 ⑤~⑨

갯개미자리 *Spergularia marina* (L.) Besser

별꽃속(*Stellaria*)

전세계 135종류, 우리나라에 10종류, 밀생 또는 외대로 자라는 풀, 잎은 편평, 꽃은 외대 또는 원뿔모양 꽃차례, 꽃받침 5장, 꽃잎 5장, 끝이 깊게 갈라짐

[*Stellaria*: 라틴어 stella(별)에서 유래된 것으로 모여있는 수술이 왕관같이 보인다는 뜻]

벼룩나물

Stellaria alsine var. *undulata* (Thunb.) Ohwi

[*alsine*: 나도개미자리(*Minuartia arctica*)와 비슷한, *undulata*: 파상의]
영명: Bog Chickweed
이명: 들별꽃, 벼룩별꽃
서식지: 태안전역
주요특징: 줄기는 털이 없고 밑부분에서 가지가 많이 나와서 모여나는 것처럼 보인다. 마주나는 잎은 잎자루가 없고 잎몸은 길이 6~12mm, 너비 3~4mm 정도의 긴타원모양 또는 달걀을 닮은 피침모양이며 가장자리가 밋밋하다. 꽃은 취산꽃차례로 달린다. 삭과는 타원모양이며 6개로 갈라지고 씨는 길이 0.5mm 정도의 둥근 콩팥모양으로 표면에 약간의 돌기가 있다.
크기: ↕ ↔15~25cm
번식: 씨앗뿌리기
🌸 ④~⑤ 백색
🍂 ⑤~⑥ 진갈색

벼룩나물 *Stellaria alsine* var. *undulata* (Thunb.) Ohwi

별꽃

Stellaria media (L.) Vill.

[*media*: 중간의]
영명: Common Chickweed
서식지: 태안전역
주요특징: 줄기는 밑에서 가지가 많이 갈라지며, 밑부분이 눕는다. 잎은 마주나며 달걀모양이다. 꽃은 가지 끝 취산꽃차례에 핀다. 꽃자루는 꽃이 진 후 밑으로 굽었다가 열매가 익으면 다시 곧게선다. 꽃잎은 5장, 깊게 2갈래로 갈라지며 꽃받침잎보다 조금 짧다. 암술대는 3개다. 열매는 삭과이며 6갈래로 갈라진다.
크기: ↕ ↔10~30cm
번식: 씨앗뿌리기
🌸 ③~⑦ 백색   🍂 ⑥~⑧

별꽃 *Stellaria media* (L.) Vill.

수련과(Nymphaeaceae)
전세계 8속 83종류, 온대 및 열대 지역 민물에서 자라는 물풀

가시연꽃속(Euryale)
전세계 1종, 우리나라에 1종, 한해살이풀 수초, 큰크기, 전체에 가시가 많고 줄기가 없음, 잎은 수면에 뜨고 원모양, 주름이 많음, 어릴 때 맥이 두드러짐
[Euryale : 그리스신화 중의 괴물 메두사 (Medousa)의 여동생이며 무서운 얼굴과 뱀 같은 머리카락을 가진것을 가시가 많은 잎과 꽃의 표현이며 euryalos(광대한는 넓은 잎이라는 뜻]

가시연꽃 멸 2급

Euryale ferox Salisb.

[*ferox* : 가시가 많은, 굳센 가시가 있는]
영명: Gorgon, Prickly Water Lily
이명: 가시연, 가시련, 칠남성
서식지: 안면도, 모항리
주요특징: 물위에 뜨는 잎은 지름 20~120cm 정도로 표면에 주름이 지고 윤기가 있다. 잎 뒷면은 흑자색으로 맥이 튀어 나오고 짧은 줄이 있다. 잎의 양면 맥 위에 가시가 돋으며, 가시가 돋은 긴 꽃대가 자라서 꽃이 핀다. 열매는 타원 또는 원모양으로 겉에 가시가 있고 끝에 꽃받침이 뾰족하게 남아있다. 씨는 거의 둥글며 육질의 종피로 싸인다.
크기: ↕ 10~30cm, ↔ 20~200cm
번식: 씨앗뿌리기
🌷 ⑦~⑧ 적자색　🍂 ⑧~⑨ 흑색

미나리아재비과(Ranunculaceae)
전세계 65속 2,769종류, 한해살이풀, 여러해살이풀 드물게 작은키나무

투구꽃속(Aconitum)
전세계 391종류, 우리나라에 24종류, 잎은 어긋나기, 손바닥모양, 3~7갈래, 꽃은 총상 또는 원뿔모양꽃차례, 꽃잎모양의 꽃받침은 5장, 위의 1장은 모자모양
[Aconitum : 어원 불명의 그리스 또는 라틴명이며 Acone는 지명에서 유래]

투구꽃

Aconitum jaluense Kom.

[*jaluense* : 압록강의]
영명: Monk'shood
이명: 선투구꽃, 개싹눈바꽃, 진돌쩌귀
서식지: 태안전역
주요특징: 줄기는 곧게선다. 잎은 어긋나며 3~5갈래로 갈라지고 갈래 끝이 뾰족하다. 꽃은 줄기 끝과 잎겨드랑이에서 난 총상꽃차례 또는 겹총상꽃차례에 투구모양으로 핀다. 꽃자루는 곧고 퍼진 털이 난다. 꽃받침잎은 5장으로 꽃잎처럼 보이고 겉에 털이 있다. 꽃잎은 2장, 위쪽 꽃받침 속에 있으며 꿀샘으로 된다. 열매는 골돌이며, 타원모양이다.
크기: ↕ ↔ 70~100cm　**번식**: 씨앗뿌리기
🌷 ⑨ 자주색　🍂 ⑩

가시연꽃 *Euryale ferox* Salisb.

투구꽃 *Aconitum jaluense* Kom.

흰진범

Aconitum longecassidatum Nakai

[*longecassidatum* : 긴 헬멧 같은 꽃잎의]
영명: Tall-Helmet Monk'shood
이명: 흰진교
서식지: 백리포, 천리포
주요특징: 원줄기는 비스듬히 자라거나 덩굴이 되고 윗부분에 꼬부라진 털이 있다. 뿌리잎은 잎자루가 길고 잎몸이 3~7개로 갈라진다. 줄기잎은 위로 갈수록 잎자루가 짧아지며 잎몸이 3~5개로 갈라져 작아진다. 꽃은 총상꽃차례에 핀다. 씨는 삼각형으로 날개가 있으며 겉에 주름이 진다.
크기: ↕ 60~100cm
번식: 씨앗뿌리기
🌷 ⑧ 연노란색
🍂 ⑨

흰진범 *Aconitum longecassidatum* Nakai

개복수초 *Adonis amurensis* var. *dissectipetalis* Y.N.Lee

동의나물 *Caltha palustris* L.

복수초속(*Adonis*)

북반구에 37종류, 우리나라에 5종류, 여러해
살이풀 또는 한해살이풀, 잎은 어긋나기, 깃모
양, 꽃은 가지 끝에 붙고, 노란색, 붉은색, 열매
는 모여서 별사탕모양
[그리스신화의 청년 이름이며 복수초속
(*Adonis*)의 유럽종은 꽃이 붉기 때문에 Adonis
의 피에 비유함]

개복수초

Adonis amurensis var. *dissectipetalis*
Y.N.Lee

[*amurensis*: 아무르(연해주) 지방의]
서식지: 백리포, 천리포
주요특징: 줄기는 곧게서고 가지를 친다. 줄
기 아래쪽에는 비늘잎이 있다. 잎은 어긋나며,
2~3회 갈라진 깃모양겹잎이다. 잎자루는 길이
4~7cm로 어릴 때는 털이 있으나 점차 사라진
다. 꽃은 줄기나 가지 끝에 1개씩 달리며 노란색
이다. 꽃받침과 꽃잎은 수평으로 벌어진다. 열매
는 수과이고 넓은 거꿀달걀모양으로 겉에 짧은
털이 있다.
크기: ↕ ↔10~40cm **번식**: 씨앗뿌리기
▼ ②~④ 황색   ◀ ⑦~⑧ 녹색

동의나물속(*Caltha*)

온대와 아한대 습지에 13종류, 우리나라에 2
종류, 전체에 털이 없음, 뿌리잎은 둥글고, 가
장자리는 밋밋하거나 이모양 톱니, 꽃은 노란
색, 황백색
[*Caltha*: 라틴명 calathos(잔)에서 전용]

동의나물

Caltha palustris L.

[*palustris*: 축축한 곳에서 자라는]
영명: Marsh Marigold

이명: 참동의나물, 눈동의나물
서식지: 원북면 황촌리
주요특징: 줄기는 매끄럽고 연약하기 때문에 아래
쪽으로 옆으로 비스듬히 눕기도 한다. 뿌리잎은 모
여나며 잎자루가 길고 둥근 심장모양이다. 줄기잎
은 잎자루가 짧거나 없다. 꽃은 줄기 위쪽에 2~4
개씩 달린다. 꽃받침잎은 5~7장이며 꽃잎처럼 보
인다. 열매는 골돌이며 끝에 짧은 부리가 있다.
크기: ↕ ↔20~30cm
번식: 씨앗뿌리기, 포기나누기
▼ ④~⑤ 황색   ◀ ⑤~⑥

승마속(*Cimicifuga*)

북반구의 온대에 10종류, 우리나라에 8종류,
여러해살이풀, 줄기는 서고 뿌리잎은 크며, 겹
잎, 꽃은 흰색, 꽃받침은 꽃잎모양으로 2~5
장, 열매는 골돌과
[*Cimicifuga*: 라틴어 cimix(빈대)와 fugere(도
망하다)의 합성어이며 냄새가 강하기 때문에
빈대가 도망간다는 뜻]

승마

Cimicifuga heracleifolia Kom.

[*heracleifolia*: 어수리속(*Heracleum*)의 잎과 비슷한]
영명: Komarov's Bugbane
이명: 왜승마, 끼멸까리

서식지: 태안전역
주요특징: 뿌리는 굵고 붉은빛이 도는 검은색이
며 줄기는 곧게선다. 잎은 잎자루가 길며 2회 3
출한다. 작은잎은 넓고 크며 광택이 조금 있고 넓
은달걀모양으로 끝이 뾰족하다. 잎의 밑부분은
얕은 심장모양이며 모두 작은잎자루가 있다. 잎
가장자리는 흔히 2~3갈래로 갈라지며 불규칙한
톱니가 있다. 꽃은 줄기 끝에 겹총상꽃차례로 달
린다. 씨방은 자루가 짧고 열매는 골돌이다.
크기: ↕ ↔1~2m
번식: 씨앗뿌리기, 포기나누기
▼ ⑨~⑩ 백색   ◀ ⑩~⑪

승마 *Cimicifuga heracleifolia* Kom.

으아리속(Clematis)

전세계 433종류, 우리나라에 24종류, 덩굴 또는 여러해살이풀. 잎은 마주나기, 깃모양겹잎, 꽃은 원뿔모양꽃차례 또는 줄기끝에 1송이, 꽃받침은 4장

[Clematis: 그리스어 clema(어린 가지)의 축소형이며 길고 유연한 가지로서 뻗어가는 특색을 나타냄]

사위질빵

Clematis apiifolia DC.

[*apiifolia*: 샐러리 잎을 가진]
영명: Three–Leaf Clematis
이명: 질빵풀
서식지: 태안전역
주요특징: 나무껍질은 연한 갈색이고 세로로 불규칙하게 골이 진다. 겨울눈은 넓은달걀모양이며 백색털이 밀생한다. 잎은 마주나고 삼출겹잎이며 작은잎은 2～3갈래로 갈라진다. 꽃은 원뿔모양꽃차례에 양성꽃이 모여핀다. 자방에 털이 있으며 암술대에는 긴털이 밀생한다. 열매는 타원상이며 5～10개씩 모여달린다. 끝에는 암술대가 변한 깃털모양의 백색털이 있다.
크기: ↕ ↔ 1～8m **번식**: 씨앗뿌리기, 꺾꽂이
▼ ⑦～⑨ 백색 ✂ ⑨～⑩ 연한 황색

사위질빵 *Clematis apiifolia* DC

외대으아리

Clematis brachyura Maxim.

[*brachyura*: 짧은]
영명: Unifloral Clematis
이명: 고치대꽃
서식지: 백리포, 안면도, 대소산
주요특징: 지상줄기는 겨울에 마른다. 잎은 마주나며 3～5개의 작은잎으로 구성된 겹잎이다. 잎은 가죽질이며 양면에 털이 없고 표면에 광택이 난다. 잎자루는 덩굴손처럼 다른 물체를 감는다. 꽃은 2.5～3cm의 양성꽃으로 1～3개씩 달린다. 열매는 달걀을 닮은 원모양이고 날개가 있다. 끝부분에는 돌기모양으로 변한 암술대의 흔적이 남는다.
크기: ↕ ↔ 0.3～1m
번식: 씨앗뿌리기, 꺾꽂이
▼ ⑥～⑨ 백색
✂ ⑨～⑩ 연한 황색

종덩굴

Clematis fusca var. *violacea* Maxim.

[*fusca*: 암적갈색의, *violacea*: 담홍색의, 보라색의]
영명: Violet Stanavoi Clematis
이명: 수염종덩굴
서식지: 만리포
주요특징: 줄기는 4～8개의 작은 골이 진다. 잎은 마주나며 5～7개의 작은잎으로 이루어진 겹잎이다. 뒷면에 잔털이 있고 가장자리는 밋밋하나 간혹 2～3갈래로 갈라지는 것도 있다. 꽃은 줄기 끝, 잎겨드랑이에 종모양의 양성꽃이 1개씩 달린다. 꽃자루는 짧고 2개의 포가 있다. 열매는 편평한 타원모양이며 끝에는 암술대가 변한 3～4cm의 깃털모양의 긴털이 있다.
크기: ↕ ↔ 3～5m
번식: 씨앗뿌리기, 꺾꽂이
▼ ⑦～⑧ 자주색
✂ ⑨～⑩ 연한 황색

종덩굴 *Clematis fusca* var. *violacea* Maxim.

자주조희풀

Clematis heracleifolia var. *davidiana* Hemsl.

[*heracleifolia*: 어수리속(*Heracleum*)의 잎과 비슷한, *davidiana*: 식물 채집가의 이름에서 유래]
영명: Purple Hyacinth–Fower Clematis
이명: 목단풀, 선모란풀, 선목단풀
서식지: 갈음이, 백리포, 천리포
주요특징: 줄기 밑부분은 목질이고 윗부분은 겨울에 마르며 6～10개의 얕은 홈이 있다. 잎은 마주나며 삼출겹잎이다. 작은잎은 가장자리에 보통 결각은 없고 톱니가 있다. 꽃은 줄기 위쪽 잎겨드랑이에 모여달린다. 꽃받침은 꽃잎모양, 위쪽은 4갈래로 갈라지고 아래쪽은 관모양으로 부풀지 않는다. 열매는 여러개가 모여달리며 암술대가 변한 깃털모양의 긴털이 있다.
크기: ↕ ↔ 0.4～1.5m
번식: 씨앗뿌리기
▼ ⑧～⑨ 청자색
✂ ⑨～⑩ 연한 황색

외대으아리 *Clematis brachyura* Maxim.

자주조희풀 *Clematis heracleifolia* var. *davidiana* Hemsl.

큰꽃으아리

Clematis patens C.Morren & Decne.

[*patens*: 열어서 나가는]
영명: Big-Flower Clematis
이명: 개비머리, 어사리
서식지: 태안전역
주요특징: 줄기는 가늘며 세로로 홈이 있다. 겨울눈은 세모난 달걀모양으로 털이 있다. 잎은 보통 3장씩 모여 달리지만 드물게 홑잎 또는 5장의 겹잎이 있다. 작은잎은 가장자리가 밋밋하고 털이 밀생한다. 줄기 끝이나 잎겨드랑이에는 지름 7~12cm의 양성꽃이 달린다. 열매는 다소 납작하고 표면에 털이 있으며 암술대가 변한 3~4cm 길이의 깃털모양 황갈색 털이 있다.
크기: ↕ ↔2~4m
번식: 씨앗뿌리기, 꺾꽂이
🌺 ⑤~⑥ 백색
🍂 ⑥~⑦ 연한 황색

큰꽃으아리 *Clematis patens* C.Morren & Decne.

참으아리

Clematis terniflora DC.

[*terniflora*: 3출화의]
영명: Sweet Autumn Clematis
이명: 왕으아리, 국화으아리, 구와으아리
서식지: 태안전역
주요특징: 나무껍질은 회백색이고 세로로 얕게 갈라지며 줄기는 굵고 목질화 한다. 잎은 마주나며 3~7개의 작은잎으로 이루어진 겹잎이다. 가장자리는 밋밋하지만 간혹 결각이 있고 양면에 털이 있다. 꽃은 가지끝이나 잎겨드랑이에서 원뿔모양꽃차례로 3~3.5cm의 양성꽃이 모여 달린다. 꽃자루에는 짧은 털이 촘촘히 있다. 열매는 달걀모양으로 표면에 잔털이 있다. 끝에는 암술대가 변한 깃털모양의 긴털이 있다.
크기: ↕ ↔3~5m
번식: 씨앗뿌리기, 꺾꽂이
🌺 ⑦~⑨ 백색
🍂 ⑨~⑩ 연한 황색

으아리

Clematis terniflora var. *mandshurica* (Rupr.) Ohwi

[*terniflora*: 3출화의, *mandshurica*: 만주산의]
영명: Manchurian Clematis
이명: 좀으아리, 긴잎으아리, 위령선
서식지: 태안전역
주요특징: 다른 물체를 감거나 비스듬히 자라며 지상부의 줄기는 겨울에 마른다. 잎은 마주나며 3~7개의 작은잎으로 구성된 겹잎이다. 가장자리가 밋밋하고 잎자루는 덩굴손처럼 다른 물체를 감는다. 꽃은 원뿔모양꽃차례로 양성꽃이 줄기끝이나 잎겨드랑이에 달린다. 꽃자루에 털이 거의 없다. 열매는 달걀을 닮은 타원모양이고 끝에 깃털모양의 털이 있다.
크기: ↕ ↔1~2m
번식: 씨앗뿌리기, 꺾꽂이
🌺 ⑤~⑨ 백색   🍂 ⑧~⑩ 연한 황색

할미밀망 [특]

Clematis trichotoma Nakai

[*trichotoma*: 3분지의]
영명: Three-Flower Korean Clematis
이명: 할미질빵, 셋꽃으아리, 큰잎질빵
서식지: 안면도
주요특징: 나무껍질은 연한 갈색이며 세로로 불규칙하게 골이 진다. 겨울눈은 달걀모양이며 백색 털이 밀생한다. 잎은 마주나며 3~5개의 작은잎으로 구성된 겹잎이다. 작은잎은 끝이 매우 뾰족하고 가장자리에 1~3개의 큰 톱니가 있다. 꽃은 잎겨드랑이에 양성꽃이 3개씩 달린다. 열매는 표면에 털이 거의 없고 끝에는 깃털모양의 긴털이 있다.
크기: ↕ ↔3~5m
번식: 씨앗뿌리기, 꺾꽂이
🌺 ⑥~⑧ 백색
🍂 ⑧~⑩ 연한 황색

참으아리 *Clematis terniflora* DC.

으아리 *Clematis terniflora* var. *mandshurica* (Rupr.) Ohwi

할미밀망 *Clematis trichotoma* Nakai

노루귀속(*Hepatica*)

전세계 3종류, 우리나라에 3종류, 잎은 3갈래로 갈라지고, 두꺼우며, 어릴 때는 털이 많음. 꽃은 연분홍색, 자주색, 흰색, 파란색, 꽃받침은 6~9장, 열매는 수과

[*Hepatica*: 라틴어 hepaticus(간장)의 여성형이며 잎의 찢어진 조각 모양이 비슷한데서 유래]

노루귀

Hepatica asiatica Nakai

[*asiatica*: 아시아의]
영명: Asian liverleaf
이명: 뾰족노루귀
서식지: 태안전역
주요특징: 전체에 희고 긴 털이 많이 난다. 잎은 뿌리에서 나며 3~6장이다. 잎몸은 3갈래로 갈라진 삼각형이며 밑은 심장모양, 끝은 둔하다. 잎 앞면에 보통 얼룩무늬가 없지만 있는 경우도 있다. 꽃은 잎보다 먼저 피는데, 뿌리에서 난 1~6개의 꽃줄기에 위를 향해 핀다. 수술이 많으며 노란색이다. 열매는 수과다.
크기: ↕ ↔10cm **번식**: 씨앗뿌리기, 포기나누기
▼ ③~④ 백색, 분홍색, 보라색
◀ ⑤~⑥ 흑색

할미꽃속(*Pulsatilla*)

북반구에 17종류, 우리나라에 7종류, 어릴 때 명주실 같은 털이 나고, 땅속줄기가 비대, 뿌리잎은 손바닥모양 또는 깃모양, 꽃은 1송이씩 꽃줄기에 붙음

[*Pulsatilla*: 라틴어 pulso(치다, 소리내다)의 축소형이며 종같이 생긴 꽃의 형태에서 유래]

할미꽃 [초]

Pulsatilla koreana
(Yabe ex Nakai) Nakai ex Mori

[*koreana*: 한국의]
영명: Korean Pasque-Flower
이명: 노고초, 가는할미꽃
서식지: 태안전역
주요특징: 잎은 뿌리에서 여러장 나고, 작은잎 5장으로 이루어진 깃모양겹잎이다. 작은잎은 깊게 갈라진다. 종포는 꽃줄기를 감싸며 3~4갈래로 갈라지고 긴 털이 난다. 꽃은 줄기 끝에서 1개씩 아래를 향해 피며 긴 종모양이다. 열매는 수과이며 길이 4cm 정도 자란 암술대가 깃모양으로 남아 있다.
크기: ↕ ↔20~40cm
번식: 씨앗뿌리기, 뿌리꺾꽂이
▼ ④~⑤ 적자색 ◀ ⑤~⑥ 백색

할미꽃 *Pulsatilla koreana* (Yabe ex Nakai)
Nakai ex Mori

노루귀 *Hepatica asiatica* Nakai

미나리아재비속(*Ranunculus*)

온대, 아한대와 고산지대에 400종, 우리나라에 자생 23종류, 귀화 3종류, 잎은 손바닥모양 또는 3갈래, 꽃은 원뿔모양꽃차례, 노란색, 꽃잎은 5장, 열매는 모여서 둥근모양

[*Ranunculus*: 라틴어 rana(개구리)에서 유래되었고 수생식물이 개구리가 많은 곳에서 자란다는 뜻에서 플리니(Gaius Pinius Secundus, AD 23/24-79)가 붙임]

털개구리미나리

Ranunculus cantoniensis DC.

[*cantoniensis*: 중국 광동의]
영명: Canton Buttercup
이명: 털젓가락나물, 왜젓가락나물
서식지: 안면도, 천리포
주요특징: 밑부분에 퍼진 털이 있으며 윗부분에는 비단털이 있고 속이 비었다. 줄기잎은 어긋나기하며 잎자루가 짧고 1~2회삼출겹잎이며 윗부분의 것은 1회삼출겹잎이거나 단순히 3개로 갈라진다. 꽃은 취산꽃차례이다. 취과는 둥글며 꽃턱은 타원모양이고 백색털이 있다. 수과는 기꿀달걀모양이고 길이 3.5mm정도로서 가장자리가 편평하며 암술대가 거의 젖혀지지 않는다.
크기: ↕ ↔30~80cm
번식: 씨앗뿌리기
▼ ⑤~⑦ 황색 ◀ ⑥~⑧ 녹색

미나리아재비

Ranunculus japonicus Thunb.

[*cantoniensis*: 중국 광동의]
영명: Canton Buttercup
이명: 털젓가락나물, 왜젓가락나물
서식지: 안면도, 천리포
주요특징: 밑부분에 퍼진 털이 있으며 윗부분에 비단털이 있고 속이 비어있다. 줄기잎은 어긋나기하며 잎자루가 짧고 1~2회삼출겹잎이며 윗부분의 것은 1회삼출겹잎이거나 단순히 3개로 갈라진다. 꽃은 취산꽃차례이다. 취과는 둥글며 꽃턱은 타원모양이고 백색털이 있으며 수과는

거꿀달걀모양이고 길이 3.5mm 정도로서 가장자리가 편평하며 암술대가 거의 젖혀지지 않는다.
크기: ↕ ↔30~50cm
번식: 씨앗뿌리기
▼ ⑥ 황색 ◀ ⑦ 녹색

털개구리미나리 *Ranunculus cantoniensis* DC.

미나리아재비 *Ranunculus japonicus* Thunb.

매화마름

Ranunculus kazusensis Makino

영명: Maehwamareum
이명: 미나리마름, 미나리말
서식지: 안면도, 곰섬
주요특징: 줄기는 속이 비고 가지가 갈라진다. 물속의 잎은 어긋나며 3~4번 가는 실처럼 갈라진다. 땅 위로 올라오는 잎은 통통하다. 꽃은 잎과 마주난 꽃자루가 물 위로 나와 그 끝에 1개씩 달리고 지름 1cm 쯤이다. 꽃받침잎과 꽃잎은 각각 5장이다. 열매는 수과이며 여러개가 모여 둥글게 된다.
크기: ↕ ↔10~30cm
번식: 씨앗뿌리기, 포기나누기
🌼 ④~⑤ 백색
🍂 ⑤~⑥ 녹색

개구리자리 ⚘ LC

Ranunculus sceleratus L.

[*sceleratus*: 매운, 찌르는 듯한]
영명: Celery-Leaf Buttercup
이명: 놋동이풀, 늪바구지
서식지: 신두리, 안면도, 천리포, 곰섬
주요특징: 줄기는 가지가 갈라지기도 하며, 뿌리잎은 잎자루가 길고 3갈래로 깊게 갈라진다. 줄기잎은 위로 갈수록 잎자루가 짧아지고, 위쪽의 것은 완전히 3갈래로 갈라진다. 꽃은 가지 끝에 1개씩 핀다. 꽃받침잎과 꽃잎은 5장이다. 열매는 수과이며, 여러개가 긴타원형의 통모양으로 모여 달린다.
크기: ↕ 30~50cm
번식: 씨앗뿌리기
🌼 ④~⑥ 황색 🍂 ⑤~⑦ 녹색

개구리자리 *Ranunculus sceleratus* L.

개구리발톱속(*Semiaquilegia*)

전세계 2종, 우리나라에 2종류, 잎은 어긋나기, 3장 겹잎, 꽃은 노란색 또는 흰색, 꽃잎모양의 꽃받침은 5~6장, 꽃잎은 5장, 작은 거모양의 꿀샘
[*Semiaquilegia*: 라틴어 senex(반)와 *Aquilegia* 속의 합성어로서 *Aquliegia*와 비슷하지만 다르다는 뜻]

개구리발톱

Semiaquilegia adoxoides
(DC.) Makino

[*adoxoides*: 연복초속(*Adoxa*)과 비슷한]
영명: Muskroot-Like Semiaquilegia
이명: 개구리망, 섬향수풀, 섬향수꽃
서식지: 안면도, 바람아래 해수욕장
주요특징: 줄기는 가지가 갈라지며, 잎은 줄기 아래쪽에서 몇 장이 나며, 잎자루가 길고 삼출겹잎이다. 작은잎은 3갈래로 깊게 갈라진다. 잎 뒷면은 보랏빛이 조금 돈다. 꽃은 종모양이고 활짝 벌어지지 않는다. 꽃잎은 5장이고 밑부분이 통처럼 된다. 열매는 골돌과이다.
크기: ↕ 15~30cm **번식:** 씨앗뿌리기
🌼 ④~⑤ 연한 홍색 🍂 ⑤~⑥ 녹색

매화마름 *Ranunculus kazusensis* Makino

개구리미나리

Ranunculus tachiroei Franch. & Sav.

[*tachiroei*: 식물학자 다시루 안데이의 불어식 이름]
영명: Long-Beak Buttercup
이명: 개구리자리, 미나리바구지
서식지: 신두리, 안면도, 만리포
주요특징: 줄기는 곧게서며 아랫부분에는 퍼진 털이 나고 윗부분에는 누운 털이 난다. 뿌리잎과 줄기 아래에 달리는 잎은 잎자루가 길다. 잎몸은 3갈래로 2번 갈라지며 가장자리에 불규칙한 톱니가 있다. 꽃은 줄기와 가지 끝에서 취산꽃차례로 달린다. 꽃잎은 5장이고 타원모양이다. 열매는 수과, 둥글게 모여 달린다.
크기: ↕ ↔50~100cm
번식: 씨앗뿌리기
🌼 ⑥~⑦ 황색
🍂 ⑦~⑧ 녹색

개구리미나리 *Ranunculus tachiroei* Franch. & Sav.

개구리발톱 *Semiaquilegia adoxoides* (DC.) Makino

으름덩굴과(Lardizabalaceae)
전세계 9속 42종류, 덩굴식물

으름덩굴속(*Akebia*)
전세계 6종류, 우리나라에 2종류, 잎은 어긋나기, 손바닥모양의 겹잎, 턱잎 없음, 꽃은 암수한그루, 총상꽃차례, 수술은 6개, 열매는 장과, 타원모양
[*Akebia*: 으름덩굴의 일본명 '아께비'에서 유래]

으름덩굴

Akebia quinata (Houtt.) Decne.

[*quinata*: 5개의]
영명: Five-Leaf Chocolate Vine
이명: 으름, 목통
서식지: 태안전역
주요특징: 나무껍질은 갈색, 겨울눈은 적갈색이다. 잎은 새가지에서는 어긋나지만 오래된 가지에서는 모여난다. 작은잎 5~7개로 이루어진 손모양겹잎이다. 꽃은 암수한그루이며 가지끝 잎사이에 총상꽃차례로 달린다. 열매는 길이 5~10cm의 타원모양인데 익으면 세로로 갈라진다.
크기: ↕ ↔3~7m
번식: 씨앗뿌리기, 뿌리꺾꽂이, 휘묻이
▼ ④~⑤ 적갈색 ◀ ⑩ 갈색

으름덩굴 *Akebia quinata* (Houtt.) Decne.

멀꿀속(*Stauntonia*)
동부 아시아에 22종류, 우리나라에 1종, 늘푸른덩굴식물, 잎은 손바닥모양, 작은잎은 5~7장, 꽃받침은 6장, 열매는 달걀 또는 타원모양, 식용 과육
[*Stauntonia*: 영국의 의사이면서 중국 대사로 주재했던 스탠턴(G.L. Staunton, 1737~1801)에서 유래]

멀꿀

Stauntonia hexaphylla
(Thunb.) Decne.

[*hexaphylla*: 여섯 잎의]
영명: Stauntonia Vine
이명: 멀굴, 멀꿀나무
서식지: 가의도, 천리포
주요특징: 어린가지는 녹색이고 털이 없다. 잎은 어긋나며 작은잎 3~7개로 이루어진 손모양겹잎이다. 꽃은 암수한그루이며 잎겨드랑이에서 나온 총상꽃차례에 2~7개씩 달린다. 열매는 5~8cm의 긴달걀모양이다.
크기: ↕ ↔3~7m **번식**: 씨앗뿌리기, 꺾꽂이
▼ ④~⑤ 백색 ◀ ⑨~⑩ 적자색

멀꿀 *Stauntonia hexaphylla* (Thunb.) Decne.

매자나무과(Berberidaceae)
전세계 19속 779종류, 풀 또는 작은키나무

뿔남천속(*Mahonia*)
전세계 46종류, 우리나라에 1종 퍼져 자람, 늘푸른작은키나무, 드물게 큰키나무, 잎은 어긋나기, 깃모양겹잎, 작은잎은 가죽질, 예리한 톱니, 꽃은 노란색, 열매는 장과로 검푸른색
[*Mahonia*: 19세기 아메리카의 식물학자 맥마흔(B. McMahon)에서 유래]

뿔남천

Mahonia japonica (Thunb.) DC.

[*japonica*: 일본의]
영명: Oregon Grape
서식지: 천리포, 마금리
주요특징: 잎가장자리에 날카로운 톱니가 있으며, 꽃에서는 좋은 향기가 난다. 열매를 새가 먹고 배설한 것으로 보이는 실생묘가 천리포와 마금리 지역 곳곳에 자라고 있다.
크기: ↕ 2~3m, ↔1~2m **번식**: 씨앗뿌리기
▼ ③~④ 황색 ◀ ⑥~⑦ 흑색

뿔남천 *Mahonia japonica* (Thunb.) DC.

방기과(Menispermaceae)
전세계 68속 460종류, 풀 또는 덩굴식물

댕댕이덩굴속(*Cocculus*)
전세계 9종류, 우리나라에 1종, 잎은 단순하고 드물게 갈라짐, 꽃은 취산꽃차례 또는 원뿔모양꽃차례, 잎겨드랑이에 붙음, 수꽃 꽃잎은 6장, 열매는 핵과, 달걀모양
[*Cocculus*: 그리스어 coccus(장과)의 축소형이며 작은 장과가 달린다는 뜻]

댕댕이덩굴
Cocculus trilobus (Thunb.) DC.

[*trilobus*: 3개로 갈라진]
영명: Queen Coralbead
이명: 끗비돗초, 댕강덩굴
서식지: 태안전역
주요특징: 줄기와 잎 양면에 연한 황갈색의 털이 밀생. 잎은 어긋나며 변이가 심하고 3개로 갈라지기도 한다. 꽃은 암수딴그루이며 잎겨드랑이에서 원뿔모양꽃차례에 모여 달린다. 열매는 지름 6~8mm의 둥근모양이다. 씨는 달팽이모양이며 표면에 주름이 있다.
크기: ↕ ↔3~7m
번식: 씨앗뿌리기
🌶 ⑥ 황백색
🍂 ⑧~⑩ 흑색

댕댕이덩굴 *Cocculus trilobus* (Thunb.) DC.

새모래덩굴속(*Menispermum*)

전세계 2종류, 우리나라에 2종류, 잎은 모가 난 원모양 또는 손바닥모양, 꽃차례는 총상꽃차례 또는 원뿔모양꽃차례

[*Menispermum*: 그리스어 men(달)과 sperma(종자)의 합성어이며 종자가 반달모양이라는 뜻]

새모래덩굴

Menispermum davuricum DC.

[*davuricum*: 다후리아(바이칼호) 지방의]
영명: Asian Moonseed
서식지: 태안전역
주요특징: 줄기는 땅속줄기에서 나오며 세로줄이 있고 털은 없다. 잎은 어긋나며 손바닥모양이나 원모양이고 보통 3갈래로 얕게 갈라지기도 한다. 잎자루는 밑부분이 아닌 잎 안쪽에 달린다. 표면은 녹색, 뒷면은 흰빛이 돌고 털이 없다. 꽃은 암수딴그루로 원뿔모양꽃차례에 달린다. 열매는 지름 1.5cm의 원모양이다. 씨는 말발굽모양이다.
크기: ↕ 1~3m
번식: 씨앗뿌리기
▼ ④~⑥ 연한 황색
◀ ⑨ 흑자색

오미자과(Schisandraceae)

전세계 3속 82종류, 덩굴식물

오미자속(*Schisandra*)

전세계 32종류, 우리나라에 4종류, 잎은 어긋나기, 꽃은 1송이씩 잎겨드랑이에 붙으며 암수딴그루, 황백색 또는 연분홍색, 열매는 붉은색 또는 검은색

[*Schisandra*: 수술이 갈라진다는 뜻]

오미자 　초

Schisandra chinensis (Turcz.) Baill.

[*chinensis*: 중국의]
영명: Five-Flavor Magnolia Vine
이명: 개오미자
서식지: 안면도
주요특징: 나무껍질은 적갈색이고 사마귀 같은 껍질눈이 발달한다. 겨울눈은 3~6mm의 긴달걀모양이다. 잎은 어긋나지만 보통 짧은 가지에서는 모여나며 끝은 뾰족하고 밑은 쐐기모양이며 가장자리에 물결모양의 톱니가 있다. 꽃은 암수딴그루로 새가지 아래의 잎겨드랑이에서 핀다. 열매는 길게 늘어난 꽃턱에 모여 달리며 원모양이다.
크기: ↕ 5~10m
번식: 씨앗뿌리기, 꺾꽂이, 휘묻이
▼ ⑤~⑥ 연한 홍색 　◀ ⑧~⑩ 적색

오미자 *Schisandra chinensis* (Turcz.) Baill.

녹나무과(Lauraceae)

전세계 68속 3,027종류, 큰키 또는 작은키나무

생강나무속(*Lindera*)

북반구의 난대와 열대에 60종류, 우리나라에 8종류, 잎은 어긋나기, 꽃은 우산모양꽃차례, 암수딴그루, 꽃덮이는 6장, 열매는 장과, 둥근모양

[*Lindera*: 스웨덴의 식물학자 린더(Johann Linder, 1896~1972)에서 유래]

비목나무

Lindera erythrocarpa Makino

[*erythrocarpa*: 붉은 열매의]
영명: Red-fruit spicebush
이명: 보안목, 윤여리나무
서식지: 태안전역
주요특징: 나무껍질은 회갈색, 껍질눈이 많으며 오래되면 불규칙하게 비늘조각모양으로 떨어진다. 잎은 어긋나며 거꿀피침에서 긴타원모양으로 끝은 뾰족하고 밑은 차츰 좁아져 잎자루와 연결된다. 잎을 비비면 향기가 난다. 꽃은 암수딴그루이며 새가지 밑의 잎겨드랑이에 우산모양으로 모여난다. 열매는 7mm의 원모양으로 광택이 있다.
크기: ↕ 6~15m, ↔ 5~8m
번식: 씨앗뿌리기
▼ ④~⑤ 연한 황색 　◀ ⑨~⑩ 홍색

새모래덩굴 *Menispermum davuricum* DC.

비목나무 *Lindera erythrocarpa* Makino

비목나무 Lindera erythrocarpa Makino

감태나무

Lindera glauca (Siebold & Zucc.) Blume

[glauca: 하얀 분을 지닌, 잎이나 열매에 가루가 덮여 있는]
영명: Gray-Blue Spicebush
이명: 백동백, 간자목, 뇌성목
서식지: 태안전역
주요특징: 나무껍질은 연한 갈색으로 껍질눈들이 많다. 겨울눈은 진한 갈색으로 긴달걀모양이다. 잎은 어긋나며 긴타원모양으로 가죽질이다. 표면은 녹색, 광택이 있고 뒷면은 회녹색이며 겨울이 되어도 잎이 달려있다. 열매는 7mm의 둥근모양이다.
크기: ↕ ↔5~8m **번식**: 씨앗뿌리기
▼ ④~⑤ 연한 황색 ◀ ⑨ 흑색

감태나무 Lindera glauca (Siebold & Zucc.) Blume

생강나무 🏆

Lindera obtusiloba Blume

[obtusiloba: 잎끝이 둔하고 얕게 갈라진]
영명: Blunt-Lobe Spicebush
이명: 아귀나무, 동백나무, 개동백나무
서식지: 태안전역
주요특징: 꽃은 멀리서보면 산수유와 비슷하나 꽃자루가 짧고 털이 밀생하며 수술이 짧은 것이 다르다. 잎은 어긋나며 윗부분이 얕게 갈라지며

잎을 으깨면 생강냄새가 난다. 열매는 7mm의 원모양이다.
크기: ↕ ↔2~3m **번식**: 씨앗뿌리기
▼ ③~⑤ 황색 ◀ ⑨~⑩ 흑색

생강나무 Lindera obtusiloba Blume

후박나무속(Machilus)

남부와 동부 아시아에 95종류, 우리나라에 2종류, 늘푸른큰키나무, 잎은 어긋나기, 깃모양맥, 원뿔모양꽃차례는 잎겨드랑이에 달림, 열매는 타원모양 또는 원모양의 장과
[Machilus: 인도의 지방명 마킬란(Makilan)이 라틴어화된 것]

후박나무

Machilus thunbergii Siebold & Zucc.

[thunbergii: 스웨덴 식물학자 툰베리(C. P. Thunberg)의]
영명: Thunberg's Bay-Tree
이명: 왕후박나무
서식지: 가의도, 격렬비열도 등 도서지역
주요특징: 나무껍질은 연한 갈색이며 평활하다. 잎은 어긋나며 거꿀달걀을 닮은 긴타원모양으로 표면은 짙은 녹색, 광택이 있고 뒷면은 회녹색이다. 꽃은 양성꽃으로 새가지 밑의 잎겨드랑이에서 원뿔모양꽃차례에 달린다. 열매는 8~10mm의 약간 눌린 원모양이다.
크기: ↕ ↔15~20m **번식**: 씨앗뿌리기
▼ ⑤~⑥ 적갈색 ◀ ⑦~⑧ 흑색

후박나무 Machilus thunbergii Siebold & Zucc.

참식나무속(Neolitsea)

전세계 64종류, 우리나라에 2종류, 암수딴그루, 잎가장자리는 밋밋, 3개의 맥 또는 깃모양맥, 어릴 때 비단털 발달, 열매는 장과로 붉거나 검은색
[Neolitsea: 그리스어 neos(새로운)와 Litsea속의 합성어, Litsea속과 비슷하지만 후에 분리 됨]

참식나무

Neolitsea sericea (Blume) Koidz.

[sericea: 비단같은, 부드러운, 매끄러운]
영명: Sericeous Newlitsea
이명: 식나무
서식지: 가의도, 닭섬, 격렬비열도
주요특징: 나무껍질은 연한갈색으로 자잘한 껍질눈이 많다. 잎은 어긋나며 표면은 광택이 나는 녹색, 뒷면은 회백색이다. 꽃은 암수딴그루이며 잎겨드랑이에서 우산모양꽃차례에 모여달린다. 열매는 둥근모양이며 이듬해 가을에 익는다.
크기: ↕ ↔10~15m **번식**: 씨앗뿌리기
▼ ⑩~⑪ 황백색 ◀ ⑩~⑪ 적색

참식나무 Neolitsea sericea (Blume) Koidz.

양귀비과(Papaveraceae)
전세계 41속 1,045종류, 풀

애기똥풀속(*Chelidonium*)
전세계 3종류, 우리나라에 1종류, 등황색의 유액이 나옴, 잎은 깃모양으로 깊게 갈라진 홑잎, 꽃받침은 2장, 꽃잎은 4장, 열매는 가느다란 삭과
[*Chelidonium*: 그리스어 chelidon(제비)에서 유래된 것으로 제비가 이 식물의 유액으로 어린 제비의 눈을 씻어서 시력을 강하게 한다고 하며 아리스토텔레스(Aristoteles)가 명명한 것으로 보고 있음]

애기똥풀
Chelidonium majus var. *asiaticum* (Hara) Ohwi

[*majus*: 보다 큰, *asiaticum*: 아시아의]
영명: Asian Greater Celandine
이명: 까치다리, 젖풀, 씨아똥
서식지: 백화산, 안면도, 흥주사, 천리포
주요특징: 어긋나는 잎은 1~2회 깃모양으로 갈라진다. 잎의 길이는 7~15cm 정도로 가장자리에 둔한 톱니와 결각이 있다. 우산모양꽃차례에 꽃이 핀다. 삭과는 길이 3~4cm, 지름 2mm 정도이고 양끝이 좁으며 같은 길이의 대가 있다. 줄기나 잎을 꺾으면 노란 액이 나온다.
크기: ↕ ↔30~80cm **번식**: 씨앗뿌리기
▼ ⑤~⑧ 황색 ◀ ⑦~⑩

양귀비속(*Papaver*)
전세계 71종류, 우리나라에 자생 5종류, 귀화 3종류, 털이 많이 발달, 분백색, 유백색의 유액, 잎은 깃모양, 꽃은 크고 화려, 개화전 밑을 향하다가 개화시 곧게 섬
[*Papaver*: 라틴 고명이며 papa는 유아에게 먹이는 죽을 뜻하며 최면제가 들어 있어 죽에 섞어 먹여서 아기 잠을 재웠다고 한데서 유래]

개양귀비
Papaver rhoeas L.

[*rhoeas*: 꽃이 석류(roia)와 비슷한]
영명: Corn Poppy, Field Poppy, Flanders Poppy
이명: 꽃양귀비, 애기아편꽃
서식지: 태안전역

개양귀비 *Papaver rhoeas* L.

주요특징: 줄기는 곧게서며 가지가 많이 갈라진다. 어긋나는 잎은 깃모양으로 갈라지고 결각은 선상 피침모양으로 끝이 뾰족하며 가장자리에 톱니가 있다. 1개씩 피는 꽃은 적색이며 피기 전에는 밑을 향하고 필 때는 위를 향한다. 삭과는 길이 1cm 정도의 넓은 거꿀달걀모양이고 털이 없다.
크기: ↕ ↔30~80cm **번식**: 씨앗뿌리기
▼ ⑤ 적색 ◀ ⑦

애기똥풀 *Chelidonium majus* var. *asiaticum* (Hara) Ohwi

현호색과(Fumariaceae)
전세계 20속 575종류, 풀

현호색속(*Corydalis*)
전세계 643종류, 우리나라에 34종류, 여러해살이풀 또는 두해살이풀, 괴경은 짧고 둥글둥글, 잎은 3장 또는 깃모양, 꽃은 총상꽃차례, 꽃받침 2장, 꽃잎 4장
[*Corydalis*: 그리스어 korydallis(종달새)에서 유래된 것으로 꿀이 들어있는 거가 길게 달린 꽃의 형태에서 연상]

자주괴불주머니
Corydalis incisa (Thunb.) Pers.

[*incisa*: 깊게 갈라진]
영명: Incised Corydalis
이명: 자주현호색, 자지괴불주머니
서식지: 가의도, 바람아래 해수욕장
주요특징: 줄기는 가지가 갈라지며 겉에 능선이 있다. 잎은 어긋난다. 뿌리에서 난 잎은 길이 3~8cm이며 2회 3갈래로 갈라지는 깃모양겹잎이다. 꽃은 총상꽃차례로 피며, 열매는 원통모양의 삭과이다.
크기: ↕ ↔20~50cm **번식**: 씨앗뿌리기
▼ ③~⑤ 적자색 ◀ ⑥~⑧ 녹색

현호색
Corydalis remota Fisch. ex Maxim.

영명: Common Corydalis
이명: 가는잎현호색, 빗살현호색
서식지: 태안전역
주요특징: 여러해살이풀로 덩이줄기나 씨로 번식한다. 덩이줄기는 지름 1cm 정도이며 속이 황색이다. 어긋나는 잎은 잎자루가 길며 3개씩 1~2회 갈라진다. 결각은 거꿀달걀모양으로 윗부분이 결각상으로 갈라지며 표면은 녹색이고 뒷면은 분회색이다. 꽃은 총상꽃차례에 달린다. 삭과는 긴타원모양으로 한쪽으로 편평해지고 양끝이 좁으며 끝에 암술머리가 달린다.
크기: ↕ ↔20~30cm **번식**: 씨앗뿌리기
▼ ④~⑤ 연한 홍자색 ◀ ⑥~⑧ 녹색

자주괴불주머니 *Corydalis incisa* (Thunb.) Pers.

현호색 *Corydalis remota* Fisch. ex Maxim.

산괴불주머니
Corydalis speciosa Maxim.

[*speciosa*: 아름답고 화려한]
영명: Beautiful Corydalis
이명: 암괴불주머니
서식지: 태안전역
주요특징: 줄기는 곧게서서 가지가 많이 갈라지고 전체에 분록색이 돌고 속이 비어있다. 어긋나는 잎의 잎몸은 길이 10~15cm 정도로서 달걀을 닮은 삼각형이고 2~3회 깃모양으로 갈라진다. 꽃은 총상꽃차례에 핀다. 삭과는 길이 2~3cm 정도의 가늘고 긴 모양으로 염주같이 잘록잘록하며 씨는 흑색이고 둥글며 오목하게 파인 점이 있다.
크기: ↕ ↔20~50cm
번식: 씨앗뿌리기
▼ ④~⑤ 황색 ◀ ⑥~⑧ 녹색

산괴불주머니 *Corydalis speciosa* Maxim.

조선현호색

Corydalis turtschaninovii Besser

[*turtschaninovii*: 사람이름 투르치니노프 (Turtschaninow)의]
영명: Korean Corydalis
서식지: 학암포, 신진도 등 도서지역
주요특징: 땅속줄기 끝에 둥근 덩이줄기가 달리며, 속은 노란색이다. 줄기잎은 2장이 어긋나며, 잎은 3장의 작은잎으로 된다. 작은잎은 원모양 또는 넓은타원모양으로 전체가 불규칙하고 깊게 갈라진다. 꽃은 6~16개가 총상꽃차례에 달린다. 열매는 삭과, 가늘고 긴 모양이고 씨는 1줄로 배열한다.
크기: ↕ ↔20~30cm **번식**: 씨앗뿌리기
▼ ④~⑤ 파란색, 자주색, 홍자색
◀ ⑥~⑧ 녹색

조선현호색 *Corydalis turtschaninovii* Besser

십자화과(Cruciferae)

전세계 372속 4,507종류, 풀

산장대속(*Arabis*)

전세계 127종류, 우리나라에 13종류, 털이 거의 없거나 별모양 또는 단순한 털, 뿌리잎은 주로 주걱모양, 줄기잎은 잎자루 없음, 꽃잎은 주걱모양
[*Arabis*: 라틴명이며 아라비아(Arabia)나라란 뜻]

장대나물

Arabis glabra Bernh.

[*glabra*: 털이 없는]
영명: Tower Rockcress
이명: 장대, 깃대나물
서식지: 태안전역
주요특징: 뿌리잎과 밑부분의 줄기잎은 털이 있으나 윗부분의 줄기잎은 털이 없고 작아진다. 꽃은 총상꽃차례에 달린다. 견과는 길이 4~6cm 정도이며 원줄기와 평행하고 2개로 갈라져서 씨가 흩어진다. 털장대와 달리 전체에 분백색을 띠고 씨는 날개가 없으며 불완전한 2열로 배열된다.
크기: ↕ ↔40~100cm **번식**: 씨앗뿌리기
▼ ④~⑥ 백색 ◀ ⑦~⑨

장대나물 *Arabis glabra* Bernh.

장대냉이속(*Berteroella*)

전세계 1종, 우리나라에 1종, 곧게서고, 가지를 치며, 별모양의 털이 있음, 줄기잎은 도란상 긴타원모양, 피침모양, 밑이 좁고, 꽃잎은 연한 붉은색
[*Berteroella*: 이탈리아 베르테로(Carla Guiseppe Bertero)의 축소형]

장대냉이

Berteroella maximowiczii (Palib.) O.E.Schulz

[*maximowiczii*: 소련의 분류학자로서 동아시아 식물을 연구한 막시모비치(Carl Johann Maximovich, 1827~1891)의]
영명: Maximowicz's Berteroella
이명: 장때냉이, 꽃대냉이, 꽃장대
서식지: 안면도, 흥주사, 천리포
주요특징: 줄기는 곧게 자라며 가지가 많이 갈라지고 전체에 털이 있다. 어긋나는 잎은 잎자루가 없고 길이 2~3cm 정도의 긴타원모양이나 위로 갈수록 작아져서 좁아지고 털이 없어지며 가장자리가 밋밋하다. 꽃은 총상꽃차례이다. 열매는 길이 1~2cm 정도로서 부리처럼 길다. 열매는 끝이 점점 가늘어진다.
크기: ↕ ↔50~70cm **번식**: 씨앗뿌리기
▼ ⑥~⑦ 자주색 ◀ ⑧~⑨

장대냉이 *Berteroella maximowiczii* (Palib.) O.E.Schulz

서양갯냉이속(*Cakile*)

유럽, 아시아, 북아메리카의 바닷가 또는 사구지역에 12종류, 우리나라에 1종 귀화, 한해 또는 두해살이풀 식물, 곧게서거나 옆으로 뻗음, 꽃은 연보라 또는 흰색

서양갯냉이

Cakile edentula (Bigelow) Hook.

영명: American Searocket
서식지: 신두리, 안면도, 학암포
주요특징: 줄기가 펼쳐지거나 땅위에 뻗어가기 전까지는 곧게서고 무성할 정도로 가지를 많이 친다. 지면 가까이의 잎은 넓은달걀모양 또는 순가락모양으로 도톰하다. 잎가장자리는 깊이 파인 이빨모양 내지 물결모양이다. 꽃은 총상꽃차례로 줄기 끝에서 핀다. 꽃잎은 4개로 갈라지며 긴타원모양이다.
크기: ↕ ↔15~50cm **번식**: 씨앗뿌리기
▼ ⑥~⑧ 백색-연한 자색 ◀ ⑧~⑨

서양갯냉이 *Cakile edentula* (Bigelow) Hook.

냉이속(*Capsella*)

전세계 10종류, 우리나라에 1종, 뿌리잎은 로제트, 끝부분이 둥글며 밑의 갈래가 더 작은 깃모양으로 갈라짐, 줄기는 곧게 섬, 꽃은 흰색
[*Capsella*: 라틴어 capsa(주머니)의 축소형이며 열매가 주머니모양이라는 뜻]

냉이

Capsella bursa–pastoris (L.) L.W.Medicus

[*bursa–pastoris*: 양치기의 지갑이라는 뜻]
영명: Naengi
이명: 나생이, 나숭게, 내생이
서식지: 태안전역
주요특징: 줄기는 곧게서며 가지가 많이 갈라진다. 전체에 털이 있다. 뿌리에서 나는 잎은 여러 장이 모여나서 땅 위에 퍼지고 깃모양으로 갈라진다. 줄기에 나는 잎은 어긋나며 피침모양인데 밑이 귓불모양으로 되어 줄기를 반쯤 감싼다. 꽃은 줄기와 가지 끝의 총상꽃차례에 달린다. 꽃잎은 4장이며 주걱모양이다. 열매는 삼각상의 단각과이며 끝이 오목하다.
크기: ↕ ↔5~50cm **번식**: 씨앗뿌리기
🌱 ③~⑤ 백색   ✂ ⑥

황새냉이속(*Cardamine*)

온대지방에 264종류, 우리나라에 24종류, 여러해살이풀 또는 두해살이풀, 털이 없거나 단순한 털, 잎은 홑잎 또는 깃모양, 꽃은 흰색 또는 붉은 자주색
[*Cardamine*: 식용으로 하던 논냉이의 일종인 카다몬(kardamon)이라는 그리스명에서 유래]

황새냉이

Cardamine flexuosa With.

[*flexuosa*: 파상의 꾸불꾸불한]
영명: Wavy Bittercress
서식지: 태안전역
주요특징: 줄기는 밑에서 가지가 갈라지는데 어두운 보라색을 띠며 짧은 털이 있다. 잎은 마주나며 3~7갈래의 깃모양으로 갈라지고 맨 끝의 갈래잎이 다소 크다. 꽃은 줄기 끝에서 총상꽃차례를 이룬다. 열매는 익으면 2개의 조각으로 터진다.
크기: ↕ ↔10~40cm
번식: 씨앗뿌리기
🌱 ④~⑥ 백색   ✂ ⑥~⑧

황새냉이 *Cardamine flexuosa* With

냉이 *Capsella bursa–pastoris* (L.)L.W. Medicus

미나리냉이

Cardamine leucantha (Tausch) O. E. Schulz

[*leucantha*: 백색꽃의]
영명: White–Flower Bittercress
이명: 승마냉이, 미나리황새냉이
서식지: 태안전역
주요특징: 줄기는 곧게서며 위쪽에서 가지가 갈라진다. 잎은 어긋나며, 작은잎 3~7장으로 이루어진 겹잎이다. 작은잎은 가장자리에 불규칙한 톱니가 있다. 꽃은 줄기나 가지 끝의 총상꽃차례에 핀다. 꽃잎은 타원모양이다. 열매는 장각과이다.
크기: ↕ ↔30~50cm
번식: 씨앗뿌리기
🌱 ⑥~⑦ 흰색   ✂ ⑦~⑧ 갈색

미나리냉이 *Cardamine leucantha* (Tausch) O. E. Schulz

꽃다지속(*Draba*)

전세계 458종류, 우리나라에 5종류, 별모양의 털, 뿌리잎은 땅에 깔려 방석모양, 줄기잎은 잎자루가 없고 단순하거나 갈라짐, 꽃은 흰색, 노란색
[*Draba*: 그리스어 draba(맵다)에서 유래된것으로 디오스코리데스(Pedanius dioscorides)가 큰잎다닥냉이(*Lepidium draba*)에 붙인 이름으로서 경엽이 맵다는 뜻으로 쓰였고 후에 전용된 것]

꽃다지

Draba nemorosa L.

[*nemorosa*: 열매에 연한 털이 있는]
영명: Woodland Whitlow–Grass
이명: 코딱지나물
서식지: 태안전역
주요특징: 줄기는 곧게서며 전체에 흰 털과 별모양 털이 많다. 뿌리잎은 주걱모양으로, 가장자리에 톱니가 있다. 줄기잎은 좁은달걀모양 또는 긴타원모양이다. 꽃은 줄기 끝의 총상꽃차례에 핀다. 꽃잎은 4장이다. 열매는 타원모양이고 견과이다.
크기: ↕ ↔5~40cm **번식**: 씨앗뿌리기
🌱 ③~⑤ 황색   ✂ ⑥

꽃다지 *Draba nemorosa* L.

다닥냉이속(*Lepidium*)

전세계 253종류, 우리나라에 자생 2종류, 귀화 7종류, 꽃은 작은크기, 흰색, 총상꽃차례, 꽃받침은 움푹 들어가지 않고, 암술은 짧고 열매는 짧은 견과

[*Lepidium*: 그리스어 lepidion에서 유래되었고 lepis(비늘조각)의 뜻으로 열매모양을 비유]

큰잎다닥냉이

Lepidium draba L.

[*draba*: 그리스어 draba(맵다)에서 유래]
서식지: 안면도
주요특징: 줄기잎은 호생하며 잎자루가 없고 길이 4~7cm, 폭 2~10mm이고 가장자리에 톱니가 있다. 털이 없고 줄기는 곧게서며 상부에서 많은 가지를 쳐 빗자루모양으로 된다. 꽃은 가지 끝과 원줄기 끝에 작은 십자화가 총상꽃차례로 많이 달린다. 열매는 타원상 원모양이며 납작하고 끝은 약간 오목한 2실이며 2개의 연한 홍갈색 씨가 있다.
크기: ↕ ↔5~40cm
번식: 씨앗뿌리기
▼ ④~⑥ 백색 ◀ ⑦~⑧

콩다닥냉이

Lepidium virginicum L.

[*virginicum*: 미국 버지니아주의]
영명: Pepper-Grass
이명: 좀다닥냉이
서식지: 안면도
주요특징: 줄기는 위쪽에서 가지가 갈라진다. 뿌리잎은 잎자루가 없고 깃모양겹잎이며 좁은 긴타원모양이고 가장자리에 톱니가 있다. 줄기잎은 어긋나며 잎자루가 없고 거꿀피침모양이며 가장자리에 불규칙한 톱니가 있다. 꽃은 가지 끝에서 총상꽃차례로 달린다. 열매는 견과이고 둥글다. 씨는 적갈색이고 가장자리에 막질의 날개가 있다.
크기: ↕ ↔20~50cm
번식: 씨앗뿌리기
▼ ⑤~⑦ 백색 ◀ ⑦

콩다닥냉이 *Lepidium virginicum* L.

노란장대속(*Sisymbrium*)

전세계 55종류, 우리나라에 자생 2종류, 귀화 4종류, 성기게 털이 발달, 줄기잎은 어긋나기, 가장자리는 갈라지거나 밋밋, 꽃은 노란색, 총상꽃차례, 꽃잎은 긴주걱모양

[*Sisymbrium*: 향기가 좋은 수초의 그리스명으로서 전용되어 라틴어화 됨]

노란장대

Sisymbrium luteum (Maxim.) O.E.Schulz

[*luteum*: 황색의]
영명: Yellow-Flower Hedgemustard
이명: 노랑장대, 향화초
서식지: 병술만
주요특징: 줄기는 곧게서며 윗부분에서 가지가 갈라지기도 한다. 잎은 어긋나며 잎자루에 날개가 있다. 줄기 아래쪽 잎은 긴타원모양이며 깃모양으로 갈라지고, 윗부분의 잎은 달걀모양 또는 달걀을 닮은 타원모양으로 끝이 뾰족하고 가장자리에 불규칙한 톱니가 있다. 꽃은 줄기 끝에서 총상꽃차례를 이룬다. 꽃받침은 넓은 가늘고 긴 모양이고 꽃잎은 주걱모양이다. 열매는 장각과이다.
크기: ↕ ↔80~120cm
번식: 씨앗뿌리기
▼ ⑥ 황색 ◀ ⑦

큰잎다닥냉이 *Lepidium draba* L.

노란장대 *Sisymbrium luteum* (Maxim.) O.E.Schulz

돌나물과(Crassulaceae)
전세계 50속 1,671종류, 육질의 풀 또는 작은 키나무

꿩의비름속(*Hylotelephium*)
아시아, 유럽, 북아메리카에 19종류, 우리나라에 8종류, 다육성의 여러해살이풀, 잎가장자리는 톱니 발달, 꽃은 분홍색, 흰색 또는 녹색

큰꿩의비름
Hylotelephium spectabile (Boreau) H.Ohba

[*spectabile*: 훌륭하고 좋은]
영명: Showy Stonecrop
서식지: 가의도, 백화산
주요특징: 줄기는 녹백색이고 굵은 뿌리에서 몇 개의 줄기가 나온다. 잎은 마주나기 또는 돌려나기하며 육질이고 잎자루가 없으며 가장자리는 밋밋하거나 다소 물결모양의 톱니가 있다. 꽃은 줄기 끝 편평꽃차례에 빽빽이 달린다. 꽃잎은 5개로 넓은 피침모양이며 꽃밥은 자주색이 돌고 심피는 5개이다. 열매는 골돌로 곧게서며 끝이 뾰족하다.
크기: ↕ ↔30~70cm **번식**: 씨앗뿌리기, 꺾꽂이
▼ ⑧~⑨ 홍자색 ◢ ⑩~⑪

큰꿩의비름 *Hylotelephium spectabile* (Boreau) H.Ohba

바위솔속(*Orostachys*)
전세계 15종류, 우리나라에 15종류, 다육성의 여러해살이풀, 바위 위에서 자라며 개화 후에 고사, 잎은 밀생하며 로제트, 잎자루 없음, 꽃차례는 로제트
[*Orostachys*: 그리스어 Oros(산)와 stachys(이삭)의 합성어이며 산에서 자라고 수상화서가 있다는 뜻]

바위솔
Orostachys japonica (Maxim.) A.Berger

[*japonica*: 일본의]
영명: Rock Pine
이명: 지붕직이, 와송, 오송
서식지: 안면도, 토끼섬, 삼봉해수욕장
주요특징: 뿌리잎은 로제트형으로 퍼지며 끝이 딱딱해져서 가시처럼 된다. 줄기잎은 다닥다닥 달리며 녹색이지만 종종 붉은빛을 띠고 피침모양으로 잎자루는 없다. 꽃은 줄기 끝에서 총상꽃차례에 빽빽하게 달린다. 꽃받침 조각, 꽃잎, 암술은 각각 5개, 수술은 10개이다. 열매는 골돌이다.
크기: ↕ ↔20~30cm **번식**: 씨앗뿌리기
▼ ⑨~⑩ 백색, 가장자리 붉은빛 ◢ ⑩~⑪

바위솔 *Orostachys japonica* (Maxim.) A.Berger

돌나물속(*Sedum*)
전세계 421종류, 우리나라에 자생 17종류, 귀화 1종, 털이 없고, 다육, 잎은 어긋나기, 마주나기 또는 돌려나기, 가장자리는 밋밋하거나 톱니 발달, 꽃은 노란색, 흰색, 분홍색
[*Sedum*: 앉는다는 뜻의 라틴어 sedere에서 유래되었으며 바위곁에서 자라는 형태라는 의미]

말똥비름
Sedum bulbiferum Mak.

[*bulbiferum*: 곁눈이 있는]
영명: Bulbose Stonecrop
이명: 알돌나물아재비, 싹눈돌나물, 알돌나물
서식지: 백화산
주요특징: 처음에는 줄기가 곧게서지만 점차 옆으로 뻗고, 마디에서 뿌리가 난다. 잎은 줄기 아래쪽에서는 어긋나고 위쪽에서는 마주나는데 주걱모양으로 끝이 뭉툭하다. 잎겨드랑이에는 희고 둥근 살눈이 달린다. 꽃은 줄기 끝의 취산꽃차례에 달린다. 꽃받침과 꽃잎은 각각 5장이다. 꽃잎은 꽃받침보다 2배쯤 길고 피침모양이다. 열매는 잘 여물지 않는다.
크기: ↕ ↔7~30cm
번식: 씨앗뿌리기, 꺾꽂이, 포기나누기
▼ ⑤~⑥ 황색
◢ ⑦~⑧

말똥비름 *Sedum bulbiferum* Mak.

기린초

Sedum kamtschaticum Fisch. & Mey.

[*kamtschaticum*: 캄차카의]
영명: Orange Stonecrop
이명: 넓은잎기린초, 각시기린초
서식지: 안면도, 토끼섬, 삼봉해수욕장
주요특징: 줄기는 보통 6대 이상 모여나고 아래쪽이 구부러지며 붉은색을 띠거나 녹색이다. 잎은 어긋나며 거꿀달걀모양, 타원모양, 주걱모양이며 끝이 둔하다. 잎가장자리에는 둔하거나 조금 뾰족한 톱니가 있다. 꽃은 원줄기 끝의 산방상 취산꽃차례에 많이 달린다. 꽃받침은 녹색 다육질, 피침상 가늘고 긴 모양이다. 열매는 골돌이며 씨는 갈색이다.
크기: ↕ ↔5~30cm
번식: 씨앗뿌리기, 꺾꽂이, 포기나누기
🌼 ⑥~⑦ 황색 🍂 ⑧~⑨

땅채송화 *Sedum oryzifolium* Mak.

땅채송화

Sedum oryzifolium Mak.

[*oryzifolium*: 벼의 잎과 같은]
영명: Coastal Moss-Like Stonecrop
이명: 제주기린초, 갯채송화
서식지: 태안전역
주요특징: 다육질의 기는줄기에서 곧게서는 줄기와 실뿌리가 난다. 잎은 어긋나며, 긴 모양, 길이 2~5mm, 자른 면은 반타원모양이다. 꽃은 줄기 끝에서 갈라진 2~3개의 가지에 취산꽃차례로 달리고 4~6수성이다. 꽃받침잎은 다육질이다. 수술대는 연한 노란색, 꽃밥은 노란색이다.
크기: ↕ ↔5~12cm
번식: 씨앗뿌리기, 꺾꽂이, 포기나누기
🌼 ⑤~⑦ 황색 🍂 ⑧~⑨

돌나물 *Sedum sarmentosum* Bunge

범의귀과(Saxifragaceae)
전세계 48속 928종류, 풀, 작은키나무 또는 드물게 큰키나무

노루오줌속(*Astilbe*)
전세계 32종류, 우리나라에 7종류, 잎은 3장겹잎 또는 홑잎, 작은잎은 피침 또는 달걀모양, 가장자리에 톱니가 있음, 꽃은 줄기끝에 원뿔모양꽃차례
[*Astilbe*: 그리스어 a(무)와 stilbe(윤채)의 합성어이며 눈개승마속(*Aruncus*)에 비하여 잎에 윤채가 없다는 뜻]

기린초 *Sedum kamtschaticum* Fisch. & Mey.

돌나물

Sedum sarmentosum Bunge

[*sarmentosum*: 덩굴줄기의]
영명: Stringy Stonecrop
이명: 돈나물
서식지: 태안전역
주요특징: 줄기는 밑에서 가지가 갈라지며 마디에서 수염뿌리가 내린다. 잎은 보통 3장씩 돌려나며 잎자루가 없다. 꽃은 취산꽃차례로 달린다. 연한 순을 나물로 먹거나 물김치를 담가 먹는다.
크기: ↕ ↔5~15cm
번식: 씨앗뿌리기, 꺾꽂이, 포기나누기
🌼 ⑤~⑥ 황색
🍂 ⑦~⑧

노루오줌

Astilbe rubra Hook.f. & Thomson

[*rubra*: 적색의]
영명: False Goat's Beard
이명: 큰노루오줌, 왕노루오줌, 노루풀
서식지: 태안전역
주요특징: 줄기는 곧게선다. 뿌리잎은 2회 3출 또는 드물게 3회 3출하고 잎자루가 길다. 끝에 붙은 작은잎은 긴달걀모양 또는 달걀을 닮은 타원모양이다. 줄기잎은 어긋난다. 꽃은 꽃줄기 위쪽에 발달하는 원뿔모양꽃차례에 달리며 분홍색이지만 변이가 심하다. 꽃차례에 샘털이 많은데 꽃자루 가지에 더욱 많다. 꽃차례의 아래쪽 가지는 밑으로 처지지 않는다. 열매는 삭과이며 끝이 2갈래로 갈라진다.
크기: ↕ ↔30~70cm
번식: 씨앗뿌리기, 포기나누기
🌼 ⑦~⑧ 홍자색
🍂 ⑨~⑩

노루오줌 *Astilbe rubra* Hook.f. & Thomson

수국속(*Hydrangea*)

전세계 59종류, 우리나라에 6종류. 잎은 마주나기, 꽃은 취산꽃차례. 원뿔모양꽃차례. 양성꽃과 중성화. 꽃받침은 중성화는 크고 양성꽃은 작으며 3~5장

[*Hydrangea*: 그리스어 hydor(물)와 angeion(용기)의 합성어이며 튀는 열매의 형태에서 유래]

산수국

Hydrangea serrata var. *acuminata* (S. et Z.) Mak.

[*serrata*: 톱니가 있는, *acuminata*: 점점 뾰족해지는]
영명: Mountain Hydrangea
이명: 털수국, 털산수육
서식지: 가의도, 백화산
주요특징: 어린가지에는 잔털이 있다. 잎은 대생하고 타원모양 또는 달걀모양이며 끝은 뾰족하고 가장자리에 거치가 있다. 꽃은 가지 끝에 지름 4~10cm의 산방꽃차례로 달리며 중심부에는 유성꽃, 가장자리에는 무성꽃이 핀다.
크기: ↕ ↔50~200cm
번식: 씨앗뿌리기, 꺾꽂이
▼ ⑦~⑧ 연한 청색, 연한 홍색
◀ ⑨~⑩

산수국 *Hydrangea serrata* var. *acuminata* (S. et Z.) Mak.

물매화 *Parnassia palustris* L.

얇은잎고광나무 *Philadelphus tenuifolius* Rupr. & Maxim.

물매화속(*Parnassia*)

온대와 한대에 74종류, 우리나라에 2종류. 뿌리잎은 둥근 심장모양, 긴 잎자루, 꽃은 흰색. 꽃받침과 꽃잎은 5장, 수술은 5개로 헛수술과 교대로 붙음

[*Parnassia*: 그리스의 파르나소스(Parnassus)산 이름에서 유래]

물매화

Parnassia palustris L.

[*palustris*: 축축한 땅에서 자라는]
영명: Wideword Parnassia
이명: 물매화풀, 풀매화
서식지: 갈음이, 천리포, 십리포
주요특징: 꽃줄기는 뿌리에서 여러 대가 난다. 뿌리에서 난 잎은 잎자루가 길고 잎몸은 둥근 심장모양으로 길이와 폭이 각각 2~4cm이다. 줄기잎은 보통 1장이며 밑이 줄기를 반쯤 감싼다. 꽃은 1개씩 달리며 지름 2~3cm이다. 꽃잎은 5장이며 둥근 달걀모양이다. 헛수술은 5개이며 12~22갈래로 실처럼 갈라지고 각 갈래 끝에 둥글고 노란 꿀샘이 있다. 열매는 삭과이며 둥글고 길이 10~12mm이다.
크기: ↕ ↔7~45cm **번식**: 씨앗뿌리기, 포기나누기
▼ ⑦~⑧ 연한 청색, 연한 홍색 ◀ ⑨~⑩

고광나무속(*Philadelphus*)

북반구 온대지방에 87종류, 우리나라에 10종류. 잎은 잎자루가 짧고 마주나기, 가장자리에 이모양의 톱니 또는 밋밋, 3~5개의 맥이 잎의 밑동에서 나옴

[*Philadelphus*: 기원전 283-247년의 이집트왕 프톨레마이오스 2세 필라델포스(Pto-Lemy Phladelphus)에서 유래]

얇은잎고광나무

Philadelphus tenuifolius Rupr. & Maxim.

[*tenuifolius*: 얇은 잎의]
영명: Slender-Leaf Mock Orange
이명: 엷은잎고광나무, 넓은잎고광나무

서식지: 천리포
주요특징: 잎은 마주나고 끝은 길게 뾰족하며 밑은 둥글다. 가장자리에는 뚜렷하지 않은 톱니가 있으며 표면에 털이 있고 뒷면 맥위에도 털이 있다. 잎자루에도 털이 있다. 꽃은 가지끝에서 총상꽃차례의 양성꽃이 모여핀다. 암술대는 윗부분에서 갈라지고 꽃받침대와 마찬가지로 털이 없다.
크기: ↕ ↔2~3m **번식**: 씨앗뿌리기, 꺾꽂이
▼ ⑤~⑥ 백색 ◀ ⑨~⑩

까치밥나무속(*Ribes*)

전세계 228종류, 우리나라에 14종류. 가시가 있고, 잎은 어긋나기, 손바닥모양, 턱잎은 없음. 꽃은 총상꽃차례로 잎겨드랑이에 밀생, 꽃받침통은 통모양

[*Ribes*: 붉은 구즈베리에 대한 덴마크의 구어체 ribs에서 유래]

까마귀밥나무

Ribes fasciculatum var. *chinense* Maxim.

[*fasciculatum*: 모여나는, *chinense*: 중국의]
영명: Chinese Winter-Berry Currant
이명: 까마귀밥여름나무, 꼬리까치밥나무
서식지: 태안전역
주요특징: 나무껍질은 자갈색이고 세로로 갈라지며 겨울눈은 피침모양이며 털이 없다. 잎은 어긋나며 타원모양으로 얕게 3~5갈래로 갈라진다. 양면 맥위에 부드러운 털이 있다. 꽃은 암수딴그루로 2년지 잎겨드랑이에서 핀다. 열매는 둥근모양이다.
크기: ↕ ↔1~1.5m **번식**: 씨앗뿌리기, 꺾꽂이
▼ ④~⑤ 황색 ◀ ⑨~⑩ 적색

까마귀밥나무 *Ribes fasciculatum* var. *chinense* Maxim.

장미과(Rosaceae)

전세계 104속 5,325종류, 풀, 작은키나무, 큰키나무

짚신나물속(*Agrimonia*)

전세계 20종류, 우리나라에 3종류, 여러해살이풀, 털이 밀생, 잎은 어긋나기, 깃모양겹잎, 작은잎 가장자리에 톱니, 잎자루 밑에 턱잎, 꽃은 이삭모양, 노란색

[*Agrimonia*: 그리스어이며 꽃에 가시가 있어 argemone와 비슷하기 때문에 플리니(Gaius Plinius Secundus, AD 23/24 – 79)가 전용]

짚신나물

Agrimonia pilosa Ledeb.

[*pilosa*: 부드러운 털이 있는]
영명: Hairy Agrimony
이명: 등골짚신나물, 큰골짚신나물, 집신나물
서식지: 태안전역
주요특징: 줄기는 윗부분에서 가지가 갈라지며 전체에 털이 있다. 모여나는 뿌리잎과 어긋나는 줄기잎은 깃모양겹잎으로 밑부분의 작은잎은 작고 윗부분의 작은잎 3개는 긴타원모양으로 양면에 털이 있으며 가장자리에 큰 톱니가 있다. 꽃은 총상꽃차례에 달리고 성숙하면 갈고리 같은 털이 있어 다른 물체에 잘 붙는다.
크기: ↕ ↔30~100cm
번식: 씨앗뿌리기
▼ ⑥~⑧ 황색　✄ ⑧~⑩ 녹색, 갈색

짚신나물 *Agrimonia pilosa* Ledeb.

산사나무속(*Crataegus*)

전세계 424종류, 우리나라에 8종류, 가지에 가시가 있고, 잎은 어긋나기, 홑잎은 단순, 3갈래, 깃모양, 꽃은 흰색, 붉은색, 열매는 이과, 둥근형

[*Crataegus*: 그리스어 kratos(힘)와 agein(갖다)의 합성어이며 재질이 단단하다라는 뜻]

산사나무 *Crataegus pinnatifida* Bunge

산사나무

Crataegus pinnatifida Bunge

[*pinnatifida*: 날개모양으로 갈라진]
영명: Mountain Hawthorn
이명: 아가위나무, 찔구배나무, 질배나무
서식지: 곳도, 안면도
주요특징: 줄기와 가지에 1~2cm의 가시가 있다. 잎은 어긋나며 삼각상 달걀모양으로 가장자리는 3~5쌍의 결각과 불규칙한 겹톱니가 있다. 표면은 광택이 나며 뒷면은 맥위에 털이있다. 8mm의 턱잎이 있고 가장자리에 뾰족한 톱니가 있다. 꽃은 산방꽃차례의 양성꽃이 모여 달린다. 열매는 1~2.5cm 정도로 둥근모양이다.
크기: ↕ 4~6m, ↔3~5m
번식: 씨앗뿌리기
▼ ⑤~⑥ 백색
✄ ⑨~⑩ 적색

뱀딸기 *Duchesnea indica* (Andr.) Focke

뱀딸기속(*Duchesnea*)

동남아시아 난대 및 온대지방에 2종류, 우리나라에 2종류, 여러해살이풀, 땅은 김, 잎은 어긋나기, 3장의 작은잎, 가장자리에 톱니, 꽃은 노란색 열매는 수과

[*Duchesnea*: 프랑스의 식물학자 듀셰인(Antane Nicolas Duchesne, 1747~1827)에서 유래]

뱀딸기

Duchesnea indica (Andr.) Focke

[*indica*: 인도의]
영명: Wrinkled Mock Strawberry
이명: 배암딸기, 큰배암딸기, 홍실뱀딸기
서식지: 태안전역
주요특징: 줄기는 땅 위에 길게 뻗고 전체에 긴 털이 많다. 잎은 어긋나며 삼출겹잎이다. 작은잎은 달걀을 닮은 타원모양, 가장자리에 겹톱니가 있다. 꽃은 잎겨드랑이의 긴 꽃자루에 1개씩 핀다. 부꽃받침잎은 꽃받침잎보다 조금 크다. 꽃잎은 넓은달걀모양이다. 열매는 수과이며 육질의 붉은 꽃턱 겉에 흩어져 붙어있다.
크기: ↕ ↔30~70cm
번식: 씨앗뿌리기, 포기나누기, 휘묻이
▼ ④~⑥ 황색　✄ ⑤~⑧ 적색

뱀무속(*Geum*)

전세계 39종류, 우리나라에 2종류, 잎은 어긋나기, 깃모양겹잎 또는 깊게 갈라진 깃모양, 맨위의 잎이 큼, 턱잎은 약간 크고 잎자루에 붙음

[*Geum*: 라틴명으로서 플리니(Gaius Plinius Secundus, AD 23/24~79)가 붙인 이름이며 geuo는 맛이 좋다는 뜻]

큰뱀무

Geum aleppicum Jacquin

[*aleppicum*: 시리아 알레포(Aleppo) 산의]
영명: Yellow Avens
이명: 큰배암무
서식지: 안면도, 학암포
주요특징: 뿌리잎은 홀수깃모양겹잎이다. 작은

잎은 3~5쌍이며 점차 작아지고 타원모양이며 끝은 뾰족하고 고르지 못한 톱니와 결각이 있다. 줄기잎은 짧은 잎자루와 3~5개의 작은잎이 있으며 턱잎은 거꿀달걀모양이고 결각이 있다. 꽃은 지름 1~2cm로 줄기나 가지끝에서 취산꽃차례로 피며 모두 3~10개이다. 수과는 타원모양으로 황갈색털이 밀생하고 꼭대기에 갈고리모양의 암술대가 달려있다.

크기 ↕ ↔50~80cm
번식 씨앗뿌리기, 포기나누기
🌼 ⑥~⑦ 황색　🍂 ⑦ 황갈색

큰뱀무 *Geum aleppicum* Jacquin

사과나무속(*Malus*)

온대지방에 71종류, 우리나라에 6종류, 드물게 가지가 변한 가시 발달, 잎은 어긋나기, 가장자리 톱니, 꽃은 흰색, 분홍색, 꽃잎과 꽃받침 5장, 열매는 이과

[*Malus*: 그리스어 malon(사과)에서 유래]

털야광나무

Malus baccata var. *mandshurica*
(Max.) C. K. Schneider

[*baccata*: 마실수 있는 과일(장과)의, 장과상의, *mandshurica*: 만주산의]
영명 Hairy Siberian Crabapple
이명 동배나무, 아가위나무, 만주아그배나무
서식지 닭섬, 안면도
주요특징 나무껍질은 회갈색이며 겨울눈은 달걀모양으로 비늘조각 가장자리에 털이 있다. 잎은 어긋나며 넓은타원모양이고 끝은 길게 뾰족하고 밑은 둥글거나 쐐기모양이며 양면에 털이 있다. 2~5cm의 잎자루에 털이 있다. 꽃은 산방꽃차례의 양성꽃이 모여달린다. 열매는 지름 9mm의 둥근모양이다.
크기 ↕ ↔7~12m　**번식** 씨앗뿌리기
🌼 ⑤ 백색, 연한 홍색　🍂 ⑩ 적색

털야광나무 *Malus baccata* var. *mandshurica*
(Max.) C. K. Schneider

윤노리나무 *Photinia villosa* (Thunb.) Decne.

윤노리나무속(*Photinia*)

동남아시아에 65종류, 우리나라에 5종류, 잎은 어긋나기, 홑잎, 가장자리에 톱니, 꽃은 흰색, 복산방꽃차례, 꽃받침은 끝까지 남음, 열매는 이과, 타원모양, 국내에서는 Pourthiaea로 사용되고 있음

[*Photinia*: 그리스명 photeiois(빛나다)에서 유래]

윤노리나무

Photinia villosa (Thunb.) Decne.

[*villosa*: 부드러운 털이 있는]
영명 Oriental Photinia
이명 긴윤노리나무, 꼭지윤노리, 참윤여리
서식지 안면도
주요특징 겨울눈은 달걀모양이고 끝이 뾰족하며 비늘조각은 갈색을 띠며 털이 없다. 잎은 어긋나며 끝은 길게 꼬리처럼 뾰족하고 밑은 쐐기모양으로 가장자리에 톱니가 촘촘하다. 양면에 털이 있고 잎자루에도 털이 밀생한다. 꽃은 산방꽃차례에 양성꽃이 모여달리며 꽃차례축과 꽃차례에 털이 밀생한다. 열매는 9mm의 타원모양으로 열매끝에 꽃받침의 흔적이 남는다.
크기 ↕ ↔2~5m
번식 씨앗뿌리기
🌼 ④~⑤ 백색
🍂 ⑧~⑨ 적색

양지꽃속(*Potentilla*)

전세계 381종류, 우리나라에 자생 26종류, 귀화 2종류, 잎은 어긋나기, 손바닥모양, 깃모양겹잎, 작은잎 가장자리에 톱니, 꽃은 잎겨드랑이에 발달, 노란색, 드물게 흰색

[*Potentilla*: 라틴어 potens(강력)의 축소형이며 처음에는 *P. anserina*의 강한 약효 때문에 생겼음]

가락지나물

Potentilla anemonefolia Lehm.

[*anemonefolia*: 바람꽃속(*Anemone*)의 잎과 비슷한]
영명 Anemone Cinquefoil
이명 쇠스랑개비, 가는잎쇠스랑개비
서식지 신두리, 구례포
주요특징 줄기는 비스듬히 자라고 잎겨드랑이에서 가지가 나와 위를 향한다. 뿌리잎은 긴 잎자루 끝에 5출 손모양겹잎이 달리고 줄기에 달린 잎은 잎자루가 짧다. 작은잎은 길이 1~5cm, 너비 8~20mm 정도의 좁은달걀모양으로 가장자리에 톱니가 있다. 꽃은 취산꽃차례에 핀다. 꽃받침은 가장자리에 짧은 털이 있으며 수과는 털이 없고 세로로 약간 주름이 진다.
크기 ↕ ↔10~50cm
번식 씨앗뿌리기, 포기나누기
🌼 ⑤~⑦ 황색　🍂 ⑧~⑨

가락지나물 *Potentilla anemonefolia* Lehm.

딱지꽃

Potentilla chinensis Seringe

[*chinensis*: 중국의]
영명: East Asian Cinquefoil
이명: 갯딱지, 딱지, 당딱지꽃
서식지: 태안전역
주요특징: 모여나는 뿌리잎과 어긋나는 줄기잎
은 깃모양겹잎으로 15~29개의 작은잎이 있고
윗부분의 것이 아랫부분보다 크다. 작은잎은 길
이 2~5cm, 너비 8~15mm 정도의 긴타원모양
이고 가장자리가 거의 주맥까지 갈라진다. 꽃은
산방상 취산꽃차례에 핀다. 수과는 길이 1.3mm
정도의 넓은달걀모양이고 세로로 주름이 지며
뒷면에 능선이 있다.
크기: ↕ ↔20~70cm
번식: 씨앗뿌리기, 포기나누기
▼ ⑤~⑧ 황색 ✄ ⑧~⑩

딱지꽃 *Potentilla chinensis* Seringe

돌양지꽃

Potentilla dickinsii Franch. & Sav.

[*dickinsii*: 사람이름 디킨스(Dickins)의]
영명: Korean Cinquefoil
이명: 바위양지꽃
서식지: 안면도
주요특징: 전체에 비단털이 밀생한다. 뿌리잎은
잎자루가 길고 모여나기하며 작은잎은 3개나
간혹 5개가 달리고 사각상 달걀모양 또는 타원모
양이며 뒷면이 분백색이고 끝이 뾰족하거나 둔하
며 가장자리에 뾰족한 톱니가 있고 턱잎은 피침모
양이며 예두이다. 줄기잎은 3출 또는 깃모양으로
갈라지고 뒷면이 백색이다. 꽃은 꽃턱에 백색털이
밀생하고 취산꽃차례에 10개 내외의 꽃이 달린다.
크기: ↕ ↔10~20cm
번식: 씨앗뿌리기, 포기나누기
▼ ⑥~⑦ 황색 ✄ ⑧~⑩

양지꽃

Potentilla fragarioides var. *major* Maxim.

[*fragarioides*: 딸기속(*Frangula*)과 비슷한,
major: 보다 큰]
영명: Sunny-Place Cinquefoil
이명: 소시랑개비, 좀양지꽃, 애기양지꽃
서식지: 태안전역
주요특징: 전체에 긴 털이 있다. 모여나는 뿌리
잎은 사방으로 비스듬히 퍼지고 잎자루가 긴 깃
모양겹잎으로 3~15개의 작은잎이 있다. 끝부분
3개의 작은잎은 길이 2~5cm, 너비 1~3cm 정
도로 크기가 비슷하며 밑부분의 것은 점차 작아
져서 넓은 거꿀달걀모양이고 가장자리에 톱니가

돌양지꽃 *Potentilla dickinsii* Franch. & Sav.

양지꽃 *Potentilla fragarioides* var. *major* Maxim.

있다. 꽃은 취산꽃차례이다. 열매는 길이 1mm
정도의 달걀모양으로 가는 주름이 있다.
크기: ↕ ↔30~50cm
번식: 씨앗뿌리기, 포기나누기
▼ ④~⑥ 황색 ✄ ⑦~⑨

세잎양지꽃

Potentilla freyniana Bornmueler

[*freyniana*: 오스트리아의 분류학자 프레이엔
(J.F. Freyn, 1845-1903)의]
영명: Freyn's Cinquefoil
이명: 털양지꽃, 털세잎양지꽃, 우단양지꽃
서식지: 태안전역
주요특징: 뿌리잎은 모여나며, 작은잎 3장으로
이루어진 겹잎이다. 작은잎은 긴타원 또는 거꿀
달걀모양이다. 줄기잎은 작은잎 3장으로 이루어
지지만 조금 작다. 꽃은 취산꽃차례로 달린다. 꽃
받침잎은 5장으로 끝이 날카롭다. 부꽃받침은 가
늘고 긴 모양이다. 꽃잎은 5장이며 거꿀달걀을

닮은 원모양으로 끝이 오목하게 들어간다. 열매
는 수과로 생긴다.
크기: ↕ ↔15~30cm
번식: 씨앗뿌리기, 포기나누기
▼ ③~④ 황색 ✄ ⑤~⑥

세잎양지꽃 *Potentilla freyniana* Bornmueler

좀개소시랑개비

Potentilla supina var. *ternata* Peterm.

[*supina*: 퍼진] *ternata*: 3출의, 3회의
이명: 잔잎양지꽃, 좀개쇠스랑개비
서식지: 안면도
주요특징: 줄기가 가늘고, 분지가 많이 되고 줄기에서 직각으로 뻗은 긴털이 밀생한다. 잎은 뿌리쪽이 5개의 작은잎으로 구성되며 깃모양겹잎이다. 중간 이상은 모두 3개의 작은잎으로 잎몸길이는 1~1.5cm, 폭 1.2~1.8cm이며 작고 광택이 없다. 꽃의 지름은 6mm내외이고 특히 꽃잎은 길이 1mm 내외로 작아서 마치 없는 것처럼 보인다.
크기: ↕ ↔5~30cm
번식: 씨앗뿌리기
▼ ⑥~⑦ 황색　　✂ ⑧~⑩

좀개소시랑개비 *Potentilla supina* var. *ternata* Peterm.

벚나무속(*Prunus*)

전세계 286종류, 우리나라에 34종류, 잎은 어긋나기, 홑잎, 톱니, 꽃은 한송이 또는 여러송이가 산방 또는 총상꽃차례, 흰색 또는 연분홍색, 열매는 핵과
[*Prunus*: plum(자두)의 라틴명]

이스라지

Prunus japonica var. *nakaii* (H.Lév.) Rehder

[*japonica*: 일본의, *nakaii*: 일본의 식물분류학자 나카이(Takenoshin Nakai, 1882~1952)의]
영명: Elongate-Leaf Bugseed
서식지: 태안전역
주요특징: 밑부분에서 가지가 많이 갈라진다. 잎은 어긋나며 달걀을 닮은 피침 또는 달걀모양으로 끝은 뾰족하거나 꼬리처럼 길게 뾰족하고 가장자리에는 뾰족한 톱니가 촘촘히 있다. 꽃은 양성꽃이 우산모양꽃차례에 1~4개씩 모여 달린다. 꽃자루, 꽃받침통은 털이 없고 암술대에는 긴털이 있다. 열매는 지름 1cm의 둥근모양이다.
크기: ↕ ↔1~1.5m
번식: 씨앗뿌리기, 꺾꽂이, 포기나누기
▼ ⑤ 연한 홍색　　✂ ⑥~⑦ 적색

이스라지 *Prunus japonica* var. *nakaii* (H.Lév.) Rehder

털개벚나무

Prunus leveilleana var. *pilosa* Nakai

[*leveilleana*: 프랑스의 레베이예(Augustin Abel Hector Leville, 1864~1918)의, *pilosa*: 부드러운 털이 있는]
영명: Pilose Korean Hill Cherry
이명: 털개벚
서식지: 태안전역
주요특징: 잎은 어긋나기하며 달걀모양이다. 밑은 뭉툭하고 끝은 날카롭고 뾰족하다. 양면 맥 위에는 털이 있으며 가장자리에는 뾰족한 거치가 있다. 꽃대에 털이 있다.
크기: ↕ ↔10m
번식: 씨앗뿌리기, 접붙이기
▼ ④ 백색　　✂ ⑥ 적색

털개벚나무 *Prunus leveilleana* var. *pilosa* Nakai

배나무속(*Pyrus*)

전세계 76종류, 우리나라에 15종류, 가지가 변한 가시 발달, 잎은 어긋나기, 가장자리에 톱니 또는 밋밋, 꽃은 흰색, 연분홍색, 열매는 이과, 씨는 검은색
[*Pyrus*: 배나무의 라틴 고명이며 Pirus라고도 함]

산돌배

Pyrus ussuriensis Maximowicz

[*ussuriensis*: 시베리아 우수리지방의]
영명: Ussuri Pear
이명: 돌배
서식지: 가의도, 안면도
주요특징: 나무껍질은 회갈색이고 껍질눈이 있으며, 세로로 갈라지고 오래되면 불규칙한 조각으로 떨어진다. 잎은 어긋나고 넓은달걀모양으로 끝은 길게 뾰족하고 밑은 둥글며 가장자리에는 침상의 톱니가 있다. 꽃은 산방꽃차례에 양성꽃이 5~7개씩 모여달린다. 열매는 둥근모양으로 지름은 2~6cm 정도이다.
크기: ↕ 10~15m, ↔5~10m
번식: 씨앗뿌리기, 접붙이기
▼ ④~⑤ 백색　　✂ ⑧~⑩ 황색, 황갈색

산돌배 *Pyrus ussuriensis* Maximowicz

병아리꽃나무 *Rhodotypos scandens* (Thunb.) Makino

병아리꽃나무속(*Rhodotypos*)

동북아시아 1종, 우리나라에 1종, 잎지는 작은
키나무, 잎은 마주나기, 홑잎, 가장자리는 겹톱
니, 꽃은 1송이씩 가지 끝에 붙음, 흰색, 꽃잎
과 꽃받침은 4장, 열매는 핵과, 검은색
[*Rhodotypos*: 그리스어 rhodon(장미)과
typos(형)의 합성어이며 꽃이 찔레꽃과 비슷
한데서 유래]

병아리꽃나무

Rhodotypos scandens
(Thunb.) Makino

[*scandens*: 기어올라가는 성질의]
영명: Black Jetbead
이명: 이리화, 개함박꽃나무, 병아리꽃
서식지: 가의도, 갈음이, 안면도, 병술만
주요특징: 겨울눈은 달걀모양이며 비늘조각은
황갈색, 가장자리에 백색 털이 있다. 잎은 마주나
며 긴달걀모양이고 끝은 꼬리처럼 길게 뾰족하
고 밑은 둥글며 가장자리에는 뾰족한 겹톱니가
촘촘하게 있다. 꽃은 새가지 끝에서 양성꽃이 1
개씩 달린다. 7~8mm 타원모양의 열매가 한곳
에 4개씩 달린다.
크기: ↕ ↔ 1~2m
번식: 씨앗뿌리기, 꺾꽂이
▼ ④~⑤ 백색　 ◀ ⑥ 흑색

장미속(*Rosa*)

북반구 온대 및 한대에 435종류, 우리나라에
23종류, 서거나 기는 작은키나무, 가시 발달, 잎
은 어긋나기, 깃모양겹잎, 작은잎에 톱니, 꽃은
흰색, 붉은색, 노란색
[*Rosa*: 라틴 고명이며 그리스어의 rhodon(장
미)과 켈트어의 rhodd(적)에서 유래]

찔레꽃　초

Rosa multiflora Thunb.

[*multiflora*: 많은 꽃의]
영명: Multiflora Rose
이명: 질꾸나무, 들장미, 찔레
서식지: 태안전역
주요특징: 나무껍질은 회갈색으로 오래되면 불
규칙하게 갈라져 벌어진다. 잎은 어긋나며 5~9
개의 작은잎으로 이루어진 겹잎이다. 턱잎은 빗
살모양으로 잎자루에 합착되어 있고 가장자리에
샘털이 있다. 꽃은 원뿔모양꽃차례에 양성꽃이
모여달린다. 열매는 둥근모양이다.
크기: ↕ ↔ 2~4m
번식: 씨앗뿌리기, 꺾꽂이
▼ ⑤~⑥ 백색　 ◀ ⑩ 적색

해당화　초

Rosa rugosa Thunb.

[*rugosa*: 주름이 있는]
영명: Rugose Rose

찔레꽃 *Rosa multiflora* Thunb.

해당화 *Rosa rugosa* Thunb.

서식지: 태안전역
주요특징: 땅속줄기가 사방으로 길게 뻗어 큰
무리를 형성한다. 잎은 5~9개의 작은잎으로 이
루어진 겹잎이다. 작은잎은 가장자리에 톱니가
있고 뒷면은 엽축과 같이 부드러운 털이 밀생하
며 작은 가시가 드물게 있다. 꽃은 가지끝에 양성
꽃이 1~3개씩 달린다. 꽃자루는 잔털과 샘털이
밀생한다. 열매는 지름 2~2.5cm 크기의 타원모
양이다.
크기: ↕ ↔ 1.5~2m
번식: 씨앗뿌리기, 꺾꽂이
▼ ⑤~⑦ 홍자색
◀ ⑦~⑧ 적색

개해당화

Rosa rugosa var. *kamtschatica*
(Vent.) Regel

[*rugosa*: 주름이 있는, *kamtschatica*: 캄차카의]

영명: Small-Fruit Rugose Rose
이명: 천리포해당화
서식지: 안면도
주요특징: 줄기에 가시 및 융털이 있으며 가시
에도 융털이 있다. 해당화와 달리 줄기에 자모
(刺毛)가 없거나 작으며 짧다. 잎은 어긋나기하고
7~9개의 작은잎으로 된 겹잎이며 작은잎은 타
원모양이고 표면은 주름이 적으며 광택이 있다.
가장자리에는 잔톱니가 있고 잎 뒷면에는 맥이
튀어나오고 잔털이 밀생하며 선점이 있다. 꽃은
해당화보다 작으며 꽃대에 자모가 있으며 꽃은
홍자색이 보통이나 흰색과 분홍색도 있고 겹꽃
도 있다. 꽃받침통은 둥글고 털이 없으며 결각은
피침모양이다. 열매는 타원모양이며 수과는 길이
4mm로 작고 털이 없으며 광택이 있다.
크기: ↕ ↔ 1~1.5m
번식: 꺾꽂이, 접붙이기
▼ ⑤~⑦ 홍자색
◀ ⑦~⑧ 적색

개해당화 *Rosa rugosa* var. *kamtschatica* (Vent.) Regel

돌가시나무

Rosa lucieae Franch. & Rochebr. ex Crép.

[*lucieae*: 프랑스의 식물학자]
영명: Wichura's Rose
이명: 반들가시나무, 홍돌가시나무, 제주찔레
서식지: 만리포, 신두리
주요특징: 기는 성질의 반상록성 작은키나무이다. 잎은 5∼9개의 작은잎으로 구성된 겹잎이다. 턱잎은 잎자루에 붙어 있으며 가장자리에 불규칙한 톱니와 샘털이 있다. 꽃은 가지 끝에서 양성꽃이 1∼5개씩 모여 달린다. 꽃자루와 꽃받침 결각 뒷면에는 샘털이 있다. 열매는 지름 8mm로 달걀모양이다.
크기: ↕ 0.5∼1m, ↔ 2∼3m
번식: 씨앗뿌리기, 꺾꽂이
▼ ⑤∼⑥ 백색
✂ ⑩∼⑪ 적색

돌가시나무 *Rosa lucieae* Franch. & Rochebr. ex Crép.

수리딸기 *Rubus corchorifolius* L.f.

산딸기속(*Rubus*)

북반구에 1,568종류, 우리나라에 자생 34종류, 귀화 1종, 대부분 가시 발달, 잎은 어긋나기, 홑잎과 겹잎, 턱잎이 있음, 꽃은 양성꽃, 꽃받침조각은 5장, 끝까지 남음, 꽃잎은 5장
[*Rubus*: 라틴 고명이며 적색(ruber) 열매에서 유래]

수리딸기

Rubus corchorifolius L.f.

[*corchorifolius*: 코르코루스속(*Corchorus*)의 잎과 같은]
영명: Jute-Leaf Raspberr
이명: 청수리딸기, 민수리딸
서식지: 태안전역
주요특징: 잎은 달걀을 닮은 피침모양으로 어긋나고 끝은 길게 뾰족하고 밑은 심장모양이다. 양면 맥위에 부드러운 털이 밀생하며 가시가 드문드문있고 가장자리는 둔한 톱니가 촘촘히 있다. 꽃은 2년지 끝에서 양성꽃이 1~3개씩 아래를 향해 달린다. 열매는 지름 1~1.5cm의 원모양이고 미세한 털이 있다.
크기: ↕ 70~100cm, ↔ 80~150cm
번식: 씨앗뿌리기, 꺾꽂이
▼ ④~⑤ 백색
🍂 ⑤~⑥ 황적색

복분자딸기

Rubus coreanus Miquel

[*coreanus*: 한국의]
영명: Bokbunja
이명: 곰딸, 곰의딸
서식지: 가의도, 안면도, 병술만, 바람아래 해수욕장

주요특징: 가지끝이 땅에 닿아 새로운 개체를 형성하여 덤불을 이룬다. 나무껍질은 백색분으로 덮여있으며 굽은 가시가 있다. 잎은 어긋나고 5~7개의 작은잎으로 이루어진 겹잎이며 중축과 작은잎자루에 부드러운 털과 굽은 가시가 있다. 꽃은 가지끝에서 산방꽃차례에 양성꽃이 모여난다.
크기: ↕ 2~3m, ↔ 2~5m
번식: 씨앗뿌리기, 꺾꽂이, 휘묻이
▼ ⑤~⑥ 분홍색
🍂 ⑦~⑧ 적색

산딸기 [초]

Rubus crataegifolius Bunge

[*crataegifolius*: 산사나무속(*Crataegus*)의 잎과 비슷한]
영명: Korean Raspberry
이명: 나무딸기, 참딸, 긴나무딸기
서식지: 태안전역
주요특징: 줄기는 적갈색이고 털이 없으며 가시가 많다. 겨울눈은 달걀모양으로 붉은색을 띠고 털이 없다. 잎은 넓은달걀모양으로 어긋나며 3~5갈래로 갈라진다. 끝은 뾰족하고 밑은 심장모양, 가장자리에 뾰족한 겹톱니가 불규칙하게 나 있다. 꽃은 새가지 끝에서 양성꽃이 2~6개씩 옆을 향해 달린다. 열매는 1~1.5cm크기의 둥근모양이다.
크기: ↕ 1~2m, ↔ 1~3m
번식: 씨앗뿌리기, 꺾꽂이
▼ ⑥ 백색
🍂 ⑦~⑧ 적색

복분자딸기 *Rubus coreanus* Miquel

산딸기 *Rubus crataegifolius* Bunge

장딸기

Rubus hirsutus Thunb.

[*hirsutus*: 거친 털이 있는, 많은 털이 있는]
영명: Hirsute Raspberry
이명: 땃딸기, 땅딸기, 노랑장딸기
서식지: 가의도, 안면도, 내파수도
주요특징: 뿌리가 옆으로 길게 뻗으면서 줄기를 내어 군집을 형성한다. 잎은 어긋나며 3~5개의 작은잎으로 이루어진 겹잎, 중축과 잎자루에 짧은 털과 샘털이 있으며 작은 가시가 드물게 있다. 꽃은 지름 3~4cm로 가지끝에 양성꽃이 1개씩 달린다. 열매는 지름 1~2cm 크기의 둥근모양이다. 국내 자생 산딸기류 중 꽃과 열매가 가장 큰 편에 속한다.
크기: ↕ 20~60cm, ↔50~100cm
번식: 씨앗뿌리기, 꺾꽂이
▼ ⑤~⑥ 백색
◀ ⑦ 적색

서양오엽딸기

Rubus fruticosus L.

[*fruticosus*: 관목형의]
영명: Bramble Blackberry
서식지: 송현리
주요특징: 유럽 원산으로 재배하던 것이 퍼져나가 전국적으로 분포한다. 줄기는 적갈색이고 굵으며 딱딱한 가시가 많다. 잎은 어긋나며 3~5갈래의 작은잎으로 이루어진 손모양겹잎이다. 표면에 털은 없고 광택이 있으며 뒷면에는 백색털이 밀생한다. 꽃은 가지끝에 산방꽃차례에 양성꽃이 모여 달린다. 열매는 1.5~2cm의 긴타원모양이다.
크기: ↕ 10~20cm, ↔20~30cm
번식: 씨앗뿌리기, 꺾꽂이
▼ ⑦ 백색 ◀ ⑧ 적색

서양오엽딸기 *Rubus fruticosus* L.

장딸기 *Rubus hirsutus* Thunb.

줄딸기

Rubus oldhamii Miquel

[*oldhamii*: 식물채집가 올덤(Richard Oldham, 1861~1866)의]
이명: 덩굴딸기, 덤불딸기, 애기오엽딸기
서식지: 가의도, 백리포, 안면도, 흥주사
주요특징: 줄기가 바로서지 않고 옆으로 비스 듬히 뻗는다. 잎은 어긋나며 3~7개의 작은잎으로 이루어진 겹잎이다. 중축과 잎자루에 부드러 운 털과 샘털, 작은 가시가 있다. 끝은 길게 뾰족 하고 가장자리에는 결각상의 겹톱니가 불규칙하 게 있다. 꽃은 가지끝에서 양성꽃이 1~3개씩 달 린다. 열매는 1~1.5cm 크기의 둥근모양이다.
크기: ↕ 1~2m, ↔ 2~3m
번식: 씨앗뿌리기, 꺾꽂이
▼ ④~⑤ 연한 홍색
◀ ⑥ 적색

멍석딸기

Rubus parvifolius L.

[*parvifolius*: 잎이 작다는 뜻]
영명: Trailing Raspberry
이명: 멍두딸, 멍딸기, 사수딸기
서식지: 태안전역
주요특징: 잎은 어긋나며 3~5개의 작은잎으로 이루어진 겹잎이다. 중축과 잎자루에 부드러운 털과 작은 가시가 있다. 작은잎은 2.5~6cm의 거 꿀달걀모양으로 뒷면은 백색털이 밀생하며 맥위 에도 털과 가시가 있다. 꽃은 가지끝, 잎겨드랑이 에서 양성꽃이 몇개씩 모여달린다. 꽃차례의 축, 꽃자루, 꽃받침 결각 뒷면에는 부드러운 털이 밀 생하고 작은 가시가 있다. 열매는 1~1.5cm크기 의 둥근모양이다.
크기: ↕ 20~30cm, ↔ 30~50cm
번식: 씨앗뿌리기, 꺾꽂이
▼ ⑤~⑥ 연분홍색
◀ ⑥ 적색

줄딸기 *Rubus oldhamii* Miquel

멍석딸기 *Rubus parvifolius* L.

멍석딸기 *Rubus parvifolius* L.

곰딸기

Rubus phoenicolasius Maxim.

[*phoenicolasius*: 훼니기아에서 자라는]
영명: Wine Raspberry
이명: 붉은가시딸기, 섬가시딸나무
서식지: 안면도
주요특징: 잎은 어긋나며 3~5개의 작은잎으로 이루어진 겹잎이다. 중축과 잎자루에 긴 샘털과 딱딱한 털이 밀생하며 굽은 가시가 있다. 작은잎 은 4~8cm의 달걀모양, 넓은달걀모양으로 뒷면 은 백색털이 밀생하며 맥위에도 털과 가시가 있 다. 꽃은 가지끝에서 나온 6~10cm의 꽃차례에 양성꽃이 모여난다. 열매는 1~1.5cm의 둥근모 양이다.
크기: ↕ 2~3m, ↔ 3~5m
번식: 씨앗뿌리기, 꺾꽂이
▼ ⑤~⑥ 연분홍색
◀ ⑥ 홍색

곰딸기 *Rubus phoenicolasius* Maxim.

마가목속(*Sorbus*)

온대와 아한대에 261종류, 우리나라에 14종류, 잎은 어긋나기, 가장자리에 톱니, 꽃은 복산방꽃차례, 꽃잎 5장, 흰색, 연분홍색, 열매는 이과

팥배나무

Sorbus alnifolia (Siebold & Zucc.)
C.Koch

[*alnifolia*: 오리나무속의 잎과 같은]
영명: Korean Mountain Ash
이명: 팟배나무, 벌배나무
서식지: 태안전역
주요특징: 나무껍질은 회색에서 흑갈색이고 백색의 껍질눈이 발달하며 오래되면 세로로 갈라진다. 겨울눈은 적갈색의 긴타원을 닮은 거꿀달걀모양이다. 잎은 어긋나며 거꿀달걀모양이고 끝은 짧게 뾰족하고 밑은 넓은 쐐기모양이다. 가장자리에 불규칙한 얕은 겹톱니가 있고 간혹 결각이 지기도한다. 잎자루는 적색을 띠고 부드러운 털이 드물게 있다. 꽃은 복산방꽃차례에 양성꽃이 다수 모여달린다. 꽃차례축, 꽃자루에는 털이 약간 있다. 열매는 8~12mm의 원모양이다.
크기: ↕ 10~20m, ↔ 7~15m
번식: 씨앗뿌리기
▼ ④~⑥ 백색　◀ ⑨~⑩ 적색

오이풀속(*Sanguisorba*)

온대와 아한대에 33종류, 우리나라에 자생 10종류, 귀화 1종, 여러해살이풀, 줄기는 곧게 섬, 잎은 어긋나기, 깃모양겹잎, 작은잎가장자리에 톱니, 꽃은 밀생, 기둥모양의 이삭꽃차례
[*Sanguisorba*: 라틴어 sanguis(혈)와 sorbere (흡수하다)의 합성어이며 뿌리에 타닌(tannin)이 많아서 지혈효과가 있다는 민간약에서 유래]

오이풀

Sanguisorba officinalis L.

[*officinalis*: 약용의, 약효가 있는]
영명: Great Burnet
이명: 지우초, 외순나물, 지우
서식지: 태안전역
주요특징: 작은잎이 5~11개로 이루어진 1회 깃모양겹잎이다. 줄기잎은 잎자루가 길며 작은잎은 긴타원모양으로 잎가장자리는 삼각모양의 톱니가 발달한다. 뿌리잎은 어긋나기하며 잎자루는 짧다. 꽃은 진한 붉은색을 띠는 이삭꽃차례로 꽃대는 곧게 선다. 열매는 수과로 사각모양이고 꽃받침으로 싸여 있다.
크기: ↕ 30~150cm
번식: 씨앗뿌리기, 포기나누기
▼ ⑦~⑨ 적색
◀ ⑨~⑩

오이풀 *Sanguisorba officinalis* L.

팥배나무 *Sorbus alnifolia* (Siebold & Zucc.) C.Koch

조팝나무속(*Spiraea*)

온대와 한대에 176종류, 우리나라에 19종류, 잎지는작은키나무, 잎은 어긋나기, 홑잎, 가장자리에 톱니, 꽃은 흰색 또는 연분홍색, 총상꽃차례 또는 원뿔모양꽃차례

[*Spiraea*: 그리스어 speira(라선, 화환, 윤)에서 유래되었고 처음에는 *Ligustrum vulgare*를 speiraia라고 하였으나 이후 전용되었으며 열매에 나선상의 종이 있어 화서형에서 호황을 만드는 나무라는 뜻]

조팝나무 초

Spiraea prunifolia f. *simpliciflora* Nakai

[*prunifolia*: 벚나무속(*Prunus*)의 잎과 같은, *simpliciflora*: 외겹(홑겹)꽃의]
영명: Simple Bridalwreath Spiraea
이명: 홑조팝나무
서식지: 태안전역
주요특징: 뿌리에서 많은 줄기가 나와 덤불을 이룬다. 겨울눈은 둥근모양이며 적갈색이고 털이 없다. 잎은 어긋나며 끝은 뾰족하고 밑은 쐐기모양이며 가장자리에 잔톱니가 있다. 꽃은 2년지에서 우산모양꽃차례에 양성꽃이 3~6개씩 모여난다. 꽃자루는 1~2.5cm로 털이 있다. 골돌과는 5개씩 모여난다.
크기: ↕ ↔1~2m
번식: 씨앗뿌리기, 꺾꽂이
▼ ④~⑤ 백색 ◀ ⑨~⑩

조팝나무 *Spiraea prunifolia* f. *simpliciflora* Nakai

국수나무속(*Stephanandra*)

동부아시아 온대에 5종류, 우리나라에 2종류, 작은키나무, 잎은 어긋나기, 홑잎, 가장자리에 결각모양의 톱니, 턱잎은 발달한 채 오래 남음, 꽃은 양성꽃, 흰색

[*Stephanandra*: 관(冠)을 뜻하는 그리스어 스테파노스(stephanos)와 수술을 뜻하는 안드론(andron)의 합성어로 꽃의 수술이 왕관을 닮았다는 뜻]

국수나무

Stephanandra incisa (Thunb.) Zabel

[*incisa*: 깊게 갈라진]
영명: Laceshrub
이명: 뱁새더울, 거렁방이나무
서식지: 태안전역
주요특징: 겨울눈은 긴달걀모양이며 적갈색으로 털이 없다. 잎은 어긋나며 삼각상 달걀모양으로 끝은 길게 뾰족하고 밑은 심장모양. 가장자리에는 결각상 겹톱니가 있다. 양면에 털이 있고 잎자루에도 털이 있다. 턱잎은 달걀을 닮은 피침모양으로 가장자리에 톱니가 있다. 꽃은 가지 끝의 원뿔모양꽃차례에 양성꽃이 모여달린다. 열매는 2~3mm의 원모양으로 겉에 잔털이 있다.
크기: ↕ ↔1~2m **번식**: 씨앗뿌리기, 꺾꽂이
▼ ⑤~⑥ 백색 ◀ ⑨~⑩

콩과(Leguminosae)

전세계 946속 26,832종류, 풀, 작은키나무, 큰키나무, 덩굴식물

자귀풀속(*Aeschynomene*)

전세계 187종류, 우리나라에 1종, 잎은 홀수깃모양겹잎, 작은잎에는 턱잎이 없고 잎 아래에 붙는 턱잎은 달걀모양, 피침모양, 꽃은 노란색, 잎겨드랑이에 붙고 열매는 씨사이가 마디로 됨

[*Aeschynomene*: 그리스어 aeschynomenos (수줍어하다)라는 뜻으로 잎이 오무라드는 모양에서 유래]

자귀풀

Aeschynomene indica L.

[*indica*: 인도의]
영명: Indian Jointvetch
서식지: 태안전역
주요특징: 줄기는 속이 비어있고 잎은 어긋나며, 짝수깃모양겹잎으로 작은잎은 10~20쌍이고 선상 긴타원모양, 양끝은 둔하고 가장자리는 밋밋하다. 잎 뒷면은 분백색이다. 꽃은 잎겨드랑이에서 나온 꽃줄기 끝에서 총상꽃차례를 이룬다. 열매는 협과로 편평하고 6~8개의 마디가 있으며, 성숙하면 분리된다.
크기: ↕ ↔50~80cm
번식: 씨앗뿌리기
▼ ⑦~⑧ 연한 황색
◀ ⑨~⑩

국수나무 *Stephanandra incisa* (Thunb.) Zabel

자귀풀 *Aeschynomene indica* L.

자귀나무속(*Albizia*)

전세계 149종류, 우리나라에 2종류, 잎은 어긋나기, 2회 깃모양겹잎, 턱잎은 다양하게 나타남, 꽃차례는 원뿔모양, 가지끝에 붙고, 둥근 모양, 열매는 협과

[*Albizia*: 이탈리아의 알비지(F.Degli Albizzi)를 기념]

자귀나무

Albizia julibrissin Durazz.

[*julibrissin*: 동인도 이름]
영명: Silk Tree
서식지: 태안전역
주요특징: 가지는 드문드문 옆으로 길게 퍼진다. 잎은 깃털모양의 겹잎으로 어긋난다. 꽃은 양성꽃으로 새 가지 끝에 우산모양꽃차례를 이루며 핀다. 길이가 3cm로 꽃잎보다 긴 수술이 25개 정도 달리는데 끝부분은 홍색, 밑부분은 흰색이다. 열매는 길이가 12cm 정도인 납작한 모양의 꼬투리는 보통 이듬해까지 가지에 달려있고 5~6개의 씨가 들어 있다.
크기: ↕ 4~10m, ↔5~12m
번식: 씨앗뿌리기
▼ ⑥~⑦ 연한 황색   ◀ ⑨~⑩ 갈색

자귀나무 *Albizia julibrissin* Durazz.

족제비싸리속(*Amorpha*)

북아메리카에 20종류, 우리나라에 1종 귀화, 작은키나무, 작은잎은 7~45장, 잎은 어긋나기, 깃모양겹잎, 꽃은 가지끝에 이삭꽃차례로 달림, 열매는 협과

[*Amorpha*: 기형이라는 뜻을 가진 그리스어 amorphos에서 유래되었으며 화관이 불완전하다는 의미]

족제비싸리

Amorpha fruticosa L.

[*fruticosa*: 관목상의]

족제비싸리 *Amorpha fruticosa* L.

영명: Indigobush Amorpha, Falseindigo, Shrubby Amorpha
서식지: 태안전역
주요특징: 잎은 어긋나기하며 홀수깃모양겹잎이다. 작은잎은 타원모양이고 끝이 둥글지만 주맥 끝은 뾰족하다. 총상꽃차례는 길이 7~15cm로 가지 끝에 달린다. 꽃은 길이 6mm로 향기가 강하다. 꽃받침에는 샘이 많고 결각은 뾰족하다. 열매는 약간 굽으며 길이 7~9mm로 씨가 대개 1개씩 들어있다.
크기: ↕↔2~3m   **번식**: 씨앗뿌리기
▼ ⑤~⑥ 보라색   ◀ ⑨

새콩속(*Amphicarpaea*)

전세계 6종류, 우리나라에 1종류, 풀, 줄기는 꼬이거나 땅위로 기고, 털이 약간 있음, 잎은 깃모양 3장, 턱잎과 작은 턱잎이 발달, 총상꽃차례

[*Amphicarpaea*: 그리스어 amphi(쌍방의)와 carpos(열매)의 합성어로 열매가 두 종류인 것에서 유래]

새콩

Amphicarpaea bracteata subsp. *edgeworthii* (Benth.) H.Ohashi

[*bracteata*: 포엽이 있는, *edgeworthii*: 19세기 영국의 식물학자 에지워스(M.P. Edgeworth, 1812~1881)의]
영명: Edgeworth's Hogpeanut
서식지: 태안전역
주요특징: 줄기는 덩굴로 다른 물체를 감고 올라간다. 잎은 어긋나며 작은잎이 3장씩 달린다. 가운데 작은잎이 가장 크며 털이 난다. 턱잎은 좁은달걀모양이고 끝까지 붙어있다. 꽃은 잎겨드랑이에서 난 꽃대에 작은꽃 6개 정도가 모여 총상꽃차례로 핀다. 꽃부리는 나비모양이다. 열매는 협과이며 타원모양으로 조금 휘어진다.
크기: ↕ 1~2m
번식: 씨앗뿌리기
▼ ⑧~⑨ 연한 적자색
◀ ⑨~⑩

새콩 *Amphicarpaea bracteata* subsp. *edgeworthii* (Benth.) H.Ohashi

황기속(*Astragalus*)

전세계 2,704종류, 우리나라에 자생 10종류, 귀화 1종, 풀 또는 작은키나무. 잎은 홀수깃모양겹잎. 작은잎에는 턱잎이 없고 큰잎에 붙는 턱잎은 드물게 잎자루와 붙음. 꽃은 홍자색, 노란색 [*Astragalus* : 그리스 지역명이며 복사뼈라는 뜻으로 콩과식물에 적용함]

자운영

Astragalus sinicus Linne

영명: Chinese Milkvetch
서식지: 안면도, 천리포
주요특징: 줄기에 흰 털이 있으며 밑에서부터 가지가 갈라져 옆으로 뻗으며 윗부분은 곧게선다. 잎은 홀수깃모양겹잎이고 작은잎은 2~11장이며 거꿀달걀 또는 타원모양으로 끝은 패였거나 둥글. 꽃은 우산모양꽃차례를 이루어 달린다. 열매는 협과이고 긴타원모양으로 털이 없다. 씨는 노란색이다.
크기: ↕ ↔10~30cm
번식: 씨앗뿌리기
▼ ④~⑥ 적자색
◀ ⑥~⑦ 흑색

차풀속(*Chamaecrista*)

전세계 453종류, 우리나라에 1종, 풀 또는 나무. 잎은 짝수깃모양겹잎, 턱잎 발달, 잎자루에 꿀샘, 꽃은 총상꽃차례 또는 원뿔모양꽃차례, 꽃받침과 꽃잎 5장
[*Chamaecrista* : '작다'는 뜻의 그리스어 chamai와 '닭의 볏'을 뜻하는 crista의 합성어]

차풀

Chamaecrista nomame
(Siebold) H.Ohashi

[*nomame* : 일본명 '노마메']
영명: Field Sensitive Pea
이명: 눈차풀, 며느리감나물
서식지: 태안전역
주요특징: 가지가 갈라지며 전체에 잔털이 나고 줄기는 비스듬히 선다. 잎은 어긋나기하고 잎자루가 있으며, 작은잎은 가늘고 긴 타원모양이며 가장자리에 털이 약간 있다. 턱잎은 바늘모양 또는 가늘고 긴 피침모양이다. 꽃은 잎겨드랑이에 달리며 꽃자루끝에 작은포가 있다. 열매는 협과로서 편평한 타원모양이고 겉에 털이 있으며, 씨는 흑색이며 윤채가 있고 편평하지만 약간 네모 진다.
크기: ↕ 20~60cm
번식: 씨앗뿌리기
▼ ⑦~⑧ 황색
◀ ⑧~⑨ 갈색

자운영 *Astragalus sinicus* Linne

차풀 *Chamaecrista nomame* (Siebold) H.Ohashi

활나물속(*Crotalaria*)

열대와 난대에 757종류, 우리나라에 1종, 잎은 홑잎 또는 손바닥모양의 겹잎, 턱잎은 뚜렷, 꽃은 줄기끝에 총상꽃차례 또는 1송이 붙음, 열매는 타원모양

[*Crotalaria*: 그리스어 crotalon(달랑달랑하는 장난감)에서 유래된 것으로 열매 속에 종자가 떨어져서 달랑달랑하는 것에 비유]

활나물

Crotalaria sessiliflora L.

[*sessiliflora*: 대가 없는 꽃의]
영명: Purple-Flower Rattlebox
서식지: 백화산, 안면도
주요특징: 곧게 자라고 가지가 갈라지며 전체에 갈색의 긴 털이 있다. 어긋나는 잎은 잎자루가 거의 없으며 잎몸은 길이 4~10cm, 너비 3~10mm 정도의 넓고 긴 모양이다. 꽃은 원줄기와 가지끝에 작은꽃들이 모여 달린다. 꼬투리는 길이 10~12mm 정도의 긴타원모양이고 밋밋하며 2개로 갈라진다.
크기: ↕ ↔15~60cm   **번식**: 씨앗뿌리기
▼ ⑦~⑨ 청자색   ◀ ⑨~⑩

활나물 *Crotalaria sessiliflora* L.

된장풀속(*Desmodium*)

전세계 372종류, 우리나라에 8종류, 풀 또는 작은키나무, 잎은 깃모양겹잎, 턱잎이 있음, 꽃은 총상꽃차례, 꽃받침은 5갈래, 열매는 납작, 흔히 마디가 발달

[*Desmodium*: 그리스어 desmos(쇠줄, 밧줄)와 eidos(구조)의 합성어로 열매가 쇠줄처럼 짤록짤록한데서 유래]

큰도둑놈의갈고리

Desmodium oldhami Oliver

[*oldhami*: 식물채집가 올덤(Richard Oldham,

1861~1866)의]
영명: Oldham's Tick Clover
이명: 큰도둑놈의갈구리, 큰갈구리풀
서식지: 가의도, 안면도
주요특징: 줄기는 여러 대가 나와서 포기를 형성하고 굵은 털과 잔털이 있다. 어긋나는 잎은 작은잎이 5~7개인 깃모양겹잎이며 작은잎은 긴타원모양으로 끝이 뾰족하다. 꽃은 3~6개의 총상꽃차례로 핀다. 꼬투리는 길이 20~40mm 정도이고 1~2개의 마디와 갈고리 같은 털과 대가 있다.
크기: ↕ ↔1~1.5m   **번식**: 씨앗뿌리기
▼ ⑧ 연한 홍색   ◀ ⑨

개도둑놈의갈고리

Desmodium podocarpum DC.

[*podocarpum*: 대가 있는 열매의]
영명: Common Tick Clover
이명: 털도둑놈의갈구리, 둥근잎갈구리풀
서식지: 갈음이, 안면도
주요특징: 줄기 전체에 털이 많다. 잎은 어긋나고 삼출겹잎이다. 작은잎은 거꿀달걀모양 또는 달걀을 닮은 둥근모양, 길이 5~9cm, 폭 4~7cm이다. 잎 양면과 잎자루에 털이 있으며, 턱잎은 가늘고 긴 모양이다. 꽃은 총상꽃차례에 달리며, 꽃부리는 나비모양이다. 열매는 협과이고 갈고리 같은 털이 있다.
크기: ↕ ↔60~90cm   **번식**: 씨앗뿌리기
▼ ⑧~⑨ 연한 홍색   ◀ ⑨~⑩

큰도둑놈의갈고리 *Desmodium oldhami* Oliver

개도둑놈의갈고리 *Desmodium podocarpum* DC.

도둑놈의갈고리 *Desmodium podocarpum* var. *oxyphyllum* (DC.) H.Ohashi

도둑놈의갈고리

Desmodium podocarpum
var. *oxyphyllum* (DC.) H.Ohashi

[*podocarpum*: 대가 있는 열매의,
oxyphyllum: 날카로운 모양의 잎]
영명: Big-Leaf Tick Clover
이명: 도둑놈의갈쿠리, 갈쿠리풀, 갈구리풀
서식지: 안면도, 대소산
주요특징: 줄기 윗부분에서 가지가 갈라지고 아래쪽은 딱딱하다. 잎은 작은잎 3장으로 된 겹잎으로 어긋나며 잎가장자리는 밋밋하고 잎 끝은 뾰족하다. 꽃은 줄기 끝이나 잎겨드랑이에 총상꽃차례로 핀다. 열매는 협과로 가운데에 마디가 있어 2쪽으로 나뉘고 갈고리모양의 털이 나 있다.
크기: ↕ ↔60~90cm
번식: 씨앗뿌리기
▼ ⑦~⑧ 연한 홍색
◀ ⑧~⑨

여우팥속(*Dunbaria*)
열대아시아에 25종류, 우리나라에 1종, 풀, 줄기는 기거나 꼬임, 잎은 깃모양의 3장, 꽃은 노란색, 잎겨드랑이에 총상꽃차례로 달림
[*Dunbaria*: 인도의 지역명 던바(Dunbar)에서 유래]

여우팥

Dunbaria villosa (Thunb.) Makino

[*villosa*: 부드러운 털이 있는]
영명: Villous Dunbaria
이명: 여호팥, 덩굴돌팥, 돌팥, 새돔부
서식지: 태안전역
주요특징: 전체에 털이 많다. 줄기는 다른 물체를 감고 올라간다. 잎은 어긋나며 삼출겹잎이다. 잎자루는 길며, 잎의 뒷면에는 붉은 갈색 샘점이 있다. 가운데 작은잎은 달걀을 닮은 마름모꼴이다. 턱잎은 좁은 달걀을 닮은 삼각형으로 길이 2mm 정도이다. 꽃은 잎겨드랑이에서 난 총상꽃차례에 3~8개씩 피는데 나비모양이다. 열매는 협과이며, 납작하고 긴 모양으로 씨가 3~8개씩 들어 있다.
크기: ↕ ↔1~3m
번식: 씨앗뿌리기
▼ ⑦~⑧ 노란색   ◀ ⑨~⑩

여우팥 *Dunbaria villosa* (Thunb.) Makino

땅비싸리속(*Indigofera*)

전세계 709종류, 우리나라에 5종류, 풀 또는
나무, 누운 털 발달, 잎은 깃모양겹잎, 가장자
리는 밋밋, 작은 턱잎 있음, 꽃은 붉은색
[*Indigofera*: 라틴어 indigo(쪽)와 fero(있다)의
합성어이며 쪽에서 염료를 취한데서 유래]

큰낭아초

Indigofera bungeana Walp.

[*bungeana*: 식물연구가 번지(Aleksandr
Andreevich von Bunge, 1803~1890)의]
서식지: 갈음이
주요특징: 줄기는 곧게 또는 비스듬히 자라며 가
지가 많이 갈라진다. 잎은 어긋나고 7~13개의
작은잎으로 이루어진 겹잎이다. 꽃은 가지끝에 총
상꽃차례로 핀다. 도로 절개지 녹화를 위해 중국
으로부터 도입된 것으로 제주도와 남해안 일대에
서 자라는 낭아초에 비해 개체가 크고 눕지 않
으면서 곧게 자라는 점이 다르다.
크기: ↕ ↔1~2m
번식: 씨앗뿌리기
▼ ⑥~⑨ 홍자색
🍂 ⑨~⑩

큰낭아초 *Indigofera bungeana* Walp.

땅비싸리

Indigofera kirilowii Maxim. ex Palib.

[*kirilowii*: 식물채집가 커를로(Kirllow)의]
영명: Kirilow's Indigo
이명: 논싸리, 땅비수리, 큰땅비싸리
서식지: 태안전역
주요특징: 뿌리에서 많은 맹아가 나와 군생하는
것처럼 보이고 처음에는 잔털이 있으나 점차 없
어진다. 잎은 어긋나기하며 홀수깃모양겹잎이고
작은잎은 7~11개로 굵으며 거꿀달걀모양이고양
면에 비단털이 있다. 총상꽃차례는 잎겨드랑이에
달리고 꽃 길이는 2cm이다. 협과는 길이가 3.5 ~

땅비싸리 *Indigofera kirilowii* Maxim. ex Palib.

5.5cm로 통모양이다.
크기: ↕ ↔70~100cm
번식: 씨앗뿌리기, 포기나누기
▼ ⑤~⑥ 분홍색
🍂 ⑩ 황갈색

연리초속(*Lathyrus*)

전세계 206종류, 우리나라에 8종류, 덩굴손을
가진 여러해살이풀, 잎은 짝수 깃모양겹잎, 잎
자루 끝에 덩굴손, 작은잎은 밋밋, 턱잎은 달
갈모양, 창모양
[*Lathyrus*: 그리스어 la(매우)와 thyros(자극
하다. 정열적)의 합성어로서 테오프라스토스
(Theophrastus, BC372~BC287)가 어지러움
을 재촉하는 성질이 있다고 생각하여 lathyros
라고 함

활량나물

Lathyrus davidii Hance

[*davidii*: 중국식물 채집가이며 선교사인 데이
비드(A. David)의]
영명: David's Vetchling
서식지: 백리포, 안면도, 구례포
주요특징: 줄기는 약간 비스듬히 자라고 전체에
털이 없으며 윗부분에 둔한 능선이 있다. 어긋나
는 잎은 깃모양겹잎으로 끝에 2~3개로 갈라진
덩굴손이 있다. 4~8개의 작은잎은 타원모양으
로 표면은 녹색이고 뒷면은 분백색이다. 총상꽃차
례로 밑을 향해 달리는 꽃은 노란색에서 황갈색
으로 변한다. 열매는 길이 6~8cm 정도의 편평한
가늘고 긴 모양이고 10개 정도의 씨가 들어 있다.
크기: ↕ ↔80~120cm
번식: 씨앗뿌리기
▼ ⑥~⑧ 노란색 🍂 ⑩

활량나물 *Lathyrus davidii* Hance

갯완두

Lathyrus japonicus Willdenow

[*japonicus*: 일본의]
영명: Beach Vetchling
서식지: 태안전역
주요특징: 줄기는 옆으로 길게 자라서 곧게서
며 능각이 있다. 어긋나는 잎은 깃모양겹잎이고
끝의 덩굴손은 1개이나 2~3개로 갈라지는 것도
있다. 6~12개의 작은잎은 달걀모양으로 분백색
이 돈다. 꽃은 총상꽃차례에 한쪽으로 치우쳐서
달린다. 꼬투리는 길이 5cm, 너비 1cm 정도이고
3~5개의 씨가 들어 있다.
크기: ↕ ↔20~60cm
번식: 씨앗뿌리기
▼ ④~⑥ 적자색
✄ ⑥~⑨

갯완두 *Lathyrus japonicus* Willdenow

싸리속(*Lespedeza*)

북아메리카와 동부아시아 온대에 70종류, 우
리나라에 자생 39종류, 귀화 3종류, 여러해살
이풀 또는 잎지는작은키나무, 잎은 2~4장의
작은잎, 꽃은 총상꽃차례, 열매는 달걀 또는
둥근모양
[*Lespedeza*: 미국 플로리다주지사 세스페데스
(Vincente Manuelde Cespedes, 1721~1794)
에서 유래, 인쇄할 때 실수로 Lespedez로 되
었다고 함]

싸리

Lespedeza bicolor Turcz.

[*bicolor*: 두 가지 색이 있는]
영명: Shrub Lespedeza
이명: 싸리나무
서식지: 태안전역
주요특징: 일년생 가지는 능선이 있고 암갈색이
며 털이 있으나 점차 없어진다. 잎은 삼출겹잎이
며 넓은달걀모양이다. 잎맥의 연장인 짧은 침상
의 돌기가 있으며, 뒷면에는 비단털이 있다. 총상
꽃차례는 길이 4 ~ 8cm로 잎겨드랑이 또는 가
지 끝에 달린다. 협과는 넓은타원모양으로 끝이
부리처럼 길고 비단털이 약간 존재한다. 씨는 콩
팥모양이고, 갈색 바탕에 짙은 색의 반점이 있다.
크기: ↕ ↔2~3m
번식: 씨앗뿌리기, 꺾꽂이
▼ ⑦~⑧ 보라색
✄ ⑩ 갈색

싸리 *Lespedeza bicolor* Turcz.

비수리

Lespedeza cuneata G. Don

[*cuneata*: 쐐기형의]
영명: Sericea Lespedeza
서식지: 태안전역
주요특징: 모여나는 원줄기는 짧은 가지와 더
불어 털이 있다. 어긋나는 잎에 3출하는 작은잎
은 선상 피침모양으로 표면에 털이 없으나 뒷면
에 잔털이 있다. 윗부분의 잎겨드랑이에서 피는
꽃은 백색이고 자주색의 줄이 있다. 열매는 넓은
달걀모양이다. 씨는 콩팥모양과 비슷하고 황록색
바탕에 적색반점이 있다.
크기: ↕ ↔70~100cm
번식: 씨앗뿌리기, 꺾꽂이
▼ ⑧~⑨ 백색
✄ ⑨~⑩ 갈색

조록싸리 〔교〕

Lespedeza maximowiczii
C. K. Schneider

[*maximowiczii*: 소련의 분류학자로서 동아
시아식물을 연구한 막시모비치(Carl Johann
Maximovich, 1827~1891)의]
영명: Korean lespedeza
서식지: 태안전역
주요특징: 나무껍질은 갈색이고 세로로 갈라지
며 일년생가지는 둥글다. 잎은 삼출겹잎이며 뒷
면에 잎자루와 더불어 비단털이 있다. 턱잎은 가
늘고 긴 모양이고 뾰족하다. 작은 꽃들은 총상으
로 모여 달리는데 작은꽃대와 꽃대축에는 털이
있다. 열매는 넓은 피침모양으로 끝이 뾰족하며
꽃받침과 더불어 비단털이 발달한다. 씨는 콩팥
모양이고 녹색 바탕에 갈색 무늬가 있다.
크기: ↕ ↔2~3m
번식: 씨앗뿌리기, 꺾꽂이
▼ ⑥ 보라색, 연한 홍색
✄ ⑨~⑩ 갈색

비수리 *Lespedeza cuneata* G. Don

조록싸리 *Lespedeza maximowiczii* C. K.
Schneider

괭이싸리

Lespedeza pilosa (Thunb.)
Siebold & Zucc.

[*pilosa*: 부드러운 털이 있는]
영명: Pilose Lespedeza
서식지: 태안전역
주요특징: 땅위에 누워 자라며 전체에 긴 털이
있다. 잎은 어긋나며, 삼출겹잎이다. 작은잎은 거
꿀달걀모양이고 잎 앞면은 긴 털이 성글게 있고
뒷면에는 긴 털이 빽빽하게 있다. 꽃은 잎겨드랑
이에서 2~7개가 모여 달린다. 열매는 협과이고
넓은달걀모양으로 표면에 그물 무늬와 흰 털이
있다.
크기: ↕ ↔30~60cm
번식: 씨앗뿌리기, 꺾꽂이
▼ ⑧~⑨ 보라색, 백색, 연한 황백색
✄ ⑩

괭이싸리 *Lespedeza pilosa* (Thunb.)
Siebold & Zucc.

개싸리

Lespedeza tomentosa (Thunb.)
Siebold ex Maxim.

[*tomentosa*: 가는 선모가 밀생한]
영명: Woolly Lespedeza
서식지: 신두리, 안면도
주요특징: 여러 대가 모여나며 겉에 황갈색 솜털이 있다. 잎은 어긋나며 삼출겹잎이다. 작은잎은 타원모양 또는 긴타원모양이고 가장자리는 밋밋하고 잎맥이 뚜렷하다. 잎자루와 잎 뒷면은 황갈색 털로 덮여 있다. 턱잎은 2개, 가늘고 긴 모양이고 끝이 날카롭다. 꽃은 줄기 끝과 잎겨드랑이에서 나온 총상꽃차례에 달린다. 열매는 협과이고 달걀모양이다.
크기: ↕ ↔50~100cm
번식: 씨앗뿌리기, 꺾꽂이
🌸 ⑧~⑨ 백색, 황백색
🍂 ⑩

벌노랑이속(*Lotus*)

온대에 154종류, 우리나라에 자생 1종류, 귀화 2종류, 풀 또는 작은키나무, 잎은 홀수깃모양겹잎, 작은잎은 5~7장, 가장자리는 밋밋, 꽃은 노란색, 하얀색 또는 붉은색
[*Lotus*: 그리스 고어의 식물명으로서 여러 가지 뜻이 있었으나 린네(Carl von Linne, 1707~1778)가 본 식물로 한정시킴]

서양벌노랑이

Lotus corniculatus L.

[*corniculatus*: 뿔처럼 만든 작은 나팔모양이라는 뜻]
서식지: 안면도
주요특징: 줄기는 땅 가까이에서 많은 가지를 치며, 잎은 삼출겹잎으로 작은잎은 달걀모양 또는 거꿀달걀모양이다. 턱잎은 작은잎과 같은 모양이고 작은잎과 구별이 안되어 깃모양겹잎인 것처럼 보인다. 꽃은 긴 꽃대 끝에 3~7개의 꽃이 우산모양꽃차례를 이룬다.
크기: ↕ ↔20~30cm
번식: 씨앗뿌리기
🌸 ⑤~⑨ 노란색
🍂 ⑨~⑩

개싸리 *Lespedeza tomentosa* (Thunb.) Siebold ex Maxim.

서양벌노랑이 *Lotus corniculatus* L.

다릅나무속(*Maackia*)

동아시아의 온대에 10종류, 우리나라에 3종류, 잎지는 큰키 또는 작은키나무, 잎은 홀수 깃모양겹잎, 턱잎은 없으며, 작은잎은 가장자리가 밋밋, 꽃은 하얀색[소련의 식물학자 마크 (R. Maack)에서 유래]

다릅나무

Maackia amurensis Rupr. & Maxim.

[*amurensis*: 아무르(연해주) 지방의]
영명: Amur Maackia
이명: 개물푸레나무, 소터래나무, 쇠코둘개나무
서식지: 태안전역
주요특징: 나무껍질은 흑갈색 또는 황갈색으로 두껍고 평활하다. 잎은 어긋나기하며 깃모양겹잎이다. 작은잎은 9~11개이며 타원모양이고 짧은 점첨두이다. 잎의 밑부분은 둥근모양이며 양면에는 털이 없다. 꽃은 가지 끝에 작은꽃들이 총상으로 하늘을 향해 모여달린다. 열매는 협과로 가늘고 긴 모양이고 털이 없으며 열매자루는 길이 5~10mm이며 씨는 콩팥모양이다.
크기: ↕ ↔7~15m
번식: 씨앗뿌리기
🌼 ⑥~⑧ 황백색, 백색
🍂 ⑨ 갈색

다릅나무 *Maackia amurensis* Rupr. & Maxim.

개자리속(*Medicago*)

전세계 122종류, 우리나라에 자생 1종, 귀화 4종류, 풀, 잎은 깃모양 3장, 측엽은 톱니 안에서 끝남, 꽃은 노란색, 보라색, 꽃받침의 톱니는 5개, 거의 길이가 같음
[*Medicago*: 그리스어 medice(개자리)에서 유래되었고 medicus(약)와 agere(사용하다)의 합성어로서 약용으로 했기 때문이라고 함]

잔개자리 *Medicago lupulina* L.

잔개자리

Medicago lupulina L.

[*lupulina*: 호프(*Humulus lupulus*)와 비슷한]
영명: Black Medick, Hop Clover, Nonesuch
이명: 승앵이자리
서식지: 안면도, 학암포
주요특징: 줄기는 밑부분에서 갈라지고 땅에 눕거나 위를 향해 자라며 전체에 짧은 털이 있다. 잎은 어긋나며 삼출겹잎이다. 작은잎의 윗부분 가장자리에는 잔톱니가 있다. 턱잎은 긴달걀모양이다. 꽃은 잎겨드랑이에서 긴 꽃줄기가 나와 끝부분에 많은 꽃이 달린다. 열매는 협과로 콩팥모양이다.
크기: ↕ ↔20~45cm
번식: 씨앗뿌리기
🌼 ⑤~⑦ 노란색
🍂 ⑦~⑧ 흑색

개자리

Medicago polymorpha L.

[*polymorpha*: 여러가지 모양의]
이명: 고여독, 꽃자리풀
서식지: 태안전역
주요특징: 잎은 어긋나며 잎자루가 있고 삼출겹잎이다. 작은잎은 거꿀달걀모양이며 윗부분은 둥글고 아랫부분은 뾰족하다. 턱잎은 반원모양으로 가늘게 갈라지는데 깊은 톱니가 있다. 잎겨드랑이에 머리모양꽃차례가 달려 핀다. 꽃자루가 있으며 꽃받침은 길이 2mm 가량이다. 열매는 협과로 납작하고 둥글다. 용수철처럼 빙빙 비틀려 돌아간 모양으로 말려 있다.
크기: ↕ ↔60~90cm
번식: 씨앗뿌리기
🌼 ④~⑦ 노란색
🍂 ⑤~⑧

개자리 *Medicago polymorpha* L.

자주개자리

Medicago sativa L.

[*sativa*: 재배한]
영명: Alfalfa, Lucerne
이명: 자주꽃개자리
서식지: 천리포
주요특징: 줄기는 옆으로 눕거나 곧게 자라며, 털이 거의 없고 속이 비어있다. 잎은 어긋나며, 삼출겹잎이다. 작은잎의 윗부분 가장자리에는 잔톱니가 있다. 꽃은 잎겨드랑이에서 긴 꽃줄기가 나와 총상꽃차례를 이룬다. 꽃받침은 5갈래로 갈라지고 결각은 피침모양으로 통부보다 길다. 열매는 협과, 빙빙 비틀려 돌아간 모양으로 말리며 편평하다.
크기: ↕ ↔70∼100cm
번식: 씨앗뿌리기
🌼 ⑤∼⑦ 자주색
◀ ⑧∼⑩

자주개자리 *Medicago sativa* L.

전동싸리 *Melilotus suaveolens* Ledeb.

칡 *Pueraria lobata* (Willd.) Ohwi

전동싸리속(*Melilotus*)

유라시아의 온대에 24종류, 우리나라에 2종류 귀화. 잎은 깃모양 3장, 턱잎은 잎자루에 붙고 송곳모양, 꽃은 노란색, 하얀색, 드물게 자주색, 총상꽃차례
[*Melilotus*: 그리스어 meli(꿀벌)와 *Lotos*(벌노랑이의 속명)의 합성어이며 벌노랑이와 비슷하고 꿀벌이 모여든다는 뜻]

전동싸리

Melilotus suaveolens Ledeb.

[*suaveolens*: 향기로운]
영명: Melilot
이명: 노랑풀싸리
서식지: 갈음이. 백리포, 신두리, 소원면 염전
주요특징: 줄기는 곧게 자라고 가지가 많이 갈라진다. 잎은 어긋나고 작은잎 3장이 모여 붙는다. 작은잎은 긴타원모양이고 가장자리에 톱니가 있다. 꽃은 총상꽃차례에 달린다. 꼬투리는 달걀모양으로 털이 없다. 개자리속(*Medicago*)에 비해 협과가 소형이거나 달걀모양으로 말리지 않는다.
크기: ↕ ↔50∼150cm
번식: 씨앗뿌리기
🌼 ⑥∼⑧ 노란색
◀ ⑦∼⑨ 흑색

칡속(*Pueraria*)

전세계 26종류, 우리나라에 1종, 덩굴식물. 잎은 3장의 작은잎으로 된 깃모양겹잎. 턱잎은 잎모양 또는 방패모양. 꽃은 홍자색. 총상꽃차례
[*Pueraria*: 스위스의 식물학자 푸에라리(Marc. N. Puerari, 1765∼1845)에서 유래]

칡 초

Pueraria lobata (Willd.) Ohwi

[*lobata*: 얕게 갈라진]
영명: East Asian Arrow Root
이명: 칙, 칙덤불
서식지: 태안전역
주요특징: 줄기에 갈색 또는 백색의 퍼진 털이 있다. 어긋나는 삼출겹잎의 작은잎은 마름모진 달걀모양으로 털이 있으며 가장자리가 밋밋하거나 얕게 3개로 갈라진다. 꽃은 작은 꽃들이 모여 총상꽃차례를 만들며 아래에서 부터 위로 올라가면서 차례대로 핀다. 꼬투리는 넓고 긴 모양으로 편평하고 길고 굳은 퍼진 털이 있다.
크기: ↕ ↔7∼10m
번식: 씨앗뿌리기, 휘묻이
🌼 ⑧ 홍자색
◀ ⑨∼⑩ 갈색

여우콩속(*Rhynchosia*)

열대와 난대에 279종류, 우리나라에 2종류, 황갈색의 선점이 있는 덩굴성 또는 땅을 기는 식물, 잎은 깃모양의 3장, 턱잎은 달걀모양, 피침침모양

[*Rhynchosia*: 그리스어로 부리(rhynchos)라는 뜻으로 열매 끝이 뾰족한데서 유래]

큰여우콩

Rhynchosia acuminatifolia Makino

[*acuminatifolia*: 끝이 뾰족한 잎]
영명: Winding Snoutbean
이명: 개녹각, 녹각, 덩굴들콩
서식지: 가의도, 안면도
주요특징: 잎은 어긋나게 붙으며 잎자루는 길다. 작은잎 3장이 모여 겹잎을 이루는데 끝에 붙는 작은잎은 달걀 또는 길쭉한 달걀모양이다. 작은잎의 끝은 뾰족하고 밑은 둔하거나 둥글다. 잎의 뒷면에는 선점이 있고 가장자리는 밋밋하다. 꽃은 잎겨드랑이에 총상꽃차례로 달린다. 꽃받침은 갈색 털이 있으며 5개로 갈라진다. 꽃부리는 나비모양이다. 과실은 협과로 긴타원모양이며 겉에는 잔털이 있다. 씨는 검정색으로 꼬투리에 2개씩 들어있다.
크기: ↕ ↔80~200cm
번식: 씨앗뿌리기
▼ ⑦~⑨ 노란색 ◀ ⑧~⑨ 적색

큰여우콩 *Rhynchosia acuminatifolia* Makino

아까시나무 *Robinia pseudoacacia* L.

아까시나무속(*Robinia*)

북아메리카와 멕시코에 17종류, 우리나라에 귀화 1종, 가시가 많음, 잎은 깃모양겹잎, 작은잎은 가장자리가 밋밋, 꽃은 총상꽃차례로 백색, 홍자색

[*Robinia*: 헨리4세 시대에 파리의 원예가 로빈 (Jean Robin, 1550~1629)이 1600년 미국에서 들여오고 그의 아들이 유럽에 퍼뜨린 것을 기념]

아까시나무 교

Robinia pseudoacacia L.

[*pseudoacacia*: 아카시아속(*acacia*)과 비슷한]
영명: Black Locust, False Acacia, Bristly Locust, Mossy Locust
이명: 개아까시나무, 아카시아나무
서식지: 태안전역
주요특징: 나무껍질은 황갈색이고 세로로 갈라지며 턱잎이 변한 가시가 많다. 잎은 어긋나며 홀수깃모양겹잎이고 작은잎은 9~19장이다. 꽃은 어린가지의 잎겨드랑이에서 나오는 총상꽃차례에 달리며 향기가 난다. 꽃부리는 나비모양이며 열매는 협과, 긴타원모양이다.
크기: ↕ 10~25m, ↔5~15m
번식: 씨앗뿌리기
▼ ⑤~⑥ 백색 ◀ ⑨ 갈색

왕관갈퀴나물속(*Securigera*)

전세계 13종류, 우리나라에 귀화 1종, 잎은 깃모양겹잎, 작은잎은 가장자리가 밋밋, 꽃은 우산모양꽃차례, 열매는 협과

[*Securigera*: 라틴어 sedere(도끼)와 negare (거절하다)의 합성어이며 재질이 단단하다는 뜻]

왕관갈퀴나물

Securigera varia (L.) Lassen

[*varia*: 변하기 쉬운, 여러가지 모양의]
서식지: 천리포
주요특징: 서남아시아 원산인 귀화식물이다. 잎은 어긋나기하고 15~25개의 작은잎으로 된 깃모양겹잎이다. 작은잎은 타원모양이고 끝이 뭉툭하거나 중앙맥이 약간 돌출하며 밑부분은 둥근모양이다. 꽃은 잎겨드랑이에서 긴 꽃대 끝에 피며, 20개 내외가 우산모양꽃차례를 이룬다. 꽃부리는 나비모양이다. 열매는 꼬투리로 맺히는 협과이고 기다란 둥근원통모양이며 4개의 능선이 있다.
크기: ↕ ↔80~150cm
번식: 씨앗뿌리기
▼ ⑤~⑧ 연한 홍색 ◀ ⑧~⑩

왕관갈퀴나물 *Securigera varia* (L.) Lassen

고삼속(*Sophora*)

전세계 77종류, 우리나라에 1종. 잎은 깃모양겹잎, 작은 턱잎은 침모양 또는 없음, 꽃은 하얀색, 노란색, 자주색, 열매는 익어도 갈라지지 않음
[*Sophora*: 린네(Carl von Linne, 1707~1778)가 어떤 종에 대한 아랍명을 전용]

고삼

Sophora flavescens Aiton

[*flavescens*: 누른빛이 도는]
영명: Shrubby Sophora
이명: 도둑놈의지팡이, 너삼
서식지: 안면도, 천리포, 병술만
주요특징: 줄기는 윗부분에서 가지가 갈라지며 녹색이나 검은빛이 돌기도 한다. 어긋나는 잎은 잎자루가 길고 깃모양겹잎이다. 15~39개의 작은잎은 긴타원모양으로 가장자리가 밋밋하다. 꽃은 총상꽃차례에 많이 달린다. 협과는 가늘고 긴 모양이며 짧은 대가 있다.
크기: ↕ ↔80~150cm
번식: 씨앗뿌리기, 포기나누기
▼ ⑤~⑧ 연한 황백색 ◀ ⑧~⑨

고삼 *Sophora flavescens* Aiton

토끼풀속(*Trifolium*)

전세계 339종류, 우리나라에 자생 2종류, 귀화 6종류, 잎은 손바닥모양, 3갈래, 5갈래, 7갈래, 작은잎가장자리에 가는 톱니, 꽃은 홍자색, 하얀색, 노란색
[*Trifolium*: 그리스어 treis(3)와 라틴어 folium(잎)의 합성어이며 3개의 작은잎이 있다는 뜻]

붉은토끼풀

Trifolium pratense L.

[*pratense*: 초원에 자라는]
영명: Red Clover
서식지: 백리포, 안면도, 소원면 염전
주요특징: 유럽이 원산지인 귀화식물이다. 모여나는 줄기는 곧게 자라서 약간의 가지가 갈라지며 전체에 털이 있다. 어긋나는 잎은 잎자루가 길며 삼출겹잎의 작은잎은 달걀모양으로 백색의 점이 있고 가장자리에 잔톱니가 있다. 꽃은 꽃대가 없이 둥글게 모여 달린다.
크기: ↕ ↔30~60cm
번식: 씨앗뿌리기, 포기나누기
▼ ⑤~⑧ 연한 홍색 ◀ ⑧~⑨ 황갈색

붉은토끼풀 *Trifolium pratense* L.

토끼풀 초

Trifolium repens L.

[*repens*: 기어가는]
영명: White Clover, White Dutch Clover
서식지: 태안전역
주요특징: 전체에 털이 없고 밑에서 가지가 갈라져 옆으로 기며 마디에서 뿌리를 내린다. 잎은 어긋나며 삼출겹잎이다. 작은잎은 거꿀달걀 또는 거꿀심장모양이며 가장자리에 잔톱니가 있다. 꽃은 잎겨드랑이에서 나온 긴 꽃자루 끝에서 30~80개가 둥글게 모여 달린다. 열매는 가늘고 긴 모양이며 4~6개의 씨가 들어 있다.
크기: ↕ ⊥30~60cm
번식: 씨앗뿌리기, 포기나누기, 꺾꽂이
▼ ⑥~⑦ 백색
◀ ⑧~⑨

토끼풀 *Trifolium repens* L.

나비나물속(*Vicia*)

전세계 289종류, 우리나라에 자생 34종류, 귀화 2종류, 잎은 깃모양겹잎, 끝에 있는 작은잎은 덩굴손으로 됨, 턱잎은 반이 잘린모양, 꽃은 홍자색, 황백색
[*Vicia*: 라틴어 vincire(감기다)에서 유래된 라틴 옛 이름]

살갈퀴 *Vicia angustifolia* var. *segetilis* (Thuill.) K.Koch.

살갈퀴

Vicia angustifolia var. *segetilis* (Thuill.) K.Koch.

[*angustifolia*: 좁은 잎, *segetilis*: 밭에서 자라는]
영명: Lnfield Narrow-Leaf Vetch
서식지: 태안전역
주요특징: 원줄기는 옆으로 자라고 가지가 많이 갈라진다. 줄기 단면은 네모지고 전체에 털이 있다. 잎은 6~14장의 거꿀달걀모양의 작은잎들이 모여 한장의 잎을 구성하는데 어긋나게 붙는다. 꽃은 잎겨드랑이에 1~2개씩 달린다. 열매는 길이 3~4cm 정도로 편평하고 털이 없으며 흑색 씨가 10개 정도 들어 있다.
크기: ↕ ↔60~150cm
번식: 씨앗뿌리기
▼ ④~⑤ 연한 적자색
◀ ⑤~⑥

네잎갈퀴나물

Vicia nipponica Matsum.

[*nipponica*: 일본산의]
영명: Rough-Seed Bedstraw
이명: 네잎갈키, 네잎갈퀴나물, 네잎갈퀴
서식지: 가의도, 안면도
주요특징: 원줄기는 곧게 자라 능선이 있다. 잎은 어긋나기하고, 2~3쌍의 작은잎으로 구성된 깃모양겹잎으로 덩굴손이 보통 발달하지 않는다. 작은잎은 달걀을 닮은 타원모양으로 끝이 뾰족하다. 꽃은 총상꽃차례로 많은 꽃이 한쪽으로 달린다. 열매는 편평하다.
크기: ↕ ↔10~40cm
번식: 씨앗뿌리기
▼ ⑥~⑧ 홍자색
◀ ⑦~⑨

네잎갈퀴나물 *Vicia nipponica* Matsum.

얼치기완두

Vicia tetrasperma (L.) Schreb.

[*tetrasperma*: 4개의 종자의]
영명: Lentil Vetch
이명: 새갈퀴
서식지: 태안전역
주요특징: 줄기는 아래쪽에서 가지를 많이 치며 어릴 때 털이 약간 있다. 잎은 어긋나게 붙고 깃모양겹잎이다. 작은잎은 6~12장이고 끝은 덩굴손으로 되며 좁은 타원모양이다. 꽃은 잎겨드랑이에서 나온 총상꽃차례에 달린다. 열매는 협과로 긴타원모양 또는 타원모양이고 털이 없으며 3~6개의 씨가 들어 있다.
크기: ↕ ↔30~60cm
번식: 씨앗뿌리기
▼ ⑤~⑥ 홍자색
◀ ⑦~⑧

얼치기완두 *Vicia tetrasperma* (L.) Schreb.

나비나물

Vicia unijuga A. Braun

[*unijuga*: 1쌍의]
영명: Two-Leaf Vetch
서식지: 태안전역
주요특징: 모여나는 원줄기는 곧게 자라고 능선으로 인하여 네모가 진다. 잎은 어긋나게 붙는데 한쌍의 작은 잎으로 이루어진다. 작은잎은 달걀모양으로 가장자리는 밋밋하며 끝부분은 길게 뾰족해진다. 꽃은 총상꽃차례에 한쪽으로 치우쳐서 많이 달린다. 열매는 길이 3cm 정도이고 털이 없다.
크기: ↕ ↔30~100cm
번식: 씨앗뿌리기
▼ ⑦~⑧ 홍자색
◀ ⑨~⑩

나비나물 *Vicia unijuga* A. Braun

광릉갈퀴

Vicia venosa var. *cuspidata* Maxim.

[*venosa*: 맥이 뚜렷한, *cuspidata*: 갑자기 뾰족해진]
영명: Gwangneung Vetch
이명: 광능갈퀴, 광릉말굴레풀, 선등말굴레풀
서식지: 구름포, 안면도
주요특징: 줄기는 모가 나고, 잎은 3~7쌍의 작은잎으로 이루어진 겹잎으로 서로 어긋나며 2장의 턱잎은 나비모양이다. 꽃은 잎겨드랑이에 총상꽃차례로 무리져 핀다. 열매는 편평한 꼬투리로 열린다.
크기: ↕ ↔80~100cm
번식: 씨앗뿌리기
▼ ⑥~⑦ 적자색
◀ ⑧~⑨

광릉갈퀴 *Vicia venosa* var. *cuspidata* Maxim.

동부속(*Vigna*)

전세계 153종류, 우리나라에 3종류, 덩굴성 또는 기는 풀, 잎은 3장의 작은잎으로 된 깃모양겹잎, 꽃은 총상꽃차례로 잎겨드랑이에 붙음, 노란색, 홍자색

새팥

Vigna angularis var. *nipponensis* (Ohwi) Ohwi & H.Ohashi

[*angularis*: 두 개의 능각이 있는, *nipponensis*: 일본산의]
영명: Wild Red Cowpea
이명: 돌팥
서식지: 태안전역
주요특징: 줄기는 밑부분에서 가지가 많이 갈라지고 전체에 퍼진 털이 있다. 어긋나는 잎은 잎자루가 길고 끝의 작은잎은 달걀모양으로서 가장자리가 밋밋하지만 3개로 약간 갈라지기도 한다. 꽃은 윗부분의 잎겨드랑이에서 나온 꽃자루에 2~3개씩 달린다. 꼬투리는 밑으로 처지며 통모양이다. 씨는 원주상 타원모양으로 팥보다 훨씬 작으며 녹갈색으로 흑색 잔 점이 있다.
크기: ↕ ↔30~90cm
번식: 씨앗뿌리기
🌸 ⑧~⑨ 노란색　✂ ⑨~⑩ 흑갈색

새팥 *Vigna angularis* var. *nipponensis* (Ohwi) Ohwi & H.Ohashi

등속(*Wisteria*)

전세계 11종류, 우리나라에 2종류, 잎은 홀수 깃모양겹잎, 작은잎은 가장자리가 밋밋, 턱잎은 선모양으로 일찍 떨어짐, 꽃은 총상꽃차례, 자주색, 하얀색
[*Wisteria*: 미국 필라델피아의 유명한 해부학자인 위스타(Caspar Wistar, 1761~1818)에서 유래]

등

Wisteria floribunda (Willd.) DC.

[*floribunda*: 꽃이 많은]
영명: Japanese Wisteria
이명: 참등, 등나무, 조선등나무
서식지: 태안전역
주요특징: 덩굴줄기는 가지가 갈라지며 작은가지는 밤색 또는 회색의 막으로 덮여 있다. 어긋나는 잎은 깃모양겹잎으로 13~19개의 작은잎은 달걀같은 타원모양이고 약간의 털이 있다. 총상꽃차례는 밑으로 늘어지고 많은 꽃이 핀다. 꼬투리는 털이 있고 밑부분으로 갈수록 좁아진다.
크기: ↕ ↔5~10m
번식: 씨앗뿌리기, 꺾꽂이, 휘묻이
🌸 ⑤ 연한 자주색
✂ ⑨ 갈색

등 *Wisteria floribunda* (Willd.) DC.

쥐손이풀과(Geraniaceae)

전세계 7속 875종류, 대부분 풀, 드물게 작은 키나무

쥐손이풀속(*Geranium*)

전세계 428종류, 우리나라에 자생 25종류, 귀화 2종류, 풀, 잎은 손바닥모양 또는 3갈래, 꽃은 방사상칭, 꽃받침과 꽃잎은 5장, 열매는 삭과, 5갈래로 갈라짐

[*Geranium*: 그리스어 geranos(학)에서 생긴 그리스의 고명 geranion에서 유래되었고 열매가 부리처럼 길다는 뜻]

선이질풀

Geranium krameri Franch. & Sav.

[*krameri*: 식물 채집가 크래머(Wilhem Heinrich Kramer, 1724~1765)의]
이명: 세잎쥐손이, 털손잎풀, 참이질풀
서식지: 안면도, 천리포
주요특징: 줄기는 곧게 서거나 밑부분이 옆으로 기며 잎자루와 더불어 밑을 향한 비단털이 있다. 밑부분의 잎은 긴 잎자루가 있으나 위로 갈수록 짧아지고 편심형이며 밑부분까지 5개로 갈라지고 양면에 짧은 비단털이 있다. 꽃은 취산꽃차례로 정생하며 긴 꽃꿀대끝에 2개의 꽃이 달리고 밑을 향한 비단털이 있다. 꽃잎은 거꿀달걀모양이며 짙은 자주색 줄이 있고 밑부분에 백색털이 밀생한다.
크기: ↕ ↔60~80cm
번식: 씨앗뿌리기, 꺾꽂이, 포기나누기
🌱 ⑦~⑧ 홍자색
🍂 ⑨~⑩

이질풀

Geranium thunbergii Siebold & Zucc.

[*thunbergii*: 스웨덴 식물학자 툰베리(C. P. Thunberg)의]
영명: Thunberg's Geranium
이명: 개발초, 분홍이질풀, 쥐손이풀
서식지: 안면도, 천리포, 내파수도
주요특징: 줄기는 가지가 갈라지며 비스듬히 뻗어가고 위로 퍼진 털이 있다. 마주나는 잎은 잎자루가 있고 잎몸은 3~5개의 결각이 손모양이며 양면에 흔히 흑색 무늬가 있고 약간의 털이 있다. 꽃대는 2개로 갈라진다. 삭과는 5개로 갈라져서 위로 말리며 5개의 씨가 들어 있다.
크기: ↕ ↔50cm
번식: 씨앗뿌리기, 꺾꽂이, 포기나누기
🌱 ⑧~⑨ 홍색, 홍자색, 백색
🍂 ⑨~⑩

선이질풀 *Geranium krameri* Franch. & Sav.

이질풀 *Geranium thunbergii* Siebold & Zucc.

괭이밥과(Oxalidaceae)

전세계 8속 643종류, 대부분 풀, 드물게 작은 키나무

괭이밥속(*Oxalis*)

전세계 545종류, 우리나라에 자생 5종류, 귀화 2종류, 잎은 어긋나기, 3장의 작은잎으로 된 겹잎, 턱잎이 있음, 꽃은 잎겨드랑이에 1송이 또는 수송이, 꽃잎과 꽃받침 5장

[*Oxalis*: 그리스어 Oxys(시다)에서 유래, 잎에 신맛이 있음]

괭이밥 초

Oxalis corniculata L.

[*corniculata*: 뿔처럼 만든 작은 나팔모양이라는 뜻]
영명: Creeping Wood Sorrel
이명: 괭이밥풀, 시금초, 괴싱이
서식지: 태안전역
주요특징: 줄기는 가지가 많이 갈라지며, 조금 비스듬히 자란다. 잎은 어긋나며 삼출겹잎이다. 잎 앞면은 털이 거의 없고 뒷면은 누운 털이 있는데 맥 위에 많다. 잎자루는 털이 있고 턱잎은 잎자루 밑에 붙는다. 꽃은 잎겨드랑이에서 난 우산모양꽃차례에 1~5개씩 핀다. 수술은 10개이며 5개는 짧다. 열매는 삭과이다.
크기: ↕ ↔10~30cm
번식: 씨앗뿌리기
🌱 ⑤~⑧ 노란색   🍂 ⑧~⑩

괭이밥 *Oxalis corniculata* L.

운향과(Rutaceae)
전세계 158속 1,849종류, 작은키 또는 큰키나무, 여러해살이풀

백선속(*Dictamnus*)
전세계 2종, 우리나라에 1종류, 냄새가 진함, 잎은 깃모양겹잎, 잎자루에 날개, 꽃은 꽃받침과 꽃잎이 각각 5장, 열매는 삭과
[*Dictamnus*: 고대 그리스명이며 dicte(산)에 서란 뜻]

백선
Dictamnus dasycarpus Turcz.

[*dasycarpus*: 거센 털이 있는 열매의]
영명: Dense–Fruit Dittany
이명: 자래초, 검화
서식지: 태안전역
주요특징: 잎은 어긋나며 작은잎 2~4쌍으로 된 깃모양겹잎이다. 작은잎은 달걀모양 또는 타원모양이며 톱니가 있다. 꽃은 총상꽃차례로 달린다. 꽃차례와 꽃자루에 기름구멍이 많아 진한 냄새가 난다. 꽃잎은 5장이며 붉은 보라색 줄이 있다. 수술은 10개이고, 암술은 1개다. 열매는 삭과이며 5개로 갈라진다.
크기: ↕ ↔70~90cm
번식: 씨앗뿌리기
🌸 ⑤~⑥ 연한 홍색
🍂 ⑧~⑨

백선 *Dictamnus dasycarpus* Turcz.

쉬나무 *Euodia daniellii* Hemsl.

쉬나무속(*Euodia*)
전세계 5종류, 우리나라에 1종, 잎은 마주나기, 홀수깃모양겹잎, 선점이 있음, 꽃은 단성꽃, 꽃잎, 꽃받침, 수술은 각각 4~5개, 암술대는 4~5갈래
[*Euodia*: 그리스어 eu(좋다)와 odia(향기)의 합성어이며 열매에 정유가 있어 향기가 있는 데서 유래]

쉬나무
Euodia daniellii Hemsl.

[*daniellii*: 사람 이름 다니엘(Daniel)의]
영명: Korean Evodia
이명: 수유나무, 시유나무, 쇠동나무
서식지: 갈음이, 백화산, 안면도
주요특징: 어린가지는 회색을 띤 갈색으로 잔털이 있으나 점차 없어진다. 잎은 마주나고 홀수깃모양겹잎이며, 작은잎 7~11장으로 이루어진다. 잎 뒷면은 회록색이다. 꽃은 잡성화 또는 암수딴그루로 핀다. 열매는 둥근 삭과이다. 씨는 검은색이며 타원모양이다.
크기: ↕ ↔7~20m
번식: 씨앗뿌리기
🌸 ⑦~⑧ 백색
🍂 ⑩ 홍색

상산속(*Orixa*)
전세계 1종, 우리나라에 1종, 냄새가 진함, 꽃은 암수딴그루, 꽃받침은 달걀모양, 꽃잎은 타원모양, 열매는 4개의 작은 견과
[*Orixa*: 일본명 '고구사기'를 잘못하여 '오리사기'로 읽었기 때문에 생긴 이름]

상산
Orixa japonica Thunb.

[*japonica*: 일본의]
영명: East Asian Orixa
이명: 송장나무, 일본상산
서식지: 옹도, 신진도, 마도 등 도서지역
주요특징: 잎은 2장씩 어긋나게 달리며 독특하고 진한 냄새가 난다. 잎몸은 타원모양이고 잎가장자리는 밋밋하거나 물결모양의 톱니가 있다. 꽃은 암수딴그루로 지난해 가지의 잎겨드랑이에 달리고 지름 5mm 정도이다. 열매는 삭과이며 4개로 갈라진다.
크기: ↕ ↔3~5m
번식: 씨앗뿌리기, 꺾꽂이
🌸 ④~⑤ 연한 황록색
🍂 ⑨~⑩ 황갈색

상산 *Orixa japonica* Thunb.

초피나무속(*Zanthoxylum*)

전세계 195종류, 우리나라에 9종류, 잎은 어긋나기, 홀수깃모양겹잎, 작은잎은 밋밋하거나 둔한 톱니가 있음, 꽃은 녹색, 하얀색, 암수딴그루
[*Zanthoxylum*: 그리스어 xanthos(황)와 xylon(재)의 합성어]

초피나무

Zanthoxylum piperitum (L.) DC.

[*piperitum*: 후추속(*Piper*) 같은]
영명: Chopi, Japanese Pepper
이명: 좀피나무
서식지: 태안전역
주요특징: 가지에는 턱잎이 변한 가시가 마주나며, 어린가지에는 털이 있으나 점차 사라진다. 잎은 5~9쌍의 작은잎으로 이루어진 깃모양겹잎으로 선점이 있으며 특이한 향기가 난다. 작은잎은 가시가 있으며 끝의 작은잎만 잎자루가 있다. 암수딴그루로 꽃은 잎겨드랑이에서 짧은 꽃줄기가 나와 겹총상꽃차례를 이루고, 꽃잎은 5장이고 열매는 선점이 있으며 검은색의 씨가 들어 있다.
크기: ↕3~5m
번식: 씨앗뿌리기, 꺾꽂이
▼ ④~⑤ 연한 황록색
✿ ⑨~⑩ 적색

개산초

Zanthoxylum planispinum Sieb. et Zucc.

[*planispinum*: 편평한 가시의]
영명: Winged Prickly-Ash
이명: 겨울사리좀피나무, 사철초피나무
서식지: 가의도, 갈음이, 솔섬, 안면도
주요특징: 잎은 어긋나기하며 작은잎은 4~7개로 달걀모양이며 가운데 작은잎이 가장 크고 잔톱니가 있다. 잎자루는 엽축과 함께 넓은 날개가 있다. 꽃은 총상 또는 복총상꽃차례로 잎겨드랑이에 달린다. 삭과는 둥근모양으로 표면에 작은 돌기가 있고, 씨는 검은색으로 성숙한다.
크기: ↕3~5m
번식: 씨앗뿌리기, 꺾꽂이
▼ ④~⑤ 황록색
✿ ⑨~⑩ 적색

초피나무 *Zanthoxylum piperitum* (L.) DC.

산초나무

Zanthoxylum schinifolium Sieb. et Zucc.

[*schinifolium*: 옻나무과 중 스키너스속 (*Schinus*)의 잎과 같은]
영명: Mastic-Leaf Prickly Ash
이명: 분지나무, 산추나무, 상초나무
서식지: 태안전역
주요특징: 줄기에 가시가 어긋나게 달린다. 잎은 어긋나며, 작은잎 13~21장으로 된 깃모양겹잎. 냄새가 진하게 나고 잎줄기에 좁은 날개가 있다. 작은잎은 타원상 피침모양, 가장자리에 잔톱니가 있다. 꽃은 가지 끝의 원뿔모양꽃차례에 작은 꽃이 많이 달린다. 꽃받침과 꽃잎은 각각 5장이다. 열매는 삭과이며 익으면 터져서 검은색 씨가 드러난다.
크기: ↕1~3m
번식: 씨앗뿌리기, 꺾꽂이
▼ ⑦~⑧ 황록색
✿ ⑨~⑩ 적색

소태나무과(Simaroubaceae)

전세계 19속 125종류, 큰키나무, 드물게 작은키나무

가죽나무속(*Ailanthus*)

동아시아부터 남북부 오스트랄라시아에 10종류, 우리나라에 귀화 1종, 잎은 어긋나기, 홀수깃모양겹잎
[*Ailanthus*: 몰루카(Molucca) 섬의 방언으로서 하늘의 나무라는 뜻으로 영어의 tree of heaven은 이것을 번역함]

가죽나무

Ailanthus altissima (Mill.) Swingle.

[*altissima*: 키가 매우 큰]
영명: Tree-Of-Heaven, Copal Tree, Varnish Tree
이명: 까중나무, 개가죽나무
서식지: 백화산, 신두리, 안면도, 내파수도
주요특징: 나무껍질은 회갈색이고 작은가지는 황갈색 또는 적갈색이다. 잎은 어긋나며 13~25장의 작은잎으로 이루어진 깃모양겹잎으로 길이 60~80cm이다. 작은잎은 넓은 피침상 달걀모양이다. 꽃은 암수딴그루로 피며, 가지 끝에서 원뿔모양꽃차례를 이룬다. 열매는 시과, 피침모양이며 얇다.
크기: ↕15~25m, ↔10~20m
번식: 씨앗뿌리기, 뿌리꺾꽂이
▼ ⑤~⑥ 연한 녹색
✿ ⑨~⑩ 적갈색

개산초 *Zanthoxylum planispinum* Sieb. et Zucc.

산초나무 *Zanthoxylum schinifolium* Sieb. et Zucc.

가죽나무 *Ailanthus altissima* (Mill.) Swingle

소태나무속(*Picrasma*)

전세계 6종류, 우리나라에 1종, 잎은 어긋나기, 홀수깃모양겹잎, 턱잎은 없음, 꽃은 잎겨드랑이에 붙는 취산꽃차례, 꽃잎은 4~5장, 열매는 핵과

[*Picrasma*: 그리스어 picrasmon(쓴맛)이라는 뜻으로 잎에 강한 쓴맛이 있는것에서 유래]

소태나무

Picrasma quassioides (D. Don) Benn.

[*quassioides*: 참나무속(*Quercus*)과 비슷한]
영명: Bitterwood
이명: 쇠태
서식지: 태안전역
주요특징: 껍질과 잎에서 쓴맛이 나고 어린가지는 녹색이다. 잎은 작은잎 9~15장으로 된 깃모양겹잎이며, 작은잎은 달걀을 닮은 피침모양으로 가장자리에 고르지 않은 톱니가 있다. 꽃은 암수딴그루 또는 잡성으로 피며 잎겨드랑이에서 나온 산방꽃차례에 작은 꽃이 많이 달린다. 열매는 핵과이며 거꿀달걀 또는 타원모양이다.
크기: ↕ 10~15m, ↔7~12m
번식: 씨앗뿌리기
🌼 ⑤~⑥ 황록색
🍎 ⑧~⑨ 흑자색

소태나무 *Picrasma quassioides* (D. Don) Benn.

멀구슬나무과(Meliaceae)

전세계 52속 710종류, 큰키나무 또는 작은키나무, 드물게 풀

멀구슬나무속(*Melia*)

동아시아와 호주에 2종류, 우리나라에 1종, 잎지는작은키나무 또는 큰키나무, 잎은 어긋나기, 2회 깃모양겹잎, 꽃은 잎겨드랑이에 원뿔모양꽃차례, 꽃잎 5~6장

[*Melia*: 물푸레나무의 그리스명이지만 잎모양이 비슷하기 때문에 본 속으로 전용]

멀구슬나무

Melia azedarach L.

[*azedarach*: 아랍의 지방명]
영명: Japanese Bead Tree
이명: 구주목, 구주나무, 말구슬나무
서식지: 대소산
주요특징: 줄기는 곧게 자란다. 나무껍질은 짙은 녹색이며 백색의 껍질눈이 많이 붙어 있고 크게 자라면 줄기가 흑갈색이다. 잎은 어긋나기를 하며 깃모양겹잎이다. 꽃은 암수한그루로 새 가지 끝에서 작고 많은 꽃이 핀다. 꽃잎은 5개이며 거꿀 피침모양으로 털이 있다. 열매는 핵과로 달걀 또는 둥근모양이다.
크기: ↕ 5~10m, ↔7~20m
번식: 씨앗뿌리기
🌼 ⑤~⑥ 연한 자주색
🍎 ⑨~⑩ 노란색

멀구슬나무 *Melia azedarach* L.

원지과(Polygalaceae)

전세계 27속 1,200종류, 풀, 작은키나무, 드물게 큰키나무

원지속(*Polygala*)

전세계 655종류, 우리나라에 4종류, 보통 턱잎이 없음, 꽃은 총상꽃차례, 노란색, 자주색, 꽃받침이 5장, 수술은 8개, 씨방은 2실, 열매는 삭과

[*Polygala*: 그리스어 polys(많은)와 gala(젖)의 합성어이며 디오스코리데스(Pedanius Dioscorides)가 유즙분비를 잘 시킨다고 생각했던 어떤 작은 관목에 붙인 이름]

애기풀

Polygala japonica Houtt.

[*japonica*: 일본의]
영명: Dwarf Milkwort
이명: 영신초, 아기풀
서식지: 태안전역
주요특징: 줄기는 밑에서 모여나며, 곧게 서거나 비스듬히 선다. 잎은 어긋나며 타원모양 또는 달걀모양으로 가장자리가 밋밋하다. 꽃은 총상꽃차례로 달린다. 열매는 삭과이며, 둥글고 납작하다.
크기: ↕ ↔10~20cm
번식: 씨앗뿌리기
🌼 ④~⑤ 홍색
🍎 ⑨

병아리다리속(*Salomonia*)

전세계 2종, 우리나라에 1종, 작은 풀, 잎은 어긋나기, 흔히 비늘조각 모양으로 퇴화됨, 꽃은 작고 끝에 이삭모양꽃차례로 붙음, 꽃받침은 거의 같거나 안쪽 2장이 더 큼, 꽃잎은 3장, 열매는 삭과로 막질, 납작, 가로로 긴 타원 또는 심장모양

병아리다리

Salomonia ciliata (L.) DC.

[*ciliata*: 눈꺼풀을 가진]
영명: Oblong-leaf Salomoni
서식지: 신온리 마검포
주요특징: 습지에 자라는 한해살이풀이다. 잎은 어긋나기하고 긴타원 또는 타원모양이다. 잎 끝은 뽀족하고 가장자리가 밋밋하지만 윗부분의 가장자리에는 가시같은 털이 약간 있다.꽃은 길이 2~6cm의 이삭꽃차례에 달린다. 열매는 지름 2mm 크기의 삭과로 납작   한 콩팥모양이고 가장자리에 가시같은 털이 있다. 현재까지 보고된 바로는 태안의 자생지가 북한계선으로 보여진다.
크기: ↕ ↔6~30cm
번식: 씨앗뿌리기
🌑 ⑦~⑧ 연자주색　🌿 ⑧~⑨

병아리다리 *Salomonia ciliata* (L.) DC.

별이끼과(Callitrichaceae)

전세계 1속 30종류, 아주 작은 풀

별이끼속(*Callitriche*)

전세계 72종류, 우리나라에 2종류, 습지나 물속에 사는 풀, 잎은 마주나기, 선모양, 거꿀달걀모양, 가장자리는 밋밋, 꽃은 단성꽃, 잎겨드랑이에 달림
[*Callitriche*: 그리스어 callos(아름답다)와 thrix(털)의 합성어이명 줄기가 직세함]

애기풀 *Polygala japonica* Houtt.

물별이끼 *Callitriche palustris* L.

물별이끼

Callitriche palustris L.

[*palustris*: 축축한 땅에서 자라는]
영명: Vernal Water-Starwort
이명: 물자리풀, 긴잎별이끼
서식지: 신두리
주요특징: 줄기는 물속에 잠기고 옆으로 뻗으며 마디에서 뿌리가 난다. 물속에 잠기는 잎은 마주나며, 가늘고 긴 모양으로 잎맥이 1개 있다. 물 위에 또는 잎은 뭉쳐나 주걱모양으로 끝은 둥글며 밑은 좁아지고 잎맥은 3개다. 꽃은 암수한 포기로 피며 잎겨드랑이에서 마주보며 달린다. 열매는 삭과이고 가장자리에 좁은 날개가 있다.
크기: ↕ ↔10~20cm
번식: 씨앗뿌리기
🌑 ⑦~⑧ 백색
🌿 ⑨~⑩

굴거리나무과(Daphniphyllaceae)

전세계 2속 40종류, 큰키 또는 작은키나무

굴거리나무속(*Daphniphyllum*)

전세계 35종류, 우리나라에 2종류, 늘푸른큰키나무 또는 작은키나무, 잎은 어긋나기, 가죽질, 꽃은 암수딴그루, 잎겨드랑이에 붙는 총상꽃차례, 열매는 핵과
[*Daphniphyllum*: 월계수의 그리스 고명 daphne와 phyllon(잎)의 합성어이며 잎의 형태가 비슷함]

굴거리나무

Daphniphyllum macropodum Miq.

[*macropodum*: 굵은 대의]

영명: Macropodous Daphniphyllum
이명: 만병초, 청대동
서식지: 닭섬, 안면도, 천리포
주요특징: 어린가지는 붉은 빛이 도는데 자라면서 초록색을 띤다. 잎은 가지 끝에 모여나고 잎맥이 12~17쌍 정도 나란히 나 있으며 잎가장자리는 밋밋하다. 꽃은 암수딴그루로 잎겨드랑이에서 총상꽃차례를 이룬다. 열매는 긴타원모양이다.
크기: ↕ ↔5~10m **번식**: 씨앗뿌리기
▼ ⑤~⑥ 연한홍색 🍂 ⑪~⑫ 흑색

대극과(Euphorbiaceae)

전세계 228속 6,835종류, 풀 또는 작은키나무, 드물게 큰키나무

대극속(Euphorbia)

전세계 2,160종류, 우리나라에 자생 19종류, 귀화 4종류, 풀 또는 작은키나무, 흰 유액이 나옴, 잎은 어긋나기, 마주나기 또는 돌려나기, 꽃차례의 총포는 잔모양

[Euphorbia: 로마시대에 누미디아(Numidia)의 왕 주바(Juba)가 Euphorbia를 위해 붙인 이름이며 그가 처음으로 이 식물을 약용으로 사용 함]

흰대극

Euphorbia esula L.

[esula: 매운, 흉년에 식용으로 하는]
영명: Leafy Spurge
이명: 노랑대극, 노랑등대풀, 노랑버들옻, 흰버들옻
서식지: 가의도, 신두리, 병술만
주요특징: 잎은 어긋나고 약간 밀생하며 털이 없고 가장자리는 밋밋하다. 꽃차례 밑의 잎은 5개가 돌려나기하며 거꿀달걀을 닮은 피침모양이다. 꽃차례는 우산모양이고 5개가 나와 2개씩 2번 갈라져서 끝에 꽃이 달린다. 꽃차례에 들어 있는 4개의 선체는 콩팥모양이며 양끝이 바깥쪽을 향한다. 삭과는 거의 원모양이며 겉이 밋밋하다.
크기: ↕ ↔20~40cm
번식: 씨앗뿌리기, 포기나누기
▼ ⑥~⑦ 노란색 🍂 ⑨~⑩

굴거리나무 *Daphniphyllum macropodum* Miq.

등대풀

Euphorbia helioscopia L.

영명: Madwoman's Milk
이명: 등대대극, 등대초
서식지: 안면도, 천리포
주요특징: 줄기는 곧게서며 밑에서 가지가 갈라진다. 잎은 어긋나며, 가지가 갈라지는 줄기 위쪽에서는 돌려나는 듯 붙는데 잎자루가 붉은색을 띤다. 꽃은 등잔모양꽃차례로 피는데 암술대는 3개, 끝이 2갈래로 갈라진다. 열매는 삭과이며, 3갈래로 갈라진다.
크기: ↕ ↔25~35cm
번식: 씨앗뿌리기
▼ ③~⑤ 노란색 🍂 ⑥~⑧

대극

Euphorbia pekinensis Ruprecht

[pekinensis: 북경산의]
영명: Peking Euphorbia
이명: 버들옻, 우독초
서식지: 태안전역
주요특징: 줄기는 곧게 자라고 가지가 많이 갈라진다. 어긋나는 잎은 긴타원모양으로 표면은 짙은 녹색이고 뒷면은 흰빛이 돌며 가장자리에 잔톱니가 있고 주맥에 흰빛이 돈다. 줄기 끝에 5개의 잎이 돌려나고 5개의 가지가 나와서 우산모양으로 꽃이 달린다. 삭과는 사마귀 같은 돌기가 있으며 3개로 갈라진다.
크기: ↕ ↔50~80cm
번식: 씨앗뿌리기
▼ ⑤~⑥ 황록색 🍂 ⑦~⑧

대극 *Euphorbia pekinensis* Ruprecht

흰대극 *Euphorbia esula* L.

등대풀 *Euphorbia helioscopia* L.

개감수

Euphorbia sieboldiana Morren & Decne.

[*sieboldiana* : 식물 연구가 지볼트(Philipp Franz Balthasar Von Siebold, 1796~1866)의]
영명: Siebold Euphorbia
이명: 감수, 산감수, 산참대극, 좀개감수, 참대극
서식지: 가의도
주요특징: 전체에 털이 없고 녹색이지만 홍자색이 돈다. 잎은 좁은 긴타원 또는 거꿀피침모양이며 포는 삼각상 달걀모양이다. 어긋나게 붙는 잎의 가장자리는 밋밋하며 잎자루는 없다. 선체는 초승달 같고 홍자색이며 암술대는 길고 끝이 2개로 갈라진다. 꽃의 겉각은 달걀모양이다. 삭과는 원모양이고 광택이 나며 3각편 개열하여 달걀을 닮은 둥근모양의 평활한 씨를 방출한다.
크기: ↕ ↔20~40cm
번식: 씨앗뿌리기
▼ ⑥~⑦ 황록색
◀ ⑧~⑨

예덕나무속(*Mallotus*)

전세계 124종류, 우리나라에 1종. 작은키나무 또는 큰키나무, 잎은 어긋나기 또는 마주나기, 밑동에 2개의 꿀샘 덩이가 붙음, 꽃은 이삭꽃차례
[*Mallotus* : 그리스어 mallotos(길고 부드러운 털이 있는)에서 유래되었고 열매에 선모가 밀생한다는 뜻]

개감수 *Euphorbia sieboldiana* Morren & Decne.

예덕나무

Mallotus japonicus (L.f.) Müll.Arg.

[*japonicus* : 일본의]
영명: Japanese Mallotus
이명: 꽤잎나무, 비닭나무, 시닥나무, 예닥나무
서식지: 가의도, 삼봉해수욕장, 천리포, 바람아래 해수욕장
주요특징: 어린가지는 별모양의 털로 덮여 있고 붉은빛이 돌지만 가지가 굵어지면서 점차 회백색으로 변한다. 잎은 어긋나기하며 달걀을 닮은 둥근모양이다. 표면은 적색 샘털이 있고, 뒷면은 황갈색 선점이 있으며 잎가장자리는 밋밋하고 3개로 약간 갈라지며 매우 긴 잎자루가 있다. 꽃은 암수딴그루로 원뿔모양꽃차례는 가지 끝에 달린다. 삭과는 삼각상 둥근모양이고 털이 밀생한다.
크기: ↕ ↔3~6m
번식: 씨앗뿌리기
▼ ⑥~⑦ 연한 노란색   ◀ ⑧~⑩ 황갈색

예덕나무 *Mallotus japonicus* (L.f.) Müll.Arg.

여우주머니속(*Phyllanthus*)

전세계 981종류, 우리나라에 2종류. 풀 또는 작은키나무, 잎은 대개 작은크기, 가장자리는 밋밋, 흔히 마주나기, 깃모양겹잎, 꽃은 단성꽃, 열매는 삭과, 때로 다육질
[*Phyllanthus* : 그리스어 phyllon(잎)과 anthos(꽃)의 합성어로 잎같이 퍼진 가지에 꽃이 달린다는 뜻]

여우구슬

Phyllanthus urinaria L.

[*urinaria* : 오줌의]
영명: Common Leaflower
서식지: 안면도
주요특징: 줄기는 곧게서며 가지가 갈라진다. 잎은 가지에만 2줄로 나서 깃모양겹잎처럼 보이며, 끝이 둔하고 가장자리가 밋밋하다. 꽃은 암수한포기로 피며 잎겨드랑이에 1개 또는 몇 개씩 모여 달린다. 열매는 삭과이며 납작한 둥근모양으로 곁에 돌기가 있다.
크기: ↕ ↔15~50cm
번식: 씨앗뿌리기
▼ ⑦~⑧ 적갈색
◀ ⑧~⑩ 적갈색

여우구슬 *Phyllanthus urinaria* L.

사람주나무속(*Neoshirakia*)

전세계 23종류, 우리나라에 1종, 대개 털이 없음, 잎은 어긋나기, 깃모양맥, 잎몸 기부나 잎자루에 2개의 선체 발달, 이삭꽃차례, 총상꽃차례, 열매는 장과모양

[*Neoshirakia*: 라틴 고명의 점질이란 뜻에서 유래되었고 본 속의 어떤 종의 끈적한 점질로 새를 잡는 풀을 만들었다는데서 유래]

사람주나무

Neoshirakia japonica
(Siebold & Zucc.) Esser

[*japonica*: 일본의]
영명: Tallow Tree
이명: 쇠동백나무, 신방나무, 아구사리
서식지: 가의도, 안면도
주요특징: 겨울눈은 2~3개의 비늘조각으로 싸

여 있으며 털이 없다. 나무껍질은 녹회백색이며 오래된 줄기는 얇게 갈라진다. 잎은 어긋나기하며 가장자리가 밋밋하거나 약간 물결모양을 이루기도 하며 끝에 선점이 있다. 꽃은 암수한그루로 수상의 총상꽃차례는 수꽃이 윗부분에 많이 달리고 암꽃은 밑부분에 몇 개씩 달린다. 열매는 삭과로서 3개로 갈라진다.
크기: ↕ 4~8m, ↔ 3~5m
번식: 씨앗뿌리기
🌼 ⑤~⑦ 황록색
🔴 ⑦~⑩ 황갈색

광대싸리속(*Securinega*)

전세계 5종류, 우리나라에 1종, 작은키나무, 잎은 어긋나기, 밋밋함, 꽃은 잎겨드랑이에 밀생, 수꽃 꽃받침은 5장, 수술은 5개, 암꽃은 대가 길고, 열매는 삭과

[*Securinega*: 재질이 단단하다는 뜻]

광대싸리

Securinega suffruticosa (Pallas) Rehder

[*suffruticosa*: 아관목의]
영명: Suffrutescent Securinega
이명: 공정싸리, 구럭싸리, 굴싸리
서식지: 갈음이, 안면도, 천리포
주요특징: 줄기는 곧게서며 가지가 많이 갈라진다. 잎은 어긋나며 가장자리가 밋밋하다. 꽃은 암수딴그루로 피며 잎겨드랑이에 모여 달린다. 열매는 삭과이며 조금 납작한 둥근모양이고 익으면 3갈래로 갈라진다.
크기: ↕ ↔ 1~3m
번식: 씨앗뿌리기, 꺾꽂이
🌼 ⑤~⑧ 연한 노란색
🔴 ⑧~⑩ 황갈색

옻나무과(Anacardiaceae)

전세계 77속 753종류, 큰키 또는 작은키나무

붉나무속(*Rhus*)

전세계 150종, 우리나라에 5종류, 잎지는나무 또는 늘푸른나무, 잎은 어긋나기, 3장, 홀수깃모양겹잎, 꽃은 암수딴그루 또는 잡성주, 원뿔모양꽃차례, 잎잎과 꽃받침은 4~6장

[*Rhus*: 그리스 고명 rhous가 라틴어화된 것]

붉나무

Rhus javanica L.

영명: Nutgall Tree
이명: 오배자나무, 굴나무, 뿔나무, 불나무
서식지: 태안전역
주요특징: 잎은 어긋나고 7~13개의 작은잎으로 구성된 깃모양겹잎이며 깃 축에 날개가 있다. 작은잎은 달걀모양이며 뒷면은 갈색의 잔털이 있고 회색을 띠나 가을에는 붉게 변한다. 꽃차례에는 털이 있으며 암수딴그루이다. 열매는 둥글고 납작하게 익으며 황갈색의 털로 덮여 있고 겉에는 하얀색의 물질이 소금처럼 생긴다.
크기: ↕ 5~10m, ↔ 3~7m
번식: 씨앗뿌리기, 뿌리꺾꽂이
🌼 ⑦~⑨ 백색
🔴 ⑧~⑪ 황갈색

붉나무 *Rhus javanica* L.

사람주나무 *Neoshirakia japonica* (Siebold & Zucc.) Esser

광대싸리 *Securinega suffruticosa* (Pallas) Rehder

옻나무속(*Toxicodendron*)

전세계 39종류, 우리나라에 4종류, 잎은 어긋나기, 홀수깃모양겹잎, 꽃은 암수딴그루 또는 잡성주, 원뿔 모양꽃차례, 꽃잎과 꽃받침은 4~6장

산검양옻나무

Toxicodendron sylvestris Siebold & Zucc.

[*sylvestris*: 산속에 사는, 야생의]
영명: Wood lacquer tree
이명: 산검양옻나무
서식지: 안면도
주요특징: 나무껍질은 어두운 갈색으로 털이 있다. 잎은 어긋나며 깃모양겹잎이다. 작은잎은 7~15장이며 넓은 피침모양이다. 꽃은 잎겨드랑이에서 원뿔모양꽃차례에 달린다. 꽃받침은 5장, 꽃잎은 5장이다. 열매는 넓은달걀모양으로 지름 8~10mm이며 털이 없다.
크기: ↕ 4~10m, ↔ 3~7m
번식: 씨앗뿌리기
▼ ⑤~⑥ 황록색
◀ ⑩ 황갈색

산검양옻나무 *Toxicodendron sylvestris* Siebold & Zucc.

개옻나무 [초]

Toxicodendron trichocarpa Miquel

[*trichocarpa*: 털이 있는 열매의]
영명: Bristly–Fruit Lacquer Tree
이명: 개옻나무, 새옻나무, 털옻나무
서식지: 태안전역
주요특징: 잎은 어긋나며, 작은잎 13~17장으로 된 깃모양겹잎이다. 작은잎은 타원모양으로 가장자리가 밋밋하다. 꽃은 암수딴그루에 피며 잎겨드랑이에서 원뿔모양꽃차례에 달린다. 꽃차례에는 털이 많다. 열매는 둥글고 지름 5~6mm로 표면에 가시 같은 털이 많다.
크기: ↕ 3~7m, ↔ 3~5m
번식: 씨앗뿌리기
▼ ⑤~⑥ 황록색
◀ ⑨~⑪ 황갈색

개옻나무 *Toxicodendron trichocarpa* Miquel

감탕나무과(Aquifoliaceae)

북반구에 3속 518종류, 큰키 또는 작은키나무

감탕나무속(*Ilex*)

전세계 512종류, 우리나라에 7종류, 잎은 어긋나기, 흔히 광택이 남, 꽃은 잎겨드랑이에 붙음, 암수딴그루, 단성꽃 또는 양성꽃, 꽃잎은 4~5장, 열매는 핵과
[*Ilex*: 서양 호랑가시(holly) 또는 holly oak (Quercus)의 라틴명]

대팻집나무

Ilex macropoda Miquel

[*macropoda*: 굵은 대의]
영명: Macropoda Holly
이명: 물안포기나무, 대패집나무
서식지: 신두리, 안면도, 바람아래 해수욕장
주요특징: 잎은 어긋나며 짧은 가지에서는 모여난다. 잎은 얇고 넓은달걀 또는 타원모양이며, 가장자리에 톱니가 드문드문 있다. 꽃은 짧은 가지의 잎겨드랑이에 달리며 열매는 둥근 핵과이다.
크기: ↕ 10~15m, ↔ 7~12m
번식: 씨앗뿌리기
▼ ⑤~⑥ 연한 녹색
◀ ⑨~⑪ 적색

대팻집나무 *Ilex macropoda* Miquel

노박덩굴과(Celastraceae)

온대와 열대에 87속 1,218종류, 큰키나무, 작은키나무, 드물게 덩굴식물

노박덩굴속(*Celastrus*)

전세계 42종류, 우리나라에 6종류, 덩굴성 작은키나무, 잎은 어긋나기, 가장자리에 톱니가 있고 턱잎은 작음, 씨방상위, 암술대는 짧음, 열매는 삭과

[*Celastrus*: 어떤 상록수에 대한 고대 그리스 명이며 celas는 늦가을이란 뜻]

노박덩굴

Celastrus orbiculatus Thunb.

[*orbiculatus*: 잎이 편평한, 둥근]
영명: Oriental Bittersweet
이명: 놉방구덩굴, 노파위나무, 노랑꽃나무
서식지: 태안전역
주요특징: 가지는 갈색 또는 회갈색이며, 털이 없다. 잎은 타원모양이며 끝이 갑자기 뾰족해지고 밑부분이 둥글며, 가장자리에 둔한 톱니가 있다. 꽃은 암수딴그루 또는 잡성주로서, 취산꽃차례로 핀다. 열매는 삭과로 둥근모양이며 3개로 갈라진다.
크기: ↕ ↔5~10m
번식: 씨앗뿌리기, 꺾꽂이
▼ ⑤~⑥ 황록색
✄ ⑨~⑪ 노란색, 홍색

털노박덩굴

Celastrus stephanotifolius
(Makino) Makino

[*stephanotifolius*: *Stephanotis*속의 잎과 비슷한]
영명: Hairy Oriental Bittersweet
이명: 큰노방덩굴, 털노방덩굴, 왕노방덩굴
서식지: 안면도
주요특징: 가지는 회갈으로 껍질눈이 발달하는데 어릴때는 구부러진 털이 있다. 잎은 어긋나며, 타원 또는 넓은타원모양이다. 잎가장자리에는 무딘 톱니가 있다. 잎의 앞면은 털이 없으나 뒷면에는 누런색 털이 많다. 꽃은 어린가지의 밑부분에서 취산꽃차례로 달린다. 열매는 삭과이고 익으면 3조각으로 벌어진다.
크기: ↕ ↔5~10m
번식: 씨앗뿌리기, 꺾꽂이
▼ ⑤~⑥ 황록색
✄ ⑨~⑪ 노란색

노박덩굴 *Celastrus orbiculatus* Thunb.

털노박덩굴 *Celastrus stephanotifolius* (Makino) Makino

화살나무속(Euonymus)

전세계 146종류, 우리나라에 17종류, 잎은 마주나기, 가장자리가 밋밋하거나 톱니가 있음, 꽃은 잎겨드랑이에 붙음, 양성 또는 잡성, 꽃잎과 꽃받침은 4~5장

[Euonymus: 그리스 고명으로서 eu(좋다)와 onoma(명)의 합성어이며 좋은 평판이란 뜻이지만 가축에 독이 있다고 나쁜 평판이 있는 것을 반대로 표시하였고 그리스신화 중의 신명이기도 함]

화살나무 초

Euonymus alatus (Thunb.) Sieb.

[*alatus*: 날개가 있는]
영명: Burning Bush Spindletree
이명: 흔립나무, 홋잎나무, 참빗나무
서식지: 태안전역
주요특징: 줄기 곁에 2~4줄로 코르크질 날개가 발달한다. 잎은 마주나며, 달걀 또는 넓은 피침모양으로 가을에 붉게 물든다. 잎 양면은 털이 없다. 꽃은 잎겨드랑이에서 취산꽃차례에 2~5개씩 핀다. 열매는 삭과이며, 완전히 익으면 벌어져서 종의에 싸인 씨앗이 나온다.
크기: ↕ ↔2~4m
번식: 씨앗뿌리기, 꺾꽂이
▼ ⑤~⑥ 황록색 ◀ ⑩ 적색

화살나무 *Euonymus alatus* (Thunb.) Sieb.

줄사철나무

Euonymus fortunei var. *radicans* (Siebold & Miq.) Rehder

[*radicans*: 뿌리를 내리는]
영명: Radicans Winter Creeper Spindletree
이명: 덩굴사철나무, 덩굴들축, 줄사철
서식지: 태안전역
주요특징: 줄기에서 뿌리가 나와서 다른 나무와 바위에 붙어 자란다. 일년생가지는 녹색이며 약간 모가 진다. 잎은 마주나기하고 두꺼우며 타원 또는 달걀모양으로 가장자리에 얕고 둔한 톱니가 있다. 꽃은 암수한그루 양성꽃으로 취산꽃차례는 잎겨드랑이에 달린다.
크기: ↕ ↔5~10m
번식: 씨앗뿌리기, 꺾꽂이
▼ ⑥~⑦ 황록색 ◀ ⑩ 연한 적색

줄사철나무 *Euonymus fortunei* var. *radicans* (Siebold & Miq.) Rehder

참빗살나무

Euonymus hamiltonianus Wall.

영명: Hamilton's Spindletree
이명: 화살나무, 물뿌리나무
서식지: 태안전역
주요특징: 잎은 마주나며 잎자루가 있다. 잎몸은 타원 또는 달걀을 닮은 타원모양으로 가장자리에 둔한 잔톱니가 있다. 꽃은 4수성이고 2년지의 잎겨드랑이에 취산꽃차례로 3~12개씩 달린다. 꽃잎은 꽃받침조각보다 3배쯤 길다. 열매는 삭과이다.
크기: ↕ 8~15m, ↔7~12m
번식: 씨앗뿌리기, 꺾꽂이
▼ ⑤~⑥ 연한 녹색 ◀ ⑩~⑪ 적자색

참빗살나무 *Euonymus hamiltonianus* Wall.

사철나무 *Euonymus japonicus* Thunb.

사철나무 　초

Euonymus japonicus Thunb.

[*japonicus*: 일본의]
영명: Evergreen Spindletree
이명: 동청목, 들축나무, 무른나무, 푸른나무
서식지: 태안전역
주요특징: 가지는 녹색이며 매끈하다. 잎은 마주나는데 가죽질로 거꿀달걀 또는 긴타원모양이며 가장자리에는 둔한 톱니가 있다. 잎은 녹색으로 앞면은 광택이 나며, 뒷면은 노란빛이 돈다. 꽃은 잎겨드랑이의 취산꽃차례에 달린다. 열매는 삭과이며 익으면 4갈래로 갈라진다.
크기: ↕ ↔3∼5m
번식: 씨앗뿌리기, 꺾꽂이
▼ ⑥∼⑦ 황록색
🍂 ⑩ 황갈색

참회나무 　🏆

Euonymus oxyphyllus Miquel

[*oxyphyllus*: 날카로운 모양의 잎]
영명: Korean Spindletree
이명: 노랑회나무, 뿔나무, 회나무
서식지: 태안전역
주요특징: 잎은 마주나기하며, 달걀모양 또는 거꿀달걀모양이고, 양면에 털이 거의 없으며, 안으로 굽은 톱니의 끝이 뾰족하다. 취산꽃차례로 꽃대가 길며 잎겨드랑이에 달리고, 꽃은 5수성이며 중앙부에 1개의 암술이 있다. 열매는 둥근모양의 삭과로 밑으로 처지고 마르면 5개의 능선이 약간 나타난다.
크기: ↕ ↔2∼4m
번식: 씨앗뿌리기, 꺾꽂이
▼ ⑤∼⑥ 황록색　🍂 ⑨∼⑩ 적자색

참회나무 *Euonymus oxyphyllus* Miquel

고추나무과(Staphyleaceae)
전세계 3속 30종류, 큰키 또는 작은키나무

말오줌때속(*Euscaphis*)
동아시아에 2종류, 우리나라에 1종, 큰키나무, 잎은 마주나기, 홀수깃모양겹잎, 턱잎은 있고 작은잎은 날카로운 톱니가 있으며, 꽃은 가지 끝에 원뿔모양꽃차례
[*Euscaphis*: 그리스어 eu(좋다)와 scaphis(쪽배, 삭)의 합성어이며 적색의 삭과가 아름다운 데서 연상]

말오줌때
Euscaphis japonica (Thunb.) Kanitz

[*japonica*: 일본의]
영명: Korean Sweetheart Tree
이명: 말오줌나무, 나도딱총나무
서식지: 안면도, 병술만, 바람아래 해수욕장
주요특징: 가지를 꺾으면 악취가 난다. 잎은 마주나기하며 깃모양겹잎이다. 작은잎은 5∼11개로 가장자리에 예리한 잔톱니가 있고, 뒷면 주맥 아랫부분에 하얀색 털이 있다. 원뿔모양꽃차례는 가지 끝에서 곧게 선다. 열매는 골돌과로 구부러진 타원모양이다. 씨는 검은색으로 윤채가 있고 둥글다.
크기: ↕ ↔5∼8m
번식: 씨앗뿌리기
▼ ⑤∼⑥ 황록색
🍂 ⑨∼⑩ 적색

고추나무속(*Staphylea*)
북반구의 온대에 11종류, 우리나라에 1종, 잎은 마주나기, 턱잎은 탈락, 작은잎은 3장, 작은 턱잎이 있음, 꽃은 하얀색, 양성꽃, 꽃받침과 꽃잎은 5장, 씨는 둥근모양
[*Staphylea*: 그리스어 staphyle(송이 또는 포도)라는 뜻으로 총상꽃차례에 유래]

고추나무
Staphylea bumalda DC.

[*bumalda*: 사람 이름 부말다(Bumalda)의]
영명: Bumald's Bladdernut
이명: 개절초나무, 매대나무, 고치때나무
서식지: 신두리, 안면도, 천리포
주요특징: 잎은 마주나며 삼출겹잎이다. 작은잎은 타원 또는 달걀을 닮은 타원모양, 가장자리에 뾰족한 잔톱니가 있다. 꽃은 원뿔모양꽃차례에 달린다. 열매는 삭과이며 부푼 반원모양, 위쪽이 2조각으로 갈라진다.
크기: ↕ ↔2∼3m
번식: 씨앗뿌리기
▼ ⑤ 백색
🍂 ⑧∼⑩ 갈색

말오줌때 *Euscaphis japonica* (Thunb.) Kanitz

고추나무 *Staphylea bumalda* DC.

단풍나무과(Aceraceae)
전세계 2속 100종류, 큰키 또는, 작은키나무

단풍나무속(Acer)
전세계 233종류, 우리나라에 20종류, 주로 북반구 온대에서 자라고 우리나라에 13종, 잎은 홑잎 또는 깃모양겹잎, 마주나기, 턱잎은 없음, 암수한그루, 열매는 날개가 있는 시과
[Acer: 단풍나무의 라틴명으로 갈라진다는 뜻]

고로쇠나무

Acer pictum subsp. *mono*
(Maxim.)Ohashi

[pictum: 장식의, 꾸미는 mono: 1개]
영명: Mono Maple
이명: 신나무, 참고로실나무
서식지: 태안전역
주요특징: 잎은 마주나며 손바닥모양인데 보통 5갈래로 갈라지고 가장자리는 밋밋하다. 잎 앞면은 진한 녹색으로 매끈하며 뒷면은 연한 녹색으로 맥의 아래쪽에 털이 난다. 꽃은 새 가지 끝의 산방꽃차례에 핀다. 열매는 시과이며 예각으로 벌어진다.
크기: ↕ ↔10~20m
번식: 씨앗뿌리기
▼ ④~⑤ 황록색   ✄ ⑨~⑩ 연한 갈색

만주고로쇠

Acer pictum var. *truncatum*
(Bunge) C.S.Chang

[pictum: 장식의, 꾸미는, truncatum: 끝을 자른, 일부를 줄인]
영명: Manchurian Paint Maple
이명: 만주고로실, 메고로쇠나무, 북고로쇠나무
서식지: 태안전역
주요특징: 잎은 마주나기하며 7개로 깊게 갈라지고 결각은 끝이 매우 뾰족 한 점첨두로서 흔히 중앙결각에 결각이 있으며 양 면에 털이 없다. 꽃차례는 취산꽃차례로 15개 이상의 꽃이 달린다. 열매는 시과로 날개의 각이 직각 또는 둔각으로 벌어지고 털이 없다.
크기: ↕ ↔5~7m
번식: 씨앗뿌리기
▼ ④~⑤ 연한 노란색   ✄ ⑨~⑩ 연한 갈색

만주고로쇠 *Acer pictum* var. *truncatum* (Bunge) C.S.Chang

고로쇠나무 *Acer pictum* subsp. *mono* (Maxim.) Ohashi

당단풍 초

Acer pseudosieboldianum (Pax) Kom.

[pseudosieboldianum: sieboldianum종과 비슷한]
영명: Korean Maple, Manshurian Fullmoon Maple
이명: 고로실나무, 박달나무, 고로쇠나무
서식지: 안면도
주요특징: 손바닥모양의 잎은 마주나며 홑잎이고 9~11갈래로 가운데까지 갈라진다. 잎의 밑부분은 심장모양이다. 잎 뒷면은 하얀색 털이 많다. 꽃은 가지 끝의 산방꽃차례에 10~15개가 달린다. 꽃잎은 5장이며 달걀모양이고 꽃밥은 노란색이다. 열매는 시과이며 직각으로 벌어진다.
크기: ↕ ↔5~8m
번식: 씨앗뿌리기
▼ ④~⑤ 홍자색   ✄ ⑨~⑩ 자갈색

신나무

Acer tataricum subsp. *ginnala*
(Maxim.) Wesm.

[tataricum: 중앙아시아 또는 소련 타타르주 (Tatar)의, ginnala: 시베리아의 지역명]
영명: Amur Maple
이명: 시닥나무, 시다기나무, 광리신나무
서식지: 안면도, 바람아래 해수욕장
주요특징: 잎은 3갈래로 갈라진 홑잎으로 마주나며 둥근 달걀모양이다. 잎 양면에는 털이 없다. 꽃은 가지 끝의 원뿔모양꽃차례에 피며 양성꽃 또는 잡성꽃이다. 꽃받침잎과 꽃잎은 각각 5장이다. 열매는 시과이며 길이 2cm쯤이고 거의 평행하거나 합쳐진다.
크기: ↕ 5~8m, ↔3~7m
번식: 씨앗뿌리기
▼ ⑤~⑥ 황록색   ✄ ⑨~⑩ 밝은 갈색

신나무 *Acer tataricum* subsp. *ginnala* (Maxim.) Wesm.

당단풍 *Acer pseudosieboldianum* (Pax) Kom.

무환자나무과(Sapindaceae)
전세계 138속 1,858종류, 큰키나무, 드물게 풀

모감주나무속(*Koelreuteria*)
동아시아에 4종류, 우리나라에 1종, 잎은 어긋나기, 홀수깃모양겹잎, 가장자리에 톱니, 꽃은 노란색, 줄기끝에 원뿔모양꽃차례, 열매는 꽈리같이 생긴 삭과

[*Koelreuteria*: 독일의 식물학자 쾰로이터 (Joseph Gottlieb Koelreuter, 1733~1806)에서 유래]

모감주나무

Koelreuteria paniculata Laxmann

[*paniculata*: 원뿔 모양의]
영명: Goldenrain Tree
이명: 염주나무
서식지: 갈음이, 구름포, 안면도, 천리포, 병술만
주요특징: 잎은 어긋나고 깃모양겹잎이다. 작은 잎은 긴타원모양이며 뒷면 잎맥을 따라 털이 있으며 가장자리에 불규칙하고 둔한 톱니가 있다. 원뿔모양꽃차례는 길이 25~35cm로 가지 끝에 달리고, 꽃은 짧은 퍼진 털이 있고, 노란색이나 중심부는 붉은색이다. 열매는 삭과로 꽈리 같으며 3개로 갈라지며, 씨는 3개가 들어 있고 둥글며 검은색으로 윤기가 있다.
크기: ↕ 7~9m, ↔5~8m　**번식**: 씨앗뿌리기
▼ ⑥~⑦ 노란색　🍂 ⑨~⑩ 갈색

모감주나무 *Koelreuteria paniculata* Laxmann

봉선화과(Balsaminaceae)
열대아시아와 아프리카에 2속 506종류, 풀

물봉선속(*Impatiens*)
전세계 505종류, 우리나라에 8종류, 잎은 마주나기, 가장자리에 톱니가 있음, 꽃은 1송이씩 잎겨드랑이에 좌우상칭 열매는 삭과로 익은 후 만지면 터짐

[*Impatiens*: 라틴어 impatient(참지 못하다)에서 유래되었고 열매를 건드리면 터진다는 뜻]

물봉선　🔲

Impatiens textori Miquel

[*textori*: 채집가의 이름에서 유래]
영명: Field Touch-Me-Not
이명: 불봉숭, 물봉숭아
서식지: 태안전역
주요특징: 곧게 자라는 원줄기는 가지가 많이 갈라지고 마디가 튀어 나온다. 어긋나는 잎은 넓은 피침모양이고 가장자리에 예리한 톱니가 있다. 밑부분의 잎은 잎자루가 있으나 꽃차례의 잎은 잎자루가 없다. 꽃은 총상꽃차례에 핀다. 열매는 길이 1~2cm 정도의 피침모양으로 익으면 탄력적으로 터지면서 씨가 튀어 나온다.
크기: ↕ ↔60cm　**번식**: 씨앗뿌리기
▼ ⑧~⑨ 홍자색
🍂 ⑩~⑪

물봉선 *Impatiens textori* Miquel

나도밤나무과(Meliosmaceae)
전세계 4속 70종류, 곧게 서거나 땅위를 기는 나무

나도밤나무속(*Meliosma*)
전세계 98종류, 우리나라에 2종류, 겨울눈은 드러남, 잎은 홑잎 또는 깃모양겹잎, 꽃은 양성꽃, 드물게 잡성주, 원뿔모양꽃차례, 열매는 핵과, 둥근모양

[*Meliosma*: 그리스어 meli(꿀벌)와 osme(향기)의 합성어이며 봉밀(꿀벌)의 향기가 있다는 뜻]

나도밤나무

Meliosma myriantha Siebold & Zucc.

[*myriantha*: 많은 꽃의]
영명: Abundant-Fower Meliosma
이명: 나도합다리나무
서식지: 태안전역
주요특징: 어린가지에 갈색 털이 난다. 잎은 어긋나며, 타원상 거꿀달걀모양이다. 잎끝은 짧게 뾰족하며 밑은 쐐기모양이며 가장자리에는 잔톱니가 있다. 잎의 뒷면에는 갈색털이 있다. 꽃은 가지 끝에서 나온 길이 15~25cm의 원뿔모양꽃차례에 달린다. 꽃잎은 5장인데 그 중에서 3장은 둥근모양이며 나머지 2장은 가늘고 긴 모양이다. 열매는 핵과로 둥글다.
크기: ↕ 10~20m, ↔10~15m
번식: 씨앗뿌리기
▼ ⑥~⑦ 연한 황백색
🍂 ⑨~⑪ 적색

나도밤나무 *Meliosma myriantha* Siebold & Zucc.

합다리나무

Meliosma oldhamii Maxim.

[*oldhamii*: 식물채집가 올덤(Richard Oldham, 1861~1866)의]
영명: Oldham's Meliosma
이명: 합대나무
서식지: 태안전역
주요특징: 어린가지에 갈색 털이 난다. 잎은 어긋나며, 작은잎 9~15장으로 된 깃모양겹잎이다. 작은잎은 달걀모양 또는 타원모양이고 가장자리에 톱니가 있다. 꽃은 가지 끝에서 난 길이 원뿔모양꽃차례에 달린다. 열매는 핵과로 둥글다.
크기: ↕ 10~15m, ↔ 7~10m
번식: 씨앗뿌리기
 ▼ ⑥~⑦ 연한 황백색 ✿ ⑨~⑪ 적색

합다리나무 *Meliosma oldhamii* Maxim.

갈매나무과(Rhamnaceae)
온대에 53속 915종류, 큰키나무

망개나무속(*Berchemia*)
전세계 48종류, 우리나라에 3종류, 잎은 어긋나기, 밋밋하고 턱잎은 가늘고, 꽃은 양성, 작고 녹색, 원뿔모양꽃차례 또는 총상꽃차례, 열매는 타원모양의 핵과
[*Berchemia*: 18세기 화란의 식물학자 베르헴(Berhout von Berchem)에서 유래]

먹년출  EN

Berchemia racemosa var. *magna* Makino

[*racemosa*: 총상꽃차례가 달린, *magna*: 큰, 강대한]
영명: Large-Leaf Paniculous Supplejack
이명: 왕곰버들

먹년출 *Berchemia racemosa* var. *magna* Makino

서식지: 안면도
주요특징: 가지는 어두운 보랏빛을 띤 녹색이 돌며 털이 없다. 잎은 어긋나기하고 긴달걀모양이며 표면은 짙은 녹색이다. 뒷면은 흰빛이 돌며 맥 위에 갈색 털이 있다. 잎끝은 다소 뾰족하며 가장자리가 밋밋하다. 원뿔모양꽃차례는 가지 끝에 달린다. 핵과는 타원모양이고 녹색 바탕에 붉은빛이 돈다.
크기: ↔ 5~10m
번식: 씨앗뿌리기, 꺾꽂이
▼ ⑦~⑩ 황록색
✿ ⑥~⑨ 적색, 흑색

헛개나무속(*Hovenia*)
동아시아에 5종류, 우리나라에 1종, 잎은 어긋나기, 잎자루는 길고, 3맥이 뚜렷, 꽃은 양성, 하얀색 또는 연자색, 취산꽃차례, 외과피는 가죽질, 씨는 3개
[*Hovenia*: 네덜란드의 선교사 호븐(David v.d. Hoben)에서 유래]

헛개나무

Hovenia dulcis Thunb.

[*dulcis*: 단맛의]
영명: Oriental Raisin Tree
이명: 홋개나무, 호리깨나무, 볼게나무
서식지: 안면도, 천리포
주요특징: 나무껍질은 회갈색으로 불규칙하게 갈라진다. 어린가지는 붉은색을 띤다. 잎은 달걀모양 또는 긴달걀모양으로 가장자리는 둔한 톱니모양이다. 꽃은 가지 끝에서 취산꽃차례에 달린다. 꽃잎은 안으로 말리고 1개의 수술을 각각 싸고 있다. 열매는 핵과이며 둥글고 자루가 통통하다.
크기: ↕ 7~15m, ↔ 5~10m
번식: 씨앗뿌리기
▼ ⑥~⑦ 황록색 ✿ ⑩ 갈색

까마귀베개속(*Rhamnella*)
동아시아에 8종류, 우리나라에 1종, 잎은 어긋나기, 작은 톱니, 깃모양맥, 턱잎은 좁음, 꽃은 꽃자루가 짧고 양성꽃, 녹색, 취산꽃차례, 열매는 핵과로 긴타원모양, 검은색
[*Rhamnella*: 갈매나무속(*Rhamnus*)의 축소형]

까마귀베개

Rhamnella frangulioides (Max.) Weberb.

[*frangulioides*: 딸기속(*Frangula*)과 비슷한]
영명: Crow's Pillow
이명: 가마귀베개, 헛갈매나무
서식지: 안면도
주요특징: 나무껍질은 암갈색으로 회백색의 반점이 있고 일년생가지에 털이 약간 있다. 잎은 어긋나기하고 긴타원모양이다. 잎가장자리에는 잔톱니가 있고 뒷면은 회록색으로서 맥 위에 잔털이 있다. 꽃은 잎겨드랑이에 취산꽃차례에 달리는데 꽃대는 짧다. 열매는 핵과로 원통상 타원모양이고 처음에는 노란색이지만 적색에서 흑색으로 익는다.
크기: ↕ 5~8m, ↔ 3~7m
번식: 씨앗뿌리기
▼ ⑥~⑦ 황록색 ✿ ⑦~⑩ 흑색

헛개나무 *Hovenia dulcis* Thunb.

까마귀베개 *Rhamnella frangulioides* (Max.) Weberb.

갈매나무속(*Rhamnus*)

전세계 128종류, 우리나라에 9종류, 짧은가지는 침모양, 잎은 어긋나기 또는 마주나기, 턱잎이 있음, 꽃은 황록색 또는 하얀색, 열매는 핵과로 둥근모양
[*Rhamnus*: 그리스 고명이며 가시가 있는 관목이란 뜻으로서 켈트어의 ram은 관목을 뜻함]

털갈매나무

Rhamnus koraiensis C. K. Schneider

[*koraiensis*: 한국의]
영명: Korean Buckthorn
서식지: 가의도, 안면도
주요특징: 일년생가지는 황갈색이며 잔털이 있고 끝이 흔히 가시로 된다. 잎은 달걀모양이고 급한 첨두이며 예저이다. 잎의 양면과 잎자루에 털이 있다. 꽃은 이가화로서 짧은 가지의 끝 부근 또는 긴 가지 밑부분의 잎겨드랑이에 1~3개가 달린다. 열매는 핵과로 둥글거나 달걀모양이고 1~3개의 씨가 들어 있다.
크기: ↕ ↔1.5~2m
번식: 씨앗뿌리기
▼ ⑤ 황록색
◀ ⑨~⑩ 흑색

털갈매나무 *Rhamnus koraiensis* C. K. Schneider

포도과(Vitaceae)

전세계 16속 1,045종류, 대개 덩굴식물, 드물게 풀 또는 곧게서는 나무

개머루속(*Ampelopsis*)

동아시아, 중앙아시아, 북아메리카에 38종류, 우리나라에 5종류, 덩굴손이 발달, 잎지는, 잎은 어긋나기, 취산꽃차례, 꽃은 양성꽃, 열매는 장과
[*Ampelopsis*: 그리스어 ampelos(포도)와 opsis(외관)의 합성어이며 포도와 비슷하다는 뜻]

개머루 초

Ampelopsis heterophylla (Thunb.) Siebold & Zucc.

[*heterophylla*: 한 그루에 다른모양의 잎이 섞여나는]
영명: Porcelainberry
이명: 돌머루
서식지: 태안전역
주요특징: 나무껍질은 갈색이며 마디가 굵고 속이 백색이다. 잎은 어긋나기하고 둥글며 3~5개로 갈라지고, 뒷면 맥 위에 잔털이 있다. 꽃은 작은꽃들이 취산꽃차례로 모여 달리고 암수한그루이다. 열매는 장과로 둥글거나 약간 일그러진 둥근모양이다.
크기: ↕ ↔3~5m
번식: 씨앗뿌리기, 꺾꽂이
▼ ⑦~⑧ 황록색
◀ ⑧~⑩ 청색

개머루 *Ampelopsis heterophylla* (Thunb.) Siebold & Zucc.

담쟁이덩굴속(*Parthenocissus*)

전세계 17종류, 우리나라에 1종, 작은가지에 흰골속 있음, 원반모양의 흡지와 덩굴손, 잎은 홑잎, 3장, 손바닥모양, 장과는 푸른빛이 도는 검은색
[*Parthenocissus*: 그리스어 parthenos(처녀)와 cissos(담쟁이덩굴)의 합성어로 프랑스명의 vigne—vierge, 영명 Virginia creeper에서 유래]

담쟁이덩굴 초

Parthenocissus tricuspidata (Sieb. et Zucc.) Planch.

[*tricuspidata*: 3개의 뾰족한 끝부분]
영명: Boston Ivy
이명: 돌담장이, 담장넝쿨, 담장이덩굴
서식지: 태안전역
주요특징: 덩굴줄기는 가지가 많이 갈라진다. 덩굴손은 갈라져서 끝에 둥근 흡착근이 생기고 붙으면 잘 떨어지지 않는다. 어긋나는 잎은 넓은 달걀모양으로 끝이 3개로 갈라지고 가장자리에 불규칙한 톱니가 있다. 꽃은 취산꽃차례에 작은 꽃들이 많이 모여 달린다. 열매는 둥글고 흰가루가 덮여 있다.
크기: ↕ ↔5~10m
번식: 씨앗뿌리기, 꺾꽂이
▼ ⑤~⑥ 연한 녹색
◀ ⑧~⑩ 흑색

담쟁이덩굴 *Parthenocissus tricuspidata* (Sieb. et Zucc.) Planch.

109

포도속(*Vitis*)

북반구에 100종류, 우리나라에 6종류, 덩굴손을 가진 덩굴식물, 잎은 대개 홑잎, 갈라지며, 드물게 손바닥모양의 겹잎, 이모양의 톱니, 열매는 장과
[*Vitis*: 라틴 고명으로 vita(생명)에서 유래]

왕머루

Vitis amurensis Rupr.

[*amurensis*: 아무르(연해주) 지방의]
영명: Amur Grapevine
이명: 멀구넝굴, 머래순
서식지: 태안전역
주요특징: 잎은 어긋나기하며 넓은달걀모양이다. 잎끝은 3~5개로 얕게 갈라지고 뒷면 맥 위에 털이 있으며 결각 가장자리에는 작은 치아모양톱니가 있다. 원뿔모양꽃차례는 잎과 마주 달리며 꽃대 밑부분에서 흔히 덩굴손이 발달한다. 장과는 송이로 되어 아래로 처진다.
크기: ↕ ↔5~10m
번식: 씨앗뿌리기, 꺾꽂이
▼ ⑥~⑦ 연한 황록색
◀ ⑧~⑩ 흑색

왕머루 *Vitis amurensis* Rupr.

새머루

Vitis flexuosa Thunb.

[*flexuosa*: 파상의 꾸불꾸불한]
영명: Creeping Grapevine
이명: 산포도
서식지: 태안전역
주요특징: 잎은 덩굴손과 마주나기하고 주맥에는 갈색털이 많다. 잎가장자리에는 톱니가 드문드문 있으며 어린 나무의 것은 깊이 갈라지기도 한다. 꽃은 암수딴그루이며 원뿔모양꽃차례에 핀다. 열매는 장과이다.
크기: ↕ ↔5~10m
번식: 씨앗뿌리기, 꺾꽂이
▼ ⑥~⑦ 연한 황록색
◀ ⑧~⑩ 흑색

새머루 *Vitis flexuosa* Thunb.

까마귀머루

Vitis ficifolia var. *sinuata*
(Regel) H. Hara

[*ficifolia*: 무화과속(*Ficus*)의 잎과 같은,
sinuata: 물결 모양의 잎의]
영명: Sinuate Mulberry-Leaf Grapevine
이명: 모래나무, 새멀구, 가마귀머루
서식지: 태안전역
주요특징: 어린 줄기는 능각이 있으며 적갈색의 부드러운 털로 덮여 있다. 잎은 어긋나기하며 둥글고 3~5개로 깊게 갈라지며 뒷면에 털이 밀생한다. 꽃은 잡성주로 원뿔모양꽃차례는 잎과 마주나기하나 잎보다 짧으며 꽃대에서 덩굴손이 발달한다. 열매는 장과이다.
크기: ↕ ↔1~2m
번식: 씨앗뿌리기, 꺾꽂이
▼ ⑤~⑦ 연한 황록색
◀ ⑧~⑩ 흑색

까마귀머루 *Vitis ficifolia* var. *sinuata* (Regel) H. Hara

피나무과(Tiliaceae)
열대와 온대에 40속 400종류, 큰키나무 또는 풀

장구밤나무속(*Grewia*)
전세계 325종류, 우리나라에 2종류, 넓은잎큰
키나무 또는 작은키나무, 잎은 어긋나기, 꽃잎
과 꽃받침 각각 5장, 밑동에 꿀샘이 있고, 수
술은 다수, 열매는 장과
[*Grewia*: 식물조직연구가 그루(Nehemiah
Grew, 1641~1712)에서 유래]

장구밤나무

Grewia parviflora Bunge

[*parviflora*: 꽃이 작다는 뜻]
영명: Bilobed Grewia
이명: 장구밥나무, 잘먹기나무
서식지: 태안전역
주요특징: 어린가지와 잎 뒷면에 별모양의 털이
많다. 잎은 어긋나며 잎자루는 길이 0.3~1.5cm
이다. 꽃은 잎겨드랑이에 취산꽃차례 또는 우산
모양꽃차례로 5~8개씩 달린다. 꽃받침조각과
꽃잎은 각각 5장이다. 열매는 4개의 소견과로 된
장과이다.
크기: ↕ ↔2~3m
번식: 씨앗뿌리기
🌼 ⑥~⑦ 백색
🍂 ⑦ 노란색, 황적색

장구밤나무 *Grewia parviflora* Bunge

피나무속(*Tilia*)
온대에 64종류, 우리나라에 11종류, 잎가장자
리에 톱니, 뒷면은 하얀색, 꽃자루에 잎모양의
포가 1장 붙음, 꽃은 하얀색, 노란색, 열매는
견과, 둥근모양
[*Tilia*: 보리자나무의 라틴 고명으로서 ptilon
(날개)에서 유래, 날개같은 포가 화경에 있음]

찰피나무

Tilia mandshurica Rupr. & Maxim

[*mandshurica*: 만주산의]
영명: Manchurian Lime
이명: 염주보리수, 설악보리수, 금강피나무
서식지: 곳도, 닭섬, 안면도, 천리포
주요특징: 나무껍질은 얼룩무늬가 있으며 일
년생가지와 겨울눈에 갈색 별모양 털이 밀생한
다. 잎은 어긋나기하며 표면에 약간의 잔털이 있
고 뒷면은 회색 또는 하얀색으로 별모양 털이 밀
생하고, 맥의 겨드랑이에 별모양 털이 있다. 꽃은
7~20개가 취산꽃차례로 달리며, 갈색 털이 밀
생한다. 열매는 둥글며 갈색 털이 덮여 있고 포에
붙는다.
크기: ↕ ↔10~20m
번식: 씨앗뿌리기
🌼 ⑥~⑦ 연한 황백색
🍂 ⑨~⑩ 황백색

찰피나무 *Tilia mandshurica* Rupr. & Maxim

아욱과(Malvaceae)
전세계 245속 4,652종류, 풀 또는 나무

어저귀속(*Abutilon*)
전세계 225종류, 우리나라에 1종 귀화, 풀 또
는 작은키나무, 별모양의 털이 있고, 잎은 손바
닥모양, 둥근 심장모양, 꽃받침은 통모양, 5갈
래, 꽃잎 5장
[*Abutilon*: 아랍어 a(부정, 무), bous(황소) 및
tilos(설사)의 합성어이며 가축의 지사제라는 뜻]

어저귀

Abutilon theophrasti Medicus

영명: Velvetleaf, Butter-print, Pie-marker,
Indian Mall
이명: 오작이, 청마
서식지: 안면도
주요특징: 가지가 갈라지며 곧게 자라고 전체가
털로 덮여 있다. 어긋나는 잎은 잎자루가 길고 잎
몸은 심장을 닮은 둥근모양으로 끝이 갑자기 뾰

족해지며 가장자리에 둔한 톱니가 있다. 잎겨드
랑이에 달리는 꽃은 작은꽃대가 있다. 배주 및 씨
는 자방의 각실 및 분과에 몇 개씩 들어 있다.
크기: ↕ ↔60~150cm
번식: 씨앗뿌리기
🌼 ⑥~⑨ 노란색
🍂 ⑨~⑩ 흑색

어저귀 *Abutilon theophrasti* Medicus

무궁화속(*Hibiscus*)

열대지방에 258종류, 우리나라에 자생 2종류, 귀화 1종, 잎은 어긋나기, 장상맥, 꽃은 잎겨드랑이에 1송이씩 붙고 크크기, 꽃받침은 종모양, 5갈래, 꽃잎 5장

수박풀

Hibiscus trionum L.

영명: Flower Of-an-hour, Bladder Ketmia
서식지: 안면도, 천리포
주요특징: 잎은 어긋나며 아래쪽 것은 달걀모양으로 갈라지지 않고, 중앙의 것은 5갈래로 얕게 갈라지며 위쪽의 것은 3갈래로 완전히 갈라진다. 꽃은 잎겨드랑이에서 난 꽃자루 끝에 1개씩 핀다. 열매는 삭과이며 긴타원모양이고 꽃받침 속에 들어 있다.
크기: ↕↔25~80cm
번식: 씨앗뿌리기
🌷 ⑥~⑨ 백색, 연한 노란색
🍂 ⑨~⑩ 검정색

수박풀 *Hibiscus trionum* L.

벽오동과(Sterculiaceae)

열대에 50속 750종류, 큰키나무, 드물게 풀

까치깨속(*Corchoropsis*)

동아시아에 2종류, 우리나라에 3종류, 한해살이풀, 별모양의 털, 잎은 홑잎, 치아모양, 3~5맥, 짧은 측맥, 꽃은 1송이씩 잎겨드랑이에 붙음, 노란색, 열매는 원기둥모양
[*Corchoropsis*: 황마속(*Corchorus*)과 opsis (비슷하다)의 합성어로 잎이 비슷하다는 뜻]

수까치깨

Corchoropsis tomentosa (Thunb.) Makino

[*tomentosa*: 가는 선모가 밀생한]
영명: Tomentose Corchoropsis
이명: 푸른까치깨, 참까치깨, 민까치깨
서식지: 태안전역
주요특징: 어긋나는 잎은 달걀모양으로 양면에 털이 있으며 가장자리에 둔한 톱니가 있다. 잎겨드랑이에서 나온 꽃대는 길이 15~30mm 정도이다. 삭과는 다소 굽고 겉이 별모양 털로 덮여 있는 3실이며 3개로 갈라진다. 씨는 길이 2.5mm 정도의 달걀모양으로 겉에 옆으로 두드러진 줄이 있다.
크기: ↕30~60cm
번식: 씨앗뿌리기
🌷 ⑧~⑨ 노란색
🍂 ⑨ 갈색

수까치깨 *Corchoropsis tomentosa* (Thunb.) Makino

벽오동속(*Firmiana*)

전세계 16종류, 우리나라에 1종 퍼져 자람, 잎지는큰키나무, 잎은 어긋나기, 손바닥모양, 꽃은 줄기끝에 원뿔모양꽃차례, 단성꽃, 꽃받침은 노란색, 꽃잎은 없음, 열매는 대과
[*Firmiana*: 오스트리아인 퍼미안(K. J. von Firmian, 1716~1782)에서 유래]

벽오동　초

Firmiana simplex (L.) W. F. Wight

[*simplex*: 단일한, 단생의]
영명: Chinese Parasol Tree, Chinese Bottle Tree, Japanese Varnish Tree
이명: 벽오동나무, 청오동나무
서식지: 태안전역
주요특징: 나무껍질은 성숙되어도 청녹색으로 갈라지지 않는다. 잎은 어긋나기하며 가지 끝에서는 모여난다. 3~5개로 갈라지는 잎의 뒷면에 짧은 털이 나고 맥 겨드랑이에는 갈색 밀모가 있지만 가장자리는 밋밋하다. 커다란 원뿔모양꽃차례는 가지 끝에 달리고, 꽃은 암수딴꽃이나 한 꽃차례에 달린다. 열매는 5개의 분과로 익기 전에 벌어진다.
크기: ↕ 10~15m, ↔7~12m
번식: 씨앗뿌리기
🌷 ⑥~⑦ 황록색　🍂 ⑩ 연한 갈색

다래나무과(Actinidiaceae)

전세계 3속 193종류, 흔히 땅위를 기는 큰키나무 또는 작은키나무

다래나무속(*Actinidia*)

전세계 87종류, 우리나라에 4종, 잎지는 덩굴식물, 잎은 어긋나기, 가장자리에 톱니, 꽃은 암수딴그루 또는 잡성, 꽃받침과 꽃잎은 5수성, 열매는 장과
[*Actinidia*: 그리스어 aktis(방사선)으로 암술머리의 방사형태에서 유래]

다래

Actinidia arguta (Siebold & Zucc.) Planch. ex Miq.

[*arguta*: 날카로운 이빨모양의, 뾰족한]
영명: Hardy Kiwi
이명: 참다래나무, 다래넌출, 다래넝쿨
서식지: 태안전역
주요특징: 줄기의 골속은 갈색이며 계단모양이다. 어린가지에는 잔털이 있으며 껍질눈이 뚜렷하다. 잎은 어긋나고 넓은타원모양이며 표면에 털이 없고 가장자리에 침상의 잔톱니가 있다. 취산꽃차례는 털이 없으며 꽃은 이가화로서 꽃밥은 흑색이다. 열매는 달걀을 닮은 둥근모양이며 길이 2.5cm 정도로 익으면 맛이 좋다.
크기: ↕↔10~20m
번식: 씨앗뿌리기, 꺾꽂이
🌷 ⑤~⑥ 백색
🍂 ⑩ 황록색

양다래

Actinidia deliciosa (A.Chev.) C.F.Liang & A.R.Ferguson

[*deliciosa*: 맛있는, 기분좋은]
영명: Kiwi Fruit, Chinsegooseberry, Yangtao, Gooseberry Chinese
이명: 키위프루트, 참다래, 양다래
서식지: 안면도
주요특징: 잎은 둥글거나 달걀모양이며 가장자리에 톱니가 있다. 꽃은 다래보다 크고 꽃밥은 노란색이다. 열매는 달걀모양이며 껍질은 녹색을 띤 갈색으로 털이 빽빽하게 나 있다. 과육은 보통 연녹색을 띠는데 한가운데는 하얀색이며 까만색의 작은 씨가 그 주변을 둘러싸고 있다.
크기: ↕↔5~10m
번식: 씨앗뿌리기, 꺾꽂이
🌷 ⑤~⑥ 백색　🍂 ⑩ 황록색

벽오동 *Firmiana simplex* (L.) W. F. Wight

다래 *Actinidia arguta* (Siebold & Zucc.) Planch. ex Miq.

양다래 *Actinidia deliciosa* (A.Chev.) C.F.Liang & A.R.Ferguson

개다래

Actinidia polygama (Siebold & Zucc.) Planch. ex Maxim.

[*polygama*: 같은 나무에 양성화와 단성화가 모두 피는]
영명: Silver Vine
이명: 묵다래나무, 말다래, 못좃다래나무
서식지: 안면도
주요특징: 줄기의 골속은 하얀색이며 꽉 차 있다. 잎은 어긋나며 넓은달걀모양 또는 달걀을 닮은 타원모양으로 밑은 보통 둥글거나 납작하게 자른모양이다. 가지 끝자락의 잎은 빛나는 은빛으로 수분 매개체인 벌레를 유인하고 잎자루는 털이 없거나 드문드문 난다. 꽃은 암수딴그루로 피며, 잎겨드랑이에서 1~3개씩 달리고, 꽃받침과 꽃잎은 각각 5장이다. 열매는 장과이며, 끝이 뾰족한 달걀을 닮은 타원모양이다.
크기: ↕ ↔5~10m
번식: 씨앗뿌리기, 꺾꽂이
▼ ⑥~⑦ 백색 ◀ ⑩ 노란색

차나무과(Theaceae)
전세계 15속 415종류, 큰키 또는 작은키나무

동백나무속(*Camellia*)
동남아시아에 280종류, 우리나라에 3종류, 늘푸른넓은잎나무, 늦겨울에서 이른봄에 개화, 잎은 두껍고, 톱니가 있음, 꽃은 붉은색 또는 하얀색, 열매는 삭과
[*Camellia*: 17세기 체코슬로바키아의 선교사이며 마닐라에서 살면서 아시아식물을 수집한 카멜(G.J.Kamel, 1661~1706)에서 유래]

동백나무 🌿 LC 초

Camellia japonica L.

[*japonica*: 일본의]
영명: Common Camellia
이명: 동백, 뜰동백나무
서식지: 태안반도 해안 및 섬지역
주요특징: 줄기 밑부분에서 많은 가지가 나와 관목처럼 자라는 것이 일반적이다. 나무껍질은 회색빛이 도는 갈색으로 매끈하다. 잎은 가죽처럼 두껍고 광택이 있으며 어긋나게 붙는다. 잎가장자리에는 끝이 뭉툭한 톱니들이 있다. 꽃은 잎겨드랑이나 가지 끝에 한 송이씩 핀다. 열매는 삭과로 동그랗게 익으며 3갈래로 벌어진다.
크기: ↕ ↔5~7m
번식: 씨앗뿌리기, 꺾꽂이
▼ ③~④ 적색 ◀ ⑨~⑩ 적색

개다래 *Actinidia polygama* (Siebold & Zucc.) Planch. ex Maxim.

동백나무 *Camellia japonica* L.

물레나물과(Clusiaceae)

전세계 24속 1,069종류, 큰키나무, 작은키나무 또는 풀

물레나물속(*Hypericum*)

전세계 524종류, 우리나라에 자생 10종류, 귀화 1종, 풀 또는 작은키나무, 잎은 마주나기, 보통 잎자루가 없고 가장자리는 밋밋, 꽃은 노란색, 꽃잎과 꽃받침은 5장
[*Hypericum*: 고대 그리스명 hypericon에서 유래, hypo(밑에)와 erice(풀숲)의 합성어라고도 함]

물레나물

Hypericum ascyron L.

영명: Great St. John's-Wort
이명: 큰물레나물, 좀물레나물, 긴물레나물
서식지: 태안전역
주요특징: 줄기는 곧게서고 잎은 마주나며 피침모양이다. 잎 끝은 뾰족하고, 밑은 심장모양으로 되어서 줄기를 감싼다. 꽃은 줄기와 가지 끝의 취산꽃차례에 핀다. 수술은 많으며, 보통 5개의 뭉치로 된다. 암술대는 가운데 부분까지 보통 5갈래로 갈라진다. 열매는 삭과이다.
크기: ↕ ↔50~100cm
번식: 씨앗뿌리기, 포기나누기
▼ ⑥~⑧ 노란색 ◀ ⑧'⑩

물레나물 *Hypericum ascyron* L.

채고추나물 🌼 VU

Hypericum attenuatum Fisch. ex Choisy

[*attenuatum*: 점점 뾰족해지는]
영명: Attenuate St. Johnswort
서식지: 신두리, 안면도
주요특징: 원줄기는 둥글고 흑색 점이 있으며 곧게 선다. 잎은 마주나기하고 잎자루가 없으며 원줄기를 반 정도 감싸는데 길쭉한 타원모양이다. 잎끝은 둔하고 투명한 점과 흑색 점이 있으며 가장자리는 밋밋하고 다소 뒤로 말린다. 꽃은 줄기 끝이나 가지 끝에 취산꽃차례로 달린다. 삭과는 달걀모양으로 길이 6~9mm이다.
크기: ↕ ↔30~80cm
번식: 씨앗뿌리기, 포기나누기
▼ ⑦~⑧ 노란색 ◀ ⑧~⑩

채고추나물 *Hypericum attenuatum* Fisch. ex Choisy

고추나물

Hypericum erectum Thunb.

[*erectum*: 곧은]
영명: Erect St. Johnswort
서식지: 태안전역
주요특징: 마주나는 잎은 잎자루가 없고 피침모양이다. 잎의 밑부분이 원줄기를 감싸고 흑색 점이 있으며 가장자리가 밋밋하다. 꽃은 원뿔모양의 꽃차례에 모여 달린다. 열매는 삭과로 길이 5~11mm 정도이고 많은 씨가 들어있으며 씨의 겉에는 잔 그물맥이 있다.
크기: ↕ ↔20~60cm
번식: 씨앗뿌리기, 포기나누기
▼ ⑦~⑧ 노란색
◀ ⑧~⑩

고추나물 *Hypericum erectum* Thunb.

좀고추나물

Hypericum laxum (Blume) Koidz.

[*laxum*: 넓은]
영명: Loose St. Johnswort
이명: 둥근애기고추나물, 애기고추나물
서식지: 안면도
주요특징: 줄기는 능선이 4개 있고, 위쪽에서 가지가 많이 갈라진다. 잎은 마주나며, 타원모양 또는 달걀모양으로 끝이 둥글고 밑이 줄기를 반쯤 감싼다. 꽃은 가지 끝에서 취산꽃차례로 달린다. 꽃잎은 5장의 긴타원모양이고 길이 2~3mm정도이며 샘점이 없다. 열매는 삭과이고 달걀모양이다.
크기: ↕ ↔5~20cm
번식: 씨앗뿌리기, 포기나누기
▼ ⑥~⑨ 노란색 ◀ ⑧~⑩

좀고추나물 *Hypericum laxum* (Blume) Koidz.

물별과(Elatinaceae)
전세계 2속 57종류, 풀 또는 작은키나무

물별속(*Elatine*)
전세계 28종류, 우리나라에 2종류, 미세한 풀, 진흙이나 물 속에서 서식, 털이 없음, 잎은 마주나기 또는 돌려나기, 꽃은 작고 1송이씩 잎겨드랑이에 붙음, 삭과는 둥근모양
[*Elatine*: 그리스명으로서 디오스코리데스 (Pedanius Dioscorides)가 사용하였고 Elate (젓나무류)의 형용사로서 Elatine가 젓나무의 싹트는 것과 비슷한데서 유래]

물벼룩이자리 *Elatine triandra* Schkuhr

물벼룩이자리

Elatine triandra Schkuhr

[*triandra*: 3개의 수술의]
영명: Three−Stamen Waterwort
이명: 물별, 개물별꽃
서식지: 모항리
주요특징: 줄기는 옆으로 뻗으며 자라고, 가지가 갈라지면서 뿌리를 내린다. 잎은 넓은 피침모양 또는 좁은달걀모양으로 길이 5~10mm, 폭 2~3mm 정도이다. 잎끝은 둔하고 밑은 짧은 잎자루처럼 된다. 잎 앞면은 연녹색이고 뒷면은 흰빛이 돈다. 꽃은 잎겨드랑이에서 1개씩 달린다. 열매는 삭과이고 넓적한 둥근모양이다.
크기: ↕ ↔2~10cm
번식: 씨앗뿌리기
▼ ⑤~⑧ 연한 적자색
◀ ⑧~⑨

제비꽃과(Violaceae)
전세계 25속 885종류, 풀, 드물게 작은키나무

제비꽃속(*Viola*)
전세계 550종류, 우리나라에 자생 59종류, 귀화 2종류, 잎은 어긋나기, 드물게 마주나기, 홑잎, 턱잎은 잎모양, 꽃은 1송이씩 원뿔모양꽃차례, 좌우상칭, 꽃잎과 꽃받침은 5장

졸방제비꽃 *Viola acuminata* Ledebour

남산제비꽃 *Viola albida* var. *chaerophylloides* (Regel) F.Maek. ex Hara

졸방제비꽃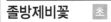

Viola acuminata Ledebour

[*acuminata*: 점점 뾰족해지는]
영명: Long−Stem Violet
이명: 졸방나물
서식지: 태안전역
주요특징: 전체에 털이 약간 있다. 어긋나는 잎은 잎자루가 2~6cm 정도이고 잎몸은 2~4cm, 너비 3~5cm 정도의 삼각상 심장모양으로 가장자리에 둔한 톱니가 있다. 턱잎은 긴타원모양으로 빗살 같은 톱니가 있다. 꽃은 옆을 향해 달린다.
크기: ↕ ↔20~40cm
번식: 씨앗뿌리기, 뿌리꺾꽂이
▼ ⑤~⑥ 백색, 연한 자주색
◀ ⑥~⑦ 노란색

남산제비꽃

Viola albida var. *chaerophylloides* (Regel) F.Maek. ex Hara

[*albida*: 연한 백색의]
영명: Namsan Violet
이명: 남산오랑캐
서식지: 태안전역
주요특징: 뿌리에서 모여나는 잎은 잎자루가 길고 잎몸은 3개로 갈라지며 결각은 다시 2~3개로 갈라진다. 뿌리에서 나온 꽃대에 피는 꽃은 백색 바탕에 자주색 맥이 있다. 삭과는 길이 6mm 정도로 털이 없고 타원모양이다.
크기: ↕ ↔20~40cm
번식: 씨앗뿌리기, 뿌리꺾꽂이
▼ ④~⑥ 백색 ◀ ⑥~⑦ 노란색

둥근털제비꽃

Viola collina Besser

[*collina*: 구릉에 사는]
영명: Hill Violet
이명: 둥근털오랑캐, 둥글제비꽃
서식지: 안면도
주요특징: 잎은 모여나기하며 달걀을 닮은 심장 또는 심장모양이다. 잎 밑부분은 깊은 심장모양이며 끝은 뭉뚝하고 가장자리에 둔한 톱니가 있다. 꽃대는 길이 4~6cm로서 퍼진 털이 있고 꽃은 여러 줄기의 꽃대가 나와 그 끝에 1개의 작은 꽃이 달려서 한쪽을 향하여 핀다. 땅속줄기는 굵으며 옆으로 자라고 마디가 많으며 기는줄기가 없다.
크기: ↕ ↔5~20cm **번식**: 씨앗뿌리기, 뿌리꺾꽂이
▼ ④~⑤ 연한 자주색 ◀ ⑥~⑦

둥근털제비꽃 *Viola collina* Besser

낚시제비꽃

Viola grypoceras A. Gray

[*grypoceras*: 굽은 뿔]
영명: Creeping Korean Violet
이명: 낚시오랑캐, 낙시오랑캐
서식지: 태안전역
주요특징: 뿌리잎은 끝이 뾰족하고 가장자리에 얕은 톱니가 있다. 잎자루는 길이 3~7cm로서 털이 없고 턱잎은 피침모양이며 빗살처럼 깊게 갈라진다. 줄기잎은 잎자루가 짧다. 꽃대는 높이 6~10cm로서 뿌리에서 돋거나 원줄기에서 액생하고 위쪽에 포가 있다.
크기: ↕ ↔10~20cm
번식: 씨앗뿌리기, 뿌리꺾꽂이
▼ ④~⑤ 연한 자주색   🍂 ⑥~⑦

낚시제비꽃 *Viola grypoceras* A. Gray

고깔제비꽃

Viola rossii Hemsl.

[*rossii*: 채집가 로스(Ross)의]
영명: Conical–Leaf Violet
이명: 고깔오랑캐
서식지: 태안전역
주요특징: 땅속줄기가 굵으며 마디가 많다. 뿌리에서 2~5개의 잎이 나오며 꽃이 필 무렵에는 잎의 양쪽 밑부분이 안쪽으로 말려서 고깔처럼 된다. 잎이 소형이고 땅속줄기에 기는줄기가 없으며 잎자루가 있고 가장자리에 둔한 톱니가 있다. 꽃은 잎 사이에서 나오는 꽃대 끝에 1개씩 핀다. 삭과는 털이 없고 뚜렷하지 않은 갈색 반점이 있다.
크기: ↕ ↔10~20cm
번식: 씨앗뿌리기, 뿌리꺾꽂이
▼ ④~⑤ 홍자색   🍂 ⑥~⑦

고깔제비꽃 *Viola rossii* Hemsl.

알록제비꽃

Viola variegata Fisch. ex Link

[*variegata*: 무늬가 있는]
영명: Variegated–Leaf Violet
이명: 청자오랑캐, 알록오랑캐, 얼룩오랑캐
서식지: 백리포, 천리포, 학암포, 만리포
주요특징: 줄기가 없이 잎은 뿌리에서 여러장이 모여나고 넓은타원모양이며 잎가장자리에 톱니가 있다. 잎 끝은 둔하거나 둥근모양이며 잎 앞면에 얼룩 반점이 있다. 꽃받침잎은 달걀을 닮은 피침모양으로 길이 3~7mm0l다. 꽃잎은 길이 0.8~1.3cm 정도이고 겉면에 털이 있다. 씨방에도 털이 있고 열매는 삭과이며 달걀을 닮은 타원모양이다.
크기: ↕ ↔10~20cm
번식: 씨앗뿌리기, 뿌리꺾꽂이
▼ ⑤ 자주색   🍂 ⑥~⑦

알록제비꽃 *Viola variegata* Fisch. ex Link

콩제비꽃

Viola verecunda A. Gray

[*verecunda*: 내성적인]
영명: Hidden Violet
이명: 콩오랑캐, 좀턱제비꽃
서식지: 안면도, 흥주사, 병술만

주요특징: 곧게서거나 비스듬히 옆으로 자라고 털이 없다. 잎몸은 길이 15~25mm, 너비 15~35mm 정도의 콩팥을 닮은 달걀모양으로 가장자리에 둔한 톱니가 있다. 삭과는 긴달걀모양으로 3개로 갈라진다.
크기: ↕ ↔10~20cm
번식: 씨앗뿌리기, 뿌리꺾꽂이
▼ ⑤~⑥ 백색   🍂 ⑥~⑦

콩제비꽃 *Viola verecunda* A. Gray

호제비꽃

Viola yedoensis Makino

[*yedoensis*: 북해도의]
영명: Field Purple-Flower Violet
이명: 들오랑캐, 들제비꽃
서식지: 태안전역
주요특징: 줄기 없이 잎은 뿌리줄기에서 모여나며, 삼각상 피침모양이다. 가장자리에 둔한 톱니가 있다. 잎 앞면은 털이 조금 난다. 꽃받침잎은 넓은 피침모양으로 길이 5~7mm이다. 부속체는 둥글고 끝이 밋밋하다. 꽃잎은 길이 1~1.5cm이며 겉면에 털이 없다. 열매는 삭과로 달걀을 닮은 타원모양이다.
크기: ↕ ↔7~15cm
번식: 씨앗뿌리기, 뿌리꺾꽂이
▼ ④~⑤ 자주색 ◀ ⑥~⑦

호제비꽃 *Viola yedoensis* Makino

보리수나무과(Elaeagnaceae)

전세계 4속 111종류, 큰키 또는 작은키나무, 간혹 덩굴식물

보리수나무속(*Elaeagnus*)

전세계 101종류, 우리나라에 10종류, 짧은 가시모양의 가지, 잎은 어긋나기, 잎 뒷면에 별모양 털, 꽃받침통은 긴 종모양, 끝이 4갈래, 열매는 핵과로 타원모양
[*Elaeagnus*: 그리스어 elaia(올리브)와 agnos (서양목형,*Vitex*)의 합성어로 열매가 올리브같고 잎이 서양목형처럼 은백색인것에서 유래]

보리장나무

Elaeagnus glabra Thunb.

[*glabra*: 털이 없는]
영명: Autumn-Flower Oleaster
이명: 덩굴볼레나무, 볼네나무, 덩굴보리수나무
서식지: 닭섬, 백리포, 안면도, 천리포
주요특징: 어린가지에 갈색 비늘털이 빽빽하게 붙어있다. 잎은 마주나며 긴타원모양이다. 잎가장자리는 밋밋하거나 둔한 물결모양으로 굴곡이 있고 잎자루에 적갈색 비늘털이 있다. 꽃은 잎겨드랑이에서 여러개가 모여 달리며 아래로 처진다. 꽃자루에 갈색 비늘털이 있다.
크기: ↕ ↔4~8m
번식: 씨앗뿌리기, 꺾꽂이
▼ ⑩~⑪ 연한 갈색
◀ ④~⑤ 적색

보리장나무 *Elaeagnus glabra* Thunb.

보리밥나무

Elaeagnus macrophylla Thunb.

[*macrophylla*: 큰 잎의]
영명: Broad-Leaf Oleaster
이명: 봄보리수나무, 봄보리똥나무, 보리똥나무
서식지: 태안전역
주요특징: 늘푸른 덩굴나무로 줄기는 비스듬히 자라거나 나무를 타고 올라간다. 어린가지는 은백색과 갈색의 별모양 털이 난다. 잎은 어긋나며 잎 뒷면은 은백색의 별모양 털이 오래 남아 있고

보리밥나무 *Elaeagnus macrophylla* Thunb.

윤기가 조금 난다. 꽃은 잎겨드랑이에서 몇 개씩 달린다. 꽃받침은 종모양이고 끝이 4갈래로 갈라진다. 열매는 핵과로 이듬해 봄에 익는다.
크기: ↕ ↔3~8m
번식: 씨앗뿌리기, 꺾꽂이
▼ ⑧~⑩ 은백색
◀ ④~⑤ 적색

보리수나무

Elaeagnus umbellata Thunb.

[*umbellata*: 우산모양의 꽃차례]
영명: Autumn Oleaster
이명: 볼네나무, 보리화주나무, 보리똥나무
서식지: 태안전역
주요특징: 잎지는 작은키나무로 거꿀피침모양 또는 넓은 거꿀달걀모양이다. 잎 앞면은 은빛에서 녹색으로 변하고, 뒷면은 은빛이 나는 하얀색이다. 꽃은 암수딴그루로 피며, 잎겨드랑이에서 1~5개씩 달린다. 수술은 4개, 암술은 1개다. 열매는 장과이며 둥글거나 타원모양이다.
크기: ↕ ↔2~4m
번식: 씨앗뿌리기, 꺾꽂이
▼ ④~⑥ 은백색
◀ ⑦~⑨ 적색

보리수나무 *Elaeagnus umbellata* Thunb.

부처꽃과(Lythraceae)
전세계 31속 624종류, 풀, 나무

부처꽃속(*Lythrum*)
전세계 31종류, 우리나라에 2종류, 한해살이
풀 또는 여러해살이풀, 꽃은 잎겨드랑이에 1
송이 또는 여러송이가 모여서 붙고, 방사상칭
또는 좌우상칭 꽃받침은 통 또는 종모양
[*Lythrum*: 그리스어 lytron(피)에서 유래되었
고 디오스코리데스(Pedanius Dioscorides)가
붉은 꽃이 피는 L. salicaria에 붙인 이름]

털부처꽃

Lythrum salicaria L.

[*salicaria*: 버드나무속(*salix*)과 비슷한]
영명: Hairy Purple Loosestrife
이명: 좀부처꽃, 참부처꽃, 털두렁꽃
서식지: 태안전역
주요특징: 원줄기는 단면이 사각형으로 가지가
많이 갈라지고 잔털이 있으며 땅속줄기가 옆으
로 길게 뻗는다. 마주나는 잎은 잎자루가 없고 넓
은 피침모양으로 가장자리가 밋밋하다. 꽃은 작
은 꽃들이 모여 총상꽃차례를 이룬다. 열매는 삭
과로 달걀모양이고 꽃받침통 안에 있다.
크기: ↕ ↔50~100cm
번식: 씨앗뿌리기, 포기나누기, 꺾꽂이
▼ ⑦~⑨ 적자색
◀ ⑨~⑩

털부처꽃 *Lythrum salicaria* L.

마디꽃속(*Rotala*)
전세계 30종류, 우리나라에 4종류, 한해살이
풀 또는 여러해살이풀, 털이 없고 잎은 마주나
기, 돌려나기, 잎자루는 없음, 꽃은 작은크기,
대부분 꽃자루가 없음
[*Rotala*: 라틴어 rota(차)의 축소형이 잘못 표
현된 것이며 잎이 윤생함]

가는마디꽃 *Rotala mexicana* Cham. & Schltdl.

가는마디꽃

Rotala mexicana Cham. & Schltdl.

[*mexicana*: 멕시코의]
영명: Diminutive Rotala
이명: 가는마디풀, 물솔잎
서식지: 안면도, 모항리
주요특징: 밑부분이 갈라져 옆으로 기고 윗부분
은 곧게선다. 잎은 3~4장씩 돌려나고 피침모양
으로 가장자리는 밋밋하다. 꽃은 잎겨드랑이에 1
개씩 달리며 꽃자루는 없다. 꽃받침은 종모양이
고 5갈래로 갈라진다. 열매는 삭과로 둥근모양
인데 꽃받침의 2배 정도 길이이고, 익으면 3개로
갈라진다.
크기: ↕ ↔5~15cm
번식: 씨앗뿌리기, 포기나누기
▼ ⑧~⑩ 연한 적색
◀ ⑨~⑪

마디꽃

Rotala indica (Willd.) Koehne

[*indica*: 인도의]
영명: Indian Rotala
이명: 개마디꽃, 마디풀, 새마디풀
서식지: 안면도
주요특징: 전체에 털이 없으며 밑부분은 땅 위
를 기면서 뿌리를 내리고 윗부분은 곧게 자라거
나 비스듬히 자라면서 가지를 친다. 잎은 마주나
며, 거꿀달걀모양 또는 긴타원모양으로 양 끝은
둥글다. 꽃은 잎겨드랑이에서 1개씩 핀다. 꽃받
침은 4개로 갈라진다. 꽃잎은 4장이고 둥근 타원
모양이다. 열매는 삭과이다.
크기: ↕ ↔8~20cm
번식: 씨앗뿌리기, 포기나누기
▼ ⑧~⑩ 연한 적색
◀ ⑨~⑪

마디꽃 *Rotala indica* (Willd.) Koehne

마름과(Trapaceae)
전세계 1속 8종류, 물에 사는 풀

마름속(*Trapa*)
전세계 8종류, 우리나라에 8종류, 잎은 물 위에 뜨고 마름모꼴, 거친 톱니가 있으며, 잎자루는 부분적으로 팽대함, 꽃은 1송이씩 잎겨드랑이에 붙음, 열매는 골질, 2~4개의 큰가시
[*Trapa*: 라틴어 chlcitrapa(적의 진행을 막기 위한 철제무기)에서 유래한 것으로 열매에 가시가 있는것을 비유한]

애기마름 [LC]

Trapa incisa Siebold & Zucc.

[*incisa*: 깊게 갈라진]
영명: Tiny Water-Chestnut
이명: 좀마름
서식지: 신두리, 안면도
주요특징: 물 위에 뜨는 잎은 줄기 끝에서 로제트형으로 어긋난다. 잎몸은 마름모꼴로 끝은 뾰족하며 밑은 쐐기모양이고 가장자리에 톱니가 있다. 잎 앞면은 털이 없고 윤기가 있으며 뒷면은 털이 있다. 잎자루 끝에 긴타원모양의 공기주머니가 있다. 꽃은 잎겨드랑이에서 나온다. 열매는 견과이고 4개의 뿔이 발달한다.
크기: ↕ ↔10~20cm
번식: 씨앗뿌리기, 포기나누기
▼ ⑦~⑧ 백색, 분홍색 ◀ ⑨~⑩ 흑색

애기마름 *Trapa incisa* Siebold & Zucc.

끝에 1개씩 핀다. 열매는 핵과로 겉이 딱딱하고 납작한 역삼각형이며 양쪽에 날카롭고 뾰족한 뿔이 2개 있다.
크기: ↕ ↔10~30cm
번식: 씨앗뿌리기, 포기나누기
▼ ⑦~⑧ 백색 ◀ ⑨~⑩ 흑색

바늘꽃과(Onagraceae)
전세계 45속 990종류, 풀, 드물게 작은키나무

털이슬속(*Circaea*)
전세계 22종류, 우리나라에 7종류, 여러해살이풀, 기는 줄기가 있고 잎은 마주나기, 달걀모양, 막질, 꽃은 총상꽃차례, 열매는 견과, 구부러진 가시털에 싸임
[*Circaea*: 마술에 사용된 어떤 식물명이며 술로써 친구를 짐승으로 만든 마녀 키크케(Circe)를 취하여 디오스코리데스(Pedanius Dioscorides)가 적용하였으나 현재는 점착성 이외에 아무런 특색이 없는 속명으로 쓰임]

마름 [교]

Trapa japonica Flerow

[*japonica*: 일본의]
영명: East Asian Water-Chestnut
이명: 골뱅이
서식지: 신두리, 안면도, 천리포
주요특징: 물위에 뜬 잎은 줄기 위쪽에 모여난다. 잎자루는 연한 털과 공기주머니가 있다. 잎 앞면은 윤기가 있고, 뒷면은 잎줄 위에 긴 털이 많다. 꽃은 잎겨드랑이에서 물위로 나온 꽃자루

털이슬

Circaea mollis Slebold & Zucc.

[*mollis*: 연한, 부드러운 털이 있는]
영명: South Enchanter's Nightshade
이명: 말털이슬
서식지: 안면도
주요특징: 땅속줄기가 옆으로 길게 뻗으며 전체에 굽는 잔털이 있고 가지가 갈라진다. 마주나는 잎은 잎자루가 있고 잎몸은 넓은 피침모양으로 가장자리에 얕은 톱니가 있다. 꽃은 총상꽃차례로 달린다. 대가 있는 열매는 길이 3~4mm 정도의 넓은 거꿀달걀모양으로 4개의 홈이 있고 끝이 굽는 털이 밀생한다.
크기: ↕ ↔40~60cm
번식: 씨앗뿌리기
▼ ⑧ 백색
◀ ⑩

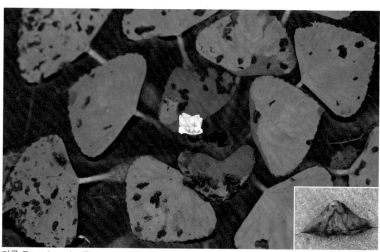
마름 *Trapa japonica* Flerow

털이슬 *Circaea mollis* Slebold & Zucc.

바늘꽃속(*Epilobium*)

온대, 한대에 241종류, 우리나라에 14종류, 잎은 마주나기, 가장자리는 밋밋하거나 둔한 톱니, 총상꽃차례 또는 이삭꽃차례, 열매는 삭과
[*Epilobium*: 그리스의 지역명 미디어(Media)에서 유래된 에피메디온(epimedion)에서 유래한 이름이지만 에피메디온(epimedion)은 다른 식물이었다고 함]

돌바늘꽃

Epilobium cephalostigma Hausskn.

[*cephalostigma*: 머리모양의 암술머리]
영명: Capitatestigma Wil—Lowweed
이명: 참바늘꽃, 금강바늘꽃, 흰털바늘꽃
서식지: 안면도
주요특징: 원줄기 밑부분에 있는 능선과 윗부분에 굽은 털이 있다. 잎은 마주나기하며 잎자루는 극히 짧고 달걀을 닮은 타원모양 또는 피침모양이다. 잎 밑부분은 좁고 끝이 뾰족하며 가장자리에 잔톱니가 있다. 꽃은 줄기끝 또는 윗부분의 잎겨드랑이에 1개씩 달리며 꽃대는 짧고 씨방과 더불어 굽은 털이 있다. 열매는 삭과로 좁고 길다.
크기: ↕ ↔15~60cm
번식: 씨앗뿌리기
▼ ⑦~⑧ 연한 홍색, 백색
◀ ⑨~⑩

돌바늘꽃 *Epilobium cephalostigma* Hausskn.

여뀌바늘속(*Ludwigia*)

전세계 103종류, 우리나라에 자생 2종류, 귀화 1종류, 풀 또는 작은키나무, 물속에서 자라는 것도 있음, 잎은 어긋나기 또는 마주나기, 꽃은 잎겨드랑이에 1송이, 꽃받침통은 통모양
[*Ludwigia*: 독일의 식물학자 루드윅(Christian Gottlieg Ludwig, 1709~1773)에서 유래]

여뀌바늘

Ludwigia prostrata Roxb.

[*prostrata*: 바닥으로 기는]
영명: Climbing Seedbox
이명: 물풀, 개좃방망이, 여뀌바늘꽃
서식지: 안면도
주요특징: 줄기는 곧게서거나 비스듬히 서며 가지가 많이 갈라지고 붉은빛이 돈다. 잎은 어긋나며 피침모양으로 양끝이 좁다. 꽃은 잎겨드랑이에서 1개씩 핀다. 열매는 삭과로 가는 통모양이다.
크기: ↕ ↔20~80cm
번식: 씨앗뿌리기
▼ ⑧~⑨ 노란색 ◀ ⑨~⑩

여뀌바늘 *Ludwigia prostrata* Roxb.

달맞이꽃속(*Oenothera*)

전세계 207종류, 우리나라에 4종류 귀화, 두해살이풀 또는 여러해살이풀, 잎은 어긋나기, 턱잎은 없음, 꽃은 보통 저녁에 피고, 4수성, 수술 8개, 열매는 삭과
[*Oenothera*: 그리스어 oinos(술)와 ther(야수)의 합성어이며 뿌리에서 포도주의 향기가 나고 야수가 좋아한다는 뜻에서 철학자 테오프라스토스(Theophrastus)가 바늘꽃속(*Epilobium*)의 한 종에 붙인 이름]

큰달맞이꽃

Oenothera erythrosepala Borbás

이명: 왕달맞이꽃
서식지: 태안전역
주요특징: 뿌리는 굵고 곧게 자라며 가지는 갈라진다. 로제트형으로 나오는 뿌리잎과 어긋나는 줄기잎은 타원상 피침모양으로 가장자리에 얕은 톱니가 있다. 원줄기와 가지 끝에 수상꽃차례로 피는 꽃은 달맞이꽃보다 크다. 삭과는 4개로 갈라져서 많은 씨가 나오고 씨는 젖으면 점액이 생긴다.
크기: ↕ ↔1~1.5m
번식: 씨앗뿌리기, 포기나누기
▼ ⑥~⑨ 연한 노란색 ◀ ⑧~⑩ 흑색

큰달맞이꽃 *Oenothera erythrosepala* Borbás

개미탑과(Haloragaceae)

전세계 9속 99종류, 풀 또는 작은키나무

개미탑속(*Haloragis*)

전세계 7종류, 우리나라에 1종, 털이 없거나 센털 발달, 잎은 대부분 가죽질, 가장자리는 밋밋 또는 톱니, 총상꽃차례, 열매는 작은 핵과, 줄무늬 발달
[*Haloragis*: 그리스어 hals(소금, 바다)와 rhax(포도)의 합성어로 포도같은 열매가 바닷가에서 자란다는 의미]

개미탑

Haloragis micrantha (Thunb.) R.Br. ex Siebold & Zucc.

[*micrantha*: 작은 꽃의]
영명: Small—Flower Seaberry
이명: 개미탑풀
서식지: 백리포, 신두리, 천리포
주요특징: 뿌리줄기는 땅위에서 옆으로 뻗으며, 가지를 치고 마디에서 수염뿌리를 내린다. 잎은 보통 마주나지만 줄기 윗부분에서는 일부 어긋나기도 하며 끝은 뾰족하다. 잎의 밑부분은 둥글며 가장자리에는 둔한 톱니가 있다. 꽃은 가지 끝에 달린 총상꽃차례가 모여 원뿔모양꽃차례를 이룬다. 꽃잎은 4장이다. 열매는 핵과이고 둥글며 털이 없다.
크기: ↕ ↔10~30cm
번식: 씨앗뿌리기
▼ ⑦~⑨ 연한 황적색, 적자색
◀ ⑨~⑩

개미탑 Halloragis micrantha (Thunb.) R.Br. ex Siebold & Zucc.

물수세미속(*Myriophyllum*)
전세계 습지나 물속에 3종류, 우리나라에 3종류, 연하고 털이 없음, 잎가장자리는 밋밋하거나 톱니모양, 드물게 깃모양으로 갈라짐, 꽃은 단성꽃
[*Myriophyllum*: 그리스어 myrios(셀 수 없는)와 phyllon(잎)의 합성어로 잎이 많이 갈라짐]

이삭물수세미 🌿 LC 초

Myriophyllum spicatum L.

[*spicatum*: 이삭모양의 꽃차례]
영명: Eurasian Water-Milfoil
이명: 붕어마름, 이삭물수셈이
서식지: 신두리, 안면도
주요특징: 잎은 4장씩 돌려나기하며 잎자루가 없고 깃모양으로 깊게 갈라진다. 꽃은 연한 갈색이고 물 위의 줄기 끝에 총상꽃차례가 나와 많은 꽃이 층으로 달린다. 수꽃은 위쪽에 달리며 4개의 꽃잎은 꽃이 피면 곧 떨어지고 수술은 8개이며 꽃밥은 길이 1.5mm이다. 암꽃은 아래쪽에 달리고 꽃받침통은 종모양이며 4개의 골이 있고 길이 1mm로서 결각이 작다.
크기: ↕ ↔10~20cm
번식: 씨앗뿌리기, 포기나누기
🌷 ⑤~⑨ 연한 갈색　🍒 ⑨~⑩

이삭물수세미 *Myriophyllum spicatum* L.

박쥐나무과(Alangiaceae)
전세계 1속 42종류 작은키 또는 큰키나무

박쥐나무속(*Alangium*)
전세계 42종류, 우리나라에 2종류, 잎은 어긋나기, 턱잎 없음, 양성꽃, 잎겨드랑이에 모여 붙고, 꽃자루에는 마디가 있음, 꽃잎과 꽃받침은 4~10장
[*Alangium*: 말라바르(Malabar)란 지방명이며 알골람(angolam)을 바꿔서 만듦]

박쥐나무
Alangium platanifolium var. *trilobum* (Miq.) Ohwi

[*platanifolium*: 버즘나무속(*Platanus*)의 잎과 비슷한, *trilobum*: 세갈래로 갈라진]
영명: Trilobed-Leaf Alangium
이명: 누른대나무, 털박쥐나무
서식지: 안면도, 천리포
주요특징: 잎은 어긋나며 둥근모양 또는 오각형으로 위쪽이 3 또는 5갈래로 갈라지고 끝이 꼬리처럼 뾰족하다. 꽃은 잎겨드랑이에서 난 꽃대에 1~4개씩 모여 피는데 꽃자루에는 마디가 있다. 꽃잎은 6장으로 가늘고 긴 모양이고 뒤로 말린다. 수술은 8개, 암술은 1개이고 열매는 타원모양의 핵과이다.
크기: ↕ 2~3m, ↔1.5~2m
번식: 씨앗뿌리기
🌷 ⑤~⑥ 백색　🍒 ⑧ 청색

박쥐나무 *Alangium platanifolium* var. *trilobum* (Miq.) Ohwi

두릅나무과(Araliaceae)

전세계 40속 1,586종류, 큰키나무, 작은키나무 또는 풀

두릅나무속(*Aralia*)

전세계 79종류, 우리나라에 3종류, 작은키나무 또는 풀, 드물게 잎과 줄기에 가시가 발달, 잎은 깃모양겹잎, 톱니 발달, 꽃은 잡성, 꽃잎과 꽃받침은 5장

[*Aralia*: 캐나다 퀘벡의 의사 사라센(Sarrasin)이 보낸 표본에 토르네포트(Joseph Pitton de Tournefort, 1656~1708)가 붙인 지역명에서 유래]

독활

Aralia cordata var. *continentalis* (Kitag.) Y.C.Chu

[*cordata*: 심장형의, *continentalis*: 대륙의]
이명: 땅두릅
서식지: 태안전역
주요특징: 잎은 어긋나며, 2~3회 홀수깃모양겹잎이다. 작은잎은 달걀을 닮은 타원모양이며 가장자리에는 톱니가 있다. 턱잎은 잎자루 아래쪽에 붙으며, 선상 피침모양이다. 꽃은 우산모양꽃차례 여러개가 모여 원뿔모양의 취산꽃차례를 이루어 달린다. 열매는 장과로 둥글다.
크기: ↕ ↔ 1~1.5m
번식: 씨앗뿌리기, 뿌리꺾꽂이
🌼 ⑦~⑧ 연한 녹색
🍒 ⑨~⑩ 흑색

독활 *Aralia cordata* var. *continentalis* (Kitag.) Y.C.Chu

두릅나무

Aralia elata (Miq.) Seem.

[*elata*: 키가 큰]
영명: Japanese Angelica
이명: 드릅나무, 둥근잎두릅, 참드릅
서식지: 태안전역
주요특징: 줄기에는 뾰족하고 날카로운 가시가 많다. 잎은 가지 끝에 모여 어긋나며 2~3회 갈라지는 깃모양겹잎이다. 작은잎은 각각 7~11쌍씩 달리며 타원상 달걀모양이고 가장자리에 톱니가 있다. 꽃은 햇가지 끝에 우산모양꽃차례가 산방상 취산꽃차례를 이루어 달린다. 열매는 핵과이며 둥글다.
크기: ↕ 3~10m, ↔ 2~5m
번식: 씨앗뿌리기, 뿌리꺾꽂이
🌼 ⑦~⑨ 연한 녹색
🍒 ⑨~⑩ 흑색

두릅나무 *Aralia elata* (Miq.) Seem.

오갈피나무속(*Eleutherococcus*)

전세계 51종류, 우리나라에 5종류, 가지와 잎에 가시, 손바닥모양의 겹잎, 가장자리에 톱니, 턱잎이 발달, 꽃은 우산모양꽃차례, 열매는 장과로 둥근모양

[*Eleutherococcus*: 그리스어의 eleuthero(떨어지다)와 coccus(분과)의 합성어]

오갈피나무

Eleutherococcus sessiliflorus (Rupr. & Maxim.) S.Y.Hu

[*sessiliflorus*: 대가 없는 꽃의]
영명: Stalkless-Flower Eleuthero
이명: 오갈피, 서울오갈피나무, 서울오갈피
서식지: 백리포, 안면도, 흥주사, 천리포
주요특징: 줄기는 가시가 있거나 없고 껍질은 회색이다. 잎은 어긋나며 작은잎 3~5장으로 된 손모양겹잎이다. 작은잎은 가장자리에 겹톱니가 있고, 뒷면 잎줄 위에 잔털이 난다. 꽃은 햇가지 끝의 우산모양꽃차례에 달리는데 꽃자루가 짧아서 머리모양꽃처럼 보인다. 열매는 핵과이며 타원모양이다.
크기: ↕ 3~5m, ↔ 2~3m
번식: 씨앗뿌리기, 꺾꽂이
🌼 ⑧~⑨ 자주색
🍒 ⑨~⑩ 흑색

오갈피나무 *Eleutherococcus sessiliflorus* (Rupr. & Maxim.) S.Y.Hu

팔손이속(Fatsia)

동아시아에 3종류, 우리나라에 1종, 늘푸른작은키나무, 가시가 없고 잎은 큰크기, 손바닥모양으로 7~9갈래, 잡성주, 꽃잎은 4~6장, 열매는 둥근모양의 다육질
[*Fatsia*: 일본명 '야쯔데'(팔수)의 하찌(8)에서 유래]

팔손이나무 🏆

Fatsia japonica (Thunb.) Decne. & Planch.

[*japonica*: 일본의]
영명: Glossy-Leaf Paper Plant
이명: 팔손이나무, 팔각금반
서식지: 닭섬, 천리포
주요특징: 잎은 줄기 끝에 모여서 어긋나게 붙는다. 잎몸은 7~9갈래로 가운데까지 갈라져 손바닥모양이다. 잎은 밑이 심장모양이고, 가장자리에 톱니가 있다. 꽃은 가지 끝에서 우산모양꽃차례가 모여서 된 원뿔모양꽃차례에 달린다. 꽃잎과 수술은 5개, 암술대는 4~6개다. 열매는 장과이다.
크기: ↕ 2~3m, ↔ 3~5m
번식: 씨앗뿌리기, 꺾꽂이
🌼 ⑪~⑫ 백색　🍒 ③~⑤ 흑색

팔손이나무 *Fatsia japonica* (Thunb.) Decne. & Planch.

송악속(Hedera)

전세계 19종류, 우리나라에 1종, 늘푸른덩굴식물, 잎은 홑잎으로 갈라짐, 보통 별모양의 털이나 비늘조각 발달, 양성꽃, 열매는 둥글게 모여달리는 핵과
[*Hedera*: 유럽산 송악의 라틴명]

송악

Hedera rhombea (Miq.) Siebold & Zucc. ex Bean

[*rhombea*: 마름모 모양의]
영명: Songak
이명: 담장나무, 큰잎담장나무
서식지: 태안전역
주요특징: 가지에서 기근이 발달해 바위나 나무

송악 *Hedera rhombea* (Miq.) Siebold & Zucc. ex Bean

에 붙어서 자란다. 어린가지는 잎, 꽃차례와 함께 털이 있으나 잎의 털은 곧 없어진다. 어긋나게 붙는 잎은 마름모 또는 삼각모양이며 3~5개로 얕게 갈라지기도 한다. 우산모양꽃차례는 1~5개가 가지 끝에 취산상으로 달린다. 열매는 지름 8~10mm 정도로 둥글다.
크기: ↕ ↔ 5~10m　**번식**: 씨앗뿌리기, 꺾꽂이
🌼 ⑨~⑪ 연한 녹색　🍒 ⑤~⑦ 흑색

음나무속(Kalopanax)

동아시아에 4종류, 우리나라에 3종류, 어릴때 대부분 굵은 가시가 있음, 잎은 어긋나기, 가지 끝부분에 밀생, 손바닥모양, 꽃은 황록색, 양성꽃
[*Kalopanax*: 그리스어 kalos(아름답다)와 *Panax*(인삼속)의 합성어이며 잎의 결각이 규칙적인것에서 유래]

음나무

Kalopanax septemlobus (Thunb.) Koidz.

[*septemlobus*: 일곱 갈래]
영명: Prickly Castor Oil Tree
이명: 엄나무, 개두릅나무
서식지: 태안전역
주요특징: 가지에는 가시가 많으며 줄기에도 가시의 흔적이 남아있다. 잎은 어긋나며 5~9갈래로 갈라지고 잎가장자리에는 잔톱니가 있다. 꽃은 새 가지 끝에서 우산모양꽃차례로 무리지어 핀다. 꽃잎과 수술은 4~5개, 암술은 1개이다. 열매는 둥그렇게 익는다.
크기: ↕ 10~25m
번식: 씨앗뿌리기, 뿌리꺾꽂이
🌼 ⑦~⑧ 황록색
🍒 ⑨~⑩ 흑색

음나무 *Kalopanax septemlobus* (Thunb.) Koidz.

산형과(Apiaceae)
전세계 418속 3,509종류, 풀

당귀속(Angelica)
전세계 130종류, 우리나라에 14종류, 줄기는
속이 비었고 잎은 깃모양겹잎, 가장자리에 톱
니, 꽃은 하얀색, 자주색, 우산모양꽃차례, 꽃
잎 끝이 오목하게 들어감
[Angelica: 라틴어 angelus(천사)에서 유래된
것으로 강심제적 효과가 있는 것이 있어 죽은
사람을 소생시키는 수가 있다고 함]

개구릿대

Angelica anomala Ave-Lall.

[anomala: 변칙의, 이상의]
영명: Eumenol Angelica
이명: 구릿대, 지리강활, 좁은잎구릿대
서식지: 가의도
주요특징: 줄기는 곧게서고 세로로 난 주름이
있으며 진한 자주색을 띤다. 잎은 어긋나게 달린
다. 뿌리잎은 일찍 시들고 줄기잎은 2~3회 깃모
양겹잎으로 길이 8~13cm의 잎자루가 있다. 꽃
잎이 5장인 꽃은 줄기 끝과 잎겨드랑이에서 나온
꽃줄기 끝에 여러개가 모여 겹우산모양꽃차례로
달린다. 열매는 편평한 타원모양이다.
크기: ↕ ↔1~2m **번식**: 씨앗뿌리기
▼ ⑦~⑧ 백색 ◀ ⑨~⑩ 흑색

구릿대

Angelica dahurica (Fisch. ex Hoffm.)
Benth. & Hook.f. ex Franch. & Sav.

[dahurica: 다후리아(바이칼호)의]
영명: Dahurian Angelica
이명: 구리때, 구릿때, 백지
서식지: 안면도
주요특징: 줄기는 곧게서며 가지가 갈라지고 속
이 비어있다. 잎은 어긋나게 붙는데, 아래쪽 잎은
3장씩 모여 2~3번 갈라지는 깃모양겹잎이며 밑
부분은 부풀어서 줄기를 감싼다. 꽃은 줄기 끝과
잎겨드랑이에서 난 꽃대에 겹우산모양꽃차례로
핀다. 꽃잎은 5장으로 거꿀달걀모양이며 끝이 오
목하고 안으로 말린다. 열매는 둥글거나 넓은타
원모양이다.
크기: ↕ ↔1~2m
번식: 씨앗뿌리기
▼ ⑥~⑧ 백색
◀ ⑨~⑩

전호속(Anthriscus)
유라시아에 16종류, 우리나라에 자생 2종류,
귀화 1종, 잎표면과 줄기 윗부분에 털, 잎은
깃모양 또는 3장겹잎, 꽃은 하얀색, 꽃잎의 끝
이 안으로 굽음
[Anthriscus: 고대 로마명으로서 anthriskon
이란 그리스의 식물명에서 유래]

구릿대 *Angelica dahurica* (Fisch. ex Hoffm.)
Benth. & Hook.f. ex Franch. & Sav.

유럽전호

Anthriscus caucalis M.Bieb.

서식지: 안면도
주요특징: 줄기는 곧게서고 가지를 치며 털이
없다. 잎은 3회 깃모양겹잎으로 작은잎은 달걀모
양이며 가장자리에 긴 털이 드물게 난다. 꽃은 가
지 끝에 우산모양꽃차례로 핀다. 열매는 달걀모
양이며 표면에는 굽은 털이 밀생하고 열매 끝에
는 갈고리모양의 돌기가 있다.
크기: ↕ ↔15~80cm
번식: 씨앗뿌리기
▼ ⑤~⑥ 백색
◀ ⑧~⑨

개구릿대 *Angelica anomala* Ave-Lall.

유럽전호 *Anthriscus caucalis* M.Bieb.

시호속(*Bupleurum*)

전세계 226종류, 우리나라에 6종류, 작은잎은 밋밋하고 밑부분이 줄기를 싸기도 함, 꽃은 노란색, 우산모양꽃차례, 꽃턱은 편평하고, 암술대는 짧음

[*Bupleurum*: 그리스어 bous(황소)와 Pleuron(늑골)의 합성어이며 잎이 달리는 형태에서 유래]

시호

Bupleurum falcatum L.

[*falcatum*: 낫 같은]
이명: 큰잎시호
서식지: 태안전역
주요특징: 뿌리잎은 길이 10~30cm 정도의 피침모양으로 밑부분이 좁아져서 잎자루처럼 된다. 줄기잎은 길이 5~10cm, 너비 5~15cm 정도의 가늘고 긴 모양으로 양끝이 뾰족하고 가장자리가 밋밋하며 털이 없다. 꽃은 복우산모양꽃차례로 피고, 열매는 타원모양이다.
크기: ↕ ↔40~70cm
번식: 씨앗뿌리기
🌱 ⑧~⑨ 노란색　🍂 ⑩~⑪

시호 *Bupleurum falcatum* L.

갯사상자속(*Cnidium*)

전세계 11종류, 우리나라에 3종류, 두해살이풀 또는 여러해살이풀, 1~3회 깃모양겹잎, 꽃은 하얀색, 우산모양꽃차례, 열매는 달걀을 닮은 둥근모양, 씨는 단면이 오각모양

[*Cnidium*: 그리스어 cnide(쐐기풀)에서 유래]

갯사상자

Cnidium japonicum Miquel

[*japonicum*: 일본의]
영명: Seashore Snowparsley
이명: 갯미나리, 개사상자
서식지: 태안전역
주요특징: 뿌리잎은 잎자루가 길고 한군데에서 여러 대가 나와 지상으로 퍼지며 줄기잎은 잎집이 줄기를 약간 감싼다. 중앙부의 잎은 깃모양겹잎이다. 꽃은 긴 우산모양 꽃대 끝에 약 10여개의 우산모양 꽃차례가 모여 달린다. 총포 및 소총포는 가늘고 긴 모양이다. 꽃잎은 5개로서 안쪽으로 굽으며 수술은 5개이다. 열매는 편평한 둥근모양으로 능선이 있다.
크기: ↕ ↔15~20cm
번식: 씨앗뿌리기
🌱 ⑧~⑩ 백색
🍂 ⑨~⑪

갯사상자 *Cnidium japonicum* Miquel

당근속(*Daucus*)

전세계 약 41종류, 우리나라에 2종류, 한해살이풀 또는 두해살이풀, 털이 많고 잎은 깃모양으로 잘게 갈라짐, 꽃은 하얀색, 꽃잎은 깊게 갈라짐

[*Daucus*: daiein(따뜻하게 하다)에서 유래되었으며 몸을 따뜻하게 하는 약용적 가치가 있다는 의미]

갯당근

Daucus littoralis Sm.

[*littoralis*: 해안에서 자라는]
영명: Seashore Carrot
서식지: 가의도, 파도리
주요특징: 줄기는 곧게서며, 가지가 갈라지고 털이 있다. 잎자루는 위로 갈수록 짧아지며 땅 가까이에서 넓어져 줄기를 감싼다. 잎은 어긋나게 달리는 깃모양겹잎으로 작은잎은 다시 갈라져 가늘고 긴 모양을 이룬다. 꽃은 가지와 줄기 끝에 복우산모양꽃차례를 이룬다. 꽃잎과 수술은 각각 5개이다. 열매는 타원모양이다.
크기: ↕ ↔70~100cm
번식: 씨앗뿌리기
🌱 ⑦~⑧ 백색　🍂 ⑧~⑨

갯당근 *Daucus littoralis* Sm.

갯방풍속(*Glehnia*)

전세계 2종류, 우리나라에 1종, 여러해살이풀, 털이 있고, 땅속줄기가 길고 굵으며, 잎은 2회 깃모양겹잎, 이모양 톱니, 흔히 3갈래, 꽃잎은 하얀색, 거꿀달걀모양

[*Glehnia*: 사할린의 식물을 연구한 소련의 식물채집가 글렌(Alexander Nikolai von Glehn, 1841~1923)에서 유래]

갯방풍

Glehnia littoralis F.Schmidt ex Miq.

[*littoralis*: 해안에서 자라는]
영명: Coastal Glehnia
이명: 갯향미나리
서식지: 태안전역
주요특징: 전체에 긴 백색 털이 있고 굵은 노란색 뿌리가 땅속 깊이 들어간다. 뿌리잎과 밑부분의 줄기잎은 지면을 따라 퍼지고 잎자루가 길다. 잎은 달걀을 닮은 삼각모양으로 3개씩 1~2회 갈라진다. 꽃은 복우산모양꽃차례에 빽빽하게 달린다. 열매는 길이 4mm 정도의 작은 종자들이 둥글게 모여 달리며 긴 털로 덮여있다. 껍질은 코르크질이고 능선이 있다.
크기: ↕ ↔20~30cm
번식: 씨앗뿌리기
🌱 ⑤~⑦ 백색
🍂 ⑧~⑨ 자주색

갯방풍 *Glehnia littoralis* F.Schmidt ex Miq.

피막이속(Hydrocotyle)

전세계 108종류, 우리나라에 5종류, 한해살이
풀 또는 여러해살이풀, 줄기는 옆으로 기거나
짧게 서고, 잎은 잎자루가 있으며 연하고 손바
닥 또는 방패모양

[Hydrocotyle: 그리스어 hydro(물)와 cotyle
(컵)의 합성어이며 어떤 종의 잎은 모양이 컵
같고 물가에서 자란다는 뜻]

긴사상자 Osmorhiza aristata (Thunbeg)
Makino et Yabe

큰피막이   LC

Hydrocotyle ramiflora Max.

[ramiflora: 꽃차례가 갈라지는]
영명: Long–Pedicel Pennywort
이명: 산피막이풀, 선피막이, 큰산피막이풀
서식지: 태안전역
주요특징: 원줄기가 옆으로 기면서 비스듬히 서
고 가지가 갈라진다. 잎자루 윗부분과 잎 표면에
만 털이 약간 있다. 턱잎은 막질이고 때로는 갈
색이 돌며 길이 2~2.5mm로서 갈색반점이 있다.
꽃은 가지의 잎겨드랑이에서 잎보다 긴 꽃자루가
나오며 그 끝에 10개 정도의 꽃이 달리고 꽃자루
가 짧다. 꽃잎과 수술은 각 5개이며 암술대는 2
개이다.
크기: ↕↔10~15cm
번식: 씨앗뿌리기, 포기나누기
▼ ⑥~⑧ 백색
◀ ⑨~⑩

큰피막이 *Hydrocotyle ramiflora* Max.

긴사상자속(Osmorhiza)

전세계 20종류, 우리나라에 2종류, 여러해살
이풀, 털이 약간 있음, 잎은 3장 깃모양겹잎,
꽃은 하얀색, 겹우산모양꽃차례, 꽃잎의 끝에
는 얕은 홈이 있고, 끝이 안으로 굽음
[Osmorhiza: 그리스어 osme(향기)와 rhiza
(근)의 합성어]

긴사상자

Osmorhiza aristata (Thunbeg)
Makino et Yabe

[aristata: 까락이 있는]
영명: Aristate Sweetroot
이명: 개사상자, 진득미나리
서식지: 안면도, 학암포
주요특징: 삼각모양의 뿌리잎은 어긋나게 붙는
데 잎자루는 길고 2~3회 깃모양으로 깊게 갈
라진다. 꽃은 2~3개의 겹우산모양꽃차례를 이
루고 줄기끝이나 가지끝에 정생하며 꽃대가 길
고 꽃잎은 5개이다. 총포조각은 피침모양이고 작
은우산모양꽃자루는 3~6개로 비스듬히 퍼지고
5~10개의 꽃이 달리며 소총포는 피침모양이다.
열매는 선상 거꿀피침모양이고 굳센 비단털이
있다.
크기: ↕↔40~60cm
번식: 씨앗뿌리기
▼ ⑤~⑥ 백색
◀ ⑧~⑨

묏미나리속(Ostericum)

전세계 3종류, 우리나라에 1종류, 여러해살이
풀, 잎은 3장겹잎, 꽃은 하얀색, 꽃잎과 꽃받침
은 5장, 꽃잎 가운데가 움푹 패임, 열매는 타
원모양, 가장자리에 날개 발달

묏미나리

Ostericum sieboldii (Miq.) Nakai

[sieboldii: 식물 연구가 지볼트(Philipp Franz
Balthasar von Siebold, 1796~1866)의]
영명: East Asian Ostericum
이명: 메미나리, 멧미나리
서식지: 안면도
주요특징: 전체에 털이 없으며 속이 비어있는
줄기에는 세로줄이 있고, 잎은 어긋난다. 뿌리잎
은 긴달걀모양 또는 타원상 달걀모양이고 밑부
분은 일찍 시든다. 줄기잎은 2~3회 3출깃모양겹
잎이고 삼각형이다. 꽃은 줄기 끝과 잎겨드랑이
에서 나온 꽃자루 끝에 여러개가 모여 겹우산모
양꽃차례를 이룬다.
크기: ↕↔70~100cm
번식: 씨앗뿌리기, 포기나누기, 꺾꽂이
▼ ⑧~⑨ 하얀색
◀ ⑨~⑩

묏미나리 *Ostericum sieboldii* (Miq.) Nakai

기름나물속(*Peucedanum*)

전세계 120종류, 우리나라에 7종류, 잎은 3장, 깃모양겹잎, 이모양의 톱니, 꽃은 하얀색, 꽃잎은 달걀모양, 끝이 안으로 굽고, 움푹 들어감, 열매는 타원모양.
[*Peucedanum*: 그리스어 peuce(소나무)와 danos(낮다)의 합성어이며 향기가 소나무와 비슷하다는 뜻]

갯기름나물 *Peucedanum japonicum* Thunb.

갯기름나물

Peucedanum japonicum Thunb.

[*japonicum*: 일본의]
영명: Coastal Hogfennel
이명: 개기름나물, 목단방풍, 보안기름나물
서식지: 태안 바닷가 전지역
주요특징: 잎은 어긋나게 달리며 1~3번 갈라지는 3출 깃모양겹잎으로 털이 없고 윤기가 난다. 꽃은 줄기 끝과 잎겨드랑이에서 난 꽃대에 겹우산모양꽃차례로 피며 꽃자루 안쪽에는 털이 난다. 작은 꽃차례에는 꽃이 20~30개 달리는데, 꽃잎은 거꿀달걀모양으로 끝이 오목하며 안쪽으로 말린다. 열매는 타원모양이고 표면에 능선이 있다.
크기: ↕ ↔60~100cm **번식**: 씨앗뿌리기
▼ ⑥~⑧ 백색 ✄ ⑨~⑩

참나물속(*Pimpinella*)

전세계 115종류, 우리나라에 5종류, 잎은 깃모양겹잎, 드물게 3장겹잎 또는 홑잎, 이모양의 톱니, 겹우산모양꽃차례, 꽃잎은 하얀색, 열매는 달걀모양, 타원모양, 좌우 납작.
[*Pimpinella*: 라틴의 고명이며 처음에는 Pipinell이라고 함]

참반디속(*Sanicula*)

전세계 47종류, 우리나라에 3종류, 털이 없음, 잎은 3장겹잎, 손바닥모양 또는 드물게 깃모양겹잎, 꽃잎은 꽃눈 속에서 기와모양으로 겹치게 배열.
[*Sanicula*: 라틴어 sanare(치유하다, 건강한)의 축소형이며 약용식물로 보았음]

기름나물

Peucedanum terebinthaceum (Fisch.) Fisch. ex DC.

[*terebinthaceum*: 수지상의]
영명: Terebinthaceous Hogfennel
이명: 참기름나물, 궁궁이
서식지: 태안전역
주요특징: 잎은 어긋나며, 1~3회 갈라지는 깃모양겹잎이다. 작은잎은 깃모양으로 잘게 갈라진다. 위쪽의 잎은 퇴화되어 잎집모양으로 되지만 부풀지는 않는다. 꽃은 줄기와 가지 끝의 겹우산꽃차례에 핀다. 작은꽃차례는 10~15개로 작은꽃이 약20~30개씩 달린다. 열매는 넓은타원모양이다.
크기: ↕ ↔30~90cm **번식**: 씨앗뿌리기
▼ ⑦~⑨ 백색 ✄ ⑨~⑩

참나물

Pimpinella brachycarpa (Kom.) Nakai

[*brachycarpa*: 짧은 열매의]
영명: Chamnamul
이명: 산노루참나물, 겹참나물
서식지: 태안전역
주요특징: 뿌리잎은 잎자루가 길고 어긋나는 줄기잎은 위로 갈수록 잎자루가 짧아지며 밑부분이 원줄기를 감싼다. 삼출겹잎인 작은잎은 달걀모양으로 가장자리에 톱니가 있다. 꽃은 복우산모양꽃차례로 핀다. 열매는 편평한 타원모양으로 털이 없다.
크기: ↕ ↔50~80cm
번식: 씨앗뿌리기, 포기나누기
▼ ⑥~⑧ 백색 ✄ ⑨~⑩

참반디

Sanicula chinensis Bunge.

[*chinensis*: 중국의]
영명: East Asian Sanicle
이명: 참바디나물, 참바디, 참반디
서식지: 안면도
주요특징: 뿌리잎은 손모양처럼 5개로 갈라지고 가장자리에 톱니가 있다. 어긋나는 줄기잎은 잎자루가 점점 짧아지다가 없어진다. 꽃은 복우산모양꽃차례에 달린다. 2~4개씩 달리는 열매는 길이 5~6mm 정도의 달걀을 닮은 둥근모양으로 겉에 있는 가시는 길이 1.5mm 정도이고 끝이 꼬부라진다.
크기: ↕ ↔15~100cm **번식**: 씨앗뿌리기
▼ ⑦ 백색 ✄ ⑧~⑨

기름나물 *Peucedanum terebinthaceum* (Fisch.) Fisch. ex DC.

참나물 *Pimpinella brachycarpa* (Kom.) Nakai

참반디 *Sanicula chinensis* Bunge.

개발나물속(*Sium*)

전세계 10종류, 우리나라에 5종류, 풀, 털이 없고, 습지에 나며, 뿌리는 두꺼운 해면질, 줄기는 길게 자라고, 잎이 많음, 잎은 1회 깃모양겹잎, 겹우산모양꽃차례

[*Sium*: 소택성 식물로서 현재의 *Sium angustifolium*과 물칭개나물에 대한 그리스명 sion에서 유래, 켈트어의 siw(수)]

감자개발나물

Sium ninsi Thunb.

[*ninsi*: 인삼의 일본명]
영명: Tuberous Water Parsnip
이명: 무강개발나물, 알개발나물, 감자가락잎풀
서식지: 안면도
주요특징: 잎은 어긋나게 달리고 밑부분의 것은 5~7장의 작은잎으로 구성된 깃모양겹잎이며 윗부분의 것은 삼출겹잎이다. 끝 쪽의 작은잎은 피침모양이고 가장자리에 날카로운 톱니가 있다. 가을철에 잎겨드랑이에 살눈이 달리기도 한다. 꽃은 줄기 끝과 잎겨드랑이에서 나온 겹우산모양꽃차례에 달린다.
크기: ↕↔30~80cm
번식: 씨앗뿌리기
🌼 ⑦~⑧ 백색 🍎 ⑨~⑩

층층나무과(Cornaceae)

전세계 12속 169종류, 큰키나무, 작은키나무 드물게 풀

층층나무속(*Cornus*)

북반구 온대에 67종류, 우리나라에 6종류, 잎지는 또는 늘푸른나무 드물게 풀, 잎은 홑잎, 잎자루가 있고, 가장자리는 밋밋함, 꽃은 하얀색, 4장, 줄기끝에 붙음
[*Cornus*: 라틴어 cornu(각)에서 유래된 것으로 재질이 단단하다는 뜻]

층층나무

Cornus controversa Hemsley

[*controversa*: 의심스러운]
영명: Wedding Cake Tree
이명: 물깨금나무, 말채나무, 꺼그럼나무
서식지: 백리포, 백화산, 안면도
주요특징: 가지는 돌려나기하며 층을 형성하여 수평으로 퍼지고 붉은빛이 돈다. 어린줄기와 가지는 붉은빛의 윤채가 나고 껍질눈이 발달한다. 잎은 어긋나기하며 달걀모양이다. 잎 표면은 녹색이며 뒷면은 하얀색으로 잔털이 밀생하며 가장자리가 밋밋하다. 측맥은 5~8쌍이다. 우산모양 꽃차례는 새가지 끝에 달린다. 열매는 핵과로 둥근모양이다.
크기: ↕ 10~20m, ↔7~15m
번식: 씨앗뿌리기
🌼 ⑤~⑥ 백색 🍎 ⑧~⑩ 흑색

감자개발나물 *Sium ninsi* Thunb.

산딸나무

Cornus kousa F.Buerger ex Miquel

[*kousa*: 일어의 풀(구사)이란 뜻이며 일본 하코네지방의 방언]
영명: Korean Dogwood
이명: 애기산딸나무, 준딸나무, 소리딸나무
서식지: 태안전역
주요특징: 잎은 마주나고 4~5쌍의 잎맥이 있으며 잎 뒷면에는 털이 밀생한다. 잎가장자리는 밋밋하거나 무딘 톱니들이 조금 있다. 꽃은 가지 끝에 무리져서 피는데 둥그렇게 만들어진 꽃차례에 4장의 꽃잎처럼 생긴 하얀색 포(苞)가 꽃차례 바로 밑에 십자 형태로 달려 꽃차례 전체가 마치 한 송이 꽃처럼 보인다.
크기: ↕ 5~7m
번식: 씨앗뿌리기
🌼 ⑤~⑦ 백색
🍎 ⑨~⑩ 적색

층층나무 *Cornus controversa* Hemsley

산딸나무 *Cornus kousa* F.Buerger ex Miquel

곰의말채나무

Cornus macrophylla Wall.

[*macrophylla*: 큰 잎의]
영명: Large-Leaf Dogwood
이명: 곰말채나무, 곰의말채
서식지: 안면도
주요특징: 가지는 황갈색 또는 적갈색으로 털이 없고 윤기가 난다. 마주나게 붙는 잎은 넓은달걀 모양으로 잎가장자리는 밋밋하거나 물결모양이다. 잎 뒷면은 흰빛이 돌며 6~8쌍의 측맥이 있다. 꽃은 가지 끝에서 원뿔모양의 취산꽃차례로 피는데 꽃잎은 넓은 피침모양이다. 열매는 둥근 모양의 핵과이다.
크기: ↕ 10~15m, ↔8~10m
번식: 씨앗뿌리기
▼ ⑥~⑦ 백색
◀ ⑨ 흑색

곰의말채나무 *Cornus macrophylla* Wall.

노루발과(Pyrolaceae)
전세계 14속 45종류, 작은키나무, 풀, 때로는 기생식물

매화노루발속(*Chimaphila*)
전세계 11종류, 우리나라에 1종, 풀 또는 작은 키나무, 잎은 늘푸름, 잎자루가 있고 피침모양, 좁은 달걀모양, 가죽질, 광택이 나고 톱니 발달, 꽃잎과 꽃받침은 5장
[*Chimaphila*: 그리스어 cheima(겨울)와 philein(좋아하다)의 합성어이며 겨울을 좋아한다는 뜻]

매화노루발 *Chimaphila japonica* Miq.

매화노루발

Chimaphila japonica Miq.

[*japonica*: 일본의]
영명: Asian Prince's Pine
이명: 풀차
서식지: 태안전역
주요특징: 잎은 어긋나게 달리지만 층으로 모여서 돌려나기 처럼 보인다. 가죽질의 넓은 피침모양으로 짙은 녹색이며 가장자리에 날카로운 작은 톱니가 약간 있다. 꽃은 원줄기 끝에서 길이 4~8cm의 꽃대 끝에 1~2개의 꽃이 아래 향해 달린다. 열매는 삭과로 납작한 둥근모양이며 지름 5mm정도로서 대가 없는 암술머리가 붙어있다.
크기: ↔10~20cm
번식: 씨앗뿌리기, 포기나누기
▼ ⑤~⑥ 백색
◀ ⑦~⑧ 갈색

노루발속(*Pyrola*)
전세계 40종류, 우리나라에 8종류, 풀, 가는 땅속줄기, 뿌리잎은 땅에 로제트로 펴짐, 꽃은 꽃줄기 한쪽에 모여 붙음, 꽃받침 5장, 꽃밥은 위에 구멍
[*Pyrola*: 배나무의 고대 라틴명 *Pyrus*(배나무속)의 축소형이며 잎이 비슷한데서 유래]

노루발 *Pyrola japonica* Klenze ex Alef.

노루발

Pyrola japonica Klenze ex Alef.

[*japonica*: 일본의]
영명: East Asian Wintergreen
이명: 노루발풀
서식지: 태안전역
주요특징: 잎은 밑부분에서 모여나는데 넓은타원모양이며 흔히 잎자루와 더불어 자줏빛이 돌고 가장자리에는 낮은 톱니가 약간 있다. 꽃대는 길이 10~25cm로서 능선이 있고 윗부분에 2~12개의 꽃이 모여 달린다. 꽃잎은 5개, 수술은 10개이고 암술이 길게 나와 끝이 위로 굽는다. 삭과는 편평한 둥근모양이고 익으면 5개로 갈라진다.
크기: ↕ ↔15~25cm
번식: 씨앗뿌리기, 포기나누기
▼ ⑥ 백색
◀ ⑦~⑧ 갈색

진달래과(Ericaceae)

전세계 151속 3,922종류, 작은키나무, 큰키나무, 풀

진달래속(*Rhododendron*)

전세계 741종류, 우리나라에 24종류, 잎지는 또는 늘푸른작은키나무, 잎은 어긋나기, 가장자리는 밋밋함, 꽃은 우산모양, 총상꽃차례, 꽃부리는 종, 깔때기, 통모양

[*Rhododendron*: 그리스어 rhodon(장미)과 dendron(수목)의 합성어이며 붉은색 꽃이 피는 나무라는 의미]

진달래 [초]

Rhododendron mucronulatum Turcz.

[*mucronulatum*: 끝이 뾰족한]
영명: Korean Rhododendron
이명: 진달내, 참꽃나무, 왕진달래
서식지: 태안전역
주요특징: 잎은 어긋나게 붙는데 길쭉한 타원모양이며 잎가장자리는 밋밋하다. 표면에 비늘조각이 약간 있고 뒷면에 비늘조각이 빽빽하며 털이 있다. 꽃은 깔때기모양으로 잎보다 먼저 피는데 겉에 잔털이 있다. 열매는 삭과로 통모양이다.
크기: ↕↔2~3m   **번식**: 씨앗뿌리기
🌼 ③~④ 홍자색   🍂 ⑩~⑪ 적갈색

진달래 *Rhododendron mucronulatum* Turcz.

철쭉 [초]

Rhododendron schlippenbachii Maxim.

[*schlippenbachii*: 독일 해군 제독의 이름에서 유래]
영명: Royal Azalea
이명: 개꽃나무, 철쭉꽃, 참철쭉
서식지: 태안전역
주요특징: 잎은 가지 끝에 4~5장씩 어긋나게 모여나며 잎자루는 짧다. 잎은 거꿀달걀모양 또는 넓은달걀모양으로 가장자리가 밋밋하다. 꽃

철쭉 *Rhododendron schlippenbachii* Maxim.

은 잎과 동시에 연분홍색으로 피는데 가지끝에 3~7개씩 모여 달린다. 꽃부리는 깔때기모양이며 윗부분 안쪽에 붉은 갈색 반점이 있다. 열매는 삭과이며 달걀모양이다.
크기: ↕2~5m
번식: 씨앗뿌리기
🌼 ④~⑥ 홍색
🍂 ⑩~⑪ 적갈색

산앵도나무속(*Vaccinium*)

전세계 265종류, 우리나라에 14종류, 잎은 어긋나기, 가장자리가 밋밋한 것과 톱니가 있는 것이 있음, 꽃은 총상꽃차례, 꽃부리는 통 또는 종모양, 끝이 4~5갈래

[*Vaccinium*: Hyacinthus의 그리스명 vakinthos에서 변한 라틴명이라고도함]

정금나무

Vaccinium oldhamii Miq.

[*oldhamii*: 식물채집가 올덤(Richard Oldham, 1861~1866)의]
영명: Oldham's Blueberry
이명: 조가리나무, 지포나무, 종가리나무
서식지: 태안전역
주요특징: 어린가지는 회갈색이며 샘털이 있고, 줄기는 짙은 갈색이다. 잎은 어긋나는 긴달걀모양이고 가장자리에 작은 톱니가 있다. 어린잎은 붉은빛이 돌며 앞뒷면 맥 위에 털이 있다. 길이가 4~5mm 정도의 종모양인 꽃은 새 가지 끝에 총상꽃차례로 달리는데 모두 아래쪽으로 향하고 끝이 5개로 얕게 갈라진다. 열매는 장과로 둥글다.
크기: ↕↔1~3m
번식: 씨앗뿌리기
🌼 ⑤~⑥ 황록색   🍂 ⑨ 흑색

정금나무 *Vaccinium oldhamii* Miq.

자금우과(Myrsinaceae)
전세계 32속 1,000종류, 늘푸른작은키나무 또는 큰키나무

자금우속(*Ardisia*)
전세계 821종류, 우리나라에 3종류, 잎은 어긋나기 또는 마주나기, 꽃은 원추상, 산방상, 양성 또는 단성, 꽃밥은 길이로 갈라지며 드물게 구멍이 뚫림, 열매는 핵과
[*Ardisia*: 그리스어 ardis(창 끝, 화살 끝)이란 뜻으로 꽃밥의 형태에에서 유래]

자금우

Ardisia japonica (Thunb.) Blume

[*japonica*: 일본의]
영명: Marlberry
서식지: 병술만, 꽃지해수욕장
주요특징: 땅속줄기의 끝은 지상으로 올라와서 줄기가 된다. 잎은 타원 또는 달걀모양으로 끝은 뾰족하고 가장자리에 잔톱니가 있으며 두터운 가죽질이고 광택이 있다. 꽃은 잎겨드랑이에서 두세 개가 밑으로 쳐져 핀다. 열매는 지름이 약 1cm이고 원모양이며 이듬해 꽃이 필 때까지 달린다.
크기: ↕ ↔ 10~30cm
번식: 씨앗뿌리기, 꺾꽂이, 포기나누기
🌼 ⑥~⑦ 백색, 연한 분홍색
🍂 ⑨ 적색

자금우 *Ardisia japonica* (Thunb.) Blume

봄맞이 *Androsace umbellata* (Lour.) Merr.

앵초과(Primulaceae)
전세계 68속 9,388종류, 풀

봄맞이꽃속(*Androsace*)
전세계 196종류, 우리나라에 5종류, 키가 작으며, 줄기나 줄기잎이 없거나 짧고 가지는 많으며 잎은 밀생, 꽃은 1송이 또는 꽃줄기에 우산모양꽃차례, 하얀색, 분홍색
[*Androsace*: 그리스의 플리니(Gaius Plinius Secundus, AD 23/24-79)가 사용한 어떤 식물명으로서 andros(웅)와 sakos(방패)의 합성어]

봄맞이

Androsace umbellata (Lour.) Merr.

[*umbellata*: 우산모양의 꽃차례]
영명: Umbelled Rockjasmine
이명: 봄맞이꽃, 봄마지꽃
서식지: 태안전역
주요특징: 뿌리에서 모여나는 잎은 지면으로 퍼진다. 잎은 편평한 둥근모양으로 가장자리에 세모 모양의 둔한 톱니가 있다. 꽃은 1~25개가 모여나는데 꽃대는 높이 5~10cm 정도이고 우산모양꽃차례로 핀다. 열매는 지름 4mm 정도로 거의 둥글고 윗부분이 5개로 갈라진다.
크기: ↕ ↔10~15cm
번식: 씨앗뿌리기
🌼 ④~⑤ 백색 🍂 ⑥~⑦

참좁쌀풀속(*Lysimachia*)
전세계 208종류, 우리나라에 13종류, 풀, 줄기는 서거나 누움, 잎은 어긋나기, 마주나기, 또는 돌려나기, 전체에 선점이 있음, 총상꽃차례, 꽃부리는 깔때기 또는 종모양
[*Lysimachia*: 마케도니아의 왕 리시마(Lysimachion)에서 유래, 이 풀을 흔들면 소가 진정한다는 전설이 있고 또 lysis(풀다)와 mache(경쟁, 싸움)의 합성어라고도 함]

까치수염 🏆

Lysimachia barystachys Bunge

[*barystachys*: 무거운 이삭이 있는]
영명: Manchurian Yellow Loosestrife
이명: 까치수영, 꽃꼬리풀
서식지: 백리포, 안면도, 송현리
주요특징: 땅속줄기가 옆으로 퍼지고 원줄기의 단면은 둥근 통모양으로 약 40~80cm까지 자란다. 전체에 잔털이 있고 가지가 약간 갈라진다. 어긋나는 잎은 모여나는 것처럼 보이고 잎몸은 선상 긴타원모양으로 가장자리가 밋밋하고 표면에 털이 있다. 총상꽃차례는 꼬리처럼 옆으로 굽는다.
크기: ↕ ↔30~100cm
번식: 씨앗뿌리기, 포기나누기, 꺾꽂이
🌼 ⑥~⑧ 백색
🍂 ⑧~⑨ 적갈색

까치수염 *Lysimachia barystachys* Bunge

큰까치수염

Lysimachia clethroides Duby

[*clethroides*: 매화오리나무속(*Clethra*)과 닮은]
영명: Gooseneck Loosestrife
이명: 민까치수염, 큰까치수영, 큰꽃꼬리풀
서식지: 태안전역
주요특징: 줄기는 곧게서며 밑둥은 붉은 보라색을 띤다. 줄기 전체에 털이 거의 없다. 잎은 어긋나며 잎자루는 짧다. 잎몸은 긴타원모양 또는 긴타원상 피침모양이며 끝이 뾰족하고 가장자리가 밋밋하다. 꽃은 한쪽으로 기울어진 총상꽃차례에 위를 향해 다닥다닥 달린다. 열매는 둥근 삭과다.
크기: ↕ ↔50~100cm
번식: 씨앗뿌리기, 포기나누기, 꺾꽂이
▼ ⑥~⑦ 백색
◀ ⑧~⑨

좀가지풀

Lysimachia japonica Thunb.

[*japonica*: 일본의]
영명: Small Loosestrife
이명: 돌좀쌀풀, 금좀쌀풀, 좀가지꽃
서식지: 안면도, 흥주사
주요특징: 원줄기는 옆으로 길게 뻗으며 가지가 갈라지고 비스듬히 선다. 마주나는 잎은 넓은달걀모양이고 짧은 털이 있으며 가장자리가 밋밋하다. 열매는 삭과로 둥글며 윗부분에 긴 털이 점차 생긴다. 씨는 길이 1mm 정도로서 흑색이고 1개의 능선이 있으며 두드러기 같은 돌기가 밀생한다.
크기: ↕ ↔10~20cm
번식: 씨앗뿌리기, 포기나누기, 꺾꽂이
▼ ⑤~⑦ 노란색
◀ ⑦~⑧

좀가지풀 *Lysimachia japonica* Thunb.

갯까치수염

Lysimachia mauritiana Lamarck

[*mauritiana*: 인도양 모리셔스의]
영명: Spoon-Leaf Yellow Loosestrife
이명: 갯좁쌀풀, 갯까치수영, 갯꽃꼬리풀
서식지: 태안전역
주요특징: 줄기는 곧게서며 붉은빛을 띠며 아래쪽에서 가지가 갈라진다. 잎은 어긋나며 거꿀피침모양이며 가장자리가 밋밋하며 다육질이다. 꽃은 가지 끝의 총상꽃차례에 달린다. 꽃자루는 길이 1~2cm이다. 열매는 둥글고 익으면 꼭대기에 작은 구멍이 뚫려 씨가 나온다.
크기: ↕ ↔10~40cm
번식: 씨앗뿌리기, 포기나누기
▼ ④~⑥ 백색
◀ ⑥~⑧ 적갈색

앵초속(*Primula*)

전세계 440종류, 우리나라에 9종류, 땅속줄기가 있는 여러해살이풀, 뿌리잎은 둥근모양, 달걀모양, 밋밋하거나 손바닥모양으로 얕게 갈라짐, 가장자리에 둔한 톱니
[*Primula*: 라틴어 primus(최고)의 축소형이며 유럽 앵초가 일찍 꽃이 피는 특색에서 유래]

앵초

Primula sieboldii E.Morren

[*sieboldii*: 식물 연구가 지볼트(Philipp Franz Balthasar von Siebold, 1796~1866)의]
영명: East Asian Primrose
이명: 취란화, 연앵초
서식지: 백리포, 안면도, 천리포
주요특징: 전체에 부드러운 털이 있고, 잎은 모두 뿌리에서 모여나며 잎자루가 길다. 잎몸은 타원모양이고 앞면에 주름이 진다. 잎가장자리는 얕게 갈라지고 톱니가 있다. 꽃은 잎 사이에서 나는 꽃줄기에 7~20개가 우산모양으로 모여 달린다. 꽃부리는 끝이 5갈래로 갈라져서 수평으로 퍼지며, 열매는 삭과다.
크기: ↕ ↔15~40cm
번식: 씨앗뿌리기, 포기나누기, 뿌리꺾꽂이
▼ ④ 분홍색   ◀ ⑥~⑦

앵초 *Primula sieboldii* E.Morren

큰까치수염 *Lysimachia clethroides* Duby

갯까치수염 *Lysimachia mauritiana* Lamarck

갯질경과(Plumbaginaceae)

전세계 24속 698종류, 바닷가에 사는 풀, 작은키나무, 드물게 덩굴식물

갯질경속(*Limonium*)

북반구의 사막, 해변, 고산에 189종류, 우리나라에 1종, 여러해살이풀, 드물게 한해살이풀, 줄기는 없거나 짧고, 가지를 침, 잎은 로제트, 꽃줄기는 가지를 침

[*Limonium*: 그리스 고명이며 leimonion에서 유래, leimon(늪)에서 기원되었다고도 함]

갯질경

Limonium tetragonum (Thunb.)Bullock

[*tetragonum*: 사각의]
영명: Square−Stem Statice
이명: 갯길경, 갯질경이, 근대아재비
서식지: 태안전역
주요특징: 잎은 뿌리에서 모여나기하고 사방으로 퍼지며 길쭉한 주걱모양이다. 끝이 둥글며 밑부분이 좁아져서 잎자루처럼 되고 털이 없으며 가장자리가 밋밋하고 밑부분에 3맥이 있다. 꽃대는 높이 30~60cm로서 많은 가지가 갈라져 그 끝에 총상꽃차례가 달린다. 꽃차례는 길이 2~4cm이고 꽃받침은 끝이 5개로 갈라진다.
크기: ↕~30~60cm
번식: 씨앗뿌리기, 포기나누기, 뿌리꺾꽂이
▼ ⑨ 노란색   ✄ ⑩~⑪

감나무과(Ebenaceae)

전세계 3속 777종류, 잎지는 작은키나무 또는 큰키나무

감나무속(*Diospyros*)

전세계 744종류, 우리나라에 2종류, 잎은 어긋나기, 꽃은 잎겨드랑이에서 취산꽃차례를 이루고, 드물게 1송이씩 붙으며, 꽃부리는 독모양, 열매는 장과

[*Diospyros*: 그리스어 dios(Jupiter신)와 pyros(곡물)의 합성어이며 신의 식물이란 뜻으로서 과일의 맛을 찬양한 것]

고욤나무   초

Diospyros lotus L.

영명: Date−Plum
이명: 고양나무, 민고욤나무
서식지: 태안전역
주요특징: 어린가지에는 처음에 회색 털이 나지만 곧 떨어진다. 잎은 어긋나며 타원 또는 긴타원모양이고 가장자리가 밋밋하다. 잎 앞면은 녹색, 뒷면은 회색이 도는 녹색이고 잎맥 위에 굽은 털이 난다. 꽃은 암수딴그루로 피며 햇가지 잎겨드랑이에서 달린다. 열매는 장과이다.
크기: ↕10~15m, ↔7~10m
번식: 씨앗뿌리기
▼ ⑥ 연한 노란색
✄ ⑩ 노란색

갯질경 *Limonium tetragonum* (Thunb.) Bullock

노린재나무과(Symplocaceae)

전세계 3속 219종류, 작은키나무 또는 큰키나무

노린재나무속(*Symplocos*)

전세계 217종류, 우리나라에 6종류, 잎은 어긋나기, 단순하고, 턱잎은 없음, 보통 양성꽃, 꽃받침은 5갈래, 열매는 핵과 또는 장과
[*Symplocos*: 그리스어 symplocos(결합한)에서 유래한 것으로 수술의 기부가 붙어 있다는 뜻]

노린재나무

Symplocos chinensis f. *pilosa* (Nakai) Ohwi

[*chinensis*: 중국의, *pilosa*: 부드러운 털이 있는]
영명: Asian Sweetleaf
서식지: 태안전역
주요특징: 나무껍질은 회갈색이며 가지는 퍼지고 작은가지에는 털이 있다. 잎은 어긋나기하며 거꿀달걀모양이고 가장자리에 긴 톱니가 있으나 때로는 뚜렷하지 않다. 원뿔모양꽃차례는 햇가지 끝에 달린다. 꽃은 향기가 있고 꽃잎은 긴타원모양이며 열매는 타원모양이다.
크기: ↕ ↔2~5m   **번식**: 씨앗뿌리기
▼ ⑤~⑥ 백색   ✄ ⑨~⑩ 청색

고욤나무 *Diospyros lotus* L.

검노린재나무

Symplocos tanakana Nakai

[*tanakana*: 일본학자 다나카 요시오(Tanaka Yoshio, 1838~1916)의]
영명: Cherry−Leaf Sweetleaf
서식지: 가의도, 닭섬, 안면도, 학암포
주요특징: 전년도 가지는 갈색이고 햇가지는 녹색으로 가는 털이 있다. 나무껍질에는 가로방향의 껍질눈이 있다. 잎은 어긋나며 타원모양 또는 넓은 피침모양이다. 가장자리는 뾰족한 톱니가 있다. 잎 양면에 털이 있으며 특히 뒷면 맥 위에 털이 많다. 꽃은 햇가지 끝에 몇 개의 취산꽃차례가 모여 원뿔모양꽃차례를 이룬다. 열매는 핵과이다.
크기: ↕ ↔1.5~8m   **번식**: 씨앗뿌리기
▼ ⑤~⑥ 백색   ✄ ⑨~⑩ 흑색

검노린재나무 *Symplocos tanakana* Nakai

노린재나무 *Symplocos chinensis* f. *pilosa* (Nakai) Ohwi

때죽나무과(Styracaceae)
전세계 12속 145종류, 작은키나무 또는 큰키나무

때죽나무속(*Styrax*)
전세계 110종류, 우리나라에 3종류, 별모양의 털 또는 비늘조각이 발달, 보통 털이 있음, 꽃은 보통 하얀색, 밑으로 처짐, 꽃받침은 종모양, 열매는 핵과
[*Styrax*: 아랍어 storax(안식향)를 생산하는 수목의 고대 그리스명]

때죽나무

Styrax japonicus Siebold & Zucc.

[*japonicus*: 일본의]
영명: Snowbell Tree
이명: 노가나무, 족나무
서식지: 태안전역
주요특징: 줄기는 흑갈색이고, 잎은 어긋나며 달걀모양 또는 긴타원모양이다. 꽃은 잎겨드랑이에서 난 총상꽃차례에 2~5개씩 달리고 향기가 좋다. 수술은 10개이며 아래쪽에 흰 털이 있다. 열매는 둥근모양의 핵과로 완전히 익으면 껍질이 벗겨지고 씨가 나온다.
크기: ↕ ↔4~10m
번식: 씨앗뿌리기
🌼 ⑤~⑥ 백색
🍂 ⑨ 회백색

쪽동백나무

Styrax obassia Siebold & Zucc.

[*obassia*: 일본명 '오오바지샤']
영명: Fragrant Snowbell
이명: 개동백나무
서식지: 태안전역
주요특징: 줄기는 검은빛이 나고 잎은 어긋나며 달걀을 닮은 둥근모양으로 가장자리에 잔톱니가 있다. 꽃은 햇가지에서 난 총상꽃차례에 20여개가 밑을 향해 달리며 향기가 좋다. 꽃자루는 길이 1cm쯤이다. 열매는 핵과이며 타원모양이다.
크기: ↕ 10~15m, ↔7~12m
번식: 씨앗뿌리기
🌼 ⑤~⑥ 백색
🍂 ⑨ 회백색

물푸레나무과(Oleaceae)
전세계 25속 768종류, 큰키 또는 작은키나무, 드물게 덩굴식물

물푸레나무속(*Fraxinus*)
전세계 72종류, 우리나라에 10종류, 잎은 마주나기, 깃모양겹잎 또는 홑잎, 꽃은 원뿔모양 꽃차례 또는 총상꽃차례, 꽃받침은 작으며 4갈래, 수술은 2개, 열매는 시과
[*Fraxinus*: 서양물푸레나무의 라틴 고명이며 phraxis(분리하다)에서 유래]

때죽나무 *Styrax japonicus* Siebold & Zucc.

쪽동백나무 *Styrax obassia* Siebold & Zucc.

물푸레나무　🌸 LC 초

Fraxinus rhynchophylla Hance

[*rhynchophylla*: 부리같은 잎의]
영명: East Asian Ash
이명: 쉬청나무, 떡물푸레나무, 민물푸레나무
서식지: 태안전역
주요특징: 작은가지는 회갈색이며 털이 없다. 잎은 마주나며 5~7장의 작은잎으로 된 겹잎이다. 작은잎은 넓은달걀 또는 넓은피침모양으로 끝이 뾰족하다. 앞면은 녹색으로 털이 있고 뒷면은 회색빛을 띤 녹색이며 가장자리에는 물결모양의 톱니가 있다. 꽃은 원뿔모양꽃차례로 달린다. 꽃받침은 4갈래로 갈라지며 열매는 시과다.
크기: ↕ 10~15m
번식: 씨앗뿌리기
🌼 ④~⑤ 백색
🍂 ⑨ 갈색

물푸레나무 *Fraxinus rhynchophylla* Hance

쥐똥나무속(*Ligustrum*)
전세계 50종류, 우리나라에 자생 12종류, 늘푸른 또는 잎지는나무, 잎은 마주나기, 가장자리는 밋밋, 꽃은 햇가지 끝에 원뿔꽃차례 또는 총상꽃차례, 흰색, 꽃받침은 짧고 얕거나 길게 4갈래, 꽃부리는 깔때기 또는 통모양, 끝은 얕게 갈라짐, 열매는 핵과, 둥근모양
[*Ligustrum*: 쥐똥나무(영명: Privet)의 라틴명]

광나무

Ligustrum japonicum Thunb.

[*japonicum*: 일본의]
영명: Wax-Leaf Privet
서식지: 백리포, 안면도
주요특징: 가지는 회색빛을 띤다. 잎은 두껍고 광택이 난다. 잎가장자리는 밋밋하고 잎자루는 잎맥과 같이 적갈색을 띤다. 꽃은 무리져 피는데 가지 끝에서 총상꽃차례를 이루며 꽃부리 끝의 4갈래로 갈라진다. 열매는 약간 긴달걀모양이다.
크기: ↕ ↔3~5m
번식: 씨앗뿌리기, 꺾꽂이
🌸 ⑥~⑦ 백색   🍒 ⑩ 흑색

광나무 *Ligustrum japonicum* Thunb.

쥐똥나무

Ligustrum obtusifolium Siebold & Zucc.

[*obtusifolium*: 잎의 끝이 둔한]
영명: Border Privet
이명: 싸리버들, 남정실, 검정알나무
서식지: 태안전역
주요특징: 잎은 마주나며 타원 또는 거꿀달걀모양으로 가장자리가 밋밋하다. 꽃은 가지 끝에서 작은 꽃들이 많이 달린다. 꽃부리는 통모양이며 끝이 4갈래로 갈라져서 밖으로 젖혀진다. 수술은 2개이고 암술은 1개이다. 열매는 둥근모양이다.
크기: ↕ ↔1~4m
번식: 씨앗뿌리기, 꺾꽂이
🌸 ⑤~⑥ 백색
🍒 ⑩ 흑색

쥐똥나무 *Ligustrum obtusifolium* Siebold & Zucc.

목서속(*Osmanthus*)
전세계 42종류, 우리나라에 자생 1종, 자연발아 1종, 암수딴그루, 잎은 가죽질, 마주나기, 홑잎, 통으로 된 꽃은 4갈래, 향기가 진하고, 열매는 핵과, 둥근모양
[*Osmanthus*: 그리스어 osme(향기)와 anthos (꽃)의 합성어이며 꽃에 향기가 있다는 뜻]

구골나무

Osmanthus heterophyllus (G.Don) P.S.Green

[*heterophyllus*: 다른모양의 잎이 섞여나는]
영명: Holly Olive, Chinese Holly, False Holly
이명: 참가시은계목, 털구골나무
서식지: 천리포, 안면도, 마검포
주요특징: 줄기는 가지가 많이 갈라지고 연한 회갈색을 띤다. 잎은 마주나며 달걀모양으로 두껍고 광택이 난다. 잎가장자리는 밋밋하나 어린가지의 잎은 가장자리에 날카로운 가시가 있다. 꽃은 암수딴그루로 피고 잎겨드랑이에 모여나며 달콤한 향기가 멀리 퍼진다. 열매는 핵과로 타원모양이다.
크기: ↕ 2~3m, ↔3~5m
번식: 씨앗뿌리기, 꺾꽂이
🌸 ⑪~⑫ 백색
🍒 ④~⑤ 흑색

구골나무 *Osmanthus heterophyllus* (G.Don) P.S.Green

마전과(Loganiaceae)
전세계 15속 364종류, 풀, 작은키 또는 큰키나무

벼룩아재비속(*Mitrasacme*)
전세계 4종류, 우리나라에 2종류, 잎은 마주나기, 작은크기, 가장자리는 밋밋, 꽃은 작은크기, 하얀색, 노란색, 꽃잎과 꽃받침은 종모양, 4갈래, 수술 4개
[*Mitrasacme*: 그리스어 mitra(여자의 모자, 주교관)와 acme(첨단)의 합성어]

큰벼룩아재비

Mitrasacme pygmaea R.Br.

[*pygmaea*: 난쟁이의, 작은]
영명: Pygmy Mitrewort
이명: 큰실좀꽃풀
서식지: 백리포, 백화산
주요특징: 잎은 마주나기하고 줄기 밑에 모여나며 희미한 3맥이 있고 양면, 특히 가장자리에 돌기같은 털이 있으며 윗부분은 잎이 달리지 않는다. 꽃은 3~5개의 꽃자루가 원줄기 끝에 우산모양으로 달린다. 꽃받침은 4개로 갈라지며 결각 끝이 뾰족하고 꽃부리는 길이 4mm정도이다. 열매는 삭과로 둥글며 길이 3mm정도이다.
크기: ↕ ↔5~20cm
번식: 씨앗뿌리기
🌸 ⑦~⑨ 백색   🍒 ⑩~⑪

큰벼룩아재비 *Mitrasacme pygmaea* R.Br.

용담과(Gentianaceae)
전세계 96속 1,893종류, 여러해살이풀, 한해
살이풀, 때로는 수생

용담속(*Gentiana*)
전세계 478종류, 우리나라에 17종류, 잎은 마
주나기 또는 돌려나기, 잎자루가 없고, 가장자
리는 밋밋함, 꽃받침은 통모양, 꽃부리는 잔모
양 또는 종모양, 5갈래
[*Gentiana*: 고대 일리리아(Illyria)의 왕 젠티노
스(Gentinus 기원전 500년)에서 유래, 약효의
발견자 플리니(Gaius Plinius Secundus, AD
23/24–79)가 붙였음]

용담 *Gentiana scabra* Bunge

용담

Gentiana scabra Bunge

[*scabra*: 깔깔한]
영명: Korean Gentian
이명: 초룡담, 과남풀, 선용담, 초용담
서식지: 태안전역
주요특징: 줄기는 겉에 가는 줄이 4개 있고 보
통 자줏빛을 띤다. 잎은 마주나며 달걀모양이고
잎가장자리와 잎줄 위에 잔돌기가 있어 까칠까
칠하다. 꽃은 줄기 끝과 위쪽 잎겨드랑이에서 1
개 또는 몇 개가 달린다. 꽃받침은 종모양으로 5
갈래로 갈라지고 수술은 5개, 암술은 1개다. 열매
는 삭과이며 익으면 2갈래로 터진다.
크기: ↕ ↔30~70cm
번식: 씨앗뿌리기, 꺾꽂이
🌸 ⑨~⑩ 연한 청색
🍂 ⑩~⑪

구슬붕이

Gentiana squarrosa Ledeb.

[*squarrosa*: 돋아난 돌기 등으로 평탄하지 않은]
영명: Squarrose–Leaf Gentian
이명: 구실붕이, 구실봉이, 민구슬붕이
서식지: 태안전역
주요특징: 줄기는 밑에서 여러 대가 모여나며
가지가 많이 갈라진다. 잎은 마주나는데 뿌리 부
근에 나는 피침모양의 잎은 2~3쌍으로 십자가
모양으로 붙으며 끝이 까락처럼 뾰족하다. 꽃은
가지 끝의 짧은 꽃자루에 달린다. 꽃받침은 5갈
래로 갈라진다. 열매는 삭과이며 긴 자루가 있어
꽃부리 밖으로 나와 2개로 갈라진다.
크기: ↕ ↔10~15cm
번식: 씨앗뿌리기
🌸 ④~⑥ 연한 청색
🍂 ⑥~⑧

큰구슬붕이

Gentiana zollingeri Faw.

[*zollingeri*: 네덜란드 식물학자의 이름에서 유래]
영명: Zollinger's Gentian
이명: 큰구슬실붕이, 큰구실붕이
서식지: 안면도, 천리포, 곰섬
주요특징: 줄기는 능선과 잔돌기가 있고 갈라지
지 않는다. 뿌리잎은 줄기잎보다 작다. 줄기잎은
마주나기하며 가장자리가 두껍고 백색이며 잔돌
기가 있고 뒷면은 흔히 적자색이 돈다. 꽃은 원줄
기 또는 가지 끝에 몇 개씩 모여 달리는데 꽃받
침통은 5개로 갈라지며 꽃부리 갈래 사이에는 얇
은 비늘조각이 발달한다. 열매는 삭과이다.
크기: ↕ ↔10~15cm
번식: 씨앗뿌리기
🌸 ④~⑥ 연한 청색
🍂 ⑥~⑧

구슬붕이 *Gentiana squarrosa* Ledeb.

큰구슬붕이 *Gentiana zollingeri* Faw.

쓴풀속(*Swertia*)

전세계 108종류, 우리나라에 8종류, 잎은 마주나기, 꽃은 자주색, 노란색, 원뿔모양꽃차례 또는 편평꽃차례, 깊게 갈라지며, 꽃부리통 부분은 짧고 열매는 삭과

[*Swertia*: 네델란드의 식물학자인 수웨어트 (Emanuel Sweert, 1552–1612)에서 유래]

개쓴풀

Swertia diluta var. *tosaensis* (Makino) H.Hara

[*diluta*: 약한, 얇은, *tosaensis*: 일본의 '도사' 라는 지역명]
영명: Diluted Swertia
이명: 나도쓴풀, 좀쓴풀
서식지: 가의도, 갈음이
주요특징: 줄기는 곧게서며 가지가 갈라진다. 잎은 마주나며 길쭉한 거꿀피침 또는 거꿀달걀모양이다. 꽃은 가지 끝이나 위쪽 잎겨드랑이에서 1개씩 피며 연한 자주색 줄이 있는 백색이다. 꽃받침과 꽃부리는 5개로 갈라진다. 열매는 삭과로 좁은달걀모양이다.
크기: ↕ ↔20~70cm
번식: 씨앗뿌리기
▼ ⑨~⑩ 백색
◀ ⑩~⑪

자주쓴풀

Swertia pseudochinensis H.Hara

[*pseudochinensis*: *chinensis*종과 비슷한]
영명: False Chinese Swertia
이명: 털쓴풀
서식지: 갈음이
주요특징: 전체에 자줏빛이 돌고 쓴맛이 난다. 줄기는 네모지며 잎은 마주나고 잎자루가 거의 없다. 줄기잎은 선상 피침모양이며 양끝이 뾰족하다. 꽃은 위쪽 잎겨드랑이에 원뿔모양 취산꽃차례로 달린다. 꽃부리는 5개로 깊게 갈라지며 아래쪽에 긴 털로 덮인 꿀샘덩이가 있다. 열매는 삭과이며 넓은 피침모양이다.
크기: ↕ ↔15~30cm
번식: 씨앗뿌리기
▼ ⑨~⑩ 자주색
◀ ⑩~⑪

조름나물과(Menyanthaceae)

전세계 7속 55종류, 주로 물속에서 자라는 물풀

어리연꽃속(*Nymphoides*)

전세계 34종류, 우리나라에 3종류, 수면에 떠서 자라는 여러해살이풀 수초, 잎은 어긋나기, 잎자루는 길고 달걀모양, 둥근모양, 심장모양, 가장자리에 물결모양 톱니, 꽃은 5갈래

[*Nymphoides*: 수련속(*Nymphaea*)과 그리스어 eidos(외관)의 합성어이며 수련속(*Nymphaea*)과 비슷하다는 뜻]

개쓴풀 *Swertia diluta* var. *tosaensis* (Makino) H.Hara

자주쓴풀 *Swertia pseudochinensis* H.Hara

어리연꽃

Nymphoides indica (L.) Kuntze

[*indica*: 인도의]
영명: Floatingheart
이명: 금은연, 어리연
서식지: 태안전역 습지
주요특징: 마디에 수염 같은 뿌리가 있으며 원줄기는 가늘고 1~3개의 잎이 달린다. 물속에 있는 잎자루는 길고 물위에 뜨는 잎몸은 지름 7~20cm 정도의 둥근 심장모양으로 밑부분이 깊게 갈라진다. 꽃은 하얀색 바탕에 중심부는 노란색이고 여러개가 한 군데에서 달린다. 삭과는 길이 4~5mm 정도의 긴타원모양이다.
크기: ↕ ↔15~20cm
번식: 씨앗뿌리기, 포기나누기
▼ ⑧ 백색
◀ ⑩~⑪

노랑어리연꽃 LC

Nymphoides peltata (J.G.Gmelin) Kuntze

[*peltata*: 밑으로 처진]
영명: Yellow Floatingheart
이명: 노랑어리연
서식지: 신두리, 송현리
주요특징: 땅속줄기는 옆으로 길게 뻗고 원줄기는 물속에서 비스듬히 자란다. 잎자루가 길어 물 위에 뜨는 잎몸은 지름 5~10cm 정도의 달걀을 닮은 둥근모양으로 밑부분이 옆으로 갈라진다. 열매는 타원모양이고 씨는 길이 3mm 정도의 거꿀달걀모양이다.
크기: ↕ ↔15~20cm
번식: 씨앗뿌리기, 포기나누기
▼ ⑦~⑨ 노란색 ◀ ⑨~⑩

협죽도과(Apocynaceae)

전세계 410속 5,745종류, 나무, 때로는 풀, 흔히 덩굴성

마삭줄속(*Trachelospermum*)

전세계 11종류, 우리나라에 3종류, 늘푸른덩굴식물, 잎은 마주나기, 가죽질, 달걀을 닮은 피침모양, 꽃은 줄기끝 또는 잎겨드랑이에 몇 송이씩 붙고 5갈래

[*Trachelospermum*: 그리스어 trachelos(목)와 sperma(종자)의 합성어이며 종자가 잘록한 데서 유래]

마삭줄

Trachelospermum asiaticum (Siebold & Zucc.) Nakai

[*asiaticum*: 아시아의]
영명: Asian Jasmine
이명: 마삭나무, 마삭덩굴, 마삭풀
서식지: 가의도, 곳도, 안면도
주요특징: 적갈색을 띠는 줄기에서 공중뿌리가 나와 다른 바위나 나무에 붙어서 자란다. 잎은 마주나며 가장자리는 밋밋하고 윗면은 광택이 난다. 꽃은 줄기 끝이나 잎겨드랑이에 취산꽃차례를 이루어 피는데 꽃부리는 5개로 갈라진다. 열매는 길이 12~22cm로 2개가 조금 휘어서 나란히 길게 달린다.
크기: ↕ ↔5~7m **번식**: 씨앗뿌리기, 꺾꽂이
▼ ⑤~⑥ 백색 ◀ ⑧~⑩ 적갈색

마삭줄 *Trachelospermum asiaticum* (Siebold & Zucc.) Nakai

어리연꽃 *Nymphoides indica* (L.) Kuntze

노랑어리연꽃 *Nymphoides peltata* (J.G.Gmelin) Kuntze

개정향풀 *Trachomitum lancifolium* (Russanov) Pobed.

개정향풀속(*Trachomitum*)

전세계 12종류, 우리나라에 1종, 대부분 줄기가 분녹색, 잎은 어긋나기, 마주나기, 연하고, 깃모양맥, 꽃받침은 깊게 5갈래, 꽃잎은 종모양, 5갈래

개정향풀   VU

Trachomitum lancifolium (Russanov) Pobed.

[*lancifolium*: 잎이 가늘고 뾰족한]
영명: Sword-Leaf Dogbane
이명: 다엽꽃, 갯정향풀
서식지: 학암포, 구례포
주요특징: 잎은 원줄기에서는 어긋나기하며 가지에서는 마주나기하고 가장자리는 밋밋하다. 꽃은 줄기 끝부분에 원뿔모양꽃차례로 달리며 꽃자루는 꽃받침과 더불어 잔털이 있다. 꽃부리는 길이가 3.5mm정도로서 윗부분이 5개로 갈라진다. 열매는 얇고 길이 12cm정도이며 씨에 머리카락 같은 털이 있다.
크기: ↕ ↔40~80cm
번식: 씨앗뿌리기, 포기나누기
▼ ⑥ 자주색
◀ ⑨~⑩

박주가리과(Asclepiadaceae)

전세계 200속 2,000종류, 여러해살이풀, 작은 키나무, 흔히 덩굴성

백미꽃속(*Cynanchum*)

전세계 295종류, 우리나라에 15종류, 전체에 하얀색의 유액 있음, 줄기는 서거나 덩굴, 잎은 보통 마주나기, 꽃받침은 5갈래, 꽃부리는 종모양, 끝이 깊게 5갈래
[*Cynanchum*: 그리스어 cyno(개)와 anchein (죽이다)의 합성어이며 개에 대해 독이 있다고 생각했던 어떤 종에 대한 그리스명]

민백미꽃

Cynanchum ascyrifolium
(Franch. & Sav.) Matsum.

[*ascyrifolium*: *Ascyrum*속의 잎과 비슷한]
영명: Asian White Swallow-Wort
이명: 흰백미, 개백미, 민백미
서식지: 가의도, 안면도
주요특징: 전체에 가는 털이 난다. 잎은 마주나며 달걀모양으로 가장자리가 밋밋하다. 잎 앞면은 녹색이고 뒷면은 연한 녹색이다. 꽃은 줄기 끝과 위쪽 잎겨드랑이에 우산모양으로 달려 전체적으로 취산꽃차례를 이룬다. 꽃부리는 5개로 갈라지며 털은 없다. 열매는 골돌과이다.
크기: ↕ ↔30~60cm
번식: 씨앗뿌리기
▼ ⑤~⑦ 백색
◀ ⑧~⑨

민백미꽃 *Cynanchum ascyrifolium* (Franch. & Sav.) Matsum.

덩굴박주가리

Cynanchum nipponicum Matsum.

[*nipponicum*: 일본의]
영명: Climbing Swallow-Wort
서식지: 모항리
주요특징: 줄기 아래는 곧게서고 윗부분은 길게 덩굴지며, 전체적으로 구부러진 털이 있다. 잎은 마주나며 끝은 점차 좁아져서 뾰족하다. 잎 밑부분은 심장모양이며 가장자리는 밋밋하다. 꽃은 줄기 윗부분의 잎겨드랑이에서 우산모양꽃차례로 달린다. 꽃부리는 윗부분이 5개로 갈라져 있고 수술은 5개이다. 열매는 골돌과이다.
크기: ↕ ↔40~100cm
번식: 씨앗뿌리기
▼ ⑦~⑨ 황록색   ◀ ⑧~⑨

덩굴박주가리 *Cynanchum nipponicum* Matsum.

산해박

Cynanchum paniculatum (Bunge) Kitag.

[*paniculatum*: 원뿔 모양의]
영명: Paniculate Swallow-Wort
이명: 산새박, 신해박
서식지: 천리포
주요특징: 잎은 어긋나며 피침 또는 길쭉한 피침모양으로 끝이 매우 뾰족하고 가장자리가 밋밋하다. 꽃은 줄기 끝과 잎겨드랑이에서 나온 꽃대에 산방꽃차례를 이룬다. 꽃받침과 꽃부리는 5개로 갈라지고 수술은 5개이다. 열매는 골돌과로 주머니모양으로 밑으로 처져서 달린다.
크기: ↕ ↔40~60cm
번식: 씨앗뿌리기
▼ ⑧~⑨ 황갈색   ◀ ⑩~⑪

산해박 *Cynanchum paniculatum* (Bunge) Kitag.

큰조롱

Cynanchum wilfordii (Maxim.) Hemsl.

[*wilfordii*: 식물을 채집한 윌퍼드(Wirford)의]
영명: Wilford's Swallow−Wort
이명: 은조롱, 새박풀, 하수오
서식지: 태안전역
주요특징: 줄기는 가늘게 덩굴져서 다른 물체를 감고 올라간다. 마주나는 잎은 달걀을 닮은 심장모양이고 잎밑은 깊은 심장모양이며 가장자리가 밋밋하다. 꽃은 잎겨드랑이에서 나온 꽃대 끝에 우산모양꽃차례로 달리며 활짝 벌어지지 않는다. 열매는 익으면 벌어져서 흰 털에 달린 납작한 씨가 나온다.
크기: ↕↔2∼3m **번식**: 씨앗뿌리기
▼ ⑦∼⑧ 연한 황록색 ◀ ⑨∼⑩

박주가리속(*Metaplexis*)

전세계 2종류, 우리나라에 1종, 잎은 마주나기, 심장모양, 꽃받침과 꽃잎은 깊게 5갈래, 꽃잎 안쪽에 긴 털이 있음, 열매는 긴 골돌과, 씨에는 흰털이 나있음
[*Metaplexis*: 그리스어 meta(같이)와 pleco(짜다, 엮다)의 합성어]

박주가리

Metaplexis japonica (Thunb.) Makino

[*japonica*: 일본의]
영명: Rough Potato
서식지: 태안전역
주요특징: 줄기는 덩굴지는데 자르면 흰 즙이 나온다. 잎은 마주나며 심장모양이고 가장자리는 밋밋하다. 꽃은 잎겨드랑이에 총상꽃차례로 핀다. 꽃부리는 넓은 종모양으로 중앙보다 아래쪽까지 5개로 갈라지며 갈래 안쪽에 긴 털이 많다. 열매는 길고 납작한 거꿀달걀모양으로 겉이 울퉁불퉁하다. 씨는 하얀색 우산털이 있다.
크기: ↕↔2∼3m
번식: 씨앗뿌리기
▼ ⑦∼⑨ 백색, 연한 자색 ◀ ⑨∼⑩

박주가리 *Metaplexis japonica* (Thunb.) Makino

큰조롱 *Cynanchum wilfordii* (Maxim.) Hemsl.

왜박주가리속(*Tylophora*)

전세계 90종류, 우리나라에 1종, 풀, 작은키나무, 대개 덩굴성, 잎은 마주나기, 가장자리 밋밋, 꽃잎과 꽃받침은 5갈래, 골돌과는 피침모양, 끝이 뾰족하고 매끈
[*Tylophora*: 그리스어 tylos(문어)와 phoreo(있다)의 합성어이며 부화관이 두드러진 것을 비유]

왜박주가리

Tylophora floribunda Miq.

[*floribunda*: 꽃이 많은]
영명: Manyflower Tylophora
이명: 양반풀, 양반박주가리, 나도박주가리
서식지: 천리포
주요특징: 뿌리는 수평으로 퍼지며 뿌리줄기는 짧다. 줄기는 가늘고 다른 물체를 감고 올라가며 털이 없다. 잎은 마주나며 피침모양으로 끝은 길게 뾰족해지고 밑부분은 심장모양이다. 꽃은 잎겨드랑이에 달리고 꽃받침은 5개로 갈라진다. 열매는 좁은 피침모양이다.
크기: ↕↔1∼2m
번식: 씨앗뿌리기
▼ ⑥∼⑧ 흑자색
◀ ⑨∼⑩

왜박주가리 *Tylophora floribunda* Miq.

메꽃과(Convolvulaceae)

전세계 67속 1,409종류, 풀 또는 덩굴식물

메꽃속(*Calystegia*)

전세계 42종류, 우리나라에 7종류, 땅을 기거나 덩굴로 된 풀, 잎은 어긋나기, 가장자리는 밋밋하거나 손바닥모양으로 갈라짐, 꽃은 나팔 또는 깔때기모양

[*Calystegia*: 그리스어 calyx(꽃받침)와 stege(뚜껑)의 합성어이며 2개의 큰 포엽이 꽃받침을 싸고 있는것을 비유]

메꽃 초

Calystegia sepium var. *japonicum* (Choisy) Makino

[*sepium*: 산울타리의, *japonicum*: 일본의]

영명: Short-Hairy Morning Glory

이명: 메, 좁은잎메꽃, 가는잎메꽃

서식지: 태안전역

주요특징: 땅속줄기의 마디에서 발생한 줄기는 덩굴로 다른 물체를 감아 올라가거나 서로 엉킨다. 어긋나는 잎은 잎자루가 길고 잎몸은 길이 6~12cm, 너비 2~7cm 정도의 긴타원상 피침모양으로 밑부분이 뾰족하다. 꽃은 깔때기모양이다. 보통 열매를 맺지 않으나 결실하는 경우도 있다.

크기: ↕ ↔2~3m

번식: 씨앗뿌리기, 포기나누기

⑥~⑧ 연한 홍색

⑧~⑨

메꽃 *Calystegia sepium* var. *japonicum* (Choisy) Makino

갯메꽃

Calystegia soldanella (L.) Roem. & Schultb.

[*soldanella*: 작은 화폐라는 뜻]

영명: Beach Morning Glory

이명: 해안메꽃, 개메꽃

서식지: 태안전역

주요특징: 땅속줄기는 굵고 옆으로 길게 뻗는다. 줄기는 땅 위를 기거나 다른 물체를 감고 올라간다. 잎은 어긋나며, 가장자리에 물결모양 톱니가 있고 두꺼우며 윤기가 난다. 꽃은 잎겨드랑이에서 난 꽃자루에 한 개씩 핀다. 꽃부리는 희미하게 오각이 지는 깔때기모양으로 수술은 5개, 암술은 1개다. 열매는 둥근모양의 삭과이다.

크기: ↕ ↔20~80cm

번식: 씨앗뿌리기, 포기나누기

⑤~⑦ 연한 홍색

⑧~⑨

갯메꽃 *Calystegia soldanella* (L.) Roem. & Schultb.

아욱메풀속(*Dichondra*)

전세계 15종류, 우리나라에 1종, 풀, 작고 옆으로 김, 잎은 심장상 원모양, 콩팥모양, 꽃은 잎겨드랑이에 1송이, 꽃은 넓은종모양, 깊게 5갈래

[*Dichondra*: 그리스어 di(2)와 chondros(과립)의 합성어이며 2기의 둥근 분과가 있다는 뜻]

아욱메풀 *Dichondra repens* Forster

아욱메풀

Dichondra repens Forster

[*repens*: 기어가는]
영명: Kidney Weed
이명: 마제금, 풍장등, 아욱메꽃
서식지: 천리포
주요특징: 줄기는 모여나며 땅 위를 기면서 마디에서 뿌리를 내린다. 잎은 마디에서 모여나고 둥근 심장모양이다. 잎끝은 둥글거나 다소 오목하게 들어가고 가장자리는 밋밋하다. 꽃은 잎겨드랑이에서 나온 잎자루보다 짧은 꽃자루에 1개씩 달린다. 꽃부리는 5개로 깊이 갈라진다. 열매는 2개로 갈라지며 털이 있다.
크기: ↕ ↔5～15cm
번식: 씨앗뿌리기
▼ ⑤～⑥ 백색, 연한 황백색
◀ ⑦～⑧

나팔꽃속(*Ipomoea*)

전세계 468종류, 우리나라에 5종류 귀화, 풀, 대개 덩굴성, 흔히 유액이 있음, 잎은 어긋나기, 홑잎, 턱잎이 있음, 꽃은 깔때기모양

[*Ipomoea*: 그리스어 ips(감자벌레)와 homoios(비슷한)의 합성어이며 다른 물체에 붙어서 올라간다는 뜻]

미국나팔꽃 *Ipomoea hederacea* Jacq.

미국나팔꽃 초

Ipomoea hederacea Jacq.

[*hederacea*: 송악속(*Hedera*)과 비슷한]
영명: Ivy-Leaved Morning-Glory
서식지: 태안전역
주요특징: 줄기는 덩굴성으로 다른 물체를 감아 올라가거나 땅 위를 기며 밑을 향하는 털이 많다. 잎은 어긋나며 달걀 또는 둥근모양으로 3개로 깊게 갈라지고 밑부분은 심장모양이다. 꽃은 잎겨드랑이에서 나온 꽃대에 1～3개씩 달리는데 이른 아침에 피고 곧 오므라든다. 열매는 편평한 둥근모양이고 털이 없다.
크기: ↕ ↔2～3m
번식: 씨앗뿌리기
▼ ⑦～⑩ 청자색
◀ ⑨～⑪

애기나팔꽃 초

Ipomoea lacunosa L.

영명: Small-flowered White Morning-glory
이명: 좀나팔꽃
서식지: 태안전역
주요특징: 줄기는 덩굴성이고 전체에 하얀색 털이 있다. 잎은 어긋나게 붙는데 달걀 또는 둥근모양으로 끝이 길게 뾰족해지고 앞면에는 하얀색 털이 드물게 있다. 꽃은 잎겨드랑이에서 나온 꽃자루에 1～3개가 달린다. 꽃부리는 깔때기모양으로 지름 약 1.5～2cm 정도이며 끝은 오각형으로 얕게 갈라진다.
크기: ↕ ↔2～3m
번식: 씨앗뿌리기
▼ ⑥～⑩ 백색
◀ ⑨～⑪

애기나팔꽃 *Ipomoea lacunosa* L.

유홍초속(*Quamoclit*)

전세계 7종류, 우리나라에 1종 귀화, 잎은 어긋나기, 홑잎, 턱잎이 있음, 꽃은 깔때기모양, 꽃받침이 끝까지 남음
[*Quamoclit*: 그리스어 Kyamos(콩)와 clitos(낮은)의 합성어이며 덩굴성의 콩과 비슷한 특색에서 유래]

둥근잎유홍초

Quamoclit coccinea Moench

[*coccinea*: 진홍색의]
서식지: 태안전역
주요특징: 줄기는 덩굴지어 다른 물체를 왼쪽으로 감고 올라간다. 잎은 어긋나며 손을 닮은 둥근모양이다. 잎끝은 갑자기 좁아져서 뾰족하고, 양쪽 밑이 귓불모양이다. 꽃은 잎겨드랑이에서 나온 긴 꽃대 끝에 3~5개씩 달린다. 꽃부리는 통부분이 길며, 끝이 5갈래로 얕게 갈라진다. 열매는 둥글고 꽃받침이 남아있다.
크기: ↕ ↔1~2m
번식: 씨앗뿌리기
▼ ⑧~⑨ 주노란색
🌿 ⑩~⑪

지치과(Boraginaceae)

전세계 155속 2,976종류, 풀, 작은키 또는 큰키나무

모래지치속(*Argusia*)

전세계 3종류, 우리나라에 1종류, 잎은 어긋나기, 가장자리는 밋밋, 꽃은 작은키, 꽃받침은 깊게 5갈래, 꽃부리는 통모양, 5갈래, 수술은 5개로 꽃 밖으로 나오지 않음

모래지치

Argusia sibirica (L.) Dandy

[*sibirica*: 시베리아의]
영명: Siberian Sea Rosemary
이명: 갯모래지치
서식지: 해안사구지역
주요특징: 어긋나는 잎은 두껍고 주걱모양이며 가장자리가 밋밋하다. 잎 양면에는 털이 많다. 꽃은 가지 끝과 위쪽 잎겨드랑이의 취산꽃차례에 달리고 향기가 있다. 꽃받침과 꽃부리는 각각 5개로 갈라진다. 열매는 둥근 타원모양으로 조금 다육질이고 둔한 홈이 4개 있다.
크기: ↕ ↔20~40cm
번식: 씨앗뿌리기
▼ ⑤~⑦ 백색
🌿 ⑦~⑧

둥근잎유홍초 *Quamoclit coccinea* Moench

모래지치 *Argusia sibirica* (L.) Dandy

갈퀴지치속(*Asperugo*)

전세계 1종, 우리나라에 1종, 줄기가 가늘고 낮게 퍼져 자람

[*Asperugo*: 거친, 거센, 날카롭다는 라틴어에서 유래]

갈퀴지치

Asperugo procumbens L.

[*procumbens*: 낮게 가라앉는]
영명: Madwort, German Madwort
서식지: 사의노
주요특징: 지면에 낮게 퍼지면서 자란다. 줄기와 잎에 거센털이 많이 발달한다. 꽃은 꽃잎과 꽃받침이 각각 5장으로 이루어져 있으며 작은꽃자루는 짧거나 거의 없다. 잎은 길쭉한 타원모양으로 가장자리는 밋밋하다. 열매는 2∼3mm로 건조하지만 익어도 잘 갈라지지 않는다.
크기: ↕ ↔90cm **번식**: 씨앗뿌리기
🔽 ⑤∼⑥ 파란색, 보라색 ✂ ⑦∼⑧

갈퀴지치 *Asperugo procumbens* L.

꽃받이속(*Bothriospermum*)

아시아에 7종류, 우리나라에 3종류, 줄기는 기다가 윗부분이 서거나 전체가 곧게 섬, 센털이 있음, 잎은 어긋나기, 피침모양, 달걀모양, 꽃은 파란색, 하얀색, 5갈래

[*Bothriospermum*: 그리스어 bothrion(소혈)과 sperma(종자)의 합성어]

꽃받이

Bothriospermum tenellum (Hornem.) Fisch. & C.A.Mey.

[*tenellum*: 매우 연한, 약한]
영명: Leaf Between Flower
이명: 나도꽃마리, 꽃마리, 꽃바지
서식지: 태안전역
주요특징: 모여나는 뿌리잎은 주걱모양이고 어긋나는 줄기잎은 긴타원모양으로 끝이 둥글거나 둔하다. 꽃은 총상꽃차례로 모여달린다. 열매는 길이 1∼5mm, 너비 1mm 정도의 타원모양으로 혹 같은 돌기가 있다.
크기: ↕ ↔5∼30cm
번식: 씨앗뿌리기
🔽 ④∼⑦ 연한 청색
✂ ⑦∼⑩

꽃받이 *Bothriospermum tenellum* (Hornem.) Fisch. & C.A.Mey.

지치속(*Lithospermum*)

유라시아, 아메리카에 77종류, 우리나라에 3종류, 곧은 뿌리, 줄기에 긴털 또는 센털 발달, 곧게 서거나 퍼짐, 꽃받침은 5갈래, 꽃은 쟁반, 깔때기 또는 관모양

[*Lithospermum*: 그리스어 lithos(돌)와 sperma(씨앗)의 합성어이며 작고 딱딱한 열매에서 유래]

개지치

Lithospermum arvense L.

[*arvense*: 경작할 수 있는 땅의, 야생의]
영명: Corn Gromwell
이명: 들지치
서식지: 백화산
주요특징: 곧게서는 줄기는 가지가 갈라지고 전체에 누운 털이 있으며 다소 잿빛이 돈다. 잎은 어긋나고 좁은 피침모양 또는 넓고 긴 모양이다. 잎끝은 둔하고 잎몸에는 중앙에 맥이 하나 있으며 두껍고 가장자리는 뒤로 말린다. 꽃은 윗부분의 잎겨드랑이에 1개씩 달리며 꽃자루는 매우 짧다. 열매는 달걀모양이다.
크기: ↕ ↔15∼40cm
번식: 씨앗뿌리기, 포기나누기
🔽 ④∼⑤ 백색, 연한 청색 ✂ ⑦∼⑧ 회백색

개지치 *Lithospermum arvense* L.

지치  LC

Lithospermum erythrorhizon
Siebold & Zucc.

[*erythrorhizon*: 붉은 뿌리의]
영명: Red-Root Gromwell
이명: 자초, 지초, 지추
서식지: 백리포, 안면도, 천리포
주요특징: 굵은 뿌리는 땅속 깊이 들어가며 말리면 자주색이 된다. 줄기는 곧게서며 위쪽에서 가지가 갈라진다. 잎은 어긋나며 피침모양으로 가장자리가 밋밋하다. 잎 윗면의 맥은 오목하게 들어간다. 꽃은 줄기 끝의 총상꽃차례에 달리며 지름 4~5mm이다. 열매는 둥글고 윤기가 있다.
크기: ↕ ↔30~70cm
번식: 씨앗뿌리기
🌸 ⑤~⑥ 백색
🍃 ⑦~⑧ 회백색

지치 *Lithospermum erythrorhizon*
Siebold & Zucc.

반디지치

Lithospermum zollingeri A. DC.

[*zollingeri*: 네덜란드 식물학자의 이름에서 유래]
영명: Star-Flower Gromwell
이명: 억센털개지치, 깔깔이풀
서식지: 태안전역
주요특징: 전체에 거친 털이 있다. 잎은 어긋나며 긴타원모양 또는 거꿀달걀모양으로 밑부분은 좁아져서 잎자루처럼 되며, 가장자리는 밋밋하다. 꽃은 줄기 끝의 잎겨드랑이에서 1개씩 달린다. 꽃받침은 5개로 깊게 갈라지며, 끝은 날카롭다. 꽃부리는 깔때기모양이다.
크기: ↕ ↔15~25cm
번식: 씨앗뿌리기, 꺾꽂이
🌸 ⑤~⑥ 청색
🍃 ⑦~⑧ 백색

반디지치 *Lithospermum zollingeri* A. DC.

꽃마리속(*Trigonotis*)

전세계 49종류, 우리나라에 4종류, 잎은 어긋나기, 꽃은 총상꽃차례, 꽃받침은 5개, 꽃부리통은 짧고 열매는 4개의 소견과
[*Trigonotis*: 그리스어 trigonos(삼각)와 dus(이)의 합성어이며 열매의 형태에서 유래]

꽃마리

Trigonotis peduncularis (Trevir.)
Benth. ex Hemsl.

[*peduncularis*: 꽃자루의]
영명: Pedunculate Trigonotis
이명: 꽃따지, 꽃말이, 잣냉이
서식지: 태안전역
주요특징: 전체에 털이 있다. 어긋나는 잎은 위로 갈수록 잎자루가 짧아지고 긴타원모양으로 가장자리가 밋밋하다. 총상꽃차례는 태엽처럼 풀리면서 자란다. 열매는 짧은 대가 있고 꽃받침으로 싸여 있다.

꽃마리 *Trigonotis peduncularis* (Trevir.) Benth. ex Hemsl.

크기: ↕ ↔10~30cm
번식: 씨앗뿌리기
🌸 ④~⑦ 연한 청색 🍃 ⑥~⑧

참꽃마리

Trigonotis radicans var. *sericea*
(Maxim.) H. Hara

[*radicans*: 뿌리를 내리는, *sericea*: 비단같은 털로 덮여있는]
영명: Korean Trigonotis
이명: 좀꽃마리, 털꽃마리, 참꽃말이
서식지: 안면도
주요특징: 전체적으로 짧은 털이 있으며 줄기는 덩굴성이다. 잎은 어긋나는데 줄기에서 나오는 잎은 잎자루가 길며 모여난다. 잎자루는 줄기 끝으로 갈수록 짧아진다. 단지모양의 꽃은 잎겨드랑이에 통꽃으로 1개씩 핀다. 꽃부리 조각은 둥글고 안쪽 밑부분에 짧은 털이 있다. 열매에는 털이 있다.
크기: ↕ ↔10~20cm
번식: 씨앗뿌리기
🌸 ⑤~⑦ 연한 청색 🍃 ⑦~⑧

참꽃마리 *Trigonotis radicans* var. *sericea* (Maxim.) H. Hara

작살나무 *Callicarpa japonica* Thunb.

누리장나무 *Clerodendrum trichotomum* Thunb.

마편초과(Verbenaceae)
전세계 34속 1,073종류, 풀, 작은키나무, 큰키나무

작살나무속(*Callicarpa*)
전세계 186종류, 우리나라에 9종류, 작은키또는 큰키나무, 선점이 있고, 잎은 마주나기, 꽃은 취산꽃차례, 잎겨드랑이에 붙고, 꽃부리통은 짧고 4개, 열매는 둥근 핵과
[*Callicarpa*: 아름다운 열매라는 뜻]

작살나무

Callicarpa japonica Thunb.

[*japonica*: 일본의]
영명: East Asian Beautyberry
이명: 송금나무
서식지: 태안전역
주요특징: 어린가지는 둥글고 별모양 털이 있으나 자라면서 없어진다. 잎은 마주나며 달걀 또는 긴타원모양이고 가장자리에 가는 톱니가 있다. 꽃은 잎겨드랑이의 취산꽃차례에 많이 달린다. 꽃부리는 끝이 4개로 갈라진다. 열매는 핵과이다.
크기: ↕ ↔1~2m
번식: 씨앗뿌리기, 꺾꽂이
🌸 ⑥~⑧ 연보라
🍎 ⑩ 보라색

누리장나무속(*Clerodendrum*)
전세계 321종류, 우리나라에 3종류, 꽃은 줄기 끝부분에 빽빽하게 모여 달림, 산방 또는 머리모양 꽃받침은 종 또는 통모양, 꽃부리는 길고 끝은 길게 5갈래
[*Clerodendrum*: 그리스어 cleros(운명)와 dendron(수목)의 합성어이며 처음 셀론섬에서 자라는 2종류 중 arbor fortunata(행운목)와 arbor infortunata (불운목)라고 부른데서 유래]

누리장나무

Clerodendrum trichotomum Thunb.

[*trichotomum*: 가지가 3개로 갈라지는]
영명: Harlequin Glorybower
이명: 개똥나무, 노나무, 개나무
서식지: 태안전역
주요특징: 잎은 마주나며 뒷면에 있는 희미한 선점들 때문에 구수한 냄새가 난다. 잎자루에는 털이 많다. 꽃은 통꽃으로 가지 끝에 취산꽃차례를 이루며 꽃부리가 5개로 갈라진다. 수술과 암술은 갈라진 꽃부리 밖으로 나와 있다. 열매는 핵과로 붉은색으로 변한 꽃받침 위에 달린다.
크기: ↕ ↔2~5m
번식: 씨앗뿌리기, 꺾꽂이
🌸 ⑦~⑧ 백색
🍎 ⑨~⑩ 청색

층꽃나무 *Caryopteris incana* (Thunb. ex Houtt.) Miq.

층꽃나무속(*Caryopteris*)
아시아에 7종류, 우리나라에 3종류, 풀 또는 작은키나무, 잎은 마주나기, 가장자리에 톱니, 꽃은 원뿔모양꽃차례, 꽃부리는 4개, 긴타원모양, 달걀모양, 수술은 4개, 암술 1개
[*Caryopteris*: 그리스어 karyon(호두)과 pteryx(날개)의 합성어이며 열매에 다소 날개가 있는 사분과]

층꽃나무

Caryopteris incana
(Thunb. ex Houtt.) Miq.

[*incana*: 회백색의, 회백색 유모로 덮인]
영명: Common Bluebeard
이명: 층꽃풀, 난향초
서식지: 신두리
주요특징: 잎은 마주나기하며 달걀모양이고 표면에 털이 있다. 뒷면은 회백색을 띠는 털이 빽빽하게 발달하고 가장자리에 톱니가 있으며 잎자루 길이는 5~20mm이다. 취산꽃차례는 잎겨드랑이에 많이 달리고 꽃받침은 종모양으로 깊게 5개로 갈라지며 결각은 피침모양이다. 열매는 거꿀달걀모양이며, 씨는 가장자리에 날개가 발달한다.
크기: ↕ ↔50~80cm
번식: 씨앗뿌리기, 꺾꽂이
🌸 ⑦~⑨ 보라색   🍎 ⑩~⑪ 황갈색

순비기나무속(*Vitex*)
전세계 230종류, 우리나라에 2종류, 잎은 마주나기, 홑잎, 손바닥모양의 겹잎, 가장자리는 밋밋하거나 톱니, 꽃받침과 꽃부리는 5개, 열매는 핵과, 달걀모양
[*Vitex*: 라틴어 vieo(매다)라는 뜻으로 가지로 바구니를 엮은데서 유래]

순비기나무

Vitex rotundifolia L. f.

[*rotundifolia*: 둥근잎의]
영명: Beach Vitex
이명: 만형자나무, 만형
서식지: 태안 바닷가 사구 전체 지역
주요특징: 옆으로 또는 비스듬히 자라며 전체에 회백색의 잔털이 있어 백분으로 덮여 있는 것 같다. 잎은 마주나기하고 두꺼우며 달걀모양이고 가장자리가 밋밋하다. 원뿔모양꽃차례는 가지 끝에 달리며 밑부분의 결각은 중앙부가 하얀색이고 표면에 잔털이 있다. 열매는 핵과로 둥근모양이다.
크기: ↕ 0.5~1.5m, ↔2~3m
번식: 씨앗뿌리기, 꺾꽂이
🌸 ⑦~⑧ 보라색
🍎 ⑩~⑪ 검정색

순비기나무 *Vitex rotundifolia* L. f.

꿀풀과(Labiatae)

전세계 245속 8,602종류, 풀, 드물게 작은키나무

배초향속(*Agastache*)

동아시아와 북아메리카에 28종류, 우리나라에 1종, 곧게서는 풀, 잎은 톱니가 있음, 냄새가 강함, 꽃은 흔히 이삭꽃차례, 꽃받침은 통모양, 톱니 5개

[*Agastache* : 그리스어의 aga(매우, 강한)와 stachys(이삭)의 합성어이며 굵은 수상화서가 달림]

배초향 *Agastache rugosa* (Fisch. & Mey.) Kuntze

배초향

Agastache rugosa (Fisch. & Mey.) Kuntze

[*rugosa* : 주름이 있는]
영명 : Korean Mint
이명 : 방아풀, 방아잎, 중개풀
서식지 : 갈음이, 안면도
주요특징 : 줄기는 가지가 갈라지고 네모지며, 마주나는 잎은 달걀을 닮은 심장모양으로 가장자리에 둔한 톱니가 있다. 꽃차례는 길쭉한데 단면이 바퀴모양을 닮았다. 열매는 길이 2mm 정도의 달걀을 닮은 타원모양이다.
크기 : ↕ ↔40∼100cm
번식 : 씨앗뿌리기, 포기나누기
▼ ⑦∼⑨ 자주색
◀ ⑨∼⑩

조개나물속(*Ajuga*)

전세계 89종류, 우리나라에 7종류, 여러해살이풀, 기는 것도 있음, 잎가장자리에는 이모양의 톱니, 꽃받침은 종모양, 꽃부리는 잎술모양, 끝이 2개

[*Ajuga* : 그리스어 a(부정, 무)와 jugos(속박)의 합성어이며 쌍으로 되지 않는다는 뜻]

금창초 *Ajuga decumbens* Thunb.

금창초

Ajuga decumbens Thunb.

[*decumbens* : 옆으로 누운]
영명 : Decumbent Bugle
이명 : 금란초, 섬자란초, 가지조개나물
서식지 : 안면도
주요특징 : 줄기는 옆으로 뻗는다. 뿌리잎은 여러장이 모여나며 가장자리에 톱니가 있고 줄기잎은 마주난다. 꽃은 잎겨드랑이에서 여러개가 돌려나고 꽃받침은 5개이며 털이 난다. 꽃부리의 윗입술은 2개, 아랫입술은 3개로 갈라진다. 수술은 4개이고, 열매는 소견과다.
크기 : ↕ ↔5∼20cm
번식 : 씨앗뿌리기, 뿌리꺾꽂이, 잎꽂이
▼ ③∼⑥ 자주색, 분홍색
◀ ⑥∼⑧

조개나물 *Ajuga multiflora* Bunge

조개나물

Ajuga multiflora Bunge.

[*multiflora* : 많은 꽃의]
영명 : Korean Pyramid Bugle
서식지 : 안면도, 흥주사, 송현리
주요특징 : 줄기는 전체에 긴 털이 밀생한다. 뿌리잎은 큰 피침모양이고 마주나는 줄기잎은 길이 15∼30mm, 너비 7∼20mm 정도의 타원모양이며 가장자리에 물결모양의 톱니가 있다. 열매는 거꿀달걀모양으로 그물맥이 있다.
크기 : ↕ ↔5∼30cm
번식 : 씨앗뿌리기, 뿌리꺾꽂이, 잎꽂이
▼ ④∼⑤ 자주색, 분홍색
◀ ⑥∼⑧

개차즈기속(Amethystea)

전세계 1종, 우리나라에 1종, 한해살이풀, 곧 게서고, 거의 털이 없음, 잎은 깊게 3~5개, 결 각이 있고, 줄기잎은 차츰 작아짐, 꽃받침은 둥근 종모양, 꽃은 4개
[Amethystea: 그리스어 amethystos(자석영)이란 뜻이며 꽃의 빛깔이 하늘색이라는데서 유래]

개차즈기

Amethysteqa caerulea L.

[caerulea: 푸른빛이 도는]
영명: Blue Amethystea
이명: 개차즈키, 개차즈개, 개차조기
서식지: 안면도
주요특징: 줄기는 가지가 갈라지며 네모지고 마디에 잔털이 있다. 잎은 마주나며 3~5개로 완전히 갈라져 깃모양으로 된다. 꽃은 줄기와 가지 끝에서 취산꽃차례로 달린다. 꽃부리는 꽃받침보다 길게 4개로 갈라지는데 아래쪽 갈래가 크다. 수술은 2개가 꽃부리 밖으로 길게 나온다. 열매는 꽃받침에 싸여 있다.
크기: ↕ ↔30~80cm
번식: 씨앗뿌리기
▼ ⑧~⑨ 자주색
⚫ ⑨~⑩

향유속(Elsholtzia)

전세계 42종류, 우리나라에 12종류, 풀 또는 작은키나무, 잎은 마주나기, 가장자리에 톱니, 꽃은 줄기 한쪽에 빽빽하게 모여 달림, 이삭꽃 차례, 꽃받침 끝이 5개, 꽃은 잎술모양, 4개
[Elsholtzia: 독일의 식물학자인 엘스홀츠 (Johann Sigismund Elsholtz, 1623~1688)에서 유래]

향유

Elsholtzia ciliata (Thunb.) Hyl.

[ciliata: 부드러운 털이 있는]
영명: Crested Late-Summer Mint
이명: 노야기
서식지: 태안전역
주요특징: 잎은 긴달걀모양 또는 긴타원모양으로 마주나는데 끝이 날카로우며 톱니가 있다. 꽃은 한쪽으로 모여 피어 이삭모양을 이룬다. 꽃받침은 종모양이고 5개로 갈라져 있으며 꽃부리와 함께 잔털이 있다. 4개의 수술 중 2개는 길고 2개는 짧다. 열매는 길이가 2mm 정도이며 물에 젖으면 점성이 생긴다.
크기: ↕ ↔30~60cm
번식: 씨앗뿌리기
▼ ⑨~⑩ 연한 적자색
⚫ ⑩~⑪

개차즈기 Amethysteqa caerulea L.

향유 Elsholtzia ciliata (Thunb.) Hyl.

긴병꽃풀속(Glechoma)

북반구에 8종류, 우리나라에 1종, 여러해살이풀, 기거나 비스듬히 서고, 잎은 톱니가 있음, 꽃은 입술모양, 꽃받침은 통, 종모양, 윗부분은 3개, 아랫부분은 2개
[Glechoma: 박하의 일종에 붙인 그리스의 고명 glechon에서 유래]

긴병꽃풀

Glechoma grandis (A. Gray) Kuprian.

[grandis: 큰, 대단한, 웅장한, 강력한]
영명: Ground Ivy
이명: 조선광대수염, 덩굴광대수염
서식지: 천리포
주요특징: 줄기는 옆으로 뻗으며 높이 10~20cm 정도로 곧게 서기도 한다. 마주나는 잎은 콩팥을 닮은 원모양으로 가장자리에 둔한 톱니가 있다. 열매는 길이 1.8mm 정도의 타원모양이다.
크기: ↕ ↔20~30cm
번식: 씨앗뿌리기, 꺾꽂이
▼ ④~⑤ 자주색   ⚫ ⑥~⑦

긴병꽃풀 Glechoma grandis (A. Gray) Kuprian.

산박하속(*Isodon*)

전세계 113종류, 우리나라에 11종류, 잎은 마주나기, 가장자리에 톱니가 있음, 꽃은 5~6송이가 돌려난 것 같이 붙음, 꽃받침은 끝이 5개, 꽃잎은 입술모양

[*Isodon*: 그리스어 iso(같다)와 dons(어금니)의 합성어이며 꽃받침 찢어진 조각의 크기가 같음]

산박하

Isodon inflexus (Thunb.) Kudo

[*inflexus*: 내곡된]
영명: Mountain Isodon
이명: 깻잎나물, 깻잎오리방풀, 애잎나물
서식지: 태안전역
주요특징: 줄기는 가지가 많으며 네모지고 능선에 흰털이 있다. 마주나는 잎의 잎몸은 길이 3~6cm, 너비 2~4cm 정도의 삼각상 달걀모양으로 끝이 뾰족하며 가장자리에 둔한 톱니가 있다. 꽃은 취산꽃차례로 모여달린다. 열매는 원반모양으로 꽃받침속에 4개로 분리되어 있다.
크기: ↕ 40~100cm
번식: 씨앗뿌리기
🌸 ⑥~⑧ 자주색
🍂 ⑧~⑨

광대수염속(*Lamium*)

전세계 42종류, 우리나라에 자생 5종류, 귀화 1종, 잎은 심장모양, 가장자리에 이모양 톱니, 꽃은 잎술모양, 잎겨드랑이에 돌려나기, 꽃부리통은 길고 윗부분 꽃잎은 투구모양, 아랫부분은 3개

[*Lamium*: 플리니(Gaius Plinius Secundus, AD 23/24-79)가 붙인 쐐기풀과 비슷한 식물의 라틴고명, 꽃부리 통부분이 길기 때문에 laipos(목구멍)에서 유래되었다고도 함]

광대수염

Lamium album var. *barbatum* (Siebold & Zucc.) Franch. & Sav.

[*album*: 백색의, *barbatum*: 까락이 있는]
영명: Beard White Deadnettle
이명: 산광대, 꽃수염풀
서식지: 태안전역
주요특징: 줄기는 네모지고 털이 조금 있다. 잎은 마주나고 달걀모양으로 끝이 뾰족하고 가장자리에 톱니가 있다. 잎 양면은 맥 위에 털이 드문드문 난다. 꽃은 잎겨드랑이에서 5~6개씩 층층이 달린다. 꽃부리의 아랫입술은 넓게 퍼지며 옆에 부속체가 있다.
크기: ↕ ↔ 30~60cm **번식**: 씨앗뿌리기, 포기나누기
🌸 ⑤ 연한 노란색, 백색 🍂 ⑥~⑦

광대수염 *Lamium album* var. *barbatum* (Siebold & Zucc.) Franch. & Sav.

광대나물

Lamium amplexicaule L.

[*amplexicaule*: 줄기를 안는]
영명: Henbit Deadnettle
이명: 작은잎꽃수염풀, 긴잎광대수염
서식지: 태안전역
주요특징: 줄기는 밑에서 많이 갈라지며 자줏빛이 돈다. 잎은 마주나며 아래쪽의 것은 둥근모양으로 잎자루가 길다. 위쪽 잎은 잎자루가 없고 반원모양으로 양쪽에서 줄기를 완전히 둘러싼다. 꽃은 잎겨드랑이에서 여러개가 피며 꽃부리는 통이 길고 위쪽에서 갈라지며 아랫입술은 3개로 갈라진다. 열매는 소견과이며 달걀모양이다.
크기: ↕ ↔ 10~30cm
번식: 씨앗뿌리기
🌸 ④~⑤ 적자색
🍂 ⑥~⑦

자주광대나물

Lamium purpureum L.

서식지: 태안 전역
주요특징: 잎은 마주나게 붙는데 아래쪽 잎은 둥글거나 넓은 달걀모양이고 가늘면서 기다란 잎자루가 있다. 줄기 위쪽에 붙는 잎은 달걀모양으로 끝이 날카롭고 잎자루가 짧다. 꽃은 총상꽃차례를 이루며 꽃받침은 5개로 피침모양이며 가장자리에 털이 있다. 꽃은 아랫잎술의 꽃잎이 3개로 갈라진다. 열매는 거꾸로 세운 달걀모양이며 능선은 3개이고 배면은 둥글다.
크기: ↕ ↔ 10~20cm
번식: 씨앗뿌리기
🌸 ④~⑤ 적자색
🍂 ⑥~⑦

산박하 *Isodon inflexus* (Thunb.) Kudo

광대나물 *Lamium amplexicaule* L.

자주광대나물 *Lamium purpureum* L.

박하속(Mentha)

전세계 56종류, 우리나라에 2종류, 향기가 좋은 여러해살이풀, 잎겨드랑이에 많은 꽃이 빽빽하게 달림 꽃받침은 종, 통모양, 5개의 톱니, 꽃부리통은 꽃받침보다 짧고 4개
[Mentha: 그리스신화 중의 여신 멘테(Menthe)에서 유래, 지옥의 여왕 프로세르피네(Proserpine)가 박하로 만들었다는 전설에 따라 테오파라투스(Theophrastus)가 사용함]

박하

Mentha arvensis var. *piperascens* Malinv. ex Holmes

[*arvensis*: 경작할 수 있는 땅의, 야생의, *piperascens*: 후추속(*Piper*)과 비슷한]
영명: Bakha
이명: 털박하
서식지: 안면도
주요특징: 전체에 짧은 털이 나고 향기가 좋다. 땅속줄기는 옆으로 뻗어 번식한다. 줄기는 곧게서며 가지가 갈라진다. 잎은 마주나며 긴타원모양이고 가장자리에 날카로운 톱니가 있다. 꽃부리는 4개로 갈라진다. 열매는 달걀모양이다.
크기: ↕ ↔20~60cm
번식: 씨앗뿌리기, 포기나누기, 꺾꽂이
▽ ⑦~⑨ 백색, 연한 홍색
🍃 ⑨~⑩

박하 *Mentha arvensis* var. *piperascens* Malinv. ex Holmes

익모초속(Leonurus)

전세계 25종류, 우리나라에 2종류, 풀, 줄기는 곧게서고, 잎은 마주나기, 가장자리에 거친 톱니 또는 손바닥모양으로 갈라짐, 꽃은 빽빽하게 모여 돌려나기
[*Leonurus*: 그리스어 leon(사자)과 꼬리의 합성어이며 꽃차례에 비유]

익모초 *Leonurus japonicus* Houtt.

익모초

Leonurus japonicus Houtt.

[*japonicus*: 일본의]
영명: Oriental Motherwort
이명: 임모초, 개방아
서식지: 태안전역
주요특징: 줄기는 네모지고 백색 털이 있어 전체적으로 백록색을 띤다. 줄기에서 나오는 잎은 3개로 갈라져 긴 포크모양이다. 꽃은 줄기 윗부분의 잎겨드랑이에서 몇 개씩 층층이 달린다. 꽃잎은 아래위로 갈라지는데 아래쪽은 다시 3개로 갈라진다. 수술은 4개로 이 중 2개는 길고 나머지는 짧다.
크기: ↕ ↔70~100cm
번식: 씨앗뿌리기
▽ ⑦~⑧ 적자색
🍃 ⑨~⑩

송장풀

Leonurus macranthus Maxim.

[*macranthus*: 큰 꽃의]
영명: Large–Flower Motherwort
이명: 개속단, 개방앳잎, 산익모초
서식지: 태안전역
주요특징: 줄기는 네모지고 털이 있다. 마주나는 잎은 달걀모양으로 가장자리에 둔한 톱니가 있다. 잎자루는 길이 1~5cm 정도이다. 꽃은 작은 꽃들이 3~6개씩 모여 달린다. 열매는 길이 2.5mm 정도의 쐐기 비슷한 거꿀달걀모양으로 3개의 능각이 있다.
크기: ↕ ↔70~100cm
번식: 씨앗뿌리기
▽ ⑧ 연한 홍색
🍃 ⑨~⑩ 검정색

송장풀 *Leonurus macranthus* Maxim.

쉽싸리속(*Lycopus*)

전세계 23종류, 우리나라에 4종류, 잎은 마주나기, 꽃은 작은크기, 잎겨드랑이에 붙고, 꽃자루는 없음, 꽃받침은 종모양, 4~5개, 꽃부리는 종모양, 고르게 5개

[*Lycopus*: 그리스어 lycos(늑대)와 pous(발)의 합성어]

쉽싸리 *Lycopus lucidus* Turcz. ex Benth.

개쉽싸리

Lycopus coreanus H.Lév.

[*coreanus*: 한국의]
영명: Korean Bugleweed
이명: 좀개쉽싸리, 고려쉽싸리, 개쉽사리
서식지: 안면도
주요특징: 줄기는 밑부분이 비스듬히 곧게 자라며 마디에 흰 털이 있다. 잎은 마주나고 거꿀달걀 또는 거꿀피침모양이다. 잎끝은 뾰족하며 밑부분은 급하게 좁아지고 가장자리에 둔한 톱니가 있다. 꽃은 줄기 윗부분의 잎겨드랑이에서 돌려난다. 꽃받침은 종모양이고 윗부분은 5개로 갈라진다. 열매는 작으며 딱딱한 껍질에 싸여 있다.
크기: ↕ ↔30~40cm
번식: 씨앗뿌리기, 포기나누기
🌼 ⑧~⑨ 백색 🍂 ⑨~⑩ 검정색

쉽싸리

Lycopus lucidus Turcz. ex Benth.

[*lucidus*: 강한 윤채가 있는]
영명: Shiny Bugleweed
이명: 택란, 개조박이, 털쉽싸리
서식지: 태안전역
주요특징: 원줄기는 네모지며 녹색이지만 마디에 검은빛이 돌고 하얀색의 털이 있으며 가지가 없다. 마주나는 잎은 넓은 피침모양으로 가장자리에 톱니가 있으며 옆으로 퍼진다. '개쉽싸리와 달리 가지가 없이 곧게 자라며 잎은 너비 1~2cm 정도의 긴타원모양으로 크고 줄기는 지름이 3~7mm로 굵게 자라는 차이가 있다.
크기: ↕ ↔70~100cm
번식: 씨앗뿌리기, 포기나누기
🌼 ⑧~⑨ 백색
🍂 ⑨~⑩

벌깨덩굴속(*Meehania*)

전세계 12종류, 우리나라에 3종류, 잎은 마주나기, 잎자루가 길고, 톱니가 있음, 꽃받침은 5개, 꽃은 잎술모양, 윗부분은 2개, 아랫부분은 3개

[*Meehania*: 미국 필라델피아의 식물학자 미핸(Thomas Meehan, 1826~1901)에서 유래]

벌깨덩굴

Meehania urticifolia (Miq.) Makino

[*urticifolia*: 쐐기풀속(*Urtica*)과 비슷한 잎을 가진]
영명: Nettle-Leaf Mint
이명: 벌개덩굴
서식지: 백리포, 천리포
주요특징: 줄기는 네모지고 꽃이 진 후에 옆으로 길게 뻗는다. 잎은 5쌍 정도가 마주난다. 잎몸은 심장모양으로 가장자리에 톱니가 있다. 꽃은 꽃줄기 위쪽 잎겨드랑이에서 한 쪽을 향해 피는데 향기가 좋다. 꽃부리의 윗입술은 2개로 깊게 갈라지며 아랫입술은 3개로 갈라진다. 열매는 작으며 딱딱한 껍질에 싸여 있다.
크기: ↕ ↔15~30cm
번식: 씨앗뿌리기
🌼 ⑤~⑥ 자주색 🍂 ⑦~⑧

개쉽싸리 *Lycopus coreanus* H.Lév.

벌깨덩굴 *Meehania urticifolia* (Miq.) Makino

쥐깨풀속(*Mosla*)

전세계 16종류, 우리나라에 7종류, 대부분 털이 있음, 잎은 피침을 닮은 선모양, 달걀을 닮은 둥근모양, 톱니, 꽃은 이삭꽃차례, 총상꽃차례, 꽃받침은 5개, 꽃은 입술모양
[*Mosla*: (쥐깨풀속)의 어떤 종에 대한 인도 지방명]

가는잎산들깨   🕎 EN

Mosla chinensis Maxim.

[*chinensis*: 중국의]
영명: East Asian Dwarf Mosla
이명: 가는잎깨풀, 신산들깨
서식지: 갈음이, 백화산
주요특징: 줄기는 네모지고 가지를 치며 밑으로 향하는 털이 있고 자주색이다. 잎은 마주나며 가늘고 길거나 피침모양으로 가장자리에 얕은 톱니가 있고 양면에 털이 있다. 꽃은 줄기 끝에 총상꽃차례로 달리고 꽃부리는 입술모양이다. 열매는 둥근모양이다.
크기: ↕ ↔10～30cm
번식: 씨앗뿌리기
🌱 ⑦～⑧ 연한 홍색   🍂 ⑨～⑩

속단속(*Phlomis*)

전세계 121종류, 우리나라에 4종류, 여러해살이풀, 작은키나무, 꽃은 잎겨드랑이에 돌려나기, 꽃은 입술모양, 아랫부분 꽃잎은 3개, 잔털이 있으며, 수술은 4개
[*Phlomis*: 디오스코리데스(Pedanius Dioscorides)가 사용한 그리스 옛날 이름]

속단

Phlomis umbrosa Turcz.

[*umbrosa*: 그늘이 많은]
영명: Shady Jerusalem Sage
서식지: 태안전역
주요특징: 전체에 잔털이 있으며 뿌리에 비대한 덩이뿌리가 5개 정도 달린다. 마주나는 잎은 심장을 닮은 달걀모양으로 뒷면에 잔털이 있고 가장자리에 둔한 톱니가 있다. 꽃은 줄기와 잎이 마주치는 잎겨드랑이 둘레에 둥근 원뿔모양으로 모여 달린다.
크기: ↕ ↔70～100cm
번식: 씨앗뿌리기, 포기나누기
🌱 ⑦ 홍색
🍂 ⑧～⑨

속단 *Phlomis umbrosa* Turcz.

꿀풀속(*Prunella*)

전세계 16종류, 우리나라에 3종류, 여러해살이풀, 잎은 마주나기, 꽃은 줄기끝에 조밀한 이삭꽃차례, 꽃받침은 입술모양, 윗부분은 3개, 아랫부분은 2개
[*Prunella*: 독일어이지만 어원이 확실하지 않으며 린네(Carl von Linne, 1707～1778)이전에는 흔히 Brunella(편도선염)라고 했다.]

꿀풀

Prunella vulgaris var. *lilacina* Nakai

[*vulgaris*: 보통의, *lilacina*: 등색의, 수수꽃다리의 색과 같은]
영명: Lilac Self-Heal
이명: 꿀방망이, 가지골나무, 붉은꿀풀
서식지: 태안전역
주요특징: 줄기는 붉은색이 돌며 털이 많다. 잎은 달걀 또는 달걀을 닮은 타원모양이며 가장자리가 밋밋하거나 톱니가 조금 있다. 꽃은 줄기 끝의 수상꽃차례에 빽빽이 달린다. 꽃부리는 입술모양인데 아랫입술이 3개로 갈라진다. 열매는 딱딱한 껍질에 싸여 있으며 4개로 갈라진다.
크기: ↕ ↔20～30cm
번식: 씨앗뿌리기, 포기나누기
🌱 ⑤～⑦ 적자색
🍂 ⑦～⑧ 황갈색

가는잎산들깨 *Mosla chinensis* Maxim.

꿀풀 *Prunella vulgaris* var. *lilacina* Nakai

흰꿀풀 *Prunella vulgaris* f. *albiflora* Nakai

배암차즈기속(*Salvia*)

전세계 1,037종류, 우리나라에 3종류, 잎은 마주나기, 꽃은 연속되지 않는 이삭모양의 꽃차례, 꽃받침은 통모양, 끝은 입술모양, 꽃부리통 윗부분은 서며, 아랫부분은 3개
[*Salvia*: 본 속의 일종인 sage의 라틴 고명이며 약용적인 것이 많기 때문에 salvare(치유하다)에서 유래]

배암차즈기

Salvia plebeia R.Br.

[*plebeia*: 보통의]
영명: Plebeian Sage
이명: 뱀차조기, 배암배추, 뱀배추
서식지: 태안전역
주요특징: 줄기는 네모지고 밑을 향한 잔털이 있으며 뿌리잎은 꽃이 필 때 마른다. 줄기잎은 긴 타원 또는 넓은 피침모양이고 가장자리에 둔한 톱니가 있다. 꽃은 줄기 끝과 위쪽 잎겨드랑이에서 난 총상꽃차례에 달린다. 꽃부리는 입술모양이다. 열매는 딱딱한 껍질에 싸여 있으며 넓은타원모양이다.
크기: ↕ ↔20~80cm
번식: 씨앗뿌리기
▼ ⑤~⑥ 자주색
◀ ⑦~⑧ 갈색

배암차즈기 *Salvia plebeia* R.Br.

골무꽃속(*Scutellaria*)

전세계 536종류, 우리나라에 자생 20종류, 귀화 1종, 여러해살이풀, 드물게 작은키나무, 꽃차례에 붙은 잎은 잎 또는 포모양, 꽃받침은 종모양, 꽃잎은 입술모양, 짧고 넓으며 꽃이 핀 후에 닫힘
[*Scutellaria*: 라틴어 scutella(작은접시)에서 유래된 것으로 꽃받침에 접시같은 부속물이 있음]

애기골무꽃

Scutellaria dependens Maxim.

[*dependens*: 밑으로 처진]
영명: Delicate Skullcap
서식지: 안면도, 송현리
주요특징: 줄기는 능각이 있으며 털은 거의 없고 가지는 많이 갈라진다. 잎은 마주나며 잎몸은 삼각상 달걀 또는 넓은 피침모양이고 가장자리에 잔털이 있다. 꽃은 가지 윗부분의 잎겨드랑이에 2개씩 마주난다. 꽃자루는 짧고 잔털이 있고, 열매는 많은 돌기가 있다.
크기: ↕ ↔10〜40cm
번식: 씨앗뿌리기, 포기나누기
▼ ⑦〜⑧ 자주색, 하얀색
◀ ⑧〜⑨

떡잎골무꽃

Scutellaria indica var. *tsusimensis* (H.Hara) Ohwi

[*indica*: 인도의]
영명: Thick-Leaf Indian Skullcap
이명: 좀골무꽃, 수골무꽃, 두꺼운골무꽃
서식지: 안면도
주요특징: 전체에 길게 퍼진 털이 많으며 원줄기는 둔한 사각형이고 비스듬히 자라다가 곧게 선다. 잎은 마주나기하며 심장모양이고 표면의 맥이 들어가 있다. 꽃은 한쪽을 향해 2줄로 달린다. 꽃부리는 밑부분이 꼬부라져서 곧게서며 아랫입술 꽃잎은 넓고 앞으로 나오며 자주색 반점이 있다. 분과는 돌기가 밀생한다.
크기: ↕ ↔10〜30cm
번식: 씨앗뿌리기, 포기나누기
▼ ⑤〜⑥ 자주색
◀ ⑦〜⑧

산골무꽃

Scutellaria pekinensis var. *transitra* (Makino) H. Hara

[*pekinensis*: 북경산의]
영명: Mountain Skullcap
이명: 각씨골무꽃, 광릉골무꽃, 그늘골무꽃
서식지: 천리포, 구례포
주요특징: 줄기는 겉에 털이 있으며 잎은 마주나고 잎자루가 길다. 잎은 달걀모양으로 가장자리에 톱니가 있다. 꽃은 이삭꽃차례에 달리고 꽃

부리의 아랫입술은 얕게 갈라진다. 열매는 딱딱한 껍질로 싸여지는데 4개로 분리된다.
크기: ↕ ↔15〜30cm
번식: 씨앗뿌리기, 포기나누기
▼ ⑤〜⑥ 연한 자주색
◀ ⑦〜⑧

참골무꽃

Scutellaria strigillosa Hemsl.

[*strigillosa*: 다소 예리하고 뾰족한, 억센 털이 촘촘하게 있는]
영명: Sandy Skullcap
이명: 큰골무꽃, 민골무꽃, 흰참골무꽃
서식지: 태안전역
주요특징: 옆으로 길게 뻗은 땅속줄기의 능선에는 위를 향한 털이 있다. 마주나는 잎의 잎몸은 타원모양으로 양면에 털이 있으며 둔한 톱니가 있다. 열매는 길이 1.5mm 정도의 반원모양으로 둥근 돌기가 있다.
크기: ↕ ↔10〜40cm
번식: 씨앗뿌리기, 포기나누기
▼ ⑥〜⑧ 자주색
◀ ⑧〜⑨

석잠풀속(*Stachys*)

전세계 421종류, 우리나라에 4종류, 잎은 갈라지지 않고, 가장자리에 톱니, 꽃은 줄기끝에 층층이 이삭모양의 꽃차례, 꽃받침은 5개, 꽃부리통 안쪽에 털고리
[*Stachys*: 그리스어 stachyus(귀, 수상화)에서 유래]

석잠풀

Stachys riederi var. *japonica* (Miq.) H.Hara

[*riederi*: 채집가 리이더(Rieder)의, *japonica*: 일본의]
영명: Hairless Woundwort
이명: 민석잠풀
서식지: 안면도
주요특징: 땅속줄기는 희고 길게 옆으로 뻗는다. 잎은 마주나며 피침모양으로 가장자리에 뾰족한 톱니가 있다. 꽃은 줄기 위쪽의 잎겨드랑이에 6〜8개씩 돌려난다. 꽃부리는 입술모양으로 아랫입술은 3개이며 짙은 붉은색 반점이 있다. 열매는 딱딱한 껍질에 싸여 있으며 꽃받침 속에 들어 있다.
크기: ↕ ↔30〜60cm
번식: 씨앗뿌리기, 포기나누기
▼ ⑤〜⑨ 자주색 ◀ ⑦〜⑩

석잠풀 *Stachys riederi* var. *japonica* (Miq.) H.Hara

애기골무꽃 *Scutellaria dependens* Maxim.

떡잎골무꽃 *Scutellaria indica* var. *tsusimensis* (H.Hara) Ohwi

산골무꽃 *Scutellaria pekinensis* var. *transitra* (Makino) H. Hara

참골무꽃 *Scutellaria strigillosa* Hemsl.

곽향속(*Teucrium*)

전세계 341종류, 우리나라에 4종류, 잎가장자리는 밋밋하거나 깃모양, 꽃받침은 통 또는 종모양, 꽃잎은 2장의 입술모양, 윗부분은 2갈래, 아랫부분은 3갈래
[*Teucrium*: 디오스코리데스(Pedanius Dioscorides)가 이 속의 근연종에 붙인 teucrium에서 유래. 영웅 Teukros를 찬양한 이름]

개곽향

Teucrium japonicum Houtt.

[*japonicum*: 일본의]
영명: Spike-Flower Germander
이명: 가지개곽향, 좀곽향
서식지: 안면도
주요특징: 줄기는 네모지며 가지를 치고 밑으로 굽는 잔털이 있다. 잎은 마주나며 잎몸은 긴타원모양으로 가장자리에 거친 톱니가 있다. 꽃은 줄기 윗부분 잎겨드랑이에서 총상꽃차례로 달리고, 꽃부리는 입술모양이다. 열매는 거꿀달걀모양으로 겉에는 그물모양 무늬가 있다.
크기: ↕ ↔30∼80cm
번식: 씨앗뿌리기, 포기나누기, 꺾꽂이
▼ ⑦∼⑧ 연한 홍색
◪ ⑧∼⑨

가지과(Solanaceae)

전세계 115속 2,768종류, 풀 또는 나무

독말풀속(*Datura*)

전세계 13종류, 우리나라에 귀화 3종류, 꽃은 크며, 줄기끝에 흔히 붙고, 꽃받침은 통모양, 5개의 각이 짐, 꽃부리는 깔때기, 긴 통모양, 열매는 4개로 분리
[*Datura*: 아랍명 tatorah 또는 힌두명 dhatura의 변형]

흰독말풀

Datura metel L.

영명: Common Thorn Apple, Stramonium Thorn Apple, Jimsonweed
이명: 독말풀
서식지: 안면도, 만리포
주요특징: 잎은 어긋나며 넓은달걀모양으로 끝은 뾰족하고 가장자리는 결각상의 톱니가 있다. 꽃은 잎겨드랑이에 1개씩 달리고, 꽃부리는 깔때기모양으로 길이 15cm정도이다. 열매는 둥근모양이고 가시 같은 돌기가 빽빽하며 불규칙하게 터진다.
크기: ↕ ↔50∼150cm
번식: 씨앗뿌리기
▼ ⑧∼⑨ 백색
◪ ⑨∼⑩

개곽향 *Teucrium japonicum* Houtt.

흰독말풀 *Datura metel* L.

독말풀

Datura stramonium var. *chalybaea* W.D.J. Koch

이명: 네조각독말풀, 양독말풀
서식지: 십리포, 만리포
주요특징: 잎은 어긋나지만 마주난 것처럼 보이며 넓은달걀모양으로 가장자리에 큰 톱니가 있다. 꽃은 잎겨드랑이에서 달리고, 꽃부리는 깔때기모양으로 5개로 얕게 갈라지며 꽃부리끝은 길고 뾰족하다. 열매는 겉에 가시모양의 돌기가 많고 익으면 4개로 갈라진다.
크기: ↕ ↔50∼150cm
번식: 씨앗뿌리기
▼ ⑧∼⑨ 연한 자주색 ◪ ⑨∼⑩

독말풀 *Datura stramonium* var. *chalybaea* W.D.J. Koch

구기자나무속(*Lycium*)

전세계 94종류, 우리나라에 1종 퍼져 자람, 가시가 있는 작은키 또는 큰키나무, 잎은 밋밋함, 꽃받침은 종모양, 꽃부리는 통, 종, 깔때기 모양, 5개, 열매는 장과
[*Lycium*: 중앙아시아에서 자라는 가시가 많은 키 작은 나무인 lycion이란 그리스 고명을 가시가 있기 때문에 전용]

구기자나무

Lycium chinense Mill.

[*chinense*: 중국의]
영명: Chinese Matrimony Vine
이명: 구기자
서식지: 가의도, 궁시도, 학암포, 장명수
주요특징: 줄기는 비스듬히 자라면서 많은 가지가 갈라지고 잎겨드랑이에는 짧은 가지가 변한 가시가 있다. 잎은 마디에서 여러장이 모여나고 긴타원모양으로 가장자리는 밋밋하다. 꽃은 잎겨드랑이에서 3~5개씩 달린다. 꽃부리의 끝은 3~5개로 갈라진다. 열매는 장과이다.
크기: ↕ ↔2~3m
번식: 씨앗뿌리기, 꺾꽂이
▼ ⑥~⑨ 연한 자색
◀ ⑨~⑩ 적색

구기자나무 *Lycium chinense* Mill.

가시꽈리속(*Physaliastrum*)

전세계 9종류, 우리나라에 1종, 가지를 침, 잎은 달걀모양, 꽃은 작은크기, 밑을 향함, 꽃받침은 짧은 종모양, 둥글거나 타원모양, 5개, 꽃잎은 종모양
[*Physaliastrum*: *Physalis*(꽈리속)와 astrum (비슷하다)의 합성어]

가시꽈리

Physaliastrum echinatum (Yatabe) Makino

[*echinatum*: 강모가 있는, 까락같은 가시가 있는]
영명: East Asian Physaliastrum
이명: 가시꼬아리
서식지: 안면도, 모항리
주요특징: 잎은 어긋나기하지만 마디에서 2장씩 달린다. 잎 끝은 짧게 뾰족해지며 털이 있고 가장자리는 밋밋하다. 꽃은 연한 노란색이지만 중심부는 녹색이고 잎겨드랑이에 1~3송이씩 밑을 향해 달린다. 꽃부리는 겉에 짧은 털이 있다. 열매는 장과로 둥근 꽃받침에 싸이며 겉은 가시모양의 돌기가 있다.
크기: ↕ ↔50~70cm
번식: 씨앗뿌리기
▼ ⑥~⑧ 연한 노란색
◀ ⑧~⑨ 하얀색

가시꽈리 *Physaliastrum echinatum* (Yatabe) Makino

땅꽈리속(*Physalis*)

전세계 134종류, 우리나라에 2종류 귀화, 잎은 깃모양으로 갈라지기도 함, 꽃은 통모양, 잎겨드랑이에 1송이씩 핌, 끝은 5개, 열매는 장과
[*Physalis*: 그리스명의 physa(수포, 기포)에서 유래. 주머니같은 꽃받침에서 유래]

노란꽃땅꽈리

Physalis acutifolia (Miers) Sandwith

[*acutifolia*: 잎 끝이 뾰족한]
서식지: 안면도
주요특징: 잎은 어긋나기하며 잎자루의 길이가 6cm에 이르는 것도 있다. 잎몸은 긴타원 또는 달걀모양이며 가장자리에 6쌍 내외의 깊게 파인 거치가 있다. 꽃은 잎겨드랑이에서 피는데 위에서 보면 둔한 오각모양으로 안쪽에 노란색의 둥근 무늬가 있다. 열매는 짙은 자주색의 맥이 뚜렷하게 나타나며 열매를 싸고 있다.
크기: ↕ ↔20~100cm **번식**: 씨앗뿌리기
▼ ⑥~⑧ 연한 노란색 ◀ ⑧~⑨

노란꽃땅꽈리 *Physalis acutifolia* (Miers) Sandwith

가지속(Solanum)

전세계 1,230종류, 우리나라에 자생 3종류, 귀화 8종류, 잎은 어긋나기, 꽃은 1송이 또는 취산꽃차례, 잎겨드랑이에 붙음, 꽃받침은 종모양, 꽃부리는 방사상칭, 꽃부리통은 짧음
[Solanum: 라틴 고명이며 본 속 중에서 진통작용을 하는 것이 있어 solamen(안정)에서 유래]

배풍등

Solanum lyratum Thunb.

[lyratum: 크게 날개처럼 갈라진다는 뜻]
영명: Lyre-leaf Nightshade
이명: 배풍등나무
서식지: 태안전역
주요특징: 전체에 샘털이 많고, 줄기는 끝이 덩굴처럼 된다. 잎은 마주나며 달걀모양 또는 긴타원모양이다. 잎 끝은 뾰족하고 밑은 심장모양이며 가장자리는 밋밋하거나 1～2쌍의 조각으로 갈라진다. 꽃은 원뿔모양꽃차례로 달리고, 꽃부리는 5개로 깊게 갈라진다. 열매는 장과이며 둥글다.
크기: ↕↔1～3m
번식: 씨앗뿌리기
▼ ⑥～⑨ 백색
◀ ⑨～⑩ 적색

털까마중

Solanum sarrachoides Sendtn.

영명: Hairy Nightshade
서식지: 안면도
주요특징: 잎은 달걀모양으로 물결모양톱니가 있고 양면에 샘털이 있다. 꽃은 잎겨드랑이에 달리며 취산꽃차례를 이룬다. 꽃부리는 5개로 갈라지며 꽃받침은 샘털이 밀생한다. 열매는 장과이며 둥글다.
크기: ↕↔20～50cm
번식: 씨앗뿌리기
▼ ⑤～⑩ 백색
◀ ⑥～⑪ 녹색

배풍등 Solanum lyratum Thunb.

털까마중 Solanum sarrachoides Sendtn.

165

민구와말 *Limnophila indica* (L.) Druce

구와말 *Limnophila sessiliflora* (Vahl) Blume

현삼과(Scrophulariaceae)
전세계 76속 1,620종류, 풀 또는 작은키나무, 드물게 큰키나무

구와말속(Limnophila)
전세계 18종류, 우리나라에 3종류, 풀, 습지에 서식, 연함, 지상의 잎은 마주나기, 돌려나기, 물 속의 잎은 실모양 갈래, 꽃잎은 입술모양, 꽃받침은 5개
[Limnophila: 그리스어 limne(늪)와 philos(좋다)의 합성어이며 습지에서 자란다는 뜻]

민구와말
Limnophila indica (L.) Druce

[indica: 인도의]
영명: Indian Marshweed
이명: 좀마름, 민논말, 애기구와말
서식지: 안면도
주요특징: 줄기는 가지가 많이 갈라진다. 물 위의 잎은 5~6개가 돌려나고 깃털모양으로 잘게 갈라지며 밑부분이 좁아져 직접 줄기에 붙는다. 물 속의 잎은 바늘모양으로 깊게 갈라진다. 꽃은 잎겨드랑이에 1개씩 달리고 작은 꽃자루에는 털이 없다. 꽃부리는 입술모양이다.
크기: ↕ ↔10~30cm
번식: 씨앗뿌리기, 포기나누기
🌸 8~9 하얀색, 붉은색, 보라색
🍎 9~10

구와말　🔲 LC
Limnophila sessiliflora (Vahl) Blume

[sessiliflora: 대가 없는 꽃의]
영명: Asian Marshweed
이명: 논말
서식지: 안면도, 천리포
주요특징: 줄기는 붉은빛이 돌며 밑에서 기는 줄기가 뻗으면서 갈라진다. 물위로 나온 줄기에는 5~8개의 잎이 돌려나는데 잎은 달걀을 닮았으며 깃모양으로 갈라진다. 물 속의 잎은 1~3회 깃모양으로 완전히 갈라지고 결각이 실같이 가늘다. 열매는 달걀을 닮은 둥근모양이며 씨는 길이 0.6mm 정도의 긴타원모양이다.
크기: ↕ ↔10~30cm
번식: 씨앗뿌리기, 포기나누기
🌸 8~10 연한 적자색
🍎 10~11

밭뚝외풀속(Lindernia)
난대와 온대에 88종류, 우리나라에 자생 3종류, 귀화 2종류, 풀, 잎은 마주나기, 꽃은 작고, 잎겨드랑이에 1송이, 꽃받침은 종모양, 깊게 5개, 꽃부리는 통모양 또는 윗부분이 팽대
[Lindernia: 독일의 의사이며 식물학자인 린데른(Franz Balthasar von Lindern, 1682~1755)에서 유래]

가는미국외풀
Lindernia anagallidea Pennell

[anagallidea: 뚜껑별꽃속(Anagallis)과 비슷한]
서식지: 안면도, 모항리
주요특징: 잎은 마주나며 잎자루는 없고 잎몸은 달걀 또는 타원모양으로 3~5맥이 뚜렷하다. 잎 가장자리에 2쌍 내외의 둔한 톱니가 있고 줄기를 조금 둘러싼다. 꽃부리는 3개로 갈라진 아랫입술 꽃잎 밑부분에 연한 자색반점이 있다. 열매는 좁은 긴타원모양이며, 씨는 연한 적갈색을 띤다.
크기: ↕ ↔10~40cm
번식: 씨앗뿌리기, 포기나누기
🌸 7~9 백색, 연한 자색
🍎 9~10

가는미국외풀 *Lindernia anagallidea* Pennell

논뚝외풀　🔲 LC
Lindernia micrantha D.Don

[micrantha: 작은 꽃의]
영명: Small-Flower False Pimpernel
이명: 드렁고추, 고추풀
서식지: 안면도
주요특징: 줄기는 밑부분에서 가지를 치고 전체에 털이 없다. 잎은 마주나며 피침 또는 좁은 피침모양으로 가장자리에 잔톱니가 있다. 꽃은 줄기 윗부분의 잎겨드랑이에서 1개씩 달리고, 꽃부리는 입술모양이다. 꽃자루는 꽃받침 길이의 3~4배이다. 열매는 가늘고 긴 모양의 열매이다.
크기: ↕ ↔10~30cm
번식: 씨앗뿌리기, 포기나누기
🌸 7~9 백색, 연한 자색
🍎 9~10

미국외풀
Lindernia dubia (L.) Pennell

[dubia: 의심스러운]
서식지: 안면도, 모항리
주요특징: 북아메리카 원산 한해살이풀로 중부와 북부지역의 습한 들이나 논뚝에서 자란다. 꽃은 잎겨드랑이에서 1개씩 달리고 꽃자루는 잎보다 짧다. 꽃받침 갈래는 가늘고 긴 모양에서 송곳모양으로 열매와 길이가 비슷하다.
크기: ↕ ↔10~40cm
번식: 씨앗뿌리기
🌸 7~9 백색, 연한 자색
🍎 9~10

밭뚝외풀
Lindernia procumbens (Krock.) Philcox

[procumbens: 엎드림, 쓰러진 모양]
영명: Prostrate False Pimpernel
이명: 개고추풀, 밭뚝외풀
서식지: 신두리, 안면도
주요특징: 줄기는 밑에서부터 가지를 쳐서 퍼지는데 곧게서거나 비스듬히 서며 털이 없다. 잎은 마주나며 타원모양이고 끝은 둔하고 가장자리는 밋밋하다. 3~5개의 평행맥이 있다. 꽃은 잎겨드랑이에 1개씩 달리고 꽃부리는 입술모양이다. 열매는 꽃받침에 싸여 있다.
크기: ↕ ↔5~20cm
번식: 씨앗뿌리기
🌸 7~9 연한자색
🍎 9~10

밭뚝외풀 *Lindernia procumbens* (Krock.) Philcox

미국외풀 *Lindernia dubia* (L.) Pennell

논뚝외풀 *Lindernia micrantha* D.Don

주름잎속(*Mazus*)

전세계 31종류, 우리나라에 3종류, 작은크기, 흔히 가지가 옆으로 김, 밑부분의 잎과 기는 잎은 마주나기, 윗부분은 어긋나기, 톱니 있음, 꽃받침은 넓은 종모양

[*Mazus*: 그리스어 mazos(젖꼭지 모양의 돌기)에 유래된 것으로 꽃부리 뒷부분에 돌기가 있음]

주름잎

Mazus pumilus (Burm.f.) Steenis

[*pumilus*: 키가 작은]
영명: Asian Mazus
이명: 담배풀, 고초풀, 선담배풀
서식지: 태안전역
주요특징: 마주나는 잎의 잎몸은 거꿀달걀모양으로 주름이 지고 가장자리에 둔한 톱니가 있다. 모여 달리는 꽃은 가장자리가 백색이다. 열매는 지름 3~4mm 정도로 둥글고 꽃받침으로 싸여 있다.
크기: ↕ ↔5~25cm
번식: 씨앗뿌리기
▼ ④~⑧ 연한 자색
◀ ⑥~⑩

주름잎 *Mazus pumilus* (Burm.f.) Steenis

꽃며느리밥풀속(*Melampyrum*)

전세계 19종류, 우리나라에 9종류, 반기생 한해살이풀, 잎은 마주나기, 줄기 윗부분에는 결각이 있음, 꽃받침은 통모양, 끝이 5개의 톱니로 갈라짐, 꽃부리는 통형으로 입술모양

[*Melampyrum*: 그리스어 melas(검다)와 pyros(밀)의 합성어이며 어떤 종은 종자가 검정색임]

꽃며느리밥풀

Melampyrum roseum Maxim

[*roseum*: 연한 홍색의]
영명: Rosy Cow-Wheat
이명: 민꽃며느리밥풀, 꽃새애기풀
서식지: 태안전역
주요특징: 원줄기는 네모지고 능선 위에 짧은 털이 있다. 어긋나는 잎은 긴타원상 피침모양으로 끝이 뾰족하며 양면에 털이 있고 가장자리가 밋밋하다. 모여 달리는 꽃은 2개의 밥풀모양 무늬가 있다. 열매는 달걀모양으로 윗부분에 짧은 털이 밀생하고, 씨는 검정색이며 밑부분에 짧은 육질의 씨껍질이 있다.
크기: ↕ ↔30~50cm
번식: 씨앗뿌리기
▼ ⑦~⑧ 홍색
◀ ⑨~⑩

꽃며느리밥풀 *Melampyrum roseum* Maxim

오동나무속(*Paulownia*)

동남아시아에 8종류, 우리나라에 1종, 큰키나무, 잎은 마주나기, 큰크기, 넓은 달걀모양, 연한 털이 있음, 꽃은 원뿔모양꽃차례, 꽃받침은 5개, 꽃부리는 통모양, 5개

[*Paulownia*: 지볼트(Philipp Franz Balthasar von Siebold, 1796~1866)가 후원을 받은 네덜란드의 파블로브나(Anna Paulowna)여왕을 기념함]

오동나무 [특]

Paulownia coreana Uyeki

[*coreana*: 한국의]
영명: Korean Paulownia
이명: 오동
서식지: 태안전역
주요특징: 꽃은 가지 끝에 원뿔모양꽃차례로 달리고 꽃잎과 꽃받침은 각각 5장이다. 꽃잎의 안팎에는 별모양의 털과 샘털이 있다. 둥글거나 오각모양의 잎은 뒷면에 별모양의 갈색 털이 있으며 잎가장자리는 밋밋하다. 열매는 두 부분으로 갈라지면서 씨가 드러난다.
크기: ↕ ↔15~20m
번식: 씨앗뿌리기
▼ ⑤~⑥ 연한 홍자색
◀ ⑩~⑪ 황갈색

참오동나무

Paulownia tomentosa (Thunb.) Steud.

[*tomentosa*: 가는 샘털이 빽빽한]
영명: Princess Tree, Karri Tree
이명: 참오동
서식지: 천리포, 십리포
주요특징: 꽃은 가지 끝에 원뿔모양꽃차례로 달리고 꽃잎과 꽃받침은 각각 5장이다. 꽃잎의 안팎에는 별모양의 털과 샘털이 있다. 둥글거나 오각모양의 잎 뒷면에는 별모양의 갈색 털이 있으며 잎가장자리는 밋밋하다. 열매는 두 부분으로 갈라지면서 씨가 드러난다.
크기: ↕ ↔15~20m
번식: 씨앗뿌리기
▼ ⑤~⑥ 연한 홍자색 ◀ ⑩~⑪ 황갈색

참오동나무 *Paulownia tomentosa* (Thunb.) Steud.

나도송이풀속(*Phtheirospermum*)

아시아에 5종류, 우리나라에 1종, 한해 또는 두해살이풀, 선모가 있고, 잎은 마주나기, 결각모양으로 갈라짐, 꽃은 잎겨드랑이에 1송이, 꽃받침은 종모양, 5개, 꽃부리통은 입술모양

[*Phtheirospermum*: 그리스어 phtheir와 sperma(종자의 합성어이며 이처럼 생긴 종자의 형태에서 유래]

나도송이풀

Phtheirospermum japonicum (Thunb.) Kanitz

[*japonicum*: 일본의]
영명: Sticky Phtheirospermum
서식지: 안면도
주요특징: 잎은 삼각상 달걀모양이고 깃모양으로 깊게 갈라지며 불규칙한 톱니가 있다. 꽃은 줄기 윗부분의 잎겨드랑이에서 피어 총상꽃차례를 이룬다. 꽃부리는 윗입술이 2개, 아랫입술은 3개로 갈라진다. 캡슐모양의 열매는 일그러진 좁은 달걀을 닮았는데 끝이 뾰족하고 샘털이 있다.
크기: ↕ ↔30~60cm
번식: 씨앗뿌리기, 포기나누기
▼ ⑧~⑩ 연한 적자색 ◀ ⑨~⑪ 황갈색

나도송이풀 *Phtheirospermum japonicum* (Thunb.) Kanitz

절국대속(*Siphonostegia*)

아시아에 3종류, 우리나라에 1종, 대개 털이 있고, 줄기는 곧게서며, 밑부분의 잎은 마주나기, 윗부분은 어긋나기, 꽃받침과 꽃부리는 통모양, 노란색, 자주색

[*Siphonostegia*: 꽃받침통이 길다는 뜻]

절국대

Siphonostegia chinensis Benth.

[*chinensis*: 중국의]
영명: Asian Siphonostegia
이명: 절굿때, 절굿대
서식지: 구름포, 만리포
주요특징: 잎은 마주나거나 어긋나며 창모양으로 가늘게 갈라진다. 꽃은 잎겨드랑이에 1개씩 달리고, 꽃받침통은 맥이 두드러져 있으며 꽃부리는 입술모양이다. 열매는 피침모양의 열매로 꽃받침 안에서 성숙한다.
크기: ↕ ↔30~60cm
번식: 씨앗뿌리기
▼ ⑦~⑧ 노란색 ◀ ⑧~⑨

오동나무 *Paulownia coreana* Uyeki

절국대 *Siphonostegia chinensis* Benth.

개불알풀속(Veronica)

전세계 234종류, 우리나라에 자생 25종류, 귀화 5종류, 잎은 보통 마주나기, 꽃받침과 꽃부리는 4~5개, 수술은 2개가 꽃부리통에 붙고 밖으로 솟아 나옴.
[Veronica: 성 베로니카를 기념하는 이름이며 vera(진)와 그리스어 eicon(상)의 합성어]

큰물칭개나물

Veronica anagallis-aquatica L.

[anagallis-aquatica: 뚜껑별꽃속(Anagallis)과 비슷한, 물의(aquatica)]
영명: Blue Water Speedwell
이명: 물칭개나물, 큰물꼬리풀, 물까지꽃
서식지: 태안전역
주요특징: 마주나는 잎은 긴타원모양으로 가장자리에 잔톱니가 있다. 총상꽃차례에 달리는 꽃은 자주색의 줄이 있고, 열매는 지름 3mm 정도로 둥글다. '물칭개나물'과 달리 작은꽃대는 길이 3mm 정도로서 다소 위로 향하며 꽃차례의 지름이 8~12mm 정도에 이른다.
크기: ↕ ↔30~80cm
번식: 씨앗뿌리기, 포기나누기
▼ ④~⑨ 연한 자주색
✄ ⑥~⑩ 황갈색

꼬리풀

Veronica linariifolia Pall. ex Link

[linariifolia: 해란초속(Linaria)의 잎과 비슷한]
영명: Linear-leaf Spike Speedwell
이명: 가는잎꼬리풀, 자주꼬리풀
서식지: 만리포
주요특징: 줄기는 곧게서며 위로 굽은 잔털이 있다. 마주나는 잎의 끝은 뾰족하고 밑은 좁아져서 잎자루처럼 되며 가장자리에 뾰족한 톱니가 있다. 꽃은 줄기 끝에서 총상꽃차례에 달리고 꽃부리는 4개로 갈라진다.
크기: ↕ ↔40~70cm
번식: 씨앗뿌리기, 포기나누기, 꺾꽂이
▼ ⑦~⑧ 연한 자주색
✄ ⑨~⑩

선개불알풀

Veronica arvensis L.

[arvensis: 경작할 수 있는 땅의, 야생의]
영명: Wall Speedwell
이명: 선지금, 선봄까치꽃
서식지: 천리포
주요특징: 줄기는 곧게서고 둥글며 밑부분에서 가지가 갈라지고 전체에 가는 털이 있다. 잎은 마주나고 윗부분에서 어긋나기도 한다. 잎몸은 넓은 달걀 또는 삼각상 달걀모양으로 양 끝은 둔하며 가장자리에 둔한 톱니가 있다. 꽃은 포의 겨드랑이에서 1개씩 달린다.
크기: ↕ ↔10~30cm
번식: 씨앗뿌리기
▼ ③~⑨ 파란색
✄ ④~⑩

큰물칭개나물 Veronica anagallis-aquatica L.

꼬리풀 Veronica linariifolia Pall. ex Link

선개불알풀 Veronica arvensis L.

개불알풀

Veronica didyma var. lilacina (H. Hara) T.Yamaz.

[didyma: 쌍둥이, lilacina: 등색의, 수수꽃다리의 색과 같은]
영명: Wayside Speedwell
이명: 지금, 봄까치꽃, 개불꽃
서식지: 태안전역
주요특징: 전체에 부드러운 털이 있고 줄기는 가지가 갈라지며 옆으로 자라거나 비스듬히 선다. 잎은 아래쪽에서는 마주나지만 위쪽에서는 어긋나며 가장자리에 둔한 톱니가 있다. 꽃은 잎겨드랑이에서 1개씩 달리고 꽃부리는 4개로 갈라진다.
크기: ↕ ↔10~25cm
번식: 씨앗뿌리기
▼ ③~⑤ 분홍색 ✄ ④~⑥

개불알풀 Veronica didyma var. lilacina (H. Hara) T.Yamaz.

문모초

Veronica peregrina L.

[*peregrina*: 외래의, 외국종의]
영명: Purslane Speedwell
이명: 털문모초, 벌레풀
서식지: 태안전역
주요특징: 밑부분에서 가지가 많이 갈라지며 약간 육질이다. 줄기 아래쪽 잎은 마주나고 위쪽 잎은 어긋난다. 잎은 거꿀피침모양으로 끝은 둔하거나 다소 뾰족하며 가장자리가 밋밋하고 윗부분에 얕은 톱니가 있다. 꽃은 잎겨드랑이에서 1개씩 달리고, 열매는 편평한 둥근모양이다.
크기: ↕ ↔5~30cm
번식: 씨앗뿌리기
▼ ⑤~⑥ 연분홍색, 하얀색   ⑥~⑦

문모초 *Veronica peregrina* L.

큰개불알풀

Veronica persica Poir.

[*persica*: 페르시안의]
영명: Field Speedwell
이명: 큰지금, 큰개불알꽃, 봄까치꽃
서식지: 태안전역
주요특징: 잎은 아래쪽에서는 마주나지만 위쪽에서는 어긋난다. 달걀을 닮은 둥근모양으로 가장자리의 끝에 둔한 톱니가 3~5개씩 있고 양면에 털이 드문드문 난다. 꽃은 잎겨드랑이에서 1개씩 달리고, 꽃부리는 4개로 갈라지는데, 아래쪽의 것이 조금 작다.
크기: ↕ ↔10~20cm
번식: 씨앗뿌리기
▼ ③~⑨ 하늘색   ④~⑩

냉초속(*Veronicastrum*)

북반구 온대에 19종류, 우리나라에 2종류, 곧게 또는 비스듬히 서고, 잎은 마주나기, 돌려나기 또는 어긋나기, 톱니가 있음, 꽃은 빽빽하게 모여 붙는 길쭉한 이삭꽃차례, 꽃부리는 통모양, 4개
[*Veronicastrum*: 꼬리풀속(*Veronica*) 와 astrum(비슷한)의 합성어로 꼬리풀과 비슷하다는 뜻]

큰개불알풀 *Veronica persica* Poir.

냉초

Veronicastrum sibiricum (L.) Pennell

[*sibiricum*: 시베리아의]
영명: Siberian Veronicastrum
이명: 털냉초, 민냉초, 숨위나물, 좁은잎냉초
서식지: 천리포, 구례포
주요특징: 잎은 마디마다 3~9개씩 돌려나며 긴 타원 또는 가늘고 긴 모양이다. 잎 끝이 매우 뾰족하고 가장자리에 뾰족한 톱니가 있다. 꽃은 이삭꽃차례에 빽빽이 달리고, 꽃부리는 끝이 4개로 얕게 갈라진다. 수술대와 암술대는 꽃부리 밖으로 나온다.
크기: ↕ ↔50~90cm
번식: 씨앗뿌리기, 포기나누기, 꺾꽂이
▼ ⑦~⑧ 자주색   ⑨~⑩

열당과(Orobanchaceae)

전세계 89속, 1,812종류, 기생식물

초종용속(*Orobanche*)

전세계 133종류, 우리나라에 4종류, 뿌리에 기생, 엽록소가 없음, 꽃은 포겨드랑이에 1송이씩 붙고, 꽃받침은 고르지 않게 갈라짐, 꽃부리는 입술모양
[*Orobanche*: 그리스어 Orobos(콩의 일종)와 anchein(졸라서 죽이다)의 합성어이며 본 속 중에는 콩과식물에 기생하는 것이 있음]

냉초 *Veronicastrum sibiricum* (L.) Pennell

초종용   LC

Orobanche coerulescens Stephan

[*coerulescens*: 하늘색을 띠는]
영명: Skyblue Broomrape
이명: 열당, 갯더부살이, 사철쑥더부살이
서식지: 신두리, 천리포
주요특징: 줄기는 연한 자주빛이 돌고 백색 융털이 있다. 비늘잎은 어긋나기하며 원줄기와 더불어 백색이다. 꽃은 원줄기 끝에 빽빽하게 이삭꽃차례로 달린다. 꽃부리는 입술모양이며 겉에 털이 있다. 열매는 좁은 타원모양이며 두쪽으로 갈라져 많은 검정색 씨를 떨어뜨린다.
크기: ↕ ↔10~30cm   **번식**: 씨앗뿌리기
▼ ⑤~⑦ 자주색   ⑥~⑧

초종용 *Orobanche coerulescens* Stephan

능소화과(Bignoniaceae)

전세계 86속 866종류, 곧게서는 큰키나무 또는 덩굴성 작은키나무

개오동속(*Catalpa*)

전세계 11종류, 우리나라에 2종류 퍼져 자람. 잎은 마주나기, 넓음. 꽃받침은 입술모양, 꽃부리는 깔때기모양, 끝이 5개, 입술모양, 열매는 긴 선모양의 열매
[*Catalpa*: 북아메리카 인디언의 지역명에서 유래]

꽃개오동

Catalpa bignonioides Walter

이명: 꽃향오동, 양개오동
서식지: 구례포
주요특징: 개오동과 비슷하나 개오동 꽃이 연노란색에 가까운 반면 꽃개오동의 꽃은 하얗다. 잎끝이 길게 뾰족해지며 가장자리는 밋밋하고 뒷면 밑부분엔 털이 빽빽하게 난다. 가지 끝의 원뿔모양꽃차례에 꽃이 피고 안쪽에 노란색 선이 두 줄 나 있으며 자갈색 반점이 있다. 열매는 열매로 가늘며 아래로 늘어진다.
크기: ↕ ↔10~18m
번식: 씨앗뿌리기
▼ ⑥~⑦ 백색
◀ ⑨~⑩ 갈색

쥐꼬리망초과(Acanthaceae)

전세계 242속 4,021종류, 풀 또는 작은키나무

쥐꼬리망초속(*Justicia*)

주로 열대에 661종류, 우리나라에 1종, 풀, 드물게 작은키나무. 잎가장자리는 밋밋함. 꽃은 잎 겨드랑이에 1송이씩 달림. 꽃받침은 깊게 5개, 꽃부리는 입술모양
[*Justicia*: 18세기 스코틀랜드의 원예가이며 식물학자인 저스티스(Sir James Justice, 1698–1763)에서 유래]

쥐꼬리망초

Justicia procumbens L.

[*procumbens*: 엎드림, 쓰러진 모양]
영명: Oriental Water–Willow
이명: 무릎꼬리풀, 쥐꼬리망풀
서식지: 태안전역
주요특징: 전체에 짧은 털이나고 줄기는 네모지며 가지가 많이 갈라진다. 잎은 마주나며 가장자리가 밋밋하다. 꽃은 줄기와 가지 끝에서 이삭꽃차례로 빽빽하게 달리고, 꽃부리는 길이 7~8mm, 아랫입술이 3개로 얕게 갈라진다. 열매는 선상 긴타원모양이다.
크기: ↕ ↔15~50cm
번식: 씨앗뿌리기
▼ ⑦~⑨ 연한 적자색   ◀ ⑨~⑩

꽃개오동 *Catalpa bignonioides* Walter

쥐꼬리망초 *Justicia procumbens* L.

통발과(Lentibulariaceae)
전세계 4속 321종류, 물속이나 습지에 사는 풀

땅귀개속(*Utricularia*)
전세계 223종류, 우리나라에 8종류, 수중 또는 습지에 사는 풀. 잎은 가는 관모양, 가지를 치고, 벌레잡이 주머니가 있음, 꽃받침은 2개, 꽃부리는 입술모양

[*Utricularia*: 라틴어 utriculus(소기포)에서 유래된 것으로 작은 벌레잡이잎이 있음]

땅귀개 🏵 LC
Utricularia bifida L.

[*bifida*: 2개로 중간까지 갈라지는]
영명: Bifid Bladderwort
이명: 땅귀이개
서식지: 갈음이, 마검포
주요특징: 실같이 가는 땅속줄기가 뻗으며 포충대가 달린다. 잎은 가늘고 긴 모양으로 땅속줄기가 군데군데에서 지상으로 나온다. 잎의 길이는 6~8mm로서 녹색이고 밑부분에 흔히 1~2개의 포충대가 있다. 꽃부리의 꽃뿔은 밑을 향하고 끝이 뾰족하다. 열매는 둥글며 씨에 비스듬히 달린 줄이 있다.
크기: ↕ ↔7~15cm
번식: 씨앗뿌리기, 포기나누기
🌼 ⑦~⑨ 노란색 🗡 ⑨~⑩

이삭귀개 *Utricularia racemosa* Wall.

이삭귀개 🏵 LC
Utricularia racemosa Wall.

[*racemosa*: 총상꽃차례가 달린]
영명: Dense–Flower Bladderwort
이명: 이삭귀이개, 수원땅귀개
서식지: 갈음이, 마검포
주요특징: 땅속줄기가 가는 실처럼 뻗으면서 뿌리에 작은 포충대가 달린다. 잎은 땅속줄기의 군데군데에서 모여나기하고 주걱모양이며 꽃대에 비늘잎이 어긋난다. 꽃은 4~10개가 드문드문 달리고 꽃부리는 4mm이며 꽃뿔은 아랫입술꽃잎보다 2배 정도 길고 앞을 향한다. 열매는 둥글고 꽃받침에 싸여 있다.
크기: ↕ ↔10~30cm
번식: 씨앗뿌리기, 포기나누기
🌼 ⑦~⑨ 연한 자주색 🗡 ⑨~⑩

참통발
Utricularia tenuicaulis Miki

[*tenuicaulis*: 잔줄기의]
서식지: 태안전역 습지
주요특징: 깃털모양의 잎은 어긋나며 실처럼 갈라지고 벌레잡이잎이 있다. 겨울에는 줄기 끝에 잎이 뭉쳐 있고 둥글게 겨울눈을 만든다. 꽃은 4~7개로 길이 10~30㎝의 꽃줄기가 물 밖으로 나와 달리고, 과실은 성숙하지 않는다.
크기: ↕ ↔10~17cm
번식: 씨앗뿌리기, 포기나누기
🌼 ⑥~⑨ 노란색 🗡 ⑧~⑩

땅귀개 *Utricularia bifida* L.

참통발 *Utricularia tenuicaulis* Miki

파리풀과(Phrymaceae)
전세계 10속 244종류, 곧게서는 여러해살이풀

파리풀속(*Phryma*)
전세계 2종류, 우리나라에 1종류, 잎은 마주나기, 가장자리에 톱니, 꽃은 이삭꽃차례, 꽃받침은 입술모양, 꽃부리는 통모양, 끝은 입술모양, 윗부분 2개, 아래는 3개
[*Phryma*: 미국 인디안의 지역명으로 추정]

파리풀

Phryma leptostachya var. *asiatica* H. Hara

[*leptostachya*: 세수의, *asiatica*: 아시아의]
영명: Asian Lopseed
이명: 꼬리창풀
서식지: 태안전역
주요특징: 약간의 가지가 갈라지며 마디부분이 두드러지게 굵다. 마주나는 잎은 달걀모양으로 양면에 털이 있고 가장자리에 톱니가 있다. 수상꽃차례이고, 열매는 꽃받침으로 싸여 있으며 1개의 씨가 들어 있다.
크기: ↕ ↔70cm　　**번식**: 씨앗뿌리기
▼ ⑦~⑨ 연한 자주색
◀ ⑨~⑩

파리풀 *Phryma leptostachya* var. *asiatica* H.Hara

질경이과(Plantaginaceae)
전세계 120속 1,848종류, 풀

질경이속(*Plantago*)
전세계 185종류, 우리나라에 자생 7종류, 귀화 3종류, 한해살이풀, 잎은 뿌리에서 남, 어긋나기, 마주나기, 홑잎, 잎자루가 흔히 팽대함, 꽃은 양성꽃, 방사상칭, 이삭꽃차례로 달림
[*Plantago*: 라틴어 planta(발자국)이란 뜻으로 잎 형태의 특성에서 유래]

질경이

Plantago asiatica L.

[*asiatica*: 아시아의]
영명: Asian Plantain
이명: 길장구, 톱니질경이, 길경
서식지: 태안전역
주요특징: 로제트형으로 모여나는 뿌리잎은 잎자루의 길이가 다양하다. 잎몸은 달걀모양으로 평행맥이 있고 가장자리가 물결모양이다. 꽃은 수상으로 달리며, 열매는 갈라지면서 뚜껑이 열리고 6~8개의 검정색 씨가 나온다.
크기: ↕ ↔10~50cm
번식: 씨앗뿌리기
▼ ⑥~⑧ 백색
◀ ⑧~⑨

창질경이

Plantago lanceolata L.

[*lanceolata*: 피침형의]
영명: Narrow-leaved Plantain, Ribgrass, English Plantai
이명: 양질경이
서식지: 태안전역
주요특징: 잎은 뿌리에서 모여나며 긴타원 또는 피침모양으로 밑부분은 잎자루처럼 되고 위를 향한 털이 있다. 꽃은 뿌리에서 나온 꽃줄기 끝에 이삭꽃차례로 달린다. 꽃부리는 막질로 4개로 갈라지며 아래쪽으로 휜다. 수술은 하얀색이고 꽃부리 밖으로 나온다. 열매는 긴타원모양으로 씨가 2개 들어 있다.
크기: ↕ ↔30~60cm
번식: 씨앗뿌리기
▼ ⑥~⑧ 백색　　◀ ⑧~⑩

창질경이 *Plantago lanceolata* L.

질경이 *Plantago asiatica* L.

꼭두서니과(Rubiaceae)

전세계 609속 14,269종류, 풀, 작은키나무, 큰키나무

백령풀속(*Diodia*)

전세계 22종류, 우리나라에 3종류 귀화, 잎은 마주나기, 홑잎, 가장자리는 밋밋함, 턱잎은 떨어져 있거나 붙어 있음, 꽃은 방사상칭, 꽃잎은 통모양

[*Diodia*: 그리스어 diodos(공로, 통로)에서 유래된 것으로 어떤 종은 길가에서 흔히 자람]

백령풀

Diodia teres Walter

[*teres*: 원통모양의]
영명: Button–Weed
서식지: 안면도
주요특징: 줄기는 가지가 많이 갈라지고 짧은 털이 많다. 잎은 마주나고 아래쪽이 합쳐져서 줄기를 감싸며 마디에 긴 털이 난다. 잎몸은 선상 피침모양으로 잎가장자리에 털이 있고 뒤로 조금 말린다. 꽃은 잎겨드랑이에서 피고, 열매는 빳빳한 털이 덮인다.
크기: ↕ ↔20~40cm
번식: 씨앗뿌리기
🌸 ⑥~⑨ 백색 🌰 ⑧~⑩

백령풀 *Diodia teres* Walter

털백령풀

Diodia teres var. *hirsutior* Fernald & Griseb.

[*teres*: 원통모양의, *hirsutior*: 거친 털이 있는]
서식지: 안면도
주요특징: 밑에서 가지가 많이 갈라지며 어두운 자주색이 돌고 원줄기에 퍼진 털이 있다. 잎은 마주나기하며 밑부분이 서로 합쳐져서 원줄기를 완전히 둘러싸고 잎 사이에 길이 8mm의 굵은 털

이 줄로 돋는다. 꽃은 잎겨드랑이에 달리며 꽃자루가 없고 꽃받침조각은 길이 1mm정도이며 끝까지 남아있다.
크기: ↕ ↔20~40cm
번식: 씨앗뿌리기
🌸 ⑥~⑨ 백색 🌰 ⑧~⑩

털백령풀 *Diodia teres* var. *hirsutior* Fernald & Griseb.

갈퀴덩굴속(*Galium*)

전세계 733종류, 우리나라에 29종류, 잎은 4장 내지 다수가 돌려나기, 꽃의 꽃자루와 꽃받침 사이에 마디가 있고, 꽃부리는 4개, 수술 4개

[*Galium*: 그리스 고명 galion은 gala(젖)에서 유래된 것으로 치즈를 만들 때 우유를 엉키게 하기 위해 솔나물을 사용함]

털둥근갈퀴

Galium kamtschaticum Steller ex Schult.

[*kamtschaticum*: 캄차카의]
영명: Kamchatka Bedstraw
이명: 큰넷잎갈퀴덩굴, 둥근잎갈키, 큰네잎갈퀴
서식지: 태안전역
주요특징: 잎은 4장씩 돌려나기하지만 원줄기에서는 3~6개씩 달린다. 작은잎은 타원모양으로 끝이 둥글지만 갑자기 뾰족해지고 3맥이 뚜렷하다. 표면과 가장자리에 털이 여기저기 흩어져 난다. 꽃은 가지끝 취산꽃차례에 10개 정도 달린다. 열매는 2개가 서로 붙어 있는데 짧고 딱딱하면서 화살촉 모양으로 굽어져 있는 털이 빽빽하다.
크기: ↕ ↔15~25cm
번식: 씨앗뿌리기
🌸 ⑦~⑧ 연한 황록색
🌰 ⑧~⑨

털둥근갈퀴 *Galium kamtschaticum* Steller ex Schult.

솔나물

Galium verum var. *asiaticum* Nakai

[*verum*: 순수하고 올바른, 정통의, *asiaticum*: 아시아의]
영명: Asian Yellow Spring Bedstraw
이명: 큰솔나물
서식지: 태안전역
주요특징: 곧게 자라며 윗부분에서 가지가 갈라진다. 잎은 8~10개가 돌려나며 길이 2~3cm, 너비 1~3mm 정도의 가늘고 긴 모양으로 뒷면에 털이 있다. 원뿔모양꽃차례이고, 2개씩 달리는 열매는 타원모양이다.
크기: ↕ ↔70~100cm
번식: 씨앗뿌리기, 포기나누기
🌸 ⑥~⑧ 노란색 🌰 ⑧~⑨

솔나물 *Galium verum* var. *asiaticum* Nakai

백운풀속(*Hedyotis*)

전세계 164종류, 우리나라에 자생 6종류, 귀화 1종류, 잎은 마주나기, 드물게 돌려나기, 턱잎은 흔히 잎자루에 붙어 잎집을 형성, 꽃은 하얀색, 꽃받침통은 짧으며, 4개, 깔때기모양 [*Hedyotis*: 그리스어 hedys(감미)와 ous 또는 otos(귀)의 합성어이지만 뜻이 정확하지 않음]

백운풀

Hedyotis diffusa Willd.

[*diffusa*: 퍼진, 흩어진]
영명: Snake-Tongue Starviolet
이명: 두잎갈퀴, 치자풀, 긴잎치자풀
서식지: 신두리
주요특징: 잎은 마주나며 가늘고 긴 모양 또는 선상 피침모양으로 양 끝은 좁다. 꽃은 잎겨드랑이에서 1개씩 달리고, 꽃받침잎은 좁은 삼각형으로 길이 1.5mm 정도이다. 꽃부리는 4개로 갈라지고, 열매는 둥글며 성숙하면 상부가 팽창한다.
크기: ↕ ↔10~50cm
번식: 씨앗뿌리기
🌸 ⑧~⑩ 백색
🍂 ⑨~⑪

백운풀 *Hedyotis diffusa* Willd.

호자덩굴속(*Mitchella*)

전세계 2종류, 우리나라에 1종, 늘푸른풀, 땅을 김, 잎은 마주나기, 잎자루는 짧고, 꽃은 작은크기, 잎겨드랑이와 끝에 쌍으로 달림, 하얀색, 열매는 빨강, 2개가 붙음
[*Mitchella*: 미국의 식물학자 미첼(John Mitchell)에서 유래]

호자덩굴

Mitchella undulata Sieb. et Zucc.

[*undulata*: 물결모양의]
영명: Asian Mitchella
이명: 덩굴호자나무
서식지: 안면도, 만리포, 신두리
주요특징: 줄기는 땅 위를 기어가며 자라는데 털이 없고 마디에서 뿌리가 내린다. 잎은 마주나며 삼각상 달걀모양이고 가장자리가 물결모양이다. 꽃은 잎겨드랑이에서 2개씩 달린다. 꽃부리는 통 부분이 길며 끝이 4개로 갈라지고 안쪽에 털이 난다. 열매는 장과이며 둥근모양이다.
크기: ↕ ↔10~20cm
번식: 씨앗뿌리기
🌸 ⑥~⑦ 백색
🍂 ⑨~⑩ 적색

호자덩굴 *Mitchella undulata* Sieb. et Zucc.

계요등속(*Paederia*)

전세계 35종류, 우리나라에 3종류, 풀 또는 덩굴식물, 향기는 좋지 않음, 잎은 마주나기, 꽃받침과 꽃부리통은 4~5개, 꽃잎은 통을 닮은 종, 깔때기모양

[*Paederia*: 라틴어 paidor(악취)에서 유래된 것으로 식물체에서 불쾌한 냄새가 남]

계요등

Paederia scandens (Lour.) Merrill

[*scandens*: 기어 올라가는 성질의]
영명: Skunk Vine
이명: 계뇨등, 구렁내덩굴
서식지: 태안전역
주요특징: 덩굴줄기의 윗부분은 겨울 동안에 죽으며 어린가지에 잔털이 다소 있다. 마주나는 잎은 달걀 또는 달걀을 닮은 피침모양으로 가장자리가 밋밋하다. 원뿔모양꽃차례로 피는 꽃은 백색인데 안쪽에 자주색 반점이 있다. 열매는 지름 5~6mm 정도로 둥글며 털이 없다.
크기: ↕ ↔5~7m
번식: 씨앗뿌리기
▼ ⑦~⑧ 백색
◀ ⑨~⑩ 황갈색

좁은잎계요등

Paederia scandens var. *angustifolia* (Nakai) S.S.Ying

[*scandens*: 기어 올라가는 성질의,
angustifolia: 좁은 잎]
영명: Narrow-leaf Skunk Vine
이명: 좁은잎계뇨등, 가는잎계뇨등
서식지: 안면도
주요특징: 덩굴성이고 윗부분이 겨울 동안에 죽으며 일년생가지에 잔털이 다소 있다. 잎은 좁고 긴 피침모양이며 잎밑은 잘린 것 처럼 평평한 모양이다. 잎 표면에는 털이 없으나 뒷면 맥 위에 털이 있다. 꽃은 원뿔 또는 취산꽃차례로 가지 끝부분 또는 잎겨드랑이에 달린다. 꽃부리는 백색으로 자주색 반점이 있다. 열매는 둥글다.
크기: ↕ ↔5~7m
번식: 씨앗뿌리기
▼ ⑦~⑧ 백색
◀ ⑨~⑩ 황갈색

계요등 *Paederia scandens* (Lour.) Merrill

좁은잎계요등 *Paederia scandens* var. *angustifolia* (Nakai) S.S.Ying

인동 *Lonicera japonica* Thunb.

인동과(Caprifoliaceae)

북반구 온대에 53속 953종류, 작은키나무, 드물게 풀

인동속(*Lonicera*)

전세계 128종류, 우리나라는 29종류, 줄기는 서거나 기는 작은키나무, 잎은 마주나기, 가장자리 밋밋, 꽃은 잎겨드랑이에 편평꽃차례 또는 2송이, 꽃부리는 긴 통모양, 끝은 입술모양 [*Lonicera*: 16세기 독일의 수학자이며 채집가인 로니서(Adam Lonicer, 1528~1586)에서 유래]

인동

Lonicera japonica Thunb.

[*japonica*: 일본의]
영명: Golden-And-Silver Honeysuckle
이명: 인동, 금은화
서식지: 태안전역
주요특징: 잎은 마주나며 넓은 피침 또는 달걀을 닮은 타원모양으로 가장자리는 밋밋하고 잎자루에 털이 난다. 꽃은 잎겨드랑이에서 1~2개씩 달리며 처음은 하얀색이지만 나중에 노란색으로 변한다. 꽃부리는 입술모양으로 수술은 5개이고 암술은 1개다. 열매는 장과이며 둥글다.
크기: ↕↔3~4m
번식: 씨앗뿌리기, 꺾꽂이
▼ ⑤~⑥ 백색　◀ ⑨~⑩ 검정색

괴불나무

Lonicera maackii (Rupr.) Maxim.

[*maackii*: 소련 분류학자 마크(Richard Maack, 1825~1886)에서 유래]
영명: Amur Honeysuckle
이명: 절초나무, 아귀꽃나무
서식지: 안면도
주요특징: 줄기는 속이 비어있고, 달걀처럼 생긴 잎은 마주나며 잎가장자리는 밋밋하다. 꽃은 잎겨드랑이에서 2~3송이씩 피는데 처음에는 하얀색으로 피지만 갈수록 노란색으로 바뀐다. 꽃부리 위쪽은 2개로 갈라지고 향기가 난다. 열매는 동그랗게 익는다.
크기: ↕↔2~6m
번식: 씨앗뿌리기, 꺾꽂이
▼ ⑤~⑥ 백색　◀ ⑨~⑩ 적색

길마가지나무

Lonicera harae Makino

[*harae*: 울타리, 닭장, 돼지우리]
영명: Early-Blooming Ivory Honeysuckle
이명: 숫명다래나무, 길마기나무
서식지: 태안전역
주요특징: 잎은 마주나며 타원 또는 달걀을 닮은 타원모양으로 가장자리에 거친 털이 나고, 잎자루에도 짧고 거친 털이 난다. 꽃은 잎보다 먼저

괴불나무 *Lonicera maackii* (Rupr.) Maxim.

길마가지나무 *Lonicera harae* Makino

어린가지의 아래쪽 잎겨드랑이에서 2개씩 핀다. 꽃부리는 입술모양이고 꽃부리 통부의 아래쪽은 불룩하다. 열매는 장과이다.
크기: ↕↔2~4m　**번식**: 씨앗뿌리기, 꺾꽂이
▼ ②~④ 백색, 연한 노란색
◀ ⑧~⑨ 적색

올괴불나무 *Lonicera praeflorens* Batalin

올괴불나무

Lonicera praeflorens Batalin

[*praeflorens*: 일찍 꽃이 피는]
영명: Early-Blooming Honeysuckle
이명: 올아귀꽃나무
서식지: 갈음이, 닭섬, 백화산, 안면도
주요특징: 잎은 마주나기하며 달걀 또는 타원모양이고 가장자리에 톱니가 없다. 양면에 분백색이 돌고 표면에는 잔털이 밀생하며 뒷면에 융털이 있다. 꽃부리는 양측이 깊이 갈라진다. 열매는 장과로 서로 떨어져 있고 둥글며 익으면 맛이 달다.
크기: ↕↔1~2m
번식: 씨앗뿌리기, 꺾꽂이
▼ ③~④ 연한 홍색
◀ ⑤ 적색

딱총나무속(*Sambucus*)

전세계 28종류, 우리나라에 7종류, 잎은 마주 나기, 홀수깃모양겹잎, 작은잎에 톱니 발달, 잎 자루에 꿀샘, 꽃은 하얀색, 꽃받침은 3~5개의 톱니, 꽃부리는 방사상 종모양, 3~5개
[*Sambucus*: 그리스어의 sambuce(고대악 기)에서 유래, 총생하는 모습이 이 악기와 비 슷함]

딱총나무

Sambucus williamsii var. *coreana*
(Nakai) Nakai

[*williamsii*: 영국 윌리엄스(Frederic Newton Williams, 1862~1923)의, *coreana*: 한국의]
영명: Northeast Asian Red Elder
서식지: 가의도, 안면도, 외파수도, 천리포
주요특징: 오래된 줄기에는 코르크가 발달한다. 잎은 마주나며 작은잎 5~9장으로 된 깃모양겹 잎이다. 작은잎은 피침모양으로 가장자리의 안쪽 으로 굽은 톱니가 있다. 잎 앞면은 맥 위에 털이 나고 뒷면은 전체에 털이 있다. 꽃은 가지 끝의 원뿔모양꽃차례에 피고, 열매는 핵과이다.
크기: ↕ ↔2~6m
번식: 씨앗뿌리기, 꺾꽂이
▼ ④~⑤ 황록색
🍂 ⑦~⑧ 적색

딱총나무 *Sambucus williamsii* var. *coreana* (Nakai) Nakai

분꽃나무 *Viburnum carlesii* Hemsl.

산분꽃나무속(*Viburnum*)

전세계 196종류, 우리나라에 14종류, 잎은 마 주나기, 가장자리는 밋밋하거나 톱니, 드물게 손바닥모양, 턱잎은 작음, 꽃은 하얀색, 붉은 색, 꽃부리는 5개, 열매는 핵과
[*Viburnum*: 뜻은 알 수 없으나 V. lantana의 고명]

분꽃나무

Viburnum carlesii Hemsl.

[*carlesii*: 식물을 채집한 사람의 이름에서 유래]
영명: Korean Spice Viburnum
이명: 붓꽃나무, 섬분꽃나무
서식지: 가의도, 곳도, 솔섬, 안면도
주요특징: 가지는 마주나기하며 일년생가지에 별모양의 털이 밀생한다. 잎은 마주나기하며 넓 은달걀모양이고 가장자리에 불규칙한 톱니가 있 고 표면과 뒷면에 별모양의 털이 있다. 취산꽃차 례는 가지 끝에 달리고 꽃은 잎과 같이 핀다. 열 매는 핵과이다.
크기: ↕ ↔2~3m
번식: 씨앗뿌리기, 꺾꽂이
▼ ④~⑤ 연한 홍색
🍂 ⑩~⑪ 검정색

가막살나무

Viburnum dilatatum Thunb.

[*dilatatum*: 넓어진]
영명: Linden Viburnum
이명: 털가막살나무
서식지: 태안전역
주요특징: 전체에 거친 털이 있고 일년생가지는 회록색 별모양의 털과 선점이 있다. 잎은 마주나 기하며 아원모양으로 양면에 별모양의 털이 있 다. 잎자루 길이는 6~20mm로 턱잎이 없다. 꽃 은 복깃모양꽃차례에 지름은 5~6mm이고, 열매 는 넓은달걀모양이다.
크기: ↕ ↔2~3m
번식: 씨앗뿌리기, 꺾꽂이
▼ ⑤~⑥ 백색
🍂 ⑩~⑪ 적색

가막살나무 *Viburnum dilatatum* Thunb.

덜꿩나무

Viburnum erosum Thunb.

[*erosum*: 고르지 않은 톱니의]
영명: Leather-leaf Viburnum
이명: 털덜꿩나무, 긴잎가막살나무, 가새백당나무
서식지: 태안전역
주요특징: 일년생가지는 갈색이며 별모양의 털이 밀생한다. 잎은 마주나기하며 양면에 별모양의 털이 밀생하고 잎자루 길이는 2~6mm로 털과 턱잎이 있다. 복곳모양꽃차례는 1쌍의 잎이 달린 짧은 가지 끝에 달리며 별모양의 털이 있다. 꽃의 씨방에는 털이 없으며, 열매는 핵과이다.
크기: ↕ ↔ 2~3m
번식: 씨앗뿌리기, 꺾꽂이
▼ ④~⑤ 백색 ◀ ⑩~⑪ 적색

덜꿩나무 *Viburnum erosum* Thunb.

병꽃나무속(*Weigela*)

전세계 9종류, 우리나라에 11종류. 잎지는 작은키나무. 잎은 마주나기, 가장자리에 톱니. 꽃받침통은 가늘고 끝은 5개. 꽃부리는 나팔모양, 하얀색, 연분홍색, 노란색
[*Weigela*: 독일의 화학자 웨이겔(Christian Ehrenfried Von Weigel, 1748~1831)에서 유래]

붉은병꽃나무

Weigela florida (Bunge) A.DC.

[*florida*: 꽃이 피는]
영명: Old-Fashion Weigela
이명: 좀병꽃나무, 물병꽃나무, 당병꽃나무
서식지: 안면도
주요특징: 어린가지에는 모서리처럼 된 줄이 있다. 잎은 타원 또는 달걀모양이고 가장자리에 톱니가 있다. 잎 뒷면은 가운데 맥 위에 구부러진 흰 털이 많다. 꽃은 잎겨드랑이에서 1개씩 달려 전체가 취산꽃차례를 이룬다. 꽃받침은 중앙까지 5개로 갈라지고, 열매는 털이 없다.
크기: ↕ ↔ 2~3m
번식: 씨앗뿌리기, 꺾꽂이
▼ ⑤~⑥ 연한 홍색 ◀ ⑩~⑪ 황갈색

붉은병꽃나무 *Weigela florida* (Bunge) A.DC.

병꽃나무 🔲 LC 특

Weigela subsessilis (Nakai) L.H.Bailey

[*subsessilis*: 잎자루가 약간 있는]
영명: Korean Weigela
서식지: 태안전역
주요특징: 잎은 거꿀달걀 또는 넓은달걀모양이다. 잎 양면에는 털이 있고 뒷면 맥 위에 퍼진 털이 있으며 가장자리에 잔톱니가 있다. 꽃은 황록색이 돌지만 적색으로 변하며 1~2개씩 잎겨드랑이에 달리고 꽃받침조각은 밑부분까지 갈라진다. 열매는 잔털이 있고 씨에는 날개가 발달한다.
크기: ↕ ↔ 2~3m
번식: 씨앗뿌리기, 꺾꽂이
▼ ⑤~⑥ 황록색 ◀ ⑩~⑪ 황갈색

병꽃나무 *Weigela subsessilis* (Nakai) L.H.Bailey

연복초과(Adoxaceae)
전세계 5속 230종류, 여러해살이풀

연복초속(*Adoxa*)
전세계 2종류, 우리나라에 1종, 여러해살이풀, 포복지가 옆으로 뻗음, 뿌리잎은 잎자루가 길고 1~3회 3장, 줄기잎은 1쌍, 꽃은 줄기끝에 5송이씩 밀생
[*Adoxa*: 그리스어 adoxos(뚜렷하지 않다)에서 유래, 꽃이 희미함]

연복초
Adoxa moschatellina L.

[*moschatellina*: 사향같은 향기가 있는]
영명: Muskroot
이명: 련복초
서식지: 가의도, 안면도
주요특징: 땅속줄기는 짧고 비늘조각이 드문드문 있으며 기는줄기가 옆으로 뻗는다. 뿌리잎은 3~9개의 작은잎으로 갈라지고, 1쌍의 줄기잎은 마주나며 잎몸은 3개로 갈라진다. 꽃은 5개 정도 모여 달리고, 열매는 핵과이다.
크기: ↕ ↔8~17cm
번식: 씨앗뿌리기
🌱 ④~⑤ 황록색   🍂 ⑤~⑥

연복초 *Adoxa moschatellina* L.

마타리과(Valerianaceae)
전세계 10속 400종류, 풀

마타리속(*Patrinia*)
전세계 13종류, 우리나라에 4종류, 말렸을 때 냄새가 좋지 않음, 줄기는 서고, 잎은 마주나기, 깃모양, 가장자리에 톱니, 꽃은 노란색, 편평꽃차례, 꽃부리끝이 5개
[*Patrinia*: 프랑스의 식물학자 파트린(E.L.M. Patrin)에서 유래]

마타리
Patrinia scabiosifolia Fisch. ex Trevir.

[*scabiosifolia*: 체꽃속(*Scabiosa*) 잎과 비슷한]
영명: Golden lace, Dahurian Patrinia
이명: 가양취, 가암취
서식지: 태안전역
주요특징: 뿌리잎은 모여나고 줄기잎은 마주나며 잎몸은 깃모양으로 갈라진다. 꽃은 작은꽃들이 우산처럼 펴져 끝부분이 편평한 꽃차례를 이룬다. 열매는 길이 3~4mm 정도의 타원모양으로 약간 편평하고 복면에 맥이 있으며 뒷면에 능선이 있다.
크기: ↕ ↔60~150cm
번식: 씨앗뿌리기
🌱 ⑦~⑧ 노란색   🍂 ⑨~⑩

마타리 *Patrinia scabiosifolia* Fisch. ex Trevir.

뚝갈
Patrinia villosa (Thunb.) Jussieu

[*villosa*: 부드러운 털이 있는]
영명: White-Flower Golden Lace
이명: 뚝깔, 뚜깔, 흰미역취
서식지: 태안전역
주요특징: 전체에 백색의 털이 있고, 뿌리잎은 모여나고 줄기잎은 마주난다. 잎몸은 깃모양으로 갈라져서 양면에 백색 털이 있고 가장자리에 톱니가 있다. 꽃은 편평꽃차례로 피며, 열매는 거꿀달걀모양으로 뒷면이 둥글며 날개까지 합치면 길이와 너비가 각각 5~6mm 정도인 둥근심장 모양이다.
크기: ↕ ↔70~100cm
번식: 씨앗뿌리기
🌱 ⑦~⑧ 백색   🍂 ⑨~⑩

뚝갈 *Patrinia villosa* (Thunb.) Jussieu

쥐오줌풀속(*Valeriana*)
전세계 301종류, 우리나라에 8종류, 여러해살이풀, 드물게 작은키나무, 잎은 깃모양, 꽃은 취산꽃차례, 하얀색 또는 분홍색, 꽃부리통은 밑동이 가늘고 짧은 거가 있으며 끝은 5개

쥐오줌풀
Valeriana fauriei Briquet

[*fauriei*: 프랑스 채집가 파우리(Urbain Jean Faurie, 1847~1915) 신부의]
영명: Korean Valerian
이명: 길초, 줄댕가리, 은댕가리
서식지: 태안전역
주요특징: 마디에 흰 털이 나고, 뿌리는 좋지 않은 냄새가 난다. 잎은 깃모양겹잎이며 줄기에 마주난다. 꽃은 줄기 끝에 우산처럼 펴져 원뿔모양 꽃차례로 달리며 연한 홍색이지만 드물게 하얀색이고 지름 3~4mm이다.
크기: ↕ ↔40~80cm
번식: 씨앗뿌리기, 포기나누기
🌱 ⑤~⑧ 연한 홍색   🍂 ⑧~⑨

쥐오줌풀 *Valeriana fauriei* Briquet

박과(Cucurbitaceae)
전세계 134속 1,007종류, 풀 또는 나무

뚜껑덩굴속(*Actinostemma*)
동아시아와 인도에 3종류, 우리나라에 1종, 잎은 삼각상 창모양, 톱니가 있고, 덩굴손 있음, 암수한그루, 꽃자루 중간에 마디, 꽃잎은 깊게 5개
[*Actinostemma*: 그리스어 aktis(방사선) 및 stemma(관)의 합성어이며 꽃받침과 꽃부리가 깊게 갈라져서 갈라진 부분이 방사상으로 배열되는 것에서 유래]

뚜껑덩굴

Actinostemma lobatum Max.

[*lobatum*: 얕게 갈라진]
영명: Lobed Actinostemma
이명: 단풍잎뚜껑덩굴, 합자초, 개뚜껑덩굴
서식지: 안면도
주요특징: 줄기는 짧은 털이 드물게 있으며, 덩굴손은 끝이 2개로 갈라진다. 잎은 어긋나며 덩굴손이 마주난다. 잎몸은 3~5개로 얕게 갈라지거나 약간 깊게 갈라진다. 꽃은 잎겨드랑이에서 나온 총상 원뿔모양꽃차례에 달린다. 열매는 열매로 달걀모양이며 익으면 윗부분이 뚜껑처럼 떨어진다.
크기: ↕ ↔30~50cm
번식: 씨앗뿌리기, 포기나누기
🌼 ⑦~⑨ 황록색
🍂 ⑨~⑩

뚜껑덩굴 *Actinostemma lobatum* Max.

돌외속(*Gynostemma*)
아시아에 19종류, 우리나라에 1종, 잎은 좁은 달걀모양, 손바닥모양의 겹잎, 작은잎은 보통 5장, 톱니와 덩굴손이 있음, 꽃받침과 꽃잎은 5개
[*Gynostemma*: 리스어 gyne(암술)와 stemma(관)의 합성어]

돌외

Gynostemma pentaphyllum (Thunb.) Makino

[*pentaphyllum*: 다섯장의 잎이 있는]
영명: Five-Leaf Gynostemma
이명: 덩굴차, 물외
서식지: 안면도
주요특징: 잎과 마주나는 덩굴손이 다른 물체를 감아 올라가고 마디에 백색의 털이 있다. 어긋나는 잎은 새발모양의 겹잎이고 달걀모양으로 표면에 잔털이 있으며 가장자리에 톱니가 있다. 꽃은 원뿔모양의 꽃차례를 이루며, 열매는 둥근모양이다.
크기: ↕ ↔5~7m
번식: 씨앗뿌리기
🌼 ⑦~⑩ 황록색
🍂 ⑨~⑪ 흑녹색

돌외 *Gynostemma pentaphyllum* (Thunb.) Makino

새박속(*Melothria*)
난대에 15종류, 우리나라에 1종, 덩굴성, 덩굴손이 단순, 꽃은 노란색 또는 하얀색, 꽃받침은 종모양, 짧은 톱니 있고, 꽃잎은 깊게 5개, 열매는 다즙질로 작은크기
[*Melothria*: 옛날에는 하얀색 포도의 그리스명이었지만 본 속에 하얀색 열매가 달리기 때문에 전용]

새박 🔲 LC

Melothria japonica (Thunb.) Maxim.

[*japonica*: 일본의]
영명: Bird's Egg Cucumber
서식지: 백리포, 천리포
주요특징: 줄기는 가늘고 길며 잎은 어긋나고 덩굴손이 마주난다. 잎몸은 달걀 또는 둥근삼각모양이고 가장자리에 성긴 톱니거나 얕게 3개로 갈라진다. 수꽃은 잎겨드랑이에서 1개씩 달리거나 가지 끝의 총상꽃차례에 달린다. 암꽃은 잎겨드랑이에 1개씩 달리고, 열매는 장과로 자루가 가늘고 길다.
크기: ↕ ↔2~4m **번식**: 씨앗뿌리기
🌼 ⑧~⑨ 백색 🍂 ⑨~⑩ 녹색

새박 *Melothria japonica* (Thunb.) Maxim.

하늘타리속(*Trichosanthes*)

전세계 40종류, 우리나라에 2종류, 통통 잎은 3~5개, 덩굴손은 1~5개, 꽃받침통은 가늘고 끝이 5개, 꽃부리는 깊게 5개, 열매는 둥근 달걀모양

[*Trichosanthes*: 그리스어 thrix(모)와 anthos (화)의 합성어이며 꽃부리 끝이 실처럼 갈라진 데서 유래]

하늘타리

Trichosanthes kirilowii Max.

[*kirilowii*: 식물채집가 커를로(Kirllow)의]
영명: Mongolian Snakegourd
이명: 쥐참외, 하늘수박, 자주꽃하눌수박
서식지: 안면도, 내파수도, 천리포
주요특징: 덩굴손은 잎과 마주나며 끝이 2~3개로 갈라진다. 잎은 어긋나며 넓은 심장모양이고 가장자리에 톱니가 있다. 꽃은 암수한그루로 피며 잎겨드랑이에서 1개씩 달린다. 꽃부리는 5개로 갈라진 후 조각이 다시 실처럼 가늘게 갈라진다. 열매는 달걀모양의 장과이다.
크기: ↕ ↔5~7m
번식: 씨앗뿌리기
🌼 ⑥~⑧ 백색
🍃 ⑨~⑩ 노란색

하늘타리 *Trichosanthes kirilowii* Max.

초롱꽃과(Campanulaceae)

전세계 88속 2,577종류, 풀, 드물게 나무

잔대속(*Adenophora*)

전세계 74종류, 우리나라에 35종류, 잎은 어긋나기 또는 돌려나기, 톱니가 있고, 대부분 유액 있음, 꽃은 보통 밑으로 처지고 꽃받침은 5개, 꽃부리는 종모양, 끝이 5개

[*Adenophora*: 그리스어 adenos(선)와 phoreo(있다)의 합성어이며 식물체에 유관세포가 있음]

수원잔대

Adenophora polyantha Nakai

[*polyantha*: 꽃이 많은]
영명: Many-Flower Ladybell
이명: 잔털잔대, 꽃잔대
서식지: 태안전역
주요특징: 전체에 털이 없다. 잎은 어긋나기하고 피침모양 또는 가늘고 긴 모양이고 중앙부의 잎은 가장자리가 다소 뒤로 말리며 톱니가 드물게 있어 톱니가 뒤로 젖혀지지 않는다. 꽃은 원줄기 끝의 총상꽃차례에 달리고 꽃받침조각은 털이 없으며 가장자리가 밋밋하고 꽃부리는 암술대가 밖으로 길게 나온다.
크기: ↕ ↔50cm
번식: 씨앗뿌리기
🌼 ⑧~⑨ 하늘색
🍃 ⑨~⑩

수원잔대 *Adenophora polyantha* Nakai

층층잔대

Adenophora verticillata Fisch.

[*verticillata*: 윤생한]
영명: Whorled-Leaf Ladybell
이명: 잔대
서식지: 가의도, 백화산, 안면도
주요특징: 줄기는 곧게서며 전체에 털이 있다. 뿌리잎은 꽃이 필 때 없어지며 줄기잎은 3~5개씩 돌려나기 또는 어긋나기한다. 잎 가장자리에는 톱니가 있으며 잎자루는 짧거나 없다. 꽃은 줄기 끝에 원뿔모양꽃차례로 달리며 꽃부리는 종모양으로 끝이 강하게 또는 약간 오므라지고 암술대는 꽃부리 밖으로 약간 나온다.
크기: ↕ ↔40~120cm
번식: 씨앗뿌리기
▼ ⑦~⑨ 연한 청색
✂ ⑨~⑩

층층잔대 *Adenophora verticillata* Fisch.

털잔대

Adenophora verticillata var. *hirsuta* F.Schmidt

[*verticillata*: 윤생한, *hirsuta*: 거친 털이 있는, 많은 털이 있는]
영명: Hairy whorled-Leaf Ladybell
서식지: 태안전역
주요특징: 가지가 갈라지며 전체에 많은 털이 있다. 돌려나거나 마주나는 잎은 거꿀달걀모양으로 양면에 백색의 비단털이 밀생하며 가장자리에 불규칙하고 뾰족한 톱니가 있다. 층층으로 달리는 꽃은 윗부분이 다소 넓다. '잔대와 달리 식물체에 털이 많으며 꽃부리는 길이 1cm 정도이다.
크기: ↕ ↔50~100cm
번식: 씨앗뿌리기
▼ ⑧~⑨ 연한 청색
✂ ⑨~⑩

털잔대 *Adenophora verticillata* var. *hirsuta* F.Schmidt

영아자속(*Asyneuma*)

전세계 41종류, 우리나라에 1종, 뿌리잎이 있고, 줄기잎은 어긋나기, 꽃은 줄기끝에 이삭꽃차례 또는 머리모양꽃차례, 꽃받침통은 5개, 꽃부리는 깊게 5개

영아자

Asyneuma japonicum (Miq.) Briq.

[*japonicum*: 일본의]
영명: East Asian Harebell
이명: 염아자, 여마자, 염마자
서식지: 안면도
주요특징: 가지가 갈라지며 세로로 능선이 있고 전체에 털이 약간 있다. 어긋나는 잎은 긴달걀모양으로 끝부분이 뾰족하며 표면에 털이 있고 가장자리에 톱니가 있다. 꽃은 줄기끝에 총상으로 모여 달린다. 열매는 편원모양이고 세로로 맥이 뚜렷하게 나타난다.
크기: ↕ ↔50~100cm
번식: 씨앗뿌리기
▼ ⑦~⑨ 자주색 ✂ ⑨~⑩

영아자 *Asyneuma japonicum* (Miq.) Briq.

더덕속(*Codonopsis*)

인도와 동아시아에 58종류, 우리나라에 5종류, 여러해살이풀, 덩굴식물, 뿌리는 굵으며, 잎은 어긋나기 또는 돌려나기, 진한 냄새, 꽃은 종모양, 끝이 5개

[*Codonopsis*: 그리스어 codon(종)과 opsis(비슷한)의 합성어이며 화관이 종과 비슷함]

더덕

Codonopsis lanceolata (Siebold & Zucc.) Benth. & Hook.f. ex Trautv.

[*lanceolata*: 피침모양의]
영명: Deodeok
이명: 참더덕
서식지: 태안전역
주요특징: 덩굴줄기로 다른 물체를 감아 올라간다. 잎은 어긋나는데 가지끝에 4장이 서로 가깝게 붙어서 돌려나는 듯 보인다. 잎은 긴타원모양으로 털이 없다. 표면은 녹색이고 뒷면은 분백색이며 가장자리가 밋밋하다. 꽃은 겉이 연한 녹색이고 안쪽에 다갈색의 반점이 있고, 씨에 날개가 있다.
크기: ↕ ↔2~4m
번식: 씨앗뿌리기
🌱 ⑧~⑨ 녹색
🍂 ⑨~⑩

소경불알

Codonopsis ussuriensis (Rupr. & Maxim.) Hemsl.

[*ussuriensis*: 시베리아 우수리지방의]
영명: Ussuri Bellflower
이명: 소경불알더덕, 알더덕, 만삼아재비
서식지: 안면도
주요특징: 덩굴줄기는 다른 물체를 감아 올라간다. 잎은 원줄기에서 어긋나지만 짧은 가지에서는 4개의 잎이 돌려난 것처럼 보인다. 잎의 표면은 녹색이나 뒷면은 털이 많은 분백색이며 가장자리가 밋밋하다. '더덕'보다 꽃잎에 있는 무늬의 색이 짙고 뿌리가 둥근 알뿌리인 점이 다르다.
크기: ↕ ↔2~4m
번식: 씨앗뿌리기
🌱 ⑦~⑨ 자주색
🍂 ⑨~⑩

숫잔대속(*Lobelia*)

전세계 437종류, 우리나라에 3종류, 잎은 어긋나기, 꽃은 줄기끝에 총상꽃차례, 꽃받침통은 씨방과 붙고, 5개, 꽃부리는 입술모양, 위의 것은 2개
[*Lobelia*: 영국의 본초학자 로벨(Matthias de l'Obel, 1538~1616)에서 유래]

더덕 *Codonopsis lanceolata* (Siebold & Zucc.) Benth. & Hook.f. ex Trautv.

소경불알 *Codonopsis ussuriensis* (Rupr. & Maxim.) Hemsl.

수염가래꽃 초

Lobelia chinensis Loureiro

[*chinensis*: 중국의]
영명: Asian Lobelia
이명: 수염가래
서식지: 신두리, 안면도
주요특징: 줄기는 옆으로 뻗고 마디에서 뿌리가 내리며 비스듬히 선다. 어긋나는 잎은 2줄로 배열되며 피침모양으로 가장자리에 둔한 톱니가 있다. 꽃은 연한 자줏빛이 도는 하얀색이다. 열매는 길이 5~7mm 정도의 거꿀달걀모양이다.
크기: ↕ ↔5~10cm
번식: 씨앗뿌리기, 포기나누기
🌱 ⑤~⑨ 백색
🍂 ⑧~⑩

수염가래꽃 *Lobelia chinensis* Loureiro

숫잔대

Lobelia sessilifolia Lamb.

[*sessilifolia*: 대가없는 잎의]
영명: Sessile lobelia
이명: 진들도라지, 잔대아재비, 습잔대
서식지: 마검포
주요특징: 잎은 피침형이며 잎자루가 없고 윗부분의 잎은 점점 작아져서 포로 된다. 꽃은 원줄기 끝에 1개의 총상꽃차례에서 모여 달린다. 열매는 긴 타원형으로 윤채가 있다.
크기: ↕ ↔50~100cm
번식: 씨앗뿌리기, 포기나누기
▼ ⑧~⑨
◀ ⑩~⑪

도라지속(*Platycodon*)

전세계 1종, 우리나라에 4종류, 잎은 어긋나기, 마주나기 또는 돌려나기, 뿌리는 굵음, 꽃은 큰크기, 줄기끝에 몇송이가 핌, 꽃받침은 5개, 꽃부리는 넓은 종모양, 5개
[*Platycodon*: 그리스어 platys(넓다)와 caryon(종)의 합성어이며 꽃모양에서 유래]

도라지 초

Platycodon grandiflorus (Jacq.) A. DC.

[*grandiflorus*: 큰 꽃의]
영명: Balloon–Flower
이명: 길경, 약도라지
서식지: 태안전역
주요특징: 뿌리가 굵고 뿌리에서 모여나는 원줄기는 자르면 백색 유액이 나온다. 어긋나는 잎은 긴달걀모양으로 표면은 녹색, 뒷면은 청회색이고 가장자리에 예리한 톱니가 있다. 열매는 거꿀달걀모양으로 꽃받침 갈래조각이 달려 있다.
크기: ↕ ↔40~100cm
번식: 씨앗뿌리기, 꺾꽂이
▼ ⑦~⑧ 청색, 백색
◀ ⑨~⑩

도라지 *Platycodon grandiflorus* (Jacq.) A. DC.

숫잔대 *Lobelia sessilifolia* Lamb.

국화과(Compositae)

전세계 1,911속 36,701종류, 풀, 작은키나무, 드물게 큰키나무

톱풀속(*Achillea*)

전세계 184종류, 우리나라에 6종류, 잎은 어긋나기, 깃모양, 머리모양꽃차례는 우산 펴지듯이 달리고 혀꽃이 있음, 총포는 종모양, 열매는 수과, 납작함
[*Achillea*: 고대 그리스 의사 아킬레스(Achilles)에서 유래되었고 식물에서 건위, 강장제 아킬레인(achillein)을 발견]

톱풀

Achillea alpina L.

[*alpina*: 고산성의]
영명: Alpine Yarrow
이명: 가새풀, 배암세, 배암채
서식지: 천리포
주요특징: 줄기의 윗부분에 털이 많으나 밑부분에는 털이 없다. 어긋나는 잎은 긴타원상 피침모양이다. 가장자리에서 갈라지는 결각은 톱니가 있다. 우산처럼 펴지면서 달리는 머리모양꽃차례이고 수과는 양끝이 편평하고 털이 없다.
크기: ↕ ↔50~110cm
번식: 씨앗뿌리기, 포기나누기
▼ ⑦~⑩ 홍색, 백색
◀ ⑨~⑪

톱풀 *Achillea alpina* L.

단풍취속(*Ainsliaea*)

아시아에 77종류, 우리나라에 3종류, 잎은 뿌리잎과 줄기잎이 있으며, 깊게 갈라짐, 머리모양꽃차례는 총상 또는 이삭모양, 총포는 좁은 통모양, 꽃부리는 5개
[*Ainsliaea*: 이탈리아 아인슬리(Whitelaw Ainslie, 1767~1837)를 기념]

단풍취

Ainsliaea acerifolia Sch.Bip.

[*acerifolia*: 단풍나무속(*Acer*)의 잎과 비슷한]
영명: Maple-Leaf Ainsliaea
이명: 괴발땅취, 괴발딱지, 장이나물
서식지: 안면도
주요특징: 가지가 없으며 긴 갈색 털이 드문드문 있다. 원줄기 중앙에 4~7개가 돌려난 것처럼 보이는 잎은 원모양으로 가장자리가 7~11개로 얕게 갈라지며 양면과 잎자루에 털이 약간 있다. 수상으로 달리는 머리모양꽃차례이고 수과는 넓은타원모양으로 갈색이며 관모가 길다.
크기: ↕ ↔35~80cm
번식: 씨앗뿌리기
▼ ⑦~⑨ 백색, 연한 홍색 ◈ ⑨~⑪

좀딱취

Ainsliaea apiculata Schultz Bip.

[*apiculata*: 끝이 짧은, 끝이 뾰족한]
영명: Small Maple-Leaf Ainsliaea
이명: 좀땅취, 털괴발딱지, 털괴발딱취
서식지: 안면도
주요특징: 줄기에 마디가 있으며 털이 많다. 잎은 잎자루가 길고 원줄기 밑에서 모여 달린다. 잎 양면에는 긴 털이 있으며 5개로 얕게 갈라진다. 꽃은 수상꽃차례로 원줄기와 가지 끝에 모여 달리고 포편은 5줄로 배열된다. 수과는 짧은 털이 밀생하고 관모는 길이 7mm정도이다.
크기: ↕ ↔8~30cm
번식: 씨앗뿌리기
▼ ⑧~⑩ 백색 ◈ ⑨~⑪ 갈색

좀딱취 *Ainsliaea apiculata* Schultz Bip.

단풍취 *Ainsliaea acerifolia* Sch.Bip.

쑥속(*Artemisia*)

북반구에 530종류, 우리나라에 40종류, 향기가 나고, 흰털이 있음, 잎은 어긋나기, 밋밋하거나 결각 또는 길게 깃모양, 꽃은 머리모양꽃차례, 작고 많음, 총상 또는 원뿔모양
[*Artemisia*: 그리스신화 중의 여신 아르테미스(Artemis)에서 유래된 것으로 부인병에 효과가 있음]

사철쑥

Artemisia capillaris Thunb.

[*capillaris*: 털이 많은]
영명: Capillary Wormwood
이명: 애땅쑥
서식지: 태안전역
주요특징: 바닷가의 모래땅에서 주로 자라고, 원줄기는 가지가 많이 갈라진다. 줄기잎은 타원모양으로 이회깃모양으로 갈라지며 결각은 실처럼 가늘고 잎은 위로 갈수록 작아진다. 큰 원뿔모양꽃차례로 피는 꽃은 둥근모양이다. 수과는 길이 0.8mm 정도이다.
크기: ↕ ↔40~110cm
번식: 씨앗뿌리기, 꺾꽂이, 포기나누기
▼ ⑨~⑩ 노란색
◈ ⑩~⑪

사철쑥 *Artemisia capillaris* Thunb.

참취속(Aster)

전세계 261종류, 우리나라에 자생 24종류, 귀화 4종류, 잎은 어긋나기, 밋밋하거나 갈라짐, 머리모양꽃차례는 산방상, 총포는 통, 종모양, 혀꽃은 암꽃, 결실, 대롱꽃은 양성꽃
[Aster: 그리스어 aster(별)이란 뜻으로 꽃이 별을 닮았다는데 유래]

까실쑥부쟁이

Aster ageratoides Turczaninow

[*ageratoides*: 불로화속(*Ageratum*)과 비슷한]
이명: 껄큼취, 곰의수해, 산쑥부쟁이
서식지: 태안전역
주요특징: 모여나는 뿌리잎은 개화기에 없어지고 어긋나는 줄기잎은 긴타원상 피침모양으로 가장자리에 톱니가 드문드문 있다. 꽃은 머리모양꽃차례로 우산이 펴지듯이 모여 달린다. 수과는 타원모양으로 털이 있고 관모는 갈색이다.
크기: ↕ 50～100cm
번식: 씨앗뿌리기, 꺾꽂이, 포기나누기
▼ ⑨～⑩ 백색, 연한 홍색
◀ ⑩～⑪ 연한 노란색

까실쑥부쟁이 *Aster ageratoides* Turczaninow

옹굿나물

Aster fastigiatus Fisch.

[*fastigiatus*: 직립하여 모인]
이명: 옹굿나물
서식지: 원북면 황촌리, 마검포
주요특징: 줄기잎은 위로 가면서 점차 작아지고 가는 피침모양 또는 가늘고 긴 모양이다. 잎 뒷면에는 비단털이 빽빽하고 선점이 있다. 꽃은 원줄기 끝의 편평꽃차례에 달린다. 총포는 통모양인데 포는 4줄로 배열되고 털이 많다. 수과는 긴타원모양이고 잔털과 더불어 선점이 있다.
크기: ↕ ↔30～100cm
번식: 씨앗뿌리기, 포기나누기
▼ ⑧～⑩ 백색
◀ ⑩～⑪ 연한 노란색

옹굿나물 *Aster fastigiatus* Fisch.

가새쑥부쟁이

Aster incisus Fisch.

[*incisus*: 깊게 갈라진]
영명: Incised–Leaf Aster
이명: 고려쑥부쟁이, 버드생이나물, 큰쑥부쟁이
서식지: 백리포, 안면도, 천리포
주요특징: 뿌리잎과 줄기 아래 잎은 일찍 마른다. 줄기잎은 어긋나며 넓은피침 또는 피침모양이다. 잎 가장자리에는 톱니가 있고 표면에 털이 거의 없다. 꽃은 줄기 끝에서 나온 꽃자루에 1개씩 피며, 총포는 반원모양이며 포는 3줄로 붙는다.
크기: ↕ ↔60～150cm
번식: 씨앗뿌리기, 포기나누기
▼ ⑦～⑩ 연한 자주색
◀ ⑩～⑪ 연한 노란색

가새쑥부쟁이 *Aster incisus* Fisch.

미국쑥부쟁이

Aster pilosus Willd.

[*pilosus*: 부드러운 털이 있는]
영명: White Heath Aster
서식지: 갈음이, 안면도
주요특징: 모여나는 뿌리잎은 주걱모양으로 가장자리에 톱니와 털이 있다. 어긋나는 줄기잎은 잎자루가 없고 잎몸은 가는 피침모양으로 끝이 뾰족하고 톱니가 없다. 작은가지의 잎은 가늘고 긴 모양이다. 혀꽃은 15～25개로 하얀색이고 대롱꽃은 노란색이다. 수과는 짧은 털이 있고 관모는 백색이다.
크기: ↕ ↔30～120cm
번식: 씨앗뿌리기, 포기나누기
▼ ⑧～⑩ 백색 ◀ ⑩～⑪ 연한 노란색

참취

Aster scaber Thunb.

[*scaber*: 깔깔한]
영명: Edible Aster
이명: 나물취, 암취, 취
서식지: 태안전역
주요특징: 원줄기는 끝에서 가지가 산방상으로 갈라진다. 어긋나는 줄기잎은 심장모양으로 양면에 털이 있고 가장자리에 톱니가 있다. 꽃은 우산처럼 펴지면서 머리모양꽃차례를 이룬다. 수과는 긴타원상 피침모양이고 관모는 길이 3～4mm 정도의 흑백색이다.
크기: ↕ ↔1～1.5m
번식: 씨앗뿌리기, 포기나누기
▼ ⑧～⑩ 백색 ◀ ⑩～⑪ 연한 노란색

참취 *Aster scaber* Thunb.

미국쑥부쟁이 *Aster pilosus* Willd.

해국 초

Aster spathulifolius Maximowicz

[*spathulifolius*: 주걱모양 잎의]
영명: Seashore Spatulate Aster
이명: 왕해국, 흰해국
서식지: 태안전역
주요특징: 줄기는 비스듬히 자라며 땅 가까이에서 여러 개로 갈라진다. 잎은 어긋나지만 밑부분의 것은 모여 난 것처럼 보이고 양면에 별모양털이 있으며 가장자리에 큰 톱니가 있다. 머리모양꽃차례는 지름 3.5~4cm 정도이다.
크기: ↕ ↔20~60cm
번식: 씨앗뿌리기, 포기나누기
🌸 ⑨~⑪ 연한 청색, 백색
🍂 ⑩~⑫ 갈색

큰비짜루국화 *Aster subulatus* var. *sandwicensis* A.G.Jones

큰비짜루국화

Aster subulatus var. *sandwicensis* A.G.Jones

[*subulatus*: 바늘모양의]
영명: Slim Aster
이명: 큰비짜루국화
서식지: 갈음이
주요특징: 줄기는 곧게서는데 각이 져있고 가지를 많이 치며 털은 없다. 모여나는 뿌리잎은 잎자루가 있고 주걱모양이다. 어긋나는 줄기잎은 가늘고 긴 모양으로 끝이 둔하며 땅에 가까운쪽의 잎은 줄기를 가볍게 감싼다. 꽃은 머리모양꽃차례가 모여 원뿔모양꽃차례를 이룬다. 20~30개의 혀꽃은 옅은 보라색이고 대롱꽃은 노란색이다.
크기: ↕ ↔30~150cm
번식: 씨앗뿌리기
🌸 ⑧~⑩ 연한 청색, 백색
🍂 ⑩~⑪ 연한 노란색

갯개미취

Aster tripolium L.

영명: Seashore Aster
이명: 갯자원, 개개미취
서식지: 안면도
주요특징: 원줄기는 가지가 많이 갈라지며 털이 없고 붉은빛이 돈다. 모여나는 뿌리잎과 어긋나는 줄기잎 중 밑부분의 잎은 가는 피침모양으로 표면에 윤기가 있고 가장자리가 밋밋하다. 윗부분의 줄기잎은 가늘고 긴 모양으로 된다. 머리모양꽃차례는 자주색이나 드물게 하얀색도 있다. 수과는 긴타원모양으로 관모는 길이 15mm 정도이다.
크기: ↕ ↔30~100cm
번식: 씨앗뿌리기, 포기나누기
🌸 ⑨~⑩ 연한 적자색
🍂 ⑩~⑪ 갈색

갯개미취 *Aster tripolium* L.

삽주 *Atractylodes ovata* (Thunb.) DC.

삽주속(*Atractylodes*)

아시아에 8종류, 우리나라에 1종, 뻣뻣한 풀 곧게서며, 잎은 어긋나기, 작은 바늘모양의 가시가 있음, 대롱꽃만으로 이루어지고 양성꽃 또는 암꽃
[*Atractylodes*: 그리스어 atrakton(방추)에서 유래되었으며 총포편이 딱딱함]

삽주

Atractylodes ovata (Thunb.) DC.

[*ovata*: 달걀 모양의]
영명: Ovate-Leaf Atractylodes
이명: 창출, 백출
서식지: 태안전역
주요특징: 모여나는 뿌리잎은 개화기에 없어진다. 어긋나는 줄기잎은 긴타원모양으로 3~5개로 갈라진다. 달걀모양의 결각은 표면에 윤기가 있고 뒷면은 흰빛이 돌며 가장자리에 짧은 바늘 같은 가시가 있다. 꽃은 머리모양의 꽃차례를 이룬다. 수과는 길고 털이 있으며 관모는 길이 8~9mm 정도이다.
크기: ↕ ↔30~100cm
번식: 씨앗뿌리기, 포기나누기
🌸 ⑦~⑩ 백색, 홍색 🍂 ⑩~⑪ 갈색

도깨비바늘속(*Bidens*)

전세계 269종류, 우리나라에 자생 8종류, 귀화 4종류, 한해살이풀, 곧게서고 가지를 침, 아래잎은 마주나기, 위는 어긋나기, 톱니, 때로 1~3회 3장 또는 깃모양겹잎, 열매에 가시같은 까락 2~4개
[*Bidens*: 라틴어 bi(2)와 dens(치아)의 합성어이며 열매에 2개의 가시가 있다는 뜻]

까치발

Bidens parviflora Willd.

[*parviflora*: 꽃이 작다는 뜻]
영명: Small-Flower Beggartick
이명: 두가래도깨비바늘, 잔잎가막사리
서식지: 갈음이, 안면도
주요특징: 원줄기는 가지가 갈라지고 짧은 털이 있다. 마주나는 잎은 깃모양으로 갈라지고 최종 결각은 너비 2mm 정도의 긴타원모양이다. 머리모양꽃차례는 통상꽃부리의 상부에 4개의 톱니가 있으며 수과는 가늘고 긴 모양으로 4개의 능선과 2개의 가시털이 있어 다른 물체에 붙는다.
크기: ↕ ↔20~70cm **번식**: 씨앗뿌리기
🌸 ⑧~⑨ 노란색 🍂 ⑨~⑩ 갈색

까치발 *Bidens parviflora* Willd.

해국 *Aster spathulifolius* Maximowicz

구와가막사리

Bidens radiata var. *pinnatifida* (Turcz. ex DC.) Kitam.

[*radiata*: 방사상의, *pinnatifida*: 깃털모양으로 갈라진]
영명: Pinnatifid-Radiate Beggartick
이명: 가새가막살, 구와가막살, 국화잎가막사리
서식지: 안면도
주요특징: 줄기는 네모지고, 잎은 마주나며 깃 모양으로 갈라진다. 개잎은 2~3쌍이고 잎자루 에 좁은 날개가 있다. 꽃은 줄기와 가지 끝에서 머리모양꽃이 1개씩 달린다. 허꽃은 없고 관모양 꽃은 끝이 4개로 갈라진다. 열매는 수과이고 가 장자리에 밑으로 향하는 가시털이 있다. 우산털 에 가시 같은 까락이 있다.
크기: ↕↔15~70cm
번식: 씨앗뿌리기
▼ ⑦~⑨ 노란색
◀ ⑨~⑩ 갈색

구와가막사리 *Bidens radiata* var. *pinnatifida* (Turcz. ex DC.) Kitam.

가막사리

Bidens tripartita L.

영명: Three-Lobe Beggartick
이명: 가막살, 제주가막사리, 털가막살이
서식지: 갈음이, 백리포, 안면도, 천리포
주요특징: 원줄기는 가지가 많이 갈라지고 육질 이며 털이 없다. 마주나는 잎은 3~4개로 갈라진 피침모양으로 양끝이 좁으며 가장자리에 톱니가 있다. 꽃은 머리모양꽃차례로 1개씩 모여달린다. 수과는 납작하고 좁은 쐐기모양이며 2개의 가시 에는 아래로 향한 갈고리가 있다.
크기: ↕↔20~150cm
번식: 씨앗뿌리기
▼ ⑧~⑩ 노란색
◀ ⑩ 갈색

가막사리 *Bidens tripartita* L.

지느러미엉겅퀴속(*Carduus*)

전세계에 186종류, 우리나라에 귀화 3종류, 잎은 어긋나기, 깃모양, 줄기에 지느러미모양 으로 된 날개가 있고, 가시가 발달, 머리모양 꽃차례는 홍자색, 하얀색, 총포는 종모양
[*Carduus*: 라틴 고명으로서 산토끼풀 등에 붙였던 이름의 전용, 가시가 있는 것이 같음]

지느러미엉겅퀴

Carduus crispus L.

[*crispus*: 주름이 있는]
영명: Wilted Thistle
이명: 지느레미엉겅퀴, 엉거시
서식지: 곳도, 백화산, 안면도, 천리포
주요특징: 줄기 겉에 세로로 난 능선은 날개처 럼 되며 단단한 가시가 있다. 뿌리잎은 꽃이 피 기 전에 마르며 줄기잎은 어긋난다. 잎가장자리 는 갈라지며 단단한 가시가 있다. 꽃은 가지 끝 에 머리모양꽃차례로 달리며, 총포는 종모양이고 7~8줄로 배열하며 끝에 가시가 있다.
크기: ↕↔70~120cm
번식: 씨앗뿌리기
▼ ⑥~⑧ 홍색 ◀ ⑧~⑩ 황갈색

지느러미엉겅퀴 *Carduus crispus* L.

담배풀속(*Carpesium*)

전세계 34종류, 우리나라에 7종류, 여러해살 이풀, 잎은 어긋나기, 가장자리에 불규칙한 톱 니, 머리모양꽃차례는 모두 대롱꽃, 꽃은 노란 색, 꽃부리는 4~5개
[*Carpesium*: 그리스어 carpesion(밀짚)에서 유래되었고 총포편이 마르면 밀짚 같은 윤채 가 남]

담배풀

Carpesium abrotanoides L.

[*abrotanoides*: 국화과 쑥 종류의 *Artemisia abrotanum*과 비슷한]
영명: Common Carpesium
이명: 담배나물, 학슬
서식지: 안면도, 천리포, 만리포
주요특징: 뿌리잎은 꽃이 필 때 마른다. 줄기 잎은 어긋나며 아래쪽 큰 것은 넓은타원모양이 고 가장자리에 불규칙한 톱니가 있다. 꽃은 지름 6~8mm인 머리모양꽃이 잎겨드랑이에 바로 달 린다. 총포는 둥근 종모양이고 포가 3줄로 붙는 다. 열매는 수과로 끈적끈적한 샘털이 있어서 잘 달라붙는다.
크기: ↕50~100cm 번식: 씨앗뿌리기
▼ ⑧~⑨ 노란색 ◀ ⑨~⑩

담배풀 *Carpesium abrotanoides* L.

좀담배풀

Carpesium cernuum L.

[*cernuum*: 점두한, 밑으로 숙인]
영명: Drooping Carpesium
이명: 여우담배풀
서식지: 안면도
주요특징: 줄기는 곧게서며 흰 털로 덮여 있다. 뿌리잎은 모여나며 꽃이 필 때는 떨어지고 줄기잎은 어긋나며 줄기 아랫부분의 잎은 잎자루가 있다. 잎몸은 가장자리에 고르지 않은 톱니가 있다. 꽃은 줄기 끝이나 긴 가지 끝에서 머리모양꽃이 1개씩 달린다. 총포는 넓은 종모양이다.
크기: ↕ ↔50~100cm
번식: 씨앗뿌리기
▼ ⑧~⑨ 노란색
◀ ⑨~⑩

좀담배풀 *Carpesium cernuum* L.

긴담배풀 *Carpesium divaricatum* Sieb. et Zucc.

긴담배풀

Carpesium divaricatum Sieb. et Zucc.

[*divaricatum*: 넓은 각도로 벌어진]
영명: Divaricate Carpesium
이명: 천일초
서식지: 태안전역
주요특징: 전체에 가는 털이 밀생하며 곧게 서고 몇 개의 가지가 옆으로 퍼진다. 아래부분의 잎은 잎자루 밑부분에 대부분 날개가 있다. 윗부분의 잎은 양끝이 좁고 잎자루가 없다. 꽃은 머리모양꽃차례로 총포는 달걀을 닮은 원모양이고 비늘잎은 4줄로 배열된다. 수과는 통모양이고 선점과 길이 0.5mm정도의 부리가 있다.
크기: ↕ ↔25~150cm
번식: 씨앗뿌리기
▼ ⑧~⑩ 노란색
◀ ⑨~⑪

천일담배풀

Carpesium glossophyllum Maxim.

[*glossophyllum*: 혀모양 잎의]
영명: Glossy-Leaf Carpesium
이명: 주걱담배풀
서식지: 안면도
주요특징: 뿌리잎은 꽃이 필 때까지 남아있다. 거꿀피침상 혀모양이며 둥근 끝이 뾰족해지고 밑부분이 좁으며 잔돌기가 점차 나타나고 양면에 털이 많다. 줄기잎은 적으며 드문드문 달리고 긴타원상 피침모양이다. 머리모양꽃차례는 원줄기와 가지 끝에 밑을 향해 달린다. 수과는 길이 3~4mm 정도로 다소 편평한 원뿔모양이고 선점이 있다.
크기: ↕ ↔25~50cm
번식: 씨앗뿌리기
▼ ⑧~⑩ 황록색　◀ ⑨~⑪

천일담배풀 *Carpesium glossophyllum* Maxim.

엉겅퀴속(*Cirsium*)

전세계 549종류, 우리나라에 자생 23종류, 귀화 2종류, 억센 가시가 있음, 잎은 어긋나기, 잎자루는 보통 깃모양, 머리모양꽃차례는 가지 끝에 붙고, 총포는 원, 종, 통모양, 거미줄 같은 털에 싸임

[*Cirsium*: 고대 그리스명 cirsion에서 유래, 정맥종에 *Carduus pycnocephalus*가 탁월한 효과가 있기 때문에 그 이름으로 불렸고 그 후 이와 비슷한 엉겅퀴에 전용됨]

엉겅퀴　교

Cirsium japonicum var. *maackii* (Maxim.) Matsum.

[*japonicum*: 일본의, *maackii*: 소련 분류학자 마크(Richard Maack, 1825~1886)에서 유래]
영명: Ussuri Thistle
이명: 가시엉겅퀴, 가시나물, 항가새
서식지: 태안전역
주요특징: 줄기의 위쪽에 거미줄 같은 털이 난다. 잎몸은 깃모양으로 얕게 또는 반쯤 갈라지며 5~6쌍이고 끝에 가시가 있다. 줄기잎은 어긋나며 밑부분이 줄기를 감싼다. 꽃은 줄기와 가지 끝에 피는데 총포 조각은 끝이 뾰족하면서 가늘고 긴 모양으로 7~8줄로 배열하며 점액질이 있다. 열매는 수과이다.
크기: ↕ 50~100cm
번식: 씨앗뿌리기
▼ ⑤~⑧ 홍자색
◀ ⑦~⑨ 황갈색

엉겅퀴 *Cirsium japonicum* var. *maackii* (Maxim.) Matsum.

버들잎엉겅퀴  NE

Cirsium lineare (Thunberg) Sch.–Bip.

[*lineare*: 선모양의]
영명: Linear–Leaf Thistle
이명: 솔엉겅퀴, 넓은잎버들엉겅퀴, 버들엉겅퀴
서식지: 가의도, 갈음이, 천리포
주요특징: 뿌리잎은 꽃이 필 때 시든다. 줄기잎은 마주나며 가장자리가 밋밋하고 길이 1~2mm의 가시가 있다. 잎 뒷면에는 거미줄 같은 털이 있다. 꽃은 줄기와 가지 끝에서 머리모양꽃이 1개씩 달린다. 총포는 지름 2cm쯤이고 포는 6~7줄로 붙고, 열매는 수과로 긴타원모양이다.
크기: ↕ ↔50~70cm
번식: 씨앗뿌리기
🌷 ⑧~⑩ 자주색
🍂 ⑨~⑪ 황갈색

큰엉겅퀴 *Cirsium pendulum* Fisch. ex DC.

큰엉겅퀴

Cirsium pendulum Fisch. ex DC.

[*pendulum*: 밑으로 처진]
영명: Pendulous Thistle
이명: 장수엉겅퀴
서식지: 안면도
주요특징: 모여나는 뿌리잎은 개화기에 없어진다. 어긋나는 줄기잎은 피침상 타원모양으로 가장자리가 깃모양으로 갈라지고 결각에 결각상의 톱니와 가시가 있다. 머리모양꽃차례는 밑을 향하여 구부러지고, 수과는 길이 3~3.5mm 정도의 타원모양으로 4개의 능선이 있다.
크기: ↕ ↔1~2m
번식: 씨앗뿌리기
🌷 ⑦~⑩ 홍자색
🍂 ⑨~⑪ 황갈색

망초속(*Conyza*)

전세계 156종류, 우리나라에 4종류 귀화, 한해 또는 두해살이풀, 줄기는 곧게서고, 잎은 어긋나기, 피침모양, 선모양, 가장자리에 톱니가 있거나 없음

큰망초

Conyza sumatrensis E.Walker

[*sumatrensis*: 수마트라의]
서식지: 백리포, 안면도
주요특징: 줄기는 곧게서며 암녹색으로 거친 털이 밀생한다. 어긋나는 줄기잎은 피침모양으로 한쪽에 5~9개의 톱니가 있고 뒷면에 짧은 털이 있어서 회색을 띤 암녹색이다. 줄기 위쪽에 원뿔모양의 꽃차례가 생기며 머리모양꽃차례는 가지의 위쪽에 많이 달린다. 관모는 길이 4mm 정도이고 담회갈색이다.
크기: ↕ ↔80~180cm
번식: 씨앗뿌리기
🌷 ⑦~⑨ 연한 노란색
🍂 ⑧~⑩ 연한 갈색

큰망초 *Conyza sumatrensis* E.Walker

버들잎엉겅퀴 *Cirsium lineare* (Thunberg) Sch.–Bip.

고들빼기속(Crepidiastrum)

전세계 23종류, 우리나라에 6종류, 줄기는 많이 갈라짐, 잎은 어긋나기, 깃모양으로 갈라지기도 함, 머리모양꽃은 노란색, 꽃부리의 끝은 5개의 톱니모양

[Crepidiastrum: 속명 Crepis(국화과)와 astrum(비슷하다)의 합성어이며 Crepis와 비슷하다는 뜻]

고들빼기

Crepidiastrum sonchifolium (Maxim.) Pak & Kawano

[*sonchifolium*: 방가지똥속(*Sonchus*)의 잎과 비슷함]
영명: Sonchus-Leaf Crepidiastrum
이명: 참꼬들빼기, 빗치개씀바귀, 씬나물
서식지: 태안전역
주요특징: 줄기는 가지가 많이 갈라지며 털이 없고 자줏빛이 돈다. 줄기잎은 어긋나며 밑이 넓어져서 줄기를 크게 감싸고 가장자리에 불규칙한 톱니가 있다. 꽃은 줄기와 가지 끝에서 머리모양꽃이 우산 펴지듯이 달린다. 열매는 수과로 원뿔모양이고 검은색이다. 하얀색의 관모가 있다.
크기: ↕ ↔15~80cm
번식: 씨앗뿌리기
🌼 ⑤~⑨ 노란색
🌱 ⑧~⑩ 백색

고들빼기 *Crepidiastrum sonchifolium* (Maxim.) Pak & Kawano

감국속(Dendranthema)

전세계 42종류, 우리나라에 13종류, 잎은 어긋나기, 갈라진 것과 갈라지지 않은 것은 있음, 꽃은 머리모양꽃차례로 가지끝에 1개 또는 여러개가 편평꽃차례를 이룸

감국 *Dendranthema indicum* (L.) Des Moul.

산국

Dendranthema boreale (Makino) Ling ex Kitam.

[*boreale*: 북방의, 북방계의]
영명: Northern Dendranthema
이명: 개국화, 나는개국화, 들국
서식지: 태안전역
주요특징: 잎은 어긋나며 아래쪽 잎은 넓은달걀모양으로 5개로 깊게 갈라진다. 윗쪽에 붙는 잎은 달걀 또는 피침모양이고 끝이 둔하며 가장자리에 톱니가 있다. 잎 양면에는 짧은 털이 난다. 꽃은 줄기와 가지 끝에서 머리모양꽃이 모여서 우산모양꽃차례처럼 달리며 향기가 좋다. 열매는 수과이다.
크기: ↕ ↔1~1.5m
번식: 씨앗뿌리기, 포기나누기
🌼 ⑨~⑪ 노란색   🌱 ⑩~⑫ 백색

산국 *Dendranthema boreale* (Makino) Ling ex Kitam.

감국

Dendranthema indicum (L.) Des Moul.

[*indicum*: 인도의]
영명: Indian Dendranthema
이명: 들국화, 선감국, 황국
서식지: 태안전역
주요특징: 잎은 어긋나며 달걀을 닮은 둥근모양인데 깃모양으로 깊게 갈라진다. 꽃은 줄기와 가지 끝에서 머리모양꽃이 모여서 느슨한 산방꽃차례 처럼 달리며 향기가 좋다. 모인꽃싸개는 종모양이고 조각이 4줄로 붙으며 바깥쪽 조각은 달걀모양이다. 열매는 수과이며 줄이 5개 있다.
크기: ↕ ↔30~80cm
번식: 씨앗뿌리기, 포기나누기
🌼 ⑩~⑪ 노란색
🌱 ⑪~⑫

구절초

Dendranthema zawadskii var. *latilobum* (Maxim.) Kitam.

[*zawadskii*: 헝가리의 식물채집가 이름,
latilobum: 넓은 열편의]
영명: White-Lobe Korean Dendranthema
이명: 서흥구절초, 넓은잎구절초, 낙동구절초
서식지: 태안전역
주요특징: 어긋나는 잎의 잎몸은 넓은달걀모양
이며 홀수깃모양으로 갈라지고 가장자리가 다소
갈라지거나 톱니가 있다. 머리모양꽃차례는 지름
8cm 정도이다. 수과는 긴타원모양이며 밑으로
약간 굽는다.
크기: ↕ ↔50~100cm
번식: 씨앗뿌리기, 포기나누기
▼ ⑨~⑩ 백색, 연한 홍색
◀ ⑩~⑪

구절초 *Dendranthema zawadskii* var. *latilobum* (Maxim.) Kitam.

절굿대속(*Echinops*)

전세계 205종류, 우리나라에 2종류, 잎은 어긋
나기, 깃모양, 가시가 있음, 작은꽃이 다수가 밀
집하여 줄기끝에 둥근 공모양의 꽃차례를 이룸
[*Echinops*: 그리스어 echinos(바다밤송이, 고
슴도치)와 pos(족)의 합성어이던 것을 린네
(Carl von Linne, 1707~1778)가 ops(비슷하
다)로 바꾸었으며 둥근 머리모양꽃차례의 꽃
이 가시처럼 퍼진에서 유래]

절굿대

Echinops setifer Iljin

[*setifer*: 찌르는 털이 있는]
영명: Purple Globe Thistle
이명: 절구때, 개수리취, 분취아재비
서식지: 태안전역
주요특징: 뿌리잎은 모여나고 줄기잎은 어긋나
며 길이 15~30cm 정도의 긴타원모양이다. 깃모
양으로 깊게 갈라지고 7~13개의 결각은 두껍고
넓은 피침모양으로 가장자리에 가시가 달린 뾰
족한 톱니가 있다. 머리모양꽃차례는 지름 5cm
정도로 둥글고 수과는 통모양으로 털이 많다.
크기: ↕ ↔80~100cm
번식: 씨앗뿌리기
▼ ⑦~⑧ 자주색
◀ ⑨~⑩ 황갈색

개망초속(*Erigeron*)

전세계 522종류, 우리나라에 자생 4종류, 귀
화 3종류, 귀화종 수종, 줄기는 곧게서고, 잎은
어긋나기, 총포는 통모양, 총포편은 선상 피침
모양, 폭이 좁음, 혀꽃은 암꽃
[*Erigeron*: 그리스어 eri(빠르다)와 geron(노
인)의 합성어이며 암백색의 털로 덮이고 꽃이
빨리 핀다는 뜻으로 본래는 개쑥갓의 이름이
었음]

절굿대 *Echinops setifer* Iljin

개망초 초

Erigeron annuus (L.) Pers.

[*annuus*: 한해살이의]
영명: Daisy Fleabane, Sweet Scabious,
White-Top
이명: 개망풀, 망국초, 버들개망초, 왜풀
서식지: 태안전역
주요특징: 모여나는 뿌리잎은 달걀모양으로
개화기에 없어지며 어긋나는 줄기잎은 길이
4~12cm, 너비 1.5~3cm 정도의 달걀을 닮은 피
침모양으로 양면에 털이 있고 가장자리에 톱니
가 있다. 가지와 원줄기 끝에 산방상으로 달리는
머리모양꽃차례는 지름 15~20mm 정도이고 백
색이지만 때로는 자줏빛이 도는 혀꽃이 핀다.
크기: ↕ ↔30~100cm
번식: 씨앗뿌리기
▼ ⑥~⑨ 백색
◀ ⑦~⑩ 연한 노란색

개망초 *Erigeron annuus* (L.) Pers.

등골나물속(*Eupatorium*)

전세계 129종류, 우리나라에 6종류, 잎은 마주나기 또는 돌려나기, 머리모양꽃차례는 편평꽃차례모양, 통모양으로 길고, 털이 없으며, 꽃부리는 고른 5개, 열매는 통모양, 오각형
[*Eupatorium*: 기원전 132~63sus 소아시아의 유페터(Mithridates Eupator, BC135~BC63)를 기념한 명칭이며 그는 본 속의 어떤 종을 약용으로 하였음]

등골나물

Eupatorium japonicum Thunb.

[*japonicum*: 일본의]
영명: Fragrant Eupatorium
이명: 새등골나물
서식지: 태안전역
주요특징: 원줄기는 자줏빛의 점과 꼬부라진 털이 있다. 마주나는 잎은 달걀을 닮은 긴타원모양으로 양면에 털이 있으며 가장자리에 톱니가 있다. 산방꽃차례로 피는 꽃은 백색 바탕에 자줏빛이다. 수과는 길이 3mm 정도의 통모양이고 선과 털이 있으며 길이 4mm 정도이다.
크기: ↕ ↔1~2m
번식: 씨앗뿌리기, 꺾꽂이
▼ ⑦~⑩ 백색
🔊 ⑧~⑪ 백색

골등골나물

Eupatorium lindleyanum DC.

[*lindleyanum*: 영국의 분류학자 린들리(John Lindley, 1799~1865)의]
영명: Lindley Eupatorium
이명: 띠등골나물, 샘등골나물, 새골등골나물
서식지: 태안전역
주요특징: 잎은 마주나며 가끔 3개로 깊게 갈라지기도 한다. 잎 양면에 털이 나며 뒷면에 샘점이 있고 잎줄 3개가 뚜렷하다. 꽃은 줄기와 가지 끝에서 머리모양꽃이 산방꽃차례로 달리며, 머리모양꽃차례는 관모양꽃 5개로 이루어진다. 열매는 수과이며, 하얀색의 관모가 있다.
크기: ↕ ↔70~100cm
번식: 씨앗뿌리기, 꺾꽂이
▼ ⑦~⑩ 백색, 홍자색
🔊 ⑧~⑪ 백색

등골나물 *Eupatorium japonicum* Thunb.

골등골나물 *Eupatorium lindleyanum* DC.

왜떡쑥속(*Gnaphalium*)

전세계 124종류, 우리나라에 자생 4종류, 귀화 2종류, 솜털이 빽빽한 풀, 잎은 어긋나기, 선 또는 피침모양, 가장자리는 밋밋, 머리모양꽃차례는 작은크기, 대개 줄기끝에 빽빽히 배열 [*Gnaphalium*: 그리스어 gnaphallon(한줌의 양모)에서 유래. 부드러운 털로 덮인 어떤 식물명]

떡쑥

Gnaphalium affine D. Don.

[*affine*: 비슷한, 닮은]
영명: Jersey Cudweed
이명: 괴쑥, 솜쑥, 흰떡쑥
서식지: 태안전역
주요특징: 줄기에 자라는 잎은 어긋나며 주걱모양 또는 피침모양으로 가장자리가 밋밋하다. 꽃은 줄기 끝에 머리모양꽃이 산방꽃차례로 달린다. 머리모양꽃의 가운데에 양성꽃이 피고 주변에 암꽃이 핀다.
크기: ↕↔15~40cm
번식: 씨앗뿌리기
▼ ⑤~⑦ 황백색
◀ ⑥~⑧ 황백색

풀솜나물

Gnaphalium japonicum Thunb.

[*japonicum*: 일본의]
영명: Father-And-Child Plant
이명: 푸솜나물, 창떡쑥
서식지: 태안전역
주요특징: 뿌리잎은 모여나고 꽃이 필 때도 남아 있으며 좁은 피침모양이다. 잎 뒷면에 흰 털이 밀생한다. 줄기잎은 어긋나고 가늘고 긴 모양이다. 꽃차례 밑의 잎은 가늘고 긴 모양으로 3~5장이 돌려난다. 꽃은 머리모양꽃차례가 줄기 끝에 모여 달리고, 총포는 종모양이고 포는 3줄로 붙는다.
크기: ↕↔10~20cm
번식: 씨앗뿌리기
▼ ⑤~⑦ 갈색
◀ ⑦~⑧ 백색

왜떡쑥

Gnaphalium uliginosum L.

[*uliginosum*: 습지 또는 소지에서 자라는]
영명: Marsh cudweed
이명: 솜떡쑥
서식지: 신두리, 안면도

주요특징: 줄기는 가지가 많이 갈라지고 전체가 흰 털로 덮여 있다. 뿌리잎과 줄기의 아래쪽 잎은 일찍 말라 떨어진다. 줄기잎은 어긋나며 피침모양으로 가장자리는 밋밋하고 양면에 흰 털이 많다. 꽃은 줄기와 가지 끝에서 머리모양꽃이 모여 달린다. 총포는 종모양이고, 열매는 수과로 긴타원모양이다.
크기: ↕ 15~35cm
번식: 씨앗뿌리기
▼ ⑤~⑦ 녹색, 연한 노란색
◀ ⑦~⑧ 백색

풀솜나물 *Gnaphalium japonicum* Thunb.

왜떡쑥 *Gnaphalium uliginosum* L.

떡쑥 *Gnaphalium affine* D. Don.

해바라기속(*Helianthus*)

전세계 85종류, 우리나라에 2종류 귀화, 잎은 마주나기 또는 나선상으로 늘어섬, 머리모양 꽃차례는 1개 또는 몇개가 줄기끝에 붙음, 열매는 수과

[*Helianthus*: 그리스어 helios(태양)와 anthos(꽃)의 합성어이며 꼭대기에 있는 꽃의 형태와 빛깔에서 연상]

뚱딴지

Helianthus tuberosus L.

[*tuberosus*: 부풀어오른 뿌리줄기가 있는]
영명: Jerusalem Artichoke, Girasole
이명: 돼지감자, 뚝감자
서식지: 태안전역
주요특징: 줄기잎은 밑부분에서는 마주나지만 윗부분에서는 어긋난다. 잎자루에는 날개가 있고 잎몸은 길이 7~15cm, 너비 4~8cm 정도의 타원모양으로 끝이 뾰족하며 가장자리에 톱니가 있다. 머리모양꽃차례에는 대롱꽃이 갈색이고 혀꽃은 노란색이다. 수과는 '해바라기'의 씨와 비슷하지만 작다.
크기: ↕ ↔1~3m
번식: 씨앗뿌리기, 포기나누기
🌼 ⑨~⑩ 노란색
🍂 ⑩~⑪

뚱딴지 *Helianthus tuberosus* L.

조밥나물속(*Hieracium*)

전세계 3,970종류, 우리나라에 자생 2종류, 귀화 1종, 잎은 어긋나기, 가장자리는 밋밋하거나 큰 톱니 발달, 머리모양꽃차례는 줄기 위에 1개 또는 수개가 산방상으로 붙음

[*Hieracium*: 그리스어 hierax(매)에서 유래된 것으로 옛날에는 매가 시력을 강하게 하기 위하여 이 식물을 먹는다고 생각함]

조밥나물

Hieracium umbellatum L.

[*umbellatum*: 우산모양의 꽃차례]
영명: Narrow-Leaf Hawkweed
이명: 조팝나물, 버들나물
서식지: 태안전역
주요특징: 줄기는 곧게서며 가지가 갈라지고 위쪽에 털이 많다. 줄기잎은 어긋나며 가장자리에 톱니가 드문드문 있다. 꽃은 줄기와 가지 끝에서 지름 2.5~3cm인 머리모양꽃이 산방꽃차례 또는 원뿔모양꽃차례처럼 달린다. 꽃대는 길이 2~5cm이고, 열매는 수과이며 능선이 10개 있다.
크기: ↕ ↔30~100cm
번식: 씨앗뿌리기, 포기나누기
🌼 ⑦~⑩ 노란색
🍂 ⑨~⑪ 연한 노란색

조밥나물 *Hieracium umbellatum* L.

금혼초속(*Hypochaeris*)

전세계 87종류, 우리나라에 자생 1종, 귀화 1종, 1년 또는 여러해살이풀, 고양이귀로 많이 알려짐, 머리모양꽃차례는 노란색

[*Hypochaeris*: 테오프라스토스(Theophras-tus, BC371 ~ BC287)가 사용한 그리스명이며 이 식물 또는 이와 비슷한 식물이었음]

서양금혼초

Hypochaeris radicata L.

영명: Spotted Cats-Ear
이명: 민들레아재비
서식지: 갈음이, 안면도
주요특징: 잎은 모두 뿌리에서 나며 거꿀피침모양으로 4~8쌍의 깃모양으로 갈라진다. 잎 양면에는 황갈색의 굳은 털이 밀생한다. 꽃은 줄기 끝에 머리모양꽃이 1개 달리고 혀모양꽃은 끝이 다섯 개로 갈라진다. 열매는 수과이고 겉에 가시 같은 돌기가 빽빽하게 있다.
크기: ↕ ↔30~50cm
번식: 씨앗뿌리기
🌼 ⑤~⑩ 노란색
🍂 ⑥~⑪ 백색

서양금혼초 *Hypochaeris radicata* L.

금불초속(*Inula*)

전세계 100종, 우리나라에 5종류, 잎은 어긋나기, 가장자리는 밋밋, 머리모양꽃차례는 모여서 산방상 또는 원추상으로 핌, 열매에 여러 능선이 있음

[*Inula*: *Inula helenium*의 고대 라틴명이며 그리스명은 elenion임]

금불초

Inula japonica Thunb.

[*japonica*: 일본의]
영명: Oriental Yellowhead
이명: 들국화, 옷풀, 하국
서식지: 태안전역
주요특징: 뿌리잎과 줄기 아래쪽 잎은 꽃이 필 때 마른다. 줄기잎은 어긋나며 밑이 좁아져서 줄기를 반쯤 감싼다. 양면은 누운 털이 난다. 꽃은 줄기와 가지 끝에서 머리모양꽃이 1개씩 달린다. 총포는 반원모양이고 가장자리에 털이 나며 조각이 5줄로 붙는다. 열매는 수과이며 털이 있다.
크기: ↕ ↔20~60cm
번식: 씨앗뿌리기, 포기나누기
🌼 ⑦~⑨ 노란색
🍂 ⑨~⑪

금불초 *Inula japonica* Thunb.

가는금불초

Inula linariifolia Turcz.

[*linariifolia*: 해란초속(*Linaria*)의 잎과 같은]
영명: Linear-Leaf British Yellowhead
이명: 좁은잎금불초, 가는잎금불초
서식지: 안면도, 천리포
주요특징: 중앙부의 잎은 밑부분이 좁아져서 잎자루처럼 되거나 원줄기를 반 정도 감싸안고 표면에 털이 없으며 뒷면에 비단털과 더불어 선점이 있다. 꽃은 가지 끝과 원줄기 끝에 1개씩 달리고 흔히 포가 없다. 총포는 반원모양이며 비늘잎은 4줄로 배열되며 선점이 있다. 수과는 통모양이며 털과 더불어 10개 능선이 있다.
크기: ↕ ↔30~70cm
번식: 씨앗뿌리기, 포기나누기
🌼 ⑥~⑧ 노란색
🍂 ⑧~⑩

버들금불초

Inula salicina L.

[*salicina*: 버드나무속(*salix*)과 비슷한]
영명: Asian Willow-Leaf Yellowhead
이명: 버들잎금불초
서식지: 태안전역
주요특징: 줄기잎은 피침 또는 타원상 피침모양으로 빽빽하게 붙는다. 잎에는 털이 거의 없으며 간혹 뒷면 잎맥에만 털이 있다. 꽃은 줄기 끝에 머리모양꽃이 1개 달린다. 머리모양꽃의 가장자리에 암꽃인 혀모양꽃이 있고 가운데는 관모양의 양성꽃이 있다. 열매는 수과이다.
크기: ↕ ↔60~80cm
번식: 씨앗뿌리기, 포기나누기
🌼 ⑥~⑧ 노란색
🍂 ⑧~⑩ 황갈색

버들금불초 *Inula salicina* var. *asiatica* Kitamura

가는금불초 *Inula britannica* var. *linariifolia* (Turcz.) Regel

씀바귀속(*Ixeridium*)

전세계 16종류, 우리나라에 2종류, 피침모양, 끝이 뾰족하고, 밑이 좁아져 긴 잎자루로 흐름, 이모양의 톱니나 결각, 잎을 뜯으면 하얀색 유액이 나옴

흰씀바귀

Ixeridium dentatum f. *albiflora* (Makino) H. Hara

[*dentatum*: 어긋니같은 톱니가 있는, 뾰족한 톱니가 있는, *albiflora*: 백색 꽃의]
영명: White Toothed Ixeridium
서식지: 태안전역
주요특징: 모여나는 뿌리잎은 거꿀피침모양으로 밑부분의 가장자리에는 치아같은 모양의 잔톱니나 결각이 있다. 어긋나는 줄기잎은 2~3개 정도이고 긴타원상 피침모양으로 가장자리에 잔톱니가 있다. 산방상으로 달리는 머리모양꽃차례이고, 수과는 방추형으로 10개의 능선과 관모가 있다.
크기: ↕ ↔25~50cm
번식: 씨앗뿌리기, 포기나누기
🌼 ⑤~⑦ 백색
🍂 ⑦~⑧ 연한 노란색

선씀바귀속(*Ixeris*)

동부아시아에 27종류, 우리나라에 7종, 잎은 밑에서 여러장이 나오고, 줄기잎은 어긋나기, 머리모양꽃차례는 3~4개 또는 여러개가 산방상으로 붙음, 총포는 통모양, 털이 없음

흰씀바귀 *Ixeridium dentatum* f. *albiflora* (Makino) H. Hara

벋음씀바귀

Ixeris debilis (Thunb.) A. Gray

[*debilis*: 안쪽으로 구부러는 작용 또는 안쪽으로 구부러진 상태]
영명: Weak Ixeris
이명: 덩굴씀바귀, 큰덩굴씀바귀, 노랑선씀바귀
서식지: 십리포, 병술만, 바람아래 해수욕장, 구례포
주요특징: 기는줄기가 사방으로 퍼지며 마디에서 뿌리가 내린다. 뿌리잎은 거꿀피침모양 또는 주걱상 타원모양으로 가장자리가 밋밋하거나 중앙 이하에 톱니가 있다. 꽃줄기 끝에 머리모양꽃이 1~6개 달리고, 꽃줄기는 잎이 없거나 1장이 달린다. 총포는 통모양이다.
크기: ↕ ↔10~35cm
번식: 씨앗뿌리기, 포기나누기
🌼 ⑤~⑦ 노란색
🍂 ⑦~⑧ 백색

벋음씀바귀 *Ixeris debilis* (Thunb.) A. Gray

좀씀바귀

Ixeris stolonifera A.Gray

[*stolonifera*: 포복지가 있는]
영명: Creeping Ixeris
이명: 둥근잎씀바귀, 둥굴잎씀바귀
서식지: 천리포
주요특징: 줄기는 연약하고 가지가 갈라지면서
땅 위를 기고 마디에서 수염뿌리가 내린다. 잎은
뿌리에서 모여나거나 줄기에 어긋나는데 잎자루
가 길다. 꽃은 꽃줄기에 머리모양꽃차례가 1~3
개가 달린다. 꽃줄기는 끝에서 가지가 조금 갈라
진다. 열매는 수과로 긴 부리모양의 돌기가 있다.
크기: ↕ ↔10cm
번식: 씨앗뿌리기, 포기나누기
 ⑤~⑥ 노란색
⑥~⑦ 백색

좀씀바귀 *Ixeris stolonifera* A.Gray

선씀바귀

Ixeris strigosa (H.Lév. & Vaniot)
J.H.Pak & Kawano

[*strigosa*: 뾰족하게 돋아난 돌기로서 깔깔한]
영명: Short Bristle–Like–Hair Ixeris
서식지: 안면도, 천리포, 만리포
주요특징: 모여나는 뿌리잎은 거꿀피침상 긴타
원모양으로 가장자리가 깃모양으로 갈라지거나
치아같은 모양의 톱니가 있고 밑부분이 좁아져
서 잎자루로 된다. 어긋나는 줄기잎은 1~3개 정
도이고 피침모양이다. 산방상으로 달리는 머리모
양꽃차례는 백색에 연한 자주색을 띤다. 수과는
방추모양으로 10개의 능선이 있다.
크기: ↕ ↔20~50cm
번식: 씨앗뿌리기, 포기나누기
⑤~⑥ 노란색
⑥~⑦ 백색

선씀바귀 *Ixeris strigosa* (H.Lév. & Vaniot) J.H.Pak & Kawano

갯씀바귀

Ixeris repens (L.) A. Gray

[*repens*: 기어가는]
영명: Creeping Beach Ixeris
이명: 갯씀바기, 개씀바귀
서식지: 태안전역
주요특징: 바닷가 모래땅에서 자라며 줄기는 땅
속에서 옆으로 길게 뻗는다. 잎은 어긋나며 손바
닥모양으로 가장자리가 3~5개로 깊게 갈라진
다. 꽃은 잎겨드랑이에서 나온 꽃줄기 끝에 머리
모양꽃 2~5개가 달린다. 총포는 통모양이고, 안
쪽의 꽃싸개가 바깥쪽 꽃싸개보다 2배 이상 길
다. 열매는 수과이다.
크기: ↕ ↔3~15cm
번식: 씨앗뿌리기, 포기나누기
⑥~⑦ 노란색
⑧~⑨ 밝은 갈색

갯씀바귀 *Ixeris repens* (L.) A. Gray

왕고들빼기속(*Lactuca*)

전세계 154종류, 우리나라에 자생 6종류, 귀화 1종, 잎은 어긋나기, 가장자리는 밋밋하거나 거친톱니, 혹은 깃모양, 줄기잎은 귓불모양, 머리모양꽃차례가 모여 원뿔모양을 이룸 총포는 통모양

[*Lactuca*: 상치의 라틴 고명이며 줄기잎에서 유액(lac)이 나오는 것에서 유래]

왕고들빼기

Lactuca indica L.

[*indica*: 인도의]
영명: Indian Lettuce
서식지: 태안전역
주요특징: 뿌리잎은 모여나며 어긋나는 줄기잎은 긴타원상 피침모양으로 표면은 녹색이고 뒷면은 분백색이며 털이 없다. 가장자리가 깃모양으로 깊게 갈라지거나 결각상의 큰 톱니가 있다. 원추상으로 달리는 머리모양꽃차례이다. 수과는 길이 5mm 정도의 타원모양이고 관모는 길이 7~8mm 정도이다.
크기: ↕ ↔ 60~150cm
번식: 씨앗뿌리기
🌼 ⑦~⑨ 연한 노란색
🌰 ⑨~⑩ 백색

왕고들빼기 *Lactuca indica* L.

개보리뺑이속(*Lapsanastrum*)

전세계 4종류, 우리나라에 2종류, 한해 또는 두해살이풀, 잎은 어긋나기, 거친 톱니가 있거나 깃모양으로 갈라짐, 머리모양꽃차례가 모여 원뿔모양을 이룸, 총포는 원기둥을 닮은 종모양

개보리뺑이

Lapsanastrum apogonoides (Maxim.) J.H.Pak & K.Bremer

[*apogonoides*: *Apogon*속(국화과)과 비슷한]
영명: Common Nipplewort
이명: 뚝갈나물, 개보리뺑이, 애기보리뺑이
서식지: 안면도, 병술만, 모항리
주요특징: 뿌리잎은 지면에서 사방으로 빽빽하게 퍼지고 가장자리는 결각모양이다. 꽃은 처음에는 엉성한 산방상이지만 가지가 자라서 밑으로 처지고 모두 혀꽃이다. 총포는 원뿔모양이며 낱꽃은 6~9개이다. 수과는 편평하며 긴타원모양이고 줄이 3개 있으며 끝에 2~4개의 젖혀진 돌기가 있다.
크기: ↕ ↔ 5~25cm   **번식**: 씨앗뿌리기
🌼 ④~⑥ 노란색   🌰 ⑤~⑦ 갈색

개보리뺑이 *Lapsanastrum apogonoides* (Maxim.) J.H.Pak & K.Bremer

솜나물속(*Leibnitzia*)

아시아에 9종류, 우리나라에 1종, 뿌리잎은 깃모양, 모여나기, 두가지모양의 머리모양꽃이 줄기끝에 붙음, 봄에 피는 머리모양꽃차례에는 혀꽃, 대롱꽃, 가을에는 대롱꽃

[*Leibnitzia*: 독일의 철학자이며 수학자인 라이프니츠(Gottfried Wilhelm Leipniz, 1646~1716)에서 유래]

솜나물

Leibnitzia anandria (L.) Turcz.

[*anandria*: 수술이 없다는 뜻]
영명: Gebera Anandra
이명: 부시깃나물, 까치취
서식지: 태안전역
주요특징: 모여나는 뿌리잎은 거꿀피침상 긴타원모양으로 끝이 둔하고 밑부분이 잎자루로 흘러 좁아지며 가장자리가 무 잎처럼 갈라지고 각 결각은 서로 떨어져 있다. 꽃은 줄기끝에 머리모양꽃차례로 1개씩 달린다. 수과는 방추모양으로 양끝이 좁고 관모가 있다.
크기: ↕ ↔ 10~60cm
번식: 씨앗뿌리기
🌼 ⑤~⑨ 백색 또는 연한 자색
🌰 ⑥~⑩ 갈색, 흑자색

솜나물 *Leibnitzia anandria* (L.) Turcz.

곰취속(*Ligularia*)

전세계 158종류, 우리나라에 9종류, 잎은 심장모양, 달걀모양, 긴타원모양, 잎자루가 길고, 줄기잎은 잎자루가 없음, 꽃은 노란색, 열매는 수과, 원기둥모양

[*Ligularia*: 라틴어 ligula(혀)에서 유래된 것으로 작은 혀 모양의 꽃이 달림]

곰취

Ligularia fischeri (Ledeb.) Turcz.

[*fischeri*: 소련의 분류학자 이름]
영명: Fischer's Ragwort
이명: 왕곰취, 큰곰취
서식지: 구름포, 천리포
주요특징: 뿌리잎은 콩팥을 닮은 심장모양이고 가장자리에 규칙적인 톱니가 있으며 잎자루가 길다. 줄기잎은 잎자루 밑이 넓어져 줄기를 감싼다. 꽃은 줄기 끝에서 머리모양꽃차례가 총상꽃차례로 달린다. 총포는 종모양이고 8~9개의 조각이 1줄로 붙으며, 열매는 수과이다.
크기: ↕ ↔1~2m
번식: 씨앗뿌리기, 포기나누기
🌼 ⑦~⑨ 노란색
🔖 ⑨ 갈색

곰취 *Ligularia fischeri* (Ledeb.) Turcz.

머위속(*Petasites*)

전세계 24종류, 우리나라에 2종류, 땅속줄기가 굵으며, 암수딴그루, 흰솜털에 싸임, 뿌리잎은 크고 심장모양, 콩팥모양, 꽃줄기에 맥이 뚜렷한 비늘모양 포가 어긋나기

[*Petasites*: 차양이 넓은 모자의 그리스명 페타소스(petasos)에서 유래되었고 잎이 넓다는 의미]

머위

Petasites japonicus (Sieb. et Zucc.) Maxim

[*japonicus*: 일본의]
영명: Giant Butterbur
이명: 머구
서식지: 태안전역
주요특징: 옆으로 뻗는 땅속줄기에서 꽃대가 나온다. 뿌리잎은 통모양이나 윗부분에서 홈이 생기고 밑부분은 자주색을 띤다. 잎은 콩팥을 닮은 둥근모양으로 털이 있으며 가장자리에 불규칙한 톱니가 있다. 머리모양꽃차례는 꽃대의 끝에 산방꽃차례로 다닥다닥 달린다. 수과는 통모양으로 관모가 있다.
크기: ↕ ↔10~50cm
번식: 씨앗뿌리기
🌼 ③~④ 연한 노란색
🔖 ⑤~⑥ 백색

머위 *Petasites japonicus* (Sieb. et Zucc.) Maxim.

취나물속(*Saussurea*)

전세계 457종류, 우리나라에 42종류, 잎은 어긋나기, 이모양의 톱니, 꽃은 머리모양꽃차례로 산방상 또는 총상모양, 총포는 원, 종, 통모양, 꽃은 홍자색, 하얀색, 끝은 5개

[*Saussurea*: 스위스의 학자 소쉬르(H.B. de Saussure, 1779–1896)에서 유래]

버들분취

Saussurea maximowiczii Herd.

[*maximowiczii*: 소련의 분류학자로서 동아시아 식물을 연구한 막시모비치(Carl Johann Maximovich, 1827~1891)의]
영명: Maximowicz's Saussurea
이명: 톱분취, 개분취, 톱날분취, 각시버들분취
서식지: 천리포, 구례포
주요특징: 뿌리잎은 꽃이 필 때도 남아 깃모양으로 깊게 갈라진다. 줄기잎은 위로 갈수록 작아지고 잎자루의 밑부분은 줄기를 반쯤 감싼다. 꽃은 줄기 끝에 머리모양꽃차례가 산방상으로 달린다. 총포는 통모양으로 적자색이며 총포조각은 8줄로 배열한다. 열매는 수과로 길이 5mm, 관모는 2줄로 배열한다.
크기: ↕ ↔50~160cm
번식: 씨앗뿌리기, 포기나누기
🌼 ⑦~⑨ 홍자색
🔖 ⑧~⑩ 연한 노란색

버들분취 *Saussurea maximowiczii* Herd.

207

빗살서덜취

Saussurea odontolepis (Herder) Sch. Bip. ex Herder

[*odontolepis*: 이빨모양의 톱니가 있는 인편의]
영명: Deeply–Lobe Saussurea
이명: 구와잎의각시취, 왕분취, 구와각시취
서식지: 태안전역
주요특징: 줄기에 능선과 거미줄 같은 털이 있고 가지가 갈라진다. 잎몸은 달걀모양인데 밑부분은 심장모양이며 양면에 털이 있다. 잎 뒷면에는 선점이 있고 잎 가장자리는 빗살처럼 갈라진다. 머리모양꽃차례는 산방상으로 달리고 거미줄 같은 털이 있다. 수과는 긴타원모양으로 자주색 바탕에 검정색 점이 있고 관모는 2줄이다.
크기: ↕ ↔60~100cm
번식: 씨앗뿌리기, 포기나누기
🌼 ⑨~⑩ 자주색
🍂 ⑩~⑪ 갈색

쇠채속(*Scorzonera*)

전세계 210종류, 우리나라에 2종류, 전체에 솜털이 있음, 잎은 어긋나기, 밋밋하거나 깃모양, 머리모양꽃차례는 크고, 총포는 통 또는 종모양, 열매는 선 또는 통모양
[*Scorzonera*: 이탈리아어로 '검정색 외피'라는 뜻]

쇠채

Scorzonera albicaulis Bunge

[*albicaulis*: 백색 줄기의]
영명: White–Stem Serpentroot
이명: 미역꽃, 쇄채
서식지: 가의도, 안면도, 십리포, 장명수
주요특징: 전체가 백색 털로 덮여 있다. 모여나는 뿌리잎은 가늘고 긴 피침모양으로 백색 털로 덮여 있고 가장자리가 밋밋하다. 어긋나는 줄기잎은 뿌리잎보다 작다. 꽃은 머리모양꽃차례인데 수과는 가늘고 긴 모양으로 약간 굽고 능선이 있으며 관모는 길이 16mm 정도로 약간 붉은빛이 돈다.
크기: ↕ ↔30~100cm
번식: 씨앗뿌리기
🌼 ⑦~⑧ 노란색
🍂 ⑧~⑨ 연한 갈색

쇠채 *Scorzonera albicaulis* Bunge

멱쇠채

Scorzonera austriaca subsp. *glabra* (Rupr.) Lipsch. & Krasch. ex Lipsch.

[*austriaca*: 오스트리아의, *glabra*: 털이 없는]
영명: Single–Flower Serpentroot
이명: 좀쇠채, 눈쇠채, 애기쇠채
서식지: 가의도
주요특징: 줄기는 어릴 때 거미줄 같은 흰 털이 있으나 크면서 없어진다. 뿌리잎은 모여나고 오랫동안 남아 있으며 가늘고 긴 모양 또는 거꿀피침모양으로 가장자리는 밋밋하다. 꽃은 머리모양꽃이 줄기 끝에서 1개씩 달린다. 머리모양꽃은 혀모양의 양성꽃으로 된다. 열매는 수과로 능선이 있다.
크기: ↕ ↔20~25cm
번식: 씨앗뿌리기
🌼 ⑤~⑥ 백색
🍂 ⑦~⑧ 연한 갈색

빗살서덜취 *Saussurea odontolepis* (Herder) Sch.Bip. ex Herder

쇠채 *Scorzonera albicaulis* Bunge

금방망이속(*Senecio*)

전세계 1,666종류, 우리나라에 자생 6종류, 귀화 1종, 뿌리잎은 모여나기, 줄기잎은 어긋나기, 깃모양, 가장자리는 밋밋함, 머리모양꽃차례는 산방상으로 늘어섬, 열매는 수과, 통모양
[*Senecio*: 라틴어 senex(노인)에서 유래된 것으로 선모와 백색의 관모가 있다는 뜻]

금방망이

Senecio nemorensis L.

[*nemorensis*: 숲속에 사는]
영명: Shady Groundsel
이명: 산쑥방맹이, 대륙금망이
서식지: 학암포, 구례포
주요특징: 중앙부의 잎은 잎자루가 짧으며 양끝이 좁고 가장자리에 불규칙한 잔톱니가 있다. 머리모양꽃차례는 산방상으로 달린다. 총포는 통모양이며 포편은 9~12개가 1줄로 배열되며 뒷면에 털이 다소 있고 긴타원모양이다. 수과는 원뿔모양이며 털이 없고 관모는 어두운 백색이다.
크기: ↕ ↔40~100cm
번식: 씨앗뿌리기, 꺾꽂이, 포기나누기
🌼 ⑦~⑧ 노란색
🍂 ⑨~⑩ 연한 갈색

금방망이 *Senecio nemorensis* L.

산비장이속(*Serratula*)

전세계 42종류, 우리나라에 4종류, 잎은 어긋나기, 깃꼴모양, 가장자리에 톱니, 머리모양꽃차례 가장자리는 중성화, 실모양인 혀꽃, 깊게 3∼5개로 갈라짐, 총포는 종모양

[*Serratula*: 라틴어 serratus(톱니가 있는)의 축소형이며 플리니(Gaius Plinius Secundus, AD 23/24 – 79)가 스페인산의 베또니까 (Betonica)에 붙였던 것을 전용]

산비장이

Serratula coronata subsp. *insularis* (Iljin) Kitam.

[*coronata*: 꽃부리가 있는, *insularis*: 섬에서 자라는]
영명: Mountain Coronate Sawwort
이명: 큰산나물, 산비장쟁이
서식지: 곳도, 안면도, 천리포, 구례포
주요특징: 잎은 어긋나게 붙는데 줄기잎은 잎자루가 있고 달걀을 닮은 타원모양이며 깃모양으로 완전히 갈라진다. 잎의 갈래는 4∼7쌍이고 긴 타원모양이며 가장자리에 큰 톱니가 있다. 꽃은 줄기와 가지 끝에서 머리모양꽃차례가 1개씩 달린다. 총포는 단지모양으로 누런빛이 도는 녹색인데 자줏빛이 조금 난다. 총포 조각은 7줄로 붙고, 열매는 수과이다.
크기: ↕ ↔30∼140cm
번식: 씨앗뿌리기, 포기나누기
▼ ⑦∼⑩ 자주색
◀ ⑨∼⑩ 연한 갈색

산비장이 *Serratula coronata* subsp. *insularis* (Iljin) Kitam.

진득찰속(*Sigesbeckia*)

전세계 20종류, 우리나라에 3종류, 한해살이풀, 잎은 마주나기, 선모가 있고, 달걀모양, 가장자리에 이모양의 톱니, 꽃은 원뿔모양꽃차례, 노란색, 열매가 털이나 옷에 잘붙음

[*Sigesbeckia*: 소련의 식물학자 시그스벡(John Georg Siegesbeck, 1686-1755)에서 유래]

진득찰

Sigesbeckia glabrescens (Makino) Makino

[*glabrescens*: 다소 털이 없는]
영명: Hair-Stalk St. Paul's Wort
이명: 민진득찰, 진동찰, 찐득찰
서식지: 태안전역
주요특징: 가지는 마주나면서 갈라지는데 자갈색을 띠며 단면은 통모양이다. 마주나는 잎은 달걀을 닮은 삼각형으로 양면에 약간의 털이 있고 가장자리에 불규칙한 톱니가 있다. 꽃은 산방상으로 달리는 머리모양꽃차례이다. 수과는 거꿀달걀모양으로 4개의 능각이 있으며 다른 물체에 잘 붙으며, 샘털이 없다.
크기: ↕ ↔30∼100cm
번식: 씨앗뿌리기
▼ ⑧∼⑨ 노란색
◀ ⑨∼⑩

진득찰 *Sigesbeckia glabrescens* (Makino) Makino

털진득찰

Sigesbeckia pubescens (Makino) Makino

[*pubescens*: 짧고 부드러운 털이 있는]
영명: Glandularstalk St. Pauls-Wort
서식지: 가의도, 갈음이, 백리포, 안면도
주요특징: 가지는 마주나면서 갈라지는데 털이 많다. 마주나는 잎은 달걀을 닮은 삼각모양으로 양면에 털이 많고 가장자리에 불규칙한 톱니가 있다. 꽃은 산방상으로 달리는 머리모양꽃차례이고 수과는 거꿀달걀모양으로 약간 굽으며 4개의 능각이 있고 털이 없다. '진득찰과 달리 긴 털이 밀생하고 잎이 대형이며 꽃대에 흔히 샘털이 있다.
크기: ↕ ↔60∼120cm
번식: 씨앗뿌리기
▼ ⑧∼⑨ 노란색
◀ ⑨∼⑩

털진득찰 *Sigesbeckia pubescens* (Makino) Makino

미역취속(*Solidago*)

전세계 160종류, 우리나라에 자생 4종류, 귀화 2종류, 잎은 어긋나기, 가장자리에 톱니가 있음, 머리모양꽃차례는 작은크기, 이삭 또는 원뿔모양, 혀꽃과 대롱꽃이 있음

[*Solidago* : 라틴어 solidus(안정)와 접미어 ago(상태)의 합성어이며 상처약으로서의 평판에 유래]

미역취

Solidago virgaurea subsp. *asiatica* Kitam. ex Hara

[*virgaurea* : 황금색의 가지, *asiatica* : 아시아의]
영명 : Asian Goldenrod
서식지 : 태안전역
주요특징 : 뿌리잎은 개화기에 없어지고 어긋나게 붙는 잎은 길이 5~10cm, 너비 1.5~5cm 정도의 긴타원상 피침모양으로 가장자리에 톱니가 있다. 꽃은 산방상 총상꽃차례로 달린다. 수과는 통모양으로 털이 약간 있고 관모는 길이 3.5mm 정도이다.
크기 : ↕30~85cm
번식 : 씨앗뿌리기, 포기나누기, 꺾꽂이
▼ ⑦~⑩ 노란색
◀ ⑨~⑪

방가지똥속(*Sonchus*)

전세계 140종류, 우리나라에 자생 1종, 귀화 2종류, 뿌리잎은 모여나기, 줄기잎은 어긋나기, 밑동은 줄기를 싸고, 가장자리에 가시모양의 바늘이 흔히 있음, 머리모양꽃은 노란색

[*Sonchus* : 사데풀과 엉겅퀴를 합친 그리스명]

미역취 *Solidago virgaurea* subsp. *asiatica* Kitam. ex Hara

사데풀

Sonchus brachyotus DC.

[*brachyotus* : 짧게 생긴]
이명 : 사데나물, 삼비물, 석쿠리, 시투리
서식지 : 태안전역
주요특징 : 가지는 갈라지며 속이 비어있다. 줄기잎은 어긋나고 긴타원모양이다. 잎의 밑은 줄기를 감싸고 가장자리는 큰 톱니가 있거나 밋밋하며 뒷면은 분백색이다. 꽃은 줄기 끝에서 머리모양꽃차례가 우산모양으로 달린다. 총포는 넓은 통모양이고 포가 4~5줄로 붙는다. 열매는 수과로 5개의 능선이 있다.
크기 : ↕30~100cm
번식 : 씨앗뿌리기
▼ ⑧~⑪ 노란색
◀ ⑨~⑪ 백색

우산나물속(*Syneilesis*)

동아시아에 6종류, 우리나라에 2종류, 뿌리잎은 방패, 손바닥모양으로 갈라짐, 줄기잎은 어긋나기, 잎자루는 줄기를 쌈, 머리모양꽃차례는 서고, 산방 또는 원뿔모양으로 붙음

[*Syneilesis* : 그리스어이며 합착하며 말린 자엽이 있다는 뜻]

우산나물

Syneilesis palmata (Thunb.) Maxim.

[*palmata* : 손바닥 모양의]
영명 : Palmate shredded umbrella plant
이명 : 섬우산나물, 대청우산나물, 삿갓나물
서식지 : 태안전역
주요특징 : 첫째 잎의 잎몸은 지름 35~50cm 정도의 둥근모양으로 7~9개의 결각은 다시 2회 2개씩 갈라지고 가장자리에 톱니가 있다. 둘째 잎은 결각이 5개 정도이고 잎자루도 짧다. 꽃은 원뿔모양꽃차례로 달리는 머리모양꽃차례이다. 수과는 길이 5~6mm, 너비 1.2~1.5mm 정도의 통모양으로 양끝이 좁고 관모가 있다.
크기 : ↔70~120cm
번식 : 씨앗뿌리기, 포기나누기
▼ ⑥~⑨ 연한 홍색
◀ ⑧~⑩ 백색

사데풀 *Sonchus brachyotus* DC.

우산나물 *Syneilesis palmata* (Thunb.) Maxim.

수리취속(*Synurus*)

아시아, 시베리아, 몽고에 3종류, 우리나라에 5종류, 가지가 갈라지면서 크게 자라는 여러해살이풀, 잎은 어긋나기, 달걀 또는 달걀을 닮은 긴타원모양, 머리모양꽃차례는 크고 줄기끝에 붙음
[*Synurus*: 그리스어 syn(합동)과 dura(꼬리)의 합성어이며 꽃밥 밑에 있는 꼬리같은 부속체가 합쳐져서 통처럼 된다는 뜻]

수리취

Synurus deltoides (Aiton) Nakai

[*deltoides*: 삼각형의]
영명: Deltoid Synurus
이명: 개취, 조선수리취, 다후리아수리취
서식지: 태안전역
주요특징: 원줄기는 세로로 난 선이 있으며 백색의 털이 빽빽하게 난다. 모여나는 뿌리잎은 달걀을 닮은 긴타원모양으로 끝이 뾰족하고 표면에 꼬불꼬불한 털이 있다. 잎 뒷면에는 백색의 면모가 밀생하며 가장자리에는 결각상의 톱니가 있다. 어긋나는 줄기잎은 위로 갈수록 잎자루가 짧아지고 잎몸도 작아진다. 꽃은 머리모양꽃차례로 달린다.
크기: ↕ ↔40∼100cm
번식: 씨앗뿌리기
🌺 ⑨∼⑩ 자주색
🍂 ⑩∼⑪ 갈색

수리취 *Synurus deltoides* (Aiton) Nakai

천수국속(*Tagetes*)

전세계 53종류, 우리나라에 1종 귀화, 대부분 한해살이풀, 드물게 여러해살이풀, 대부분 깃모양겹잎, 꽃은 황금, 오렌지, 노랑, 하얀색 등 다양, 가뭄에 강함
[*Tagetes*: 신화 중에 나오는 에트루리아(Etruria)의 아름다운 신 타지스(Tages)에서 유래]

만수국아재비

Tagetes minuta L.

[*minuta*: 세미한]
영명: Muster-John-Henry, Marigold, Southern Marigold
이명: 쓰레기풀
서식지: 백리포, 솔섬, 안면도, 천리포, 내파수도
주요특징: 특유의 강한 냄새가 난다. 잎은 타원모양이며 열편이 선상 긴 타원모양으로 좁고 길다. 머리모양꽃차례는 가지 끝에 모여 달리며 통형이다. 열매는 선형으로 가는 털이 있다.
크기: ↕ ↔20∼80cm
번식: 씨앗뿌리기
🌺 ⑦∼⑨ 황록색　🍂 ⑨∼⑩ 갈색

민들레속(*Taraxacum*)

전세계 2,336종류, 우리나라에 자생 8종류, 귀화 2종류, 밑동에서 잎이 밀생, 잎은 깃모양, 머리모양꽃차례는 1개의 꽃줄기 위에 1개씩 붙고, 총포는 종모양
[*Taraxacum*: 아랍어 tharakhchakon(쓴 풀이란 뜻)을 변형시킨 이름이며 페르샤의 쓴 풀 이름 토크 차콕(talkh chakok)에서 생긴 중세기 라틴명이라고도 함]

흰민들레

Taraxacum coreanum Nakai

[*coreanum*: 한국의]
서식지: 태안전역
주요특징: 모여나는 뿌리잎은 비스듬히 자라고 거꿀피침모양으로 밑부분이 점차 좁아진다. 잎 가장자리는 9∼13개의 결각으로 갈라지고 톱니가 있다. 머리모양꽃차례는 지름 4∼6cm 정도이다. 수과는 타원모양이다.
크기: ↕ ↔20∼30cm
번식: 씨앗뿌리기
🌺 ④∼⑥ 백색, 연한 노란색
🍂 ⑥∼⑧

흰민들레 *Taraxacum coreanum* Nakai

만수국아재비 *Tagetes minuta* L.

털민들레 교

Taraxacum mongolicum H. Mazz.

[*mongolicum*: 몽고의]
영명: Mongolian Dandelion
서식지: 태안전역
주요특징: 꽃은 머리모양꽃차례 1개가 꽃대 끝
에 달리며 꽃차례 바로 밑에 거미줄 같은 털이
있으나 없어진다. 총포는 종모양으로 연한 녹색
이고 끝에 짧은 부리가 있고 가장자리에 부드러
운 털이 있으며 윗부분이 뒤로 젖혀진다. 수과는
홈과 돌기가 있고 부리는 4mm이다.
크기: ↕ ↔15~30cm
번식: 씨앗뿌리기
▼ ③~⑤ 백색
◀ ⑤~⑦ 갈색

털민들레 *Taraxacum mongolicum* H. Mazz.

서양민들레

Taraxacum officinale Weber

[*officinale*: 약용의, 약효가 있는]
영명: Common Dandelion
이명: 양민들레, 포공영
서식지: 태안전역
주요특징: 잎은 모두 뿌리에서 나며 깃모양으로
갈라진다. 꽃은 머리모양꽃차례이고 혀모양꽃으
로만 이루어진다. 꽃줄기는 높이 5~10cm이며,
꽃이 진 후에 더 자란다. 총포는 넓은 종모양이며
총포조각은 3줄로 붙는데, 바깥쪽 조각은 꽃이
필 때 뒤로 젖혀진다. 열매는 우산털이 있다.
크기: ↕ ↔20~30cm
번식: 씨앗뿌리기
▼ ③~⑨ 노란색
◀ ④~⑩ 백색

서양민들레 *Taraxacum officinale* Weber

산솜방망이속(*Tephroseris*)

북아메리카 북서부, 유럽에 63종류, 우리나라
에 4종류, 뿌리잎은 로제트, 줄기잎은 위로 갈
수록 차차 작아짐, 솜털이 밀생, 꽃은 노란색

솜방망이

Tephroseris kirilowii (Turcz. ex DC.)
Holub

[*kirilowii*: 식물채집가 커를로(Kirilow)의]
영명: East Asian Groundsel
이명: 들솜쟁이, 구설초, 산방망이
서식지: 태안전역
주요특징: 식물체 전체에 거미줄 같은 솜털이 많
으며 줄기는 곧게 선다. 뿌리잎은 여러장이 모여
나며 꽃이 필 때도 남아있다. 줄기잎은 위로 갈수
록 작아지며 밑이 줄기를 조금 감싼다. 꽃은 머리
모양꽃차례 3~9개가 산방꽃차례를 이루어 핀다.
총포는 통모양이고, 열매는 수과이며 털이 많다.
크기: ↕ ↔20~50cm
번식: 씨앗뿌리기
▼ ④~⑤ 노란색
◀ ⑥~⑦ 백색

솜방망이 *Tephroseris kirilowii* (Turcz. ex DC.) Holub

쇠채아재비속(*Tragopogon*)

전세계 152종류, 우리나라에 1종 귀화, 염소수염으로 많이 알려짐, 2년생 또는 여러해살이풀, 잎은 어긋나기, 꽃은 가지 끝에 머리모양꽃차례

쇠채아재비

Tragopogon dubius Scop.

[*dubius*: 의심스러운]
서식지: 천리포
주요특징: 잎은 어긋나며 선상 피침모양으로 잎 밑부분은 줄기를 반쯤 둘러싸고 끝은 뾰족하다. 꽃은 가지 끝에 머리모양꽃차례가 달린다. 총포는 종모양이며 총포조각은 8~13개이며 1줄로 배열한다. 혀모양꽃은 길이 2.5~3.0cm이다. 열매는 수과이고 가는 방추모양으로 8개의 능선이 있다.
크기: ↕↔30~80cm
번식: 씨앗뿌리기, 포기나누기
🌼 ⑤~⑥ 연한 노란색
🍂 ⑥~⑦ 백색

도꼬마리속(*Xanthium*)

전세계 16종류, 우리나라에 3종류 귀화, 한해살이풀, 거친털이 있고, 잎은 어긋나기, 가장자리에 드문드문 난 톱니가 있음, 타원모양의 열매 가장자리에 갈고리 가시
[*Xanthium*: 모발을 염색하는데 사용되었던 도꼬마리의 그리스명으로서 xanthos(노란색)에서 유래]

도꼬마리

Xanthium strumarium L.

[*strumarium*: 씨로 덮인]
영명: Cocklebur, Clotbur, Burweed
이명: 창이자
서식지: 태안전역
주요특징: 가지가 많이 갈라지며 털이 있다. 어긋나는 잎은 삼각모양으로 밑부분은 편평하거나 약간 심장모양이다. 잎 가장자리는 3개로 갈라지며 결각상의 톱니가 있고 양면이 거칠다. 꽃은 원뿔모양으로 달린다. 길이 1cm 정도의 타원모양인 열매는 갈고리 같은 돌기가 있고 그 속에 2개의 수과가 들어 있다.
크기: ↕↔20~100cm
번식: 씨앗뿌리기
🌼 ⑧~⑨ 노란색
🍂 ⑨~⑩

도꼬마리 *Xanthium strumarium* L.

흑삼릉과(Sparganiaceae)

전세계 1속 31종류, 습지에서 자라는 여러해살이풀

흑삼릉속(*Sparganium*)

전세계 31종류, 우리나라에 6종류, 전체에 털이 없음, 잎은 어긋나기 또는 마주나기, 선모양, 곧게 서거나 물에 뜨고 가장자리는 밋밋, 암수한그루, 머리모양꽃차례가 이삭 또는 원기둥모양
[*Sparganium*: 그리스어 sparganon(띠)의 축소형인 sparganion에서 유래]

긴흑삼릉

Sparganium japonicum Rothert

[*japonicum*: 일본의]
이명: 긴흑삼능, 호흑삼능
서식지: 송현리
주요특징: 잎은 가늘고 긴 모양으로 뒷면에 능선이 있고 줄기는 갈라지지 않는다. 꽃은 줄기 끝에서 단성꽃인 머리모양꽃차례 여러개가 이삭꽃차례를 이룬다. 줄기 위쪽에는 수꽃이 5~10개가 가깝게 달리고 그 아래에 암꽃이 3~4개가 떨어져서 달린다. 열매는 방추형 핵과로 능각은 없다.
크기: ↕↔40~80cm
번식: 씨앗뿌리기, 포기나누기
🌼 ⑦~⑧ 백색
🍂 ⑧~⑨ 갈색

긴흑삼릉 *Sparganium japonicum* Rothert

쇠채아재비 *Tragopogon dubius* Scop.

흑삼릉

Sparganium stoloniferum (Graebn.)
Buch.-Ham. ex Juz.

[*stoloniferum*: 기면서 뻗는]
이명: 흑삼능. 호흑삼능
서식지: 안면도
주요특징: 옆으로 뻗는 기는줄기가 있으며 전체
가 해면질이다. 원줄기는 곧고 굵으며 윗부분에
가지가 있다. 잎은 서로 감싸면서 자라 줄출기보
다 길어지고 너비 20~30mm 정도로 뒷면에 1개
의 능선이 있다. 머리모양꽃차례가 이삭처럼 달리
고 밑부분에는 암꽃. 윗부분에는 수꽃만 달린다.
크기: ↕ 50~150cm
번식: 씨앗뿌리기, 포기나누기
▼ ⑥~⑧ 백색   ◀ ⑦~⑨

흑삼릉 *Sparganium stoloniferum* (Graebn.)
Buch.-Ham. ex Juz.

부들과(Typhaceae)
전세계 2속 69종류. 습지에 자라는 여러해살
이풀

부들속(*Typha*)
전세계 38종류, 우리나라에 4종류. 땅속줄기
가 길고. 잎도 길며 띠모양. 두껍고. 줄기는 곧
게서고 원기둥모양. 이삭은 원통모양. 꽃은 암
수한그루. 이삭꽃차례
[*Typha*: 그리스의 고명 typhe에서 유래된 것
으로 Tiphos(연못)에서 연상]

애기부들

Typha angustifolia L.

[*angustifolia*: 좁은 잎]
영명: Lesser Cattail
이명: 좀부들
서식지: 안면도, 소원면 염전, 신두리
주요특징: 땅속줄기는 옆으로 길게 뻗는다. 줄기
는 곧게서며 원기둥모양이다. 꽃은 길쭉한 원통
모양의육수꽃차례에 핀다. 암꽃이삭과 수꽃이삭
은 서로 떨어져 있는데 거리가 2~6cm이다. 암꽃
이삭은 아래쪽에 달리며, 수꽃이삭은 위쪽에 붙
는다. 꽃은 꽃덮이가 없고 아래쪽에 흰 털이 있다.
크기: ↕ 1~2m
번식: 씨앗뿌리기, 포기나누기
▼ ⑥~⑧ 황갈색   ◀ ⑧~⑨ 적갈색

애기부들 *Typha angustifolia* L.

부들 LC 초

Typha orientalis C.Presl

[*orientalis*: 동양의]
영명: Oriental Cattail
이명: 좀부들
서식지: 태안전역
주요특징: 줄기는 통모양이고 털이 없으며 밋밋
하다. 잎은 가늘고 긴 모양이고 털이 없으며 밑부
분이 원줄기를 완전히 둘러싼다. 수꽃은 노란색
으로 꽃가루가 서로 붙지 않고. 암꽃은 소포가 없
다. 수이열매 암이삭은 거의 붙어있다. 과수는 긴
타원모양이다.
크기: ↕ ↔ 1~1.5m
번식: 씨앗뿌리기, 포기나누기
▼ ⑥~⑧ 황갈색
◀ ⑧~⑨ 적갈색

부들 *Typha orientalis* C.Presl

가래과(Potamogetonaceae)
전세계 6속 195종류, 민물에 서식하는 풀

가래속(*Potamogeton*)
전세계 165종류, 우리나라에 15종류, 잎은 물에 뜨며, 가지나 줄기가 물에 잠겨있음, 물속에 잠기는 잎은 선모양, 물위 잎은 피침 또는 타원모양, 꽃은 이삭꽃차례

[*Potamogeton*: 그리스어 potamos(강)와 geiton(근처, 이웃)의 합성어이며 냇물에서 자라는 것이 많다는 뜻]

말즘 🏞 LC

Potamogeton crispus L.

[*crispus*: 주름이 있는]
영명: Curled Pondweed
서식지: 신두리, 안면도
주요특징: 줄기는 납작하며 곧거나 갈라진다. 잎은 어긋나고 잎몸은 가늘고 긴 모양 또는 바늘모양으로 길이는 30~60mm이다. 잎가장자리는 물결모양이거나 잔톱니모양이다. 꽃은 줄기 끝에서 이삭꽃차례로 달린다. 열매는 길이 2mm, 폭 1.7mm인 달걀모양의 수과로 등 쪽이 둥글고 끝에는 부리가 있다.
크기: ↕ ↔30~70cm
번식: 씨앗뿌리기, 포기나누기
🌸 ⑤~⑧ 연노란색
🍂 ⑦~⑩

가래 🏞 LC

Potamogeton distinctus A.Benn.

[*distinchus*: 이열생의]
영명: Pondweed
이명: 긴잎가래
서식지: 안면도, 천리포
주요특징: 물속에 잠긴 잎은 길이 2~5cm의 잎자루가 있고, 잎몸은 가늘고 긴 모양 또는 피침모양이다. 물 위에 뜨는 잎은 잎자루 길이가 6.5~11cm이다. 잎 앞면은 윤기 있는 녹색, 뒷면은 노란빛이 도는 녹색이다. 꽃은 잎겨드랑이와 줄기 끝에서 올라온 이삭꽃차례에 달린다. 열매는 넓은달걀모양의 수과로 등 쪽에 좁은 날개가 있다.
크기: ↕ ↔50~70cm
번식: 씨앗뿌리기, 포기나누기
🌸 ⑥~⑧ 황록색
🍂 ⑦~⑨

애기가래

Potamogeton octandrus Poir.

[*octandrus*: 8개의 수술의]
영명: Little Pondweed
서식지: 안면도, 모항리
주요특징: 물속에 잠기는 잎은 잎자루가 없으며 가늘고 긴 모양이다. 잎가장자리는 밋밋하고 잎맥은 3~5개다. 물 위에 뜨는 잎은 잎자루가 있고, 잎몸은 달걀 또는 타원모양이다. 꽃은 이삭꽃차례에 달리며, 열매는 거꿀달걀을 닮은 수과로

말즘 *Potamogeton crispus* L.

가래 *Potamogeton distinctus* A.Benn.

좌): 가래 *Potamogeton distinctus* A.Benn.   우): 애기가래 *Potamogeton octandrus* Poir.

길이 1.7mm, 부리는 길이 0.5mm이다.
크기: ↕ ↔30~50cm
번식: 씨앗뿌리기, 포기나누기
🌸 ⑥~⑧ 황록색
🍂 ⑦~⑨

지채과(Juncaginaceae)

전세계 4속 36종류, 여러해살이풀 또는 한해살이풀

지채속(*Triglochin*)

전세계 26종류, 우리나라에 2종류, 잎은 뿌리에서 남, 단면이 반원모양, 총상꽃차례, 포는 없고, 꽃덮이는 6장, 일정수의 수술과 심피가 돌려나기로 늘어서서 1개 꽃의 단위 형성 [*Triglochin*: 그리스어 treis(3)와 glochin(첨단, 화살밑)의 합성어이며 물지채(T. palustris)의 열매가 익으면 3개로 갈라져서 밑으로 길게 뾰족해짐]

지채

Triglochin maritimum L.

[*maritimum*: 바다의, 해안의]
영명: Sea Arrowgrass
이명: 갯장포
서식지: 안면도, 소원면 염전
주요특징: 뿌리에서 모여 나오는 가늘고 긴 모양의 잎은 윗부분이 약간 편평하며 밑부분이 잎집으로 된다. 잎 사이에서 꽃대가 나와 자줏빛이 도는 녹색의 꽃이 수상으로 많이 달리며 작은꽃대는 길이 2∼4mm 정도로 비스듬히 퍼진다. 열매는 긴타원모양이고 익으면 6개의 심피가 중축에서 떨어져 씨가 나온다.
크기: ↕ ↔15∼40cm
번식: 씨앗뿌리기, 포기나누기
▼ ⑧∼⑩ 연한 녹색   ◀ ⑨∼⑪

택사과(Alismataceae)

전세계 17속 130종류, 수생 또는 습지, 풀

택사속(*Alisma*)

전세계 13종류, 우리나라에 2종류, 여러해살이풀, 드물게 한해살이풀, 전체에 털이 없음, 잎자루가 길고, 잎몸은 피침상 타원모양, 가장자리는 밋밋, 꽃은 작은크기, 원뿔모양꽃차례 [*Alisma*: 그리스어의 해수 또는 물이란 뜻으로서 어떤 수초명에서 유래]

질경이택사   🏷 LC

Alisma orientale (Sam.) Juz.

[*orientale*: 동방의, 동부의]
영명: Asian Water Plantain
서식지: 백리포, 안면도
주요특징: 땅속줄기는 짧으며 수염뿌리가 돋는다. 잎은 모두 뿌리에서 나오고 긴 잎자루가 있고, 잎몸은 달걀을 닮은 타원모양으로 양면에 털이 없다. 잎 사이에서 꽃대가 나오고 가지가 돌려나며 그 끝에 꽃잎이 3개인 꽃이 핀다. 수과는 둥글게 돌려 달리고 편평하며 거꿀달걀모양으로 뒷면에 2개의 홈이 깊이 파진다.
크기: ↕ ↔60∼90cm
번식: 씨앗뿌리기
▼ ⑦∼⑨ 백색
◀ ⑧∼⑩

질경이택사 *Alisma orientale* (Sam.) Juz.

지채 *Triglochin maritimum* L.

보풀속(*Sagittaria*)

전세계 45종류, 우리나라에 4종류, 습지 또는 수생의 여러해살이풀, 잎은 긴 잎자루가 있고, 선상 화살촉모양, 꽃은 하얀색, 단성꽃, 꽃차례 윗부분에 수꽃, 아랫부분에 암꽃, 꽃자루는 돌려나기
[*Sagittaria*: 라틴어 sagitta(화살)에서 유래. 잎 모양에서 유래]

올미 LC

Sagittaria pygmaea Miq.

[*pygmaea*: 작은]
영명: Pygmy Arrowhead
서식지: 안면도
주요특징: 땅속줄기 끝에 덩이줄기가 달린다. 잎은 뿌리에서 모여나며 가늘고 긴 모양 또는 주걱모양이며 잎몸과 잎자루는 거의 구분되지 않는다. 꽃은 암수한포기이며, 보통 3개의 꽃이 돌려나는데 가장 아래에 암꽃이 피며 그 위의 마디에 수꽃이 달린다.
크기: ↕ ↔10~25cm
번식: 씨앗뿌리기
▼ ⑦~⑨ 백색
◀ ⑨~⑩

벗풀

Sagittaria trifolia L.

[*trifolia*: 3개의 잎의]
영명: Three-Leaf Arrowhead
이명: 택사, 가는보풀
서식지: 구름포, 안면도, 천리포
주요특징: 땅속줄기 끝에 덩이줄기가 된다. 성숙한 잎은 잎자루가 있으며, 잎몸은 좁거나 넓은 세모꼴의 창모양이다. 잎가장자리는 밋밋하고 잎맥은 3~5개이다. 꽃은 꽃줄기에 층을 이루어 꽃자루가 3씩 돌려난다. 꽃차례의 위쪽에 수꽃, 아래쪽에 암꽃이 달린다. 열매는 수과로 달걀모양이다.
크기: ↕ ↔30~70cm
번식: 씨앗뿌리기
▼ ⑦~⑨ 백색
◀ ⑨~⑩

올미 *Sagittaria pygmaea* Miq.

벗풀 *Sagittaria trifolia* L.

자라풀과(Hydrocharitaceae)

전세계 16속 147종류, 담수나 염수에 서식하는 풀

올챙이자리속(*Blyxa*)

전세계 약 13종류, 우리나라에 3종류, 한해살이풀, 잎은 밑동에서 나고, 선모양, 꽃의 포초는 통모양, 끝이 2개, 암꽃은 포초속에 1송이, 수꽃은 수송이
[*Blyxa*: 그리스어 blyzo(흐르다)에서 유래된 것으로 흐르는 물에서 자란다는 뜻]

올챙이솔 🌀 LC

Blyxa japonica (Miq.) Maxim. ex Asch. & Gurk.

[*japonica*: 일본의]
영명: Oriental Bamboo Plant
이명: 올챙이풀
서식지: 안면도
주요특징: 줄기는 아래쪽에서 여러 개로 갈라지고 연약하고 가늘다. 잎은 어긋나게 붙는데 가늘고 긴 모양이며 끝은 뾰족하고 가장자리에 잔톱니가 있다. 꽃은 잎겨드랑이에 1개씩 달린다. 꽃받침잎, 꽃잎은 피침모양으로 각각 3장이다. 열매는 장과이며 기둥모양이고, 씨는 방추모양이다.
크기: ↕ ↔5~25cm
번식: 씨앗뿌리기
🌸 ⑧~⑩ 백색
🍃 ⑨~⑪

올챙이솔 *Blyxa japonica* (Miq.) Maxim. ex Asch. & Gurk.

검정말속(*Hydrilla*)

전세계 1종, 우리나라에 1종, 연못이나 흐르는 개울 물 속에 자라는 여러해살이풀 수초, 줄기는 긴 원기둥모양, 빽빽하게 남 가지가 갈라지고 마디가 있음
[*Hydrilla*: 물속에서 사는 히드라(hydra)의 축소형]

검정말 🌀 LC 초

Hydrilla verticillata (L.f.) Royle

[*verticillata*: 돌려나는]
영명: Perfect Aquatic Weed
서식지: 안면도, 천리포, 학암포
주요특징: 줄기는 여러 개로 갈라지고 녹색 또는 갈색이다. 잎은 가늘고 긴 모양으로 층을 이루어 3~9장이 돌려난다. 꽃은 잎겨드랑이에서 나오는데 수꽃은 성숙하면 식물체에서 분리되어 물 위에 떠오르고 암꽃은 물 위에서 개화한다. 닫힌열매로 간혹 표면에 가시모양의 돌기가 발달한다. 씨는 갈색으로 방추모양이다.
크기: ↕ ↔5~25cm
번식: 포기나누기
🌸 ⑧~⑩ 백색
🍃 ⑨~⑪

검정말 *Hydrilla verticillata* (L.f.) Royle

자라풀속(*Hydrocharis*)

전세계 3종류, 우리나라에 1종, 연못에 자라는 여러해살이 물풀 마디에서 뿌리를 내림, 잎은 잎자루가 길고, 꽃은 암수한그루, 단성꽃, 물위에서 개화

[*Hydrocharis* : 그리스어 hydro(물)와 charis(즐거움)의 합성어이며 생태에서 유래]

자라풀

Hydrocharis dubia (Blume) Backer

[*dubia* : 의심스러운]
영명: Frogbit
이명: 수련아재비
서식지: 안면도
주요특징: 물에 뜨는 잎은 잎자루가 있는데 잎자루의 길이는 수심에 따라 다르다. 잎몸은 둥근모양이고 밑부분은 심장모양이다. 잎 가장자리는 밋밋하고 잎 뒷면에는 기포와 그물눈이 있다. 꽃은 단성꽃으로 물위에서 피며 꽃잎은 하얀색으로 밑부분에 누런빛이 돈다. 열매는 달걀모양 또는 긴타원모양으로 육질이고 많은 씨가 들어 있다.
크기: ↕ ↔20〜30cm
번식: 씨앗뿌리기, 포기나누기
▼ ⑧〜⑩ 백색
◀ ⑨〜⑪

자라풀 *Hydrocharis dubia* (Blume) Backer

물질경이속(*Ottelia*)

전세계 20종류, 우리나라에 2종류, 논이나 도랑의 물속에 자라는 한해살이 물풀 꽃은 양성꽃, 잎 사이에서 나온 꽃자루 끝에 1송이씩 달리고, 물위에서 개화

[*Ottelia* : 말라바(Malabar)의 식물명 오틸람벨(ottelambel)에서 유래]

물질경이　🌸 LC

Ottelia alismoides (L.) Pers.

[*alismoides* : 택사속(*Alisma*)과 비슷한]
영명: Duck Lettuce
이명: 물배추
서식지: 안면도
주요특징: 줄기가 없으며 뿌리에서 모여나는 잎은 잎자루가 있다. 잎몸은 달걀을 닮은 심장모양으로 잎은 7〜9개의 맥이 있고 가장자리에 주름과 더불어 톱니가 약간 있다. 꽃은 양성꽃이고 꽃잎은 백색의 바탕에 연한 홍자색이 돈다. 열매는 타원모양으로 많은 씨가 들어 있으며 씨는 길이 2mm 정도의 긴타원모양으로 털이 있다.
크기: ↕ ↔25〜50cm
번식: 씨앗뿌리기
▼ ⑦〜⑩ 백색
◀ ⑨〜⑪

물질경이 *Ottelia alismoides* (L.) Pers.

벼과(Gramineae)
전세계 759속 11,883종류, 한해살이풀, 여러해살이풀, 드물게 나무, 줄기는 속이 빔

광릉개밀속(*Agropyron*)
전세계 29종류, 우리나라에 자생 8종류, 귀화 2종류, 땅을 기는 줄기를 내기도 함, 잎은 선 모양, 꽃이삭은 여러개의 작은이삭으로 되며, 작은이삭은 몇송이의 꽃으로 됨
[*Agropyron*: 그리스어 agros(양생, 들)와 pyros (밀)의 합성어이며 야생소맥이란 뜻]

개밀

Agropyron tsukushiense var. *transiens* (Hack.) Ohwi

[*transiens*: 중간종의, 이행한]
영명: Wheatgrass
이명: 수염개밀, 들밀
서식지: 태안전역
주요특징: 가늘고 긴 모양의 잎몸은 녹색 또는 분록색을 띤다. 수상꽃차례는 5~10개의 꽃이 달리며 끝이 옆으로 처진다. 작은이삭은 곧게 서거나 늘어지며 분백색이고 일부 자색을 띠기도 한다. 내영은 호영과 길이가 같고 위로 갈수록 좁아져 약간 뾰족하며 양측에 날개가 있고 호영의 까락은 건조해도 위로 젖혀지지 않는다.
크기: ↕ ↔40~100cm
번식: 씨앗뿌리기, 포기나누기
▨ ⑤~⑦ 자주색
◀ ⑥~⑧

개피 *Beckmannia syzigachne* (Steud.) Fernald

개밀 *Agropyron tsukushiense* var. *transiens* (Hack.) Ohwi

개피속(*Beckmannia*)
전세계 2종류, 우리나라에 1종, 잎몸은 선모양, 잎혀는 투명함, 원뿔모양꽃차례는 좁고, 흔히 군데군데 잘록하게 들어가며, 곧게 섬
[*Beckmannia*: 독일 괴팅겐(Goettingen)대학 교수 요하나 베크만(Johana Beckmann, 1739~1811)을 기념]

개피

Beckmannia syzigachne (Steud.) Fernald

[*syzigachne*: 가위 같은 포영]
영명: American Sloughgrass
이명: 늪피, 물피
서식지: 신두리, 안면도
주요특징: 줄기는 뭉쳐나며 털이 없고 굵으며 부드럽고, 잎은 납작하고 분록색이며 가장자리에 잔톱니가 있다. 잎혀는 막질이고 투명하며 끝은 뾰족하거나 갈라진다. 원뿔모양꽃차례는 가지가 갈라지며 밑에서부터 작은이삭이 2줄로 달린다. 작은이삭은 연한 녹색으로 1~2개의 꽃이 들어 있고 밑부분에 관절이 있으며 떨어진다.
크기: ↕ ↔30~100cm
번식: 씨앗뿌리기, 포기나누기
▨ ⑤~⑦ 자주색
◀ ⑥~⑧

산새풀속(*Calamagrostis*)

전세계 294종류, 우리나라에 14종류, 꽃은 원뿔모양꽃차례, 작은이삭은 약간 피침모양, 낱꽃은 호영 위에서 절단, 보통 내영 뒤쪽이 신장되어 센털처럼 됨
[*Calamagrostis*: 그리스어 calamos(갈대)와 Agrostis(속명)의 합성어]

실새풀

Calamagrostis arundinacea (L.) Roth.

[*arundinacea*: 물대속(*Arundo*)을 닮은]
영명: Purple Reedgrass
이명: 새풀, 메뛰기피, 다람쥐꼬리새풀
서식지: 태안전역
주요특징: 잎몸은 가늘고 긴 모양으로 약간 말리거나 편평하며 잎집과 더불어 털이 있다. 잎혀는 막질이다. 원뿔모양꽃차례는 작은꽃대가 반만 돌려난다. 작은이삭은 넓은 피침모양으로 예두이고 잔 점이 있다. 까락이 호영보다 길며 작은이삭 밖으로 나오고 낱꽃 밑부분의 털은 낱꽃 길이의 1/2 이하이다.
크기: ↕ ↔80~150cm
번식: 씨앗뿌리기, 포기나누기
▼ ⑧~⑨ 연한 녹색
✄ ⑨~⑩

산조풀

Calamagrostis epigejos (L.) Roth.

[*epigejos*: 지상의]
영명: Wood Small Reed
이명: 돌서숙, 산서숙, 돌조풀
서식지: 태안전역
주요특징: 잎몸은 가늘고 긴 모양으로 안으로 말린다. 꽃은 원뿔모양꽃차례로 원통모양이며 곧게 선다. 작은이삭은 좁은 피침모양으로 녹색 또는 연한 자주색을 띠며 1개의 낱꽃으로 이루어진다. 제1포영과 제2포영은 길이가 비슷하다. 외영은 포영의 절반 정도이며 끝에서 까락 1개가 난다.
크기: ↕ ↔1~1.5m
번식: 씨앗뿌리기, 포기나누기
▼ ⑤~⑦ 연한 녹색
✄ ⑦~⑨

개솔새속(*Cymbopogon*)

온대와 열대에 54종류, 우리나라에 1종류, 향기가 좋은 여러해살이풀, 줄기는 약간 길고, 가지를 침, 원뿔모양꽃차례는 쌍으로 된 이삭꽃차례
[*Cymbopogon*: 그리스어 cymbe(배)와 pogon(수염)의 합성어이며 포영이 배같고 털이 많음]

실새풀 *Calamagrostis arundinacea* (L.) Roth.

산조풀 *Calamagrostis epigejos* (L.) Roth.

개솔새

Cymbopogon tortilis var. *goeringii* (Steud.) Hand.–Mazz.

[*tortilis*: 나선상의, *goeringii*: 채집가 괴링(goering)의]
영명: Georing's Lemon Grass
이명: 향솔새
서식지: 태안전역
주요특징: 잎은 좁고 긴 모양이고 잎혀는 밖으로 구부러지며 삼각형이다. 꽃은 줄기 윗부분의 잎겨드랑이에 원뿔모양꽃차례를 이루며 곧게선다. 작은이삭은 자루가 있는 것과 자루가 없는 것이 1개씩 달린다. 포영은 제1포영과 제2포영이 서로 비슷하다. 내영은 발달하지 않고, 열매는 영과이다.
크기: ↕ ↔50~100cm
번식: 씨앗뿌리기, 포기나누기
▼ ⑨~⑩ 연한 녹색
✄ ⑩~⑪

개솔새 *Cymbopogon tortilis* var. *goeringii* (Steud.) Hand.–Mazz.

오리새속(*Dactylis*)

유라시아, 북아프리카에 8종류, 우리나라에 1종 귀화, 여러해살이풀. 잎몸은 선모양, 원뿔모양꽃차례는 뭉울뭉울 모여 붙고, 작은이삭은 좌우로 압축되어 편평

[*Dactylis*: 그리스어 dactylos(손가락)에서 유래. 플리니(Gaius Plinius Secundus, AD 23/24~79)가 손가락처럼 갈라진 벼과식물에 대하여 붙인 이름]

오리새

Dactylis glomerata L.

[*glomerata*: 모인, 둥근 모양으로 된]
영명: Ochard–Grass, Cock's–Foot
이명: 부리새, 오오차드그라스
서식지: 가의도, 신두리, 천리포, 학암포, 십리포
주요특징: 잎은 어긋나며 가늘고 긴 모양이고 끝은 뾰족하다. 잎집은 등 부분이 용골로 되며, 잎혀는 삼각형으로 막질이다. 꽃은 원뿔모양꽃차례를 이룬다. 작은이삭은 2~4개의 작은꽃으로 이루어져 있으며 가지 끝에 몰려서 빽빽하게 난다. 제1포영과 제2포영은 길이가 비슷하다. 외영과 내영의 용골에 돌기가 있다.
크기: ↕ ↔30~100cm
번식: 씨앗뿌리기, 포기나누기
▼ ⑤~⑥ 연한 녹색
◀ ⑥~⑦

오리새 *Dactylis glomerata* L.

왕바랭이속(*Eleusine*)

온대와 열대에 10종류, 우리나라에 1종, 한해살이풀. 잎몸은 선모양, 꽃차례는 손바닥모양, 가지는 약간 좌우로 납작하고, 작은이삭은 마디없는 작은축의 한쪽에 연달아 2줄 배열

[*Eleusine*: 수확의 여신 세레스(Ceres)를 숭배한 곳의 이름 엘루시스(Eleusis)에서 유래]

왕바랭이

Eleusine indica (L.) Gaertn.

[*indica*: 인도의]
영명: Indian Goosegrass
이명: 왕바래기, 길잡이풀, 왕바랑이
서식지: 태안전역
주요특징: 가늘고 긴 모양의 잎몸은 밝은 녹색이고 밑부분 안쪽에 털이 있다. 잎혀는 1mm 정도로 백색이고 톱니가 있다. 줄기 끝에 우산모양 수상꽃차례가 달리며 가지는 3~7개가 있고 녹색의 작은이삭은 4~5개의 낱꽃이 들어 있다. 호영은 넓은 피침모양이며 3맥이 있다. 꽃차례가 손모양으로 모이고 작은이삭이 아래쪽에 2열로 배열한다.
크기: ↕ ↔10~70cm
번식: 씨앗뿌리기
▼ ⑦~⑩ 연한 녹색
◀ ⑧~⑪

왕바랭이 *Eleusine indica* (L.) Gaertn.

갯보리속(*Elymus*)

유라시아, 아메리카에 257종류, 우리나라에 5
종류, 여러해살이풀, 기는 땅속줄기가 있거나
없음, 꽃차례는 밀착하거나 성긴 이삭꽃차례,
작은이삭은 낱꽃 2~5송이

[*Elymus*: 곡물의 일종에 붙인 그리스명으로
서 elyo(둘러싸다)에서 유래, 열매가 내외영으
로 싸여있다는 뜻]

갯그령

Elymus mollis Trin.

[*mollis*: 연한, 부드러운 털이 있는]
영명: Sea Wheatgrass
이명: 애기개보리, 조선개보리, 갯보리
서식지: 태안전역
주요특징: 잎집은 막질로 흰색이며 실처럼 갈라
진다. 잎혀는 길이 1~2mm이고, 잎몸은 가늘고
긴 모양이다. 꽃은 줄기 끝에서 총상꽃차례에 달
리고 마디 사이는 연한 털로 덮여 있다. 작은이삭
은 마디에 보통 2~3개씩 달리며 낱꽃 2~4개로
이루어진다. 포영은 피침모양으로 줄이 3~5개
있다.
크기: ↕ ↔50~120cm
번식: 씨앗뿌리기, 포기나누기
🌱 ⑤~⑦ 연한 녹색
🍂 ⑥~⑧

쇠치기풀속(*Hemarthria*)

전세계 12종류, 우리나라에 1종, 여러해살이
풀, 줄기는 밑이 땅을 기고, 약간 가냘프며, 납
작하고, 위에서 가지를 침, 잎몸은 납작하고
선 또는 피침모양, 이삭꽃차례는 선모양

[*Hemarthria*: 그리스어 helios(태양)와
anthos(꽃)의 합성어이며 꼭대기에 있는 꽃의
형태와 빛깔에서 연상]

쇠치기풀

Hemarthria sibirica (Gandog) Ohwi

[*sibirica*: 시베리아의]
영명: Siberian Jointgrass
서식지: 백리포, 안면도, 소원면 염전
주요특징: 잎은 녹색과 분록색이 있으며 편평하
고 밑부분이 긴 잎집으로 된다. 잎혀는 절두이고
가장자리에 털이 있다. 수상꽃차례는 잎겨드랑이
에서 나오고 밑부분에 잎집 같은 포가 있다. 각
마디에 달리는 작은이삭은 1개는 대가 있고 1개
는 대가 없으며 작은꽃대가 유합된다. 호영과 내
영은 백색의 막질이다.
크기: ↕ ↔60~100cm
번식: 씨앗뿌리기, 포기나누기
🌱 ⑧~⑩ 연한 녹색
🍂 ⑨~⑪

쇠치기풀 *Hemarthria sibirica* (Gandog) Ohwi

갯그령 *Elymus mollis* Trin.

향모속(*Hierochloe*)

전세계 33종류, 우리나라에 2종류, 여러해살
이풀, 잎은 짧고, 선모양, 윗부분의 잎집은 팽
대함, 원뿔모양꽃차례, 작은이삭은 끝에 1송이
의 양성꽃과 2송이의 수꽃으로 구성
[*Hierochloe*: 그리스어 hieros(신성한)와
chloe(초)의 합성어이며 부활절 때 이 식물을
교회 입구에 깔은데서 유래]

향모

Hierochloe odorata (L.) P.Beauv

[*odorata*: 향기가 있는]
영명: Sweetgrass
이명: 참기름새, 향기름새, 털향모
서식지: 안면도, 천리포
주요특징: 잎집에는 짧은 털이 있다. 뿌리에서
돋은 잎은 가늘고 길며 줄기에 달린 잎은 피침모
양이다. 꽃은 성글게 퍼진 길이 4~8cm의 원뿔
모양꽃차례로 달린다. 작은이삭은 넓은 거꿀달걀
모양이고 낱꽃 3~4개로 이루어진다. 포영은 달
걀모양이고 수꽃의 외영에는 까락이 없고 양성
꽃의 외영에는 짧은 털이 있다.
크기: ↕ ↔20~50cm
번식: 씨앗뿌리기, 포기나누기
🌼 ④~⑥ 황색
🍂 ⑥~⑧

띠속(*Imperata*)

전세계 11종류, 우리나라에 1종류, 여러해살
이풀, 땅속줄기가 발달, 줄기는 곧게 섬, 꽃은
이삭꽃차례모양의 원뿔모양꽃차례, 작은이삭
은 쌍을 이루고, 1개만 결실
[*Imperata*: 이탈리아 자연과학자의 이름에서
유래]

띠

Imperata cylindrica var. *koenigii*
(Retz.) Pilg.

[*cylindrica*: 원통 모양의, *koenigii*: 케니그
(Koenig)의]
영명: Blady Grass
이명: 띠, 삘기, 삐비
서식지: 태안전역
주요특징: 잎은 모여나기하며 끝이 뾰족하고 밑
부분도 점차 좁아지며 가장자리가 거칠다. 화수
는 잎보다 먼저 나오고 둥근 통모양의 꽃차례는
원줄기에서 1~2회 갈라지며 각 소분지의 마디
에 길이가 같지 않은 2개의 작은이삭이 달린다.
작은이삭은 긴타원모양이고 털이 없고 밑부분에
는 은백색 털이 밀생한다.
크기: ↕ ↔20~80cm
번식: 씨앗뿌리기, 포기나누기
🌼 ⑤~⑥ 황갈색
🍂 ⑦~⑧

향모 *Hierochloe odorata* (L.) P.Beauv

띠 *Imperata cylindrica* var. *koenigii* (Retz.) Pilg.

기장대풀속(*Isachne*)

전세계 91종류, 우리나라에 2종류, 줄기는 하부에서 잘 갈라지고, 비스듬히 누움, 잎은 피침모양 또는 좁은 달걀모양, 평행맥, 원뿔모양 꽃차례, 작은이삭은 거꿀달걀모양, 둥근모양

[*Isachne*: 그리스어 isos(같은)와 achne(벼알)의 합성어이며 이삭의 길이가 같음]

기장대풀

Isachne globosa (Thunb.) Kuntze

[*globosa*: 둥근 모양의]
영명: Swamp Bloodgrass
이명: 애기울미
서식지: 백리포, 안면도, 신두리
주요특징: 꽃은 줄기 끝에서 나온 원뿔모양꽃차례는 곧게서며 길이 3~8cm이다. 꽃차례의 가지는 가늘고 성글게 여러 갈래로 갈라지며 가지마다 작은이삭 1~3개가 달린다. 작은이삭은 넓은 거꿀달걀모양으로 까락은 없다. 암술머리는 2개로 갈라져 있으며 깃모양이고 담홍색이다.
크기: ↕ ↔20~60cm
번식: 씨앗뿌리기
🌼 ⑥~⑨ 자주색
🍃 ⑧~⑩

쇠보리속(*Ischaemum*)

전세계 81종류, 우리나라에 3종류, 한해살이풀 또는 여러해살이풀, 가지를 침, 잎몸은 납작하고 피침모양, 꽃차례는 3~4개의 이삭꽃차례가 총상꽃차례로 되고, 화축은 세모짐

[*Ischaemum*: 그리스어 ischaimos(피를 멈추다)에서 유래]

갯쇠보리

Ischaemum anthephoroides (Steud.) Miq.

[*anthephoroides*: 벼과의 *Anthephora*(안테포라)속과 비슷한]
영명: Asian Murainagrass
이명: 털쇠보리, 개쇠보리
서식지: 해안사구지역
주요특징: 잎은 넓고 긴 모양으로 두꺼운 가죽질이다. 잎혀는 높이 1cm, 잎집과 더불어 양면에 누운 털이 있다. 꽃은 한쪽 방향으로 치우친 2개의 꽃차례가 맞닿아 통모양을 이룬다. 작은이삭은 넓은 거꿀달걀모양으로 길이 5~8mm이고 표면에 긴 털이 있다. 열매는 영과이다.
크기: ↕ ↔40~80cm
번식: 씨앗뿌리기, 포기나누기
🌼 ⑦~⑩ 연한 녹색
🍃 ⑨~⑪

갯쇠보리 *Ischaemum anthephoroides* (Steud.) Miq.

기장대풀 *Isachne globosa* (Thunb.) Kuntze

쇠보리

Ischaemum crassipes (Steud.) Thell.

[*crassipes*: 굵은 대가 있는]
영명: Toco Grass
이명: 까락쇠보리
서식지: 안면도, 학암포, 구례포
주요특징: 잎집은 보통 마디사이보다 짧고 털은 없다. 잎몸은 가늘고 긴 모양으로 폭 4~10mm 이다. 꽃은 줄기 끝에서 총상꽃차례 2개가 밀착하여 통모양으로 되며, 작은이삭은 피침모양이고 길이는 5~8mm이다. 제1포영과 제2포영의 길이는 같다. 내영은 외영과 길이가 같으며 첫 번째 꽃은 수꽃이고 두 번째 꽃은 암꽃이다.
크기: ↕ ↔40~80cm
번식: 씨앗뿌리기, 포기나누기
🌼 ⑦~⑩ 연한 녹색
🍂 ⑨~⑪

쇠보리 *Ischaemum crassipes* (Steud.) Thell.

조릿대풀속(*Lophatherum*)

아시아, 일본, 중국에 2종류, 우리나라에 2종류, 여러해살이풀, 줄기는 길고, 잎몸은 넓은 피침모양, 달걀을 닮은 긴 타원모양, 원뿔모양꽃차례가 모여 총상꽃차례모양으로 됨
[*Lophatherum*: 그리스어 lophos(닭벼슬)와 athos(까락)의 합성어이며 까락이 닭벼슬모양에서 유래]

조릿대풀

Lophatherum gracils Brongn.

[*gracils*: 세장한, 직세한]
영명: Common Lophatherum
이명: 조리대풀, 그늘새, 애기그늘새
서식지: 안면도
주요특징: 줄기는 뿌리에서 모여나며 수염뿌리에는 황백색의 덩이줄기가 달린다. 잎은 5~6개가 어긋나는데 끝은 뾰족하고 땅에 가까운쪽의 잎은 둥글다. 꽃은 원뿔모양꽃차례로 작은 이삭은 꽃차례축의 한쪽에만 달려 핀다.
크기: ↕ ↔40~80cm
번식: 씨앗뿌리기, 포기나누기
🌼 ⑧~⑩ 연한 녹색
🍂 ⑨~⑪

조릿대풀 *Lophatherum gracils* Brongn.

억새속(*Miscanthus*)

아시아에 16종류, 우리나라에 15종류, 보통 키가 큰 여러해살이풀, 잎은 선모양, 꽃은 원뿔모양꽃차례, 편평꽃차례, 작은이삭은 1쌍씩 달림
[*Miscanthus*: 그리스어 mischos(소화경)와 anthos(꽃)의 합성어]

물억새

Miscanthus sacchariflorus (Maxim.) Benth.

[*sacchariflorus*: 설탕수수속(*Saccharum*)의 꽃과 비슷한]
영명: Amur Silvergrass
이명: 큰억새
서식지: 태안전역
주요특징: 땅속줄기가 뻗으면서 모여 자란다. 잎몸은 가늘고 긴 모양으로 가장자리에 잔톱니가 있으며 뒷면은 다소 분백색이다. 원뿔모양꽃차례는 길이 25~40cm 정도이고 가지는 길이 20~40cm 정도이다. 작은이삭은 2개씩 달리며 짧은 대가 있고 밑부분에 길이 10~15mm 정도의 백색 털이 속생한다.
크기: ↕ ↔1~2m
번식: 씨앗뿌리기, 포기나누기
🌼 ⑧~⑩ 백색
🍂 ⑨~⑪

억새 　초

Miscanthus sinensis var. *purpurascens* (Andersson) Rendle

[*sinensis*: 중국의, *purpurascens*: 다소 자색이 도는]
영명: Purple Maiden Silvergrass
이명: 자주억새
서식지: 태안전역
주요특징: 줄기는 마디가 있는 속이 빈 기둥모양이다. 굵고 짧은 땅속줄기가 있으며 줄기가 빽빽이 뭉쳐난다. 꽃은 줄기의 끝에서 산방꽃차례로 달린다. 낱꽃의 밑에는 황백색의 털이 있다. 제1포영에는 5~7개의 맥이, 제2포영에는 3개의 맥이 있으며, 수술은 3개이다.
크기: ↕ ↔1~2m
번식: 씨앗뿌리기, 포기나누기
🌼 ⑧~⑩ 백색
🍂 ⑨~⑪

억새 *Miscanthus sinensis* var. *purpurascens* (Andersson) Rendle

물억새 *Miscanthus sacchariflorus* (Maxim.) Benth.

주름조개풀속(*Oplismenus*)

전세계 7종류, 우리나라에 5종류, 한해살이풀 또는 여러해살이풀, 많은 가지를 내고, 보통 연하며, 밑동의 줄기는 길고, 잎은 편평하며 얇은 막질, 피침모양, 이삭꽃차례
[*Oplismenus*: 그리스어 hoplismos(무장한 까락이 있는)에서 유래, 소수에 끈적 거리는 까락이 있음]

주름조개풀

Oplismenus undulatifolius (Ard.) P.Beauv.

[*undulatifolius*: 물결모양 잎의]
영명: Wavy-Leaf Basketgrass
이명: 명들내, 털주름풀
서식지: 태안전역
주요특징: 밑부분이 옆으로 뻗으면서 뿌리가 내려 퍼지고 군생한다. 잎몸은 피침모양으로 주름이 지며 잎집과 더불어 털이 있다. 총상꽃차례로서 가지가 갈라지고 밀착한 작은이삭은 대가 거의 없으며 짧은 털이 있다. 호영은 짧은 까락이 있고 까락에 점액이 생겨서 영과가 들어 있는 작은이삭은 다른 물체에 잘 붙는다.
크기: ↕ ↔10~30cm
번식: 씨앗뿌리기
▼ ⑧~⑩ 연한 분홍색
◀ ⑧~⑪

주름조개풀 *Oplismenus undulatifolius* (Ard.) P.Beauv.

수크령속(*Pennisetum*)

전세계 86종류, 우리나라에 5종류, 여러해살이풀 또는 한해살이풀, 대는 흔히 가지를 침, 잎은 편평하고, 안으로 구부러짐, 꽃은 이삭꽃차례모양, 작은이삭은 피침 또는 달걀모양
[*Pennisetum*: 라틴어 penna(부드러운털)와 seta(가시털)의 합성어이며 소수에 까락이 많다는 뜻]

수크령

Pennisetum alopecuroides (L.) Spreng

[*alopecuroides*: 뚝새풀속(*Alopecurus*)과 비슷한]
영명: Foxtail Fountaingrass
이명: 길갱이
서식지: 태안전역
주요특징: 땅속줄기에서 억센 뿌리가 사방으로 퍼지고 꽃대는 모여나 큰 포기를 이룬다. 가늘고 긴 모양의 잎은 편평하고 털이 다소 있다. 총상꽃차례는 통모양이다. 작은이삭의 대는 길이 1mm 정도로 중축과 더불어 털이 밀생하고 잔가지에는 1개의 양성꽃과 수꽃이 달린다.
크기: ↕ ↔50~100cm
번식: 씨앗뿌리기, 포기나누기
▼ ⑦~⑩ 흑자색
◀ ⑧~⑪

수크령 *Pennisetum alopecuroides* (L.) Spreng

모새달속(*Phacelurus*)

전세계 9종류, 우리나라에 2종류, 여러해살이풀, 약간 크게 자라고 단단함, 줄기에 잎이 많고, 잎몸은 납작하며, 중맥은 큼, 꽃차례가 손바닥모양과 비슷

[*Phacelurus*: 그리스어 phacellos(다발)의 축소형]

모새달 🌱 LC

Phacelurus latifolius (Steud.) Ohwi

[*latifolius*: 넓은 잎의]
영명: Broad-Leaf Phacelurus
서식지: 장명수, 소원면 염전
주요특징: 잎은 가늘고 길쭉하거나 피침모양이고 간혹 긴 털이 드문드문 있으며 가장자리가 작은 톱니모양으로 꺼칠꺼칠하다. 잎집은 둥글며 가장자리와 위끝에 털이 있다. 꽃차례는 이삭꽃차례가 산방상으로 달리며 잎 뒷면과 더불어 분록색이거나 자줏빛이 약간 돈다. 작은이삭은 길이 10mm정도로서 예두이며 까락이나 털이 없다.
크기: ↕ ↔1~2m
번식: 씨앗뿌리기, 포기나누기
🔽 ⑥~⑩ 황적색 🔶 ⑧~⑪

갈대속(*Phragmites*)

전세계 6종류, 우리나라에 3종류, 여러해살이풀, 크게 자람, 땅위줄기는 서고, 땅속줄기는 옆으로 기며, 잎은 편평함. 꽃은 원뿔모양꽃차례, 작은축에 긴 털이 있음

[*Phragmites*: 그리스명의 phragma(울타리)에서 유래된 것으로 냇가에서 울타리같이 자란다는 뜻]

갈대 🌱 LC 🔲

Phragmites communis Trin.

[*communis*: 통상의, 공통적인]
영명: Common Reed
이명: 갈때, 북달, 달, 갈
서식지: 태안전역
주요특징: 땅속줄기가 옆으로 길게 뻗으면서 마디에서 수염뿌리를 내린다. 줄기의 속은 비어 있으며 마디에 털이 있는 것도 있다. 잎은 어긋나고 가늘고 긴 모양의 잎은 끝이 뾰족해지고 처지며 잎집은 원줄기를 둘러싸고 털이 있다. 원뿔모양꽃차례는 넓은달걀모양으로 자주색에서 자갈색으로 변하고 작은이삭은 2~4개의 낱꽃으로 된다.
크기: ↕ ↔2~4m
번식: 씨앗뿌리기, 포기나누기
🔽 ⑨~⑩ 자주색, 자갈색 🔶 ⑩~⑪

달뿌리풀

Phragmites japonica Steud.

[*japonica*: 일본의]
영명: Runner Reed

이명: 달, 덩굴달
서식지: 태안전역
주요특징: 줄기는 아래쪽 마디에 퍼진 털이 많고 속이 비어있다. 잎은 어긋나며, 잎집은 잎몸보다 짧고 위쪽이 붉은 자주색을 띤다. 꽃은 이삭꽃차례가 모여서 원뿔모양꽃차례를 이루고 전체 꽃차례는 길이 25~35cm이다. 작은이삭에는 낱꽃이 3~4개 있다.
크기: ↕ ↔1.5~3m
번식: 씨앗뿌리기, 포기나누기, 꺾꽂이
🔽 ⑨~⑩ 자주색 🔶 ⑩~⑪

쇠돌피속(*Polypogon*)

온대에 21종류, 우리나라에 2종류, 한해살이풀 또는 여러해살이풀, 잎몸은 납작, 선모양이며, 얇음, 원뿔모양꽃차례는 매우 밀착하여 흔히 이삭꽃차례모양

[*Polypogon*: 그리스어 polys(많은)와 pogon(수염)의 합성어이며 이삭 전체에 수염같은 까락이 있다는 뜻]

갯쇠돌피

Polypogon monspeliensis (L.) Desf.

[*monspeliensis*: 프랑스 남부 몽펠리에(Montpellier)의]
영명: Annual Rabbit's-Foot Grass
이명: 갯피아재비, 갯돌피, 개쇠돌피
서식지: 가의도, 신두리, 구례포
주요특징: 가늘고 긴 모양의 잎은 분녹색이며 편평하고 잎혀는 삼각형으로 백색이다. 원뿔모양꽃차례는 가지가 반 돌려나며 연한 녹색이다. 포영의 까락은 길이 6~10mm이고 꽃차례의 가지는 밀집하여 간격이 떨어진 것이 없고 자색을 띠지 않는다. '쇠돌피'와는 달리 소지경이 퍼지지 않으며 포영의 까락은 포 길이의 2~4배이다.
크기: ↕ ↔20~60cm
번식: 씨앗뿌리기, 포기나누기
🔽 ⑤~⑥ 황적색
🔶 ⑦~⑧

달뿌리풀 *Phragmites japonica* Steud.

갯쇠돌피 *Polypogon monspeliensis* (L.) Desf.

229

모새달 *Phacelurus latifolius* (Steud.) Ohwi

갈대 *Phragmites communis* Trin.

강아지풀속(*Setaria*)

전세계 118종류, 우리나라에 6종류. 줄기밑에 가지가 갈라짐. 잎은 편평하고, 잎혀의 가장자리에 털이 있음. 꽃차례는 이삭모양이거나 성긴 원뿔모양꽃차례

[*Setaria*: 라틴어 seta(강모)에서 유래. 소수의 기부에 강모가 있다는 뜻]

금강아지풀

Setaria glauca (L.) Beauv.

[*glauca*: 회청색의]

영명: Yellow Bristlegrass
이명: 금가라지풀
서식지: 백리포, 신두리, 안면도, 장명수
주요특징: 줄기 아래에 있는 잎집은 납작하며 윗부분에 있는 잎집은 둥글고 윤기가 난다. 잎혀는 길이 1mm 정도의 연한 털이 줄지어 있다. 꽃차례는 작은이삭이 빽빽하게 붙은 둥근기둥모양이다. 작은이삭은 달걀모양이며 아래에 있는 가시털이 금빛을 띤다.
크기: ↕ ↔20~80cm
번식: 씨앗뿌리기, 포기나누기, 꺾꽂이
🌼 ⑦~⑩ 연한 황갈색
🌱 ⑧~⑪

금강아지풀 *Setaria glauca* (L.) Beauv.

강아지풀 [초]

Setaria viridis (L.) Beauv.

[*viridis*: 녹색의]

영명: Green Bristlegrass
이명: 개꼬리풀
서식지: 태안전역
주요특징: 줄기는 분얼하여 포기를 이루고 털이 없다. 가늘고 긴 모양의 잎은 밑부분이 잎집이 되고 가장자리에 잎혀와 같이 줄로 돋은 털이 있다. 수상꽃차례는 길이 3~6cm 정도의 통모양으로 곧게서고 중축에 털이 있다. 양성꽃의 호영에는 잔 점과 옆주름이 있고 꽃밥은 흑갈색이다.
크기: ↕ ↔20~80cm
번식: 씨앗뿌리기
🌼 ⑥~⑨ 연한 황갈색
🌱 ⑦~⑩

강아지풀 *Setaria viridis* (L.) Beauv.

수강아지풀

Setaria viridis subsp. *pycnocoma* (Steud.) Tzvelev

영명: Dense-Flower Bristlegrass
서식지: 안면도
주요특징: 한해살이풀로 조와 강아지풀의 잡종이며, 줄기는 곧추선다. 잎혀는 길이 1mm 정도로 끝은 자른모양이다. 꽃차례는 작은이삭이 빽빽하게 붙은 둥근기둥모양으로 곧게선다. 작은이삭은 2개의 낱꽃으로 된다.
크기: ↕ ↔20~70cm
번식: 씨앗뿌리기
🌼 ⑦~⑩ 연한 황갈색
🌱 ⑧~⑪

수강아지풀 *Setaria viridis* subsp. *pycnocoma* (Steud.) Tzvelev

갯강아지풀

Setaria viridis var. *pachystachys*
(Franch. & Sav.) Makino & Nemoto

[*viridis*: 녹색의, *pachystachys*: 두툼한 곡식
의 이삭과 같은 모양]
영명: Coastal Green Bristlegrass
이명: 좀강아지풀, 강아지풀
서식지: 태안전역
주요특징: 잎집 가장자리에는 센털이 있다. 꽃
차례는 길이 2~10cm의 원기둥모양으로 곧게선
다. 작은이삭은 달걀모양으로 길이 2~2.5mm이
다. 이삭자루에 붙어 있는 가시털은 길이 1cm 이
상이며 풀빛이 도는 누런색 또는 자주색을 띤다.
크기: ↕ ↔20~70cm
번식: 씨앗뿌리기
▼ ⑥~⑨ 연한 황갈색   ✄ ⑦~⑩

갯강아지풀 *Setaria viridis* var. *pachystachys*
(Franch. & Sav.) Makino & Nemoto

기름새속(*Spodiopogon*)

전세계 15종류, 우리나라에 2종류, 여러해살
이풀, 키가 큼, 잎은 선모양, 피침모양, 작은이
삭은 성긴 원뿔모양꽃차례, 쌍으로 달리고 작
은축이 있으며, 1송이의 꽃은 결실하지 않음
[*Spodiopogon*: 그리스어 spodios(회색)와
pogon(수염)의 합성어이며 소수에 털과 까락
이 있다는 뜻]

큰기름새

Spodiopogon sibiricus Trin.

[*sibiricus*: 시베리아의]
영명: Siberian Spodiopogon
이명: 이들메기
서식지: 백리포, 안면도, 천리포, 구례포
주요특징: 잎몸은 길이 20~40cm, 폭 5~15
mm이다. 원뿔모양꽃차례로 길이 15~25cm이
다. 갈라진 가지에는 마디 2~4개가 있고 각 마
디마다 작은이삭 2개가 달리는데 하나가 자루가
있고 다른 하나는 자루가 없다. 첫 번째 낱꽃은
수꽃으로 수술은 3개이고, 두 번째 낱꽃은 암꽃
으로 암술머리는 2개로 갈라지며 자주색이다.
크기: ↕ ↔60~200cm
번식: 씨앗뿌리기, 포기나누기
▼ ⑦~⑩ 연한 자주색   ✄ ⑧~⑪

솔새속(*Themeda*)

전세계 27종류, 우리나라에 1종류, 한해살이
풀 또는 여러해살이풀, 줄기는 가지를 잘 침,
꽃차례는 가지 끝에 1개가 붙고, 잎집에 덮임
[*Themeda*: 아랍명 thaemed에서 유래]

솔새

Themeda triandra Forsk. var.
japonica (Willd.) Makino.

[*triandra*: 3개의 수술의, *japonica*: 일본의]
영명: Solsae
이명: 솔줄, 솔풀
서식지: 태안전역
주요특징: 잎집에 퍼지는 털이 있고, 잎 뒷면
은 분백색이 돈다. 꽃은 원뿔모양꽃차례로 길이
20~40cm, 포에 싸여 있는 여러개의 총상꽃차례
가 어긋나게 달린다. 작은이삭은 자루가 있는 수
꽃 4개와 자루가 없는 양성꽃 1개로 이루어지며
밑부분에 털 다발이 있다.
크기: ↕ ↔50~100cm
번식: 씨앗뿌리기, 포기나누기
▼ ⑨~⑩ 연한 자주색
✄ ⑩~⑪

큰기름새 *Spodiopogon sibiricus* Trin.

줄속(*Zizania*)

아시아, 북아메리카에 5종류, 우리나라에 1종,
크게 자람 수생식물, 한해살이풀 또는 여러해
살이풀, 잎몸은 납작하거나 약간 안으로 굽음,
원뿔모양꽃차례
[*Zizania*: 그리스어 zizanion(밀밭의 잡초명)
에서 유래]

줄

Zizania latifolia (Griseb.) Turcz. ex
Stapf

[*latifolia*: 넓은 잎의]
영명: Manchurian Wild Rice
이명: 줄풀
서식지: 신두리, 안면도
주요특징: 잎집은 두툼하고 마디 사이보다 길
다. 잎혀는 길이 10~15mm 정도로 흰색 막질이
다. 원뿔모양꽃차례는 길이 30~60cm이며 윗부
분에는 암꽃이 달리고 아래에는 수꽃이 달린다.
수꽃 작은이삭은 피침모양이며 수술은 6개이다.
암꽃 작은이삭은 길이 18~25mm이며 까락이
있다.
크기: ↕ ↔1~2m
번식: 씨앗뿌리기, 포기나누기
▼ ⑦~⑩ 연한 황색   ✄ ⑧~⑪

줄 *Zizania latifolia* (Griseb.) Turcz. ex Stapf

솔새 *Themeda triandra* Forsk. var. *japonica* (Willd.) Makino.

잔디속(*Zoysia*)

전세계 12종류, 우리나라에 4종류, 여러해살이풀, 땅속줄기가 단단, 포복지, 잎은 피침 또는 짧은 선모양, 꽃은 총상모양의 원뿔모양꽃차례, 열매는 반들반들함

[*Zoysia*: 오스트리아 식물학자의 이름에서 유래]

갯잔디

Zoysia sinica Hance

[*sinica*: 중국의]
영명: Seaside Lawngrass
이명: 개잔디
서식지: 태안전역
주요특징: 뿌리줄기는 옆으로 뻗는다. 줄기는 곧게 자라거나 비스듬히 서고 밑부분에는 마른 잎집이 남아있다. 잎몸은 길이 3〜7cm, 폭 2〜3mm이다. 총상꽃차례로 가늘고 긴 모양이고 길이 3〜5cm이다. 작은이삭은 좁은 타원모양으로 1개의 낱꽃이 있다. 제1포영은 없고 내영도 거의 발달하지 않고, 수술은 3개이다.
크기: ↕ ↔10〜30cm
번식: 씨앗뿌리기, 포기나누기
▼ ⑤〜⑥ 연한 자주색
◀ ⑥〜⑦

갯잔디 *Zoysia sinica* Hance

사초과(Cyperaceae)

전세계 110속 6,265종류, 풀, 줄기 단면은 삼각형으로 골속이 차있음

모기골속(*Bulbostylis*)

전세계 237종류, 우리나라에 2종류, 줄기는 가늘고, 잎은 실모양, 줄기보다 짧음, 꽃차례는 대부분 우산모양, 간단하거나 복잡, 밑부분에 포가 있음, 열매는 세모짐

[*Bulbostylis*: 그리스어 bulbos(인경)와 stylus(화주)의 합성어이며 화주의 기부가 인경상으로 커짐]

모기골

Bulbostylis barbata (Rottb.) C.B.Clarke

[*barbata*: 까락이 있는]
영명: Watergrass
이명: 모기풀
서식지: 신두리
주요특징: 잎은 가늘고 긴 모양이고, 잎집은 연한 갈색이고 털이 없으며 수 개의 맥이 있다. 꽃은 꽃대 끝에 모여 1개의 머리모양꽃차례처럼 된다. 작은이삭은 긴타원상 피침모양이며 꽃이 나사처럼 빙빙 돌아간 모양으로 달리고 전체가 검은 빛이 돈다. 수과는 세모진 달걀모양으로서 길이 0.5〜0.7mm이고 부리는 흑갈색이다.
크기: ↕ ↔5〜20cm
번식: 씨앗뿌리기
▼ ⑧〜⑩ 연한 황갈색 ◀ ⑨〜⑪

매자기속(*Bolboschoenus*)

전세계 19종류, 우리나라에 3종류, 연못가에 자라는 여러해살이풀, 전체에 털이 없고, 줄기는 세모지고, 꽃은 줄기끝에 산방상으로 늘어섬, 굵은 뿌리는 약용

큰매자기

Bolboschoenus fluviatilis (Torr.) Soják

[*fluviatilis*: 냇가의, 물에서 자라는]
영명: River Bulrush
이명: 매자기, 매재기
서식지: 원북면 일호저수지
주요특징: 땅속줄기가 있고 줄기는 세모진다. 덩이줄기는 지름 3〜4cm이다. 꽃은 줄기 끝에 산방상으로 퍼져 나며, 작은 이삭은 1〜4개로 길이 1〜2cm의 타원모양이다.
크기: ↕ ↔50〜150cm
번식: 씨앗뿌리기, 포기나누기
▼ ⑤〜⑦ 연한 황갈색 ◀ ⑥〜⑧

큰매자기 *Bolboschoenus fluviatilis* (Torr.) Soják

모기골 *Bulbostylis barbata* (Rottb.) C.B.Clarke

좀매자기

Bolboschoenus planiculmis
(F.Schmidt) T.V.Egorova

[*planiculmis*: 편평한 줄기의]
영명: Flat-Stalk Bulrush
이명: 작은매자기, 새섬매자기, 졸매자기
서식지: 태안전역
주요특징: 땅속줄기 끝에는 지름 8~30mm 정도인 덩이줄기가 달린다. 잎은 꽃대 밑부분에 1~3개씩 달리고 윗부분의 것은 꽃대보다 길다. 꽃차례는 꽃대의 끝이나 옆에 달리며 작은이삭은 길이 8~15mm 정도의 달걀을 닮은 타원모양이고 갈색으로 익는다. 수과는 길이 3~4mm 정도의 거꿀달걀모양이다.
크기: ↕ ↔20~100cm
번식: 씨앗뿌리기, 포기나누기
▼ ⑦~⑩ 연한 황갈색
◀ ⑧~⑪

좀매자기 *Bolboschoenus planiculmis* (F.Schmidt) T.V.Egorova

사초속(*Carex*)

전세계 2,289종류, 우리나라에 181종류, 줄기는 마디가 없고, 모가 지거나 둥근모양, 잎은 없거나 적음, 뿌리잎이 밀생, 편평함, 작은이삭은 줄기끝에 총상 또는 1개가 붙음
[*Carex*: rhaud 라틴명이며 잎의 가장자리가 예리하기 때문에 그리스어 keirien(자르다)에서 유래또는 영어 shear grass에서 유래]

밀사초

Carex boottiana Hook. & Arn.

[*boottiana*: 사초연구가 부츠(Francis Boott, 1792~1863)의]
영명: Coastal Rock Sedge
이명: 갯사초, 수염사초
서식지: 궁시도, 병술만
주요특징: 짧은 땅속줄기에서 모여나기한다. 잎은 단단하며 가죽질이고 광택이 나고 녹색 또는 황록색이며 거칠거칠하다. 잎집은 반짝이는 갈색이고 줄이 있어 섬유상으로 갈라진다. 수꽃이삭은 끝에 달리며 통모양이고 흑갈색이며 대가 짧다. 암꽃이삭은 옆에 달리며 짧은 통모양이고 끝부근에 수꽃이 약간 달리며 곧게선다.
크기: ↕ ↔20~60cm
번식: 씨앗뿌리기, 포기나누기
▼ ④~⑥ 연한 갈색
◀ ⑤~⑦

밀사초 *Carex boottiana* Hook. & Arn.

회색사초

Carex cinerascens Kük.

[*cinerascens*: 다소 잿빛이 도는]
영명: Ashgrey sedge
이명: 좁쌀사초
서식지: 신두리, 학암포
주요특징: 땅속줄기는 길게 뻗는다. 잎은 줄기보다 길이가 짧거나 같다. 꽃은 3~5개로 위쪽의 1~2개는 수꽃이며 길이는 2~5cm이다. 나머지는 암꽃이지만 끝 쪽에 몇 개의 수꽃이 달리기도 한다. *큰뚝사초(*C. humbertiana*)나 뚝사초(*C. appendiculata*)에 비하여 과포에 맥이 없는 것이 특징이다.
크기: ↕ ↔25~60cm
번식: 씨앗뿌리기, 포기나누기
▼ ⑥~⑦ 연한 갈색
◀ ⑦~⑨

도깨비사초

Carex dickinsii Franch. & Sav.

[*dickinsii*: 사람이름 디킨스(Dickins)의]
영명: Dickins'sedge
이명: 독개비사초, 뿔사초
서식지: 태안전역
주요특징: 위에 달리는 잎은 줄기보다 높이 자란다. 꽃은 암수한포기로 꽃차례는 보통 3개의 작은이삭으로 된다. 포는 꽃차례보다 길다. 수꽃이삭은 줄기 위에 달리며 가늘고 긴 모양이고 자루가 있다. 암꽃이삭은 줄기 옆에 붙고 둥근 타원 모양이며 자루가 없다. 씨방은 달걀모양으로 털이 없으며 윗부분은 부리모양이다.
크기: ↕ ↔20~50cm
번식: 씨앗뿌리기, 포기나누기
▼ ⑥~⑦ 연한 갈색
◀ ⑦~⑧

이삭사초

Carex dimorpholepis Steud.

[*dimorpholepis*: 도끼모양을 닮은 꽃잎의]
영명: Dimorphous–Spike Sedge
이명: 방울사초
서식지: 태안전역
주요특징: 잎집은 짙은 갈색이며 끝이 뾰족하다. 꽃차례는 4~6개의 작은이삭으로 되며 자루가 있고 밑으로 처진다. 포는 2~3개로 꽃차례보다 길다. 줄기 끝에 있는 작은이삭의 윗부분은 암꽃이고 아래는 수꽃이다. 암꽃의 비늘조각은 가운데 3개의 줄이 있으며 끝에는 바늘모양의 거친 까락이 있다.
크기: ↕ ↔30~70cm
번식: 씨앗뿌리기, 포기나누기
▼ ⑤~⑥ 연한 갈색
◀ ⑥~⑦

회색사초 *Carex cinerascens* Kük.

도깨비사초 *Carex dickinsii* Franch. & Sav.

이삭사초 *Carex dimorpholepis* Steud.

갯청사초

Carex fibrillosa Franch. & Sav.

[*fibrillosa*: 유기질의, 줄이 많은]
이명: 갯풀사초
서식지: 신두리, 안면도
주요특징: 잎은 편평하고 밑부분의 잎집은 짙은 갈색으로서 섬유상으로 갈라진다. 꽃대는 윗부분이 깔깔하며 둔한 삼각형이다. 작은이삭은 2~6로 곧게서는데 수꽃이삭은 끝에 달리고 곤봉형이며 암꽃이삭은 옆에 달리고 대가 있는 것이 있다. 포는 밑부분의 것은 짧은 잎 같으며 첫째 포가 꽃대보다 길다.
크기: ↕ ↔5~30cm
번식: 씨앗뿌리기, 포기나누기
▼ ④~⑥ 연한 황갈색
✄ ⑤~⑦

나도별사초

Carex gibba Wahlenb.

[*gibba*: 혹이 있는]
영명: Gibbous Sedge
이명: 쇠메기사초, 나도별사초
서식지: 신두리, 안면도
주요특징: 잎은 편평하고 줄기에 3~5장이 모여나기하고 질이 연하며 잎집은 볏짚색 또는 회갈색으로서 흔히 섬유상으로 갈라진다. 꽃대는 둔한 삼각형이며 밋밋하다. 작은이삭은 5~8개가 수상으로 달리고 윗부분에 암꽃, 밑부분에 수꽃이 약간 달리며 긴타원모양 또는 거꿀달걀을 닮은 원모양이고 녹색이다.
크기: ↕ ↔30~70cm
번식: 씨앗뿌리기, 포기나누기
▼ ⑤~⑥ 연한 황갈색
✄ ⑥~⑦

나도별사초 *Carex gibba* Wahlenb.

갯청사초 *Carex fibrillosa* Franch. & Sav.

가는잎그늘사초 *Carex humilis* var. *nana* (Lev. et Van't) Ohwi

가는잎그늘사초

Carex humilis var. *nana* (Lev. et Van't) Ohwi

[*humilis*: 낮은, *nana*: 난쟁이]
영명: Low Sedge
이명: 산거울, 그늘사초, 좀그늘사초
서식지: 태안전역
주요특징: 줄기는 모여나기하며 둔한 3각형으로 밋밋하고 잎 틈에 끼어 잘 보이지 않는다. 잎은 줄기보다 길고 꽃이 진 뒤에 더 길어지며 밑부분의 잎집은 짙은 적갈색으로 섬유같이 갈라진다. 꽃은 2~4개의 작은이삭이 달린다. 작은이삭은 곧게서고 끝부분의 작은이삭은 길이 5~15mm로 가늘고 긴 모양이며 수꽃이 달린다.
크기: ↕ ↔20~50cm
번식: 씨앗뿌리기, 포기나누기
▼ ④~⑤ 연한 황갈색
✄ ⑤~⑥

개찌버리사초

Carex japonica Thunb.

[*japonica*: 일본의]
영명: East Asian Sedge
서식지: 가의도
주요특징: 잎은 편평하고 폭 2.5~4mm로서 짙은 녹색 또는 연한 황록색이며 밑부분의 잎집은 볏짚색 바탕에 갈색이 돈다. 꽃대는 중앙에 흔히 1개의 잎이 달리며 윗부분이 거칠다. 작은이삭은 2~4개가 떨어져 있고 끝부분의 작은이삭은 수꽃이며 대가 있고 옆에 달리는 작은이삭은 암꽃이지만 끝부분에 수꽃이 약간 달리기도 한다.
크기: ↕ ↔20~40cm
번식: 씨앗뿌리기, 포기나누기
▼ ⑤~⑥ 연한 황갈색
✄ ⑥~⑦

개찌버리사초 *Carex japonica* Thunb.

통보리사초

Carex kobomugi Ohwi

[*kobomugi*: 일본명 '코보무키'(보리처럼 생겼다고 해서 홍법맥)]
영명: Asian Sand Sedge
이명: 큰보리대가리, 보리사초
서식지: 태안전역
주요특징: 땅속줄기는 목질화되어 갈색섬유로 덮이고 땅속줄기에서 꽃대가 나온다. 뿌리에서 나오는 잎의 잎몸은 가장자리에 잔톱니가 있고 잎집은 약간 갈색이며 섬유처럼 갈라진다. 수상꽃차례는 1개씩 달린다. 수꽃의 비늘조각은 연한 황록색으로 맥이 많으며 까락은 거칠고 과포는 곧게서며 좁은 날개가 있다.
크기: ↕ ↔10~20cm
번식: 씨앗뿌리기, 포기나누기
🌻 ⑤~⑥ 연한 황갈색
🔶 ⑥~⑦

통보리사초 *Carex kobomugi* Ohwi

왕비늘사초

Carex maximowiczii Miq.

[*maximowiczii*: 소련의 분류학자로서 동아시아식물을 연구한 막시모비치(Carl Johann Maximovich, 1827~1891)의]
이명: 풍경사초, 왕비눌사초
서식지: 신두리, 안면도, 천리포
주요특징: 잎은 폭 4~6mm로서 뒷면에 흰빛이 돌고 밑부분의 잎집은 잘게 갈라진다. 작은이삭은 2~4개로서 대가 있으며 밑으로 처진다. 수꽃의 작은이삭은 상부에 달리며 가늘고 긴 모양이고 수꽃만 달린다. 옆부분에 달리는 1~3개는 암꽃의 작은이삭이다. 과포는 양쪽이 볼록하며 소돌기가 밀생하고 윗부분이 갑자기 좁아져서 짧은 부리로 된다.
크기: ↕ ↔20~60cm
번식: 씨앗뿌리기, 포기나누기
🌻 ⑤~⑥ 연한 황갈색
🔶 ⑥~⑦

왕비늘사초 *Carex maximowiczii* Miq.

융단사초

Carex miyabei Franch.

[*miyabei*: 북해도식물을 연구한 식물학자 미야베(Kingo Miyabe, 1860~1951)에서 유래]
서식지: 안면도
주요특징: 땅속줄기가 발달하고 줄기는 세모 기둥모양이다. 땅에 가까운쪽의 잎은 단단하고 광택이 있는 잎집으로 싸인다. 잎집은 적자색을 띠며 섬유상으로 분해된다. 잎은 나비 3~5mm이고 긴 잎집으로 감싸이고 원줄기보다 길게 자란다. 꽃은 3~6개의 꽃이삭이 달리며 아래의 꽃이삭은 대가 있으나 위로 갈수록 짧아진다.
크기: ↕ ↔30~80cm
번식: 씨앗뿌리기, 포기나누기
🌻 ⑤~⑥ 연한 황갈색
🔶 ⑥~⑦

융단사초 *Carex miyabei* Franch.

양지사초

Carex nervata Franch. & Sav.

[*nervata*: 맥이 있는]
영명: Nerved-Mitra Sedge
이명: 잔듸사초, 잔디사초
서식지: 신진도
주요특징: 잎은 납작하고 나비 2~3mm이며 줄기 밑동의 잎집은 연한 갈색으로서 섬유모양으로 약간 갈라진다. 작은이삭은 2~4개가 서로 접근하나 첫째 작은이삭은 떨어져 있고 곧게 선다. 끝부분의 작은이삭은 수꽃이고 줄기 끝에 달린다. 옆에 달리는 작은이삭은 줄기 옆에 달리며 타원모양이고 짧은 대가 있다.
크기: ↕ ↔10~30cm
번식: 씨앗뿌리기, 포기나누기
🌻 ④~⑥ 연한 황갈색
🔶 ⑤~⑧

양지사초 *Carex nervata* Franch. & Sav.

괭이사초

Carex neurocarpa Maxim.

[*neurocarpa*: 맥이 있는 열매의]
영명: Nerved-Fruit Sedge
이명: 수염사초, 참보리사초
서식지: 신두리, 안면도
주요특징: 줄기는 삼각형이고 짙은 갈색의 잎집이 아래쪽을 감싸고 있다. 잎은 줄기보다 길고 폭 2~4mm이다. 꽃차례는 작은이삭이 밀집하여 기둥모양을 이룬다. 작은이삭에는 암꽃과 수꽃이 같이 달리며 윗부분에 수꽃이 핀다. 암꽃 비늘조각은 달걀모양으로 끝에 짧은 까락이 있다. 과포 윗부분에는 날개가 있다.
크기: ↕↔20~60cm
번식: 씨앗뿌리기, 포기나누기
🌑 ⑤~⑥ 연한 황갈색
🌱 ⑥~⑦

천일사초

Carex scabrifolia Steud.

[*scabrifolia*: 까칠까칠한 잎의]
영명: Scabrous-leaf sedge
이명: 갯갓사초
서식지: 태안전역
주요특징: 뿌리줄기는 길게 뻗고 밑부분은 보라색 잎집으로 싸여 있다. 꽃차례는 3~5개의 작은이삭으로 되어 있다. 포는 작은이삭보다 길다. 위에 달리는 1~3개의 작은이삭은 수꽃으로 가늘고 긴 모양이고 나머지 작은이삭은 암꽃으로 타원모양이다. 열매는 수과로 타원모양이다.
크기: ↕30~60cm
번식: 씨앗뿌리기, 포기나누기
🌑 ⑤~⑥ 연한 황갈색
🌱 ⑥~⑦

좀보리사초

Carex pumila Thunb.

[*pumila*: 키가 작은]
영명: Dwarf Sand Sedge
이명: 모래사초
서식지: 태안전역
주요특징: 땅속줄기가 길게 뻗으며 번식하여 군락을 이루며 자란다. 가늘고 긴 모양의 잎은 꽃대보다 길다. 작은이삭은 3~5개이며 끝부분에 달리는 수꽃의 작은이삭은 가늘고 긴 모양의 자갈색이다. 밑에 달리는 암꽃의 작은이삭은 원통모양으로 작은이삭대가 짧고 곧게 선다. 수과는 팽팽하게 들어 있고 길이 3mm 정도로 3개의 능선이 있다.
크기: ↕↔10~30cm
번식: 씨앗뿌리기, 포기나누기
🌑 ⑤~⑥ 연한 황갈색
🌱 ⑥~⑦

괭이사초 *Carex neurocarpa* Maxim.

천일사초 *Carex scabrifolia* Steud.

좀보리사초 *Carex pumila* Thunb.

큰천일사초 *Carex rugulosa* Kük.

큰천일사초

Carex rugulosa Kük.

[*rugulosa*: 주름이 다소 있는]
영명: Thicknerve Sedge
이명: 주름사초
서식지: 승언지
주요특징: 줄기와 길이가 거의 같고, 너비는 5∼10mm0이다. 포는 잎모양으로 맨 아래 포는 꽃차례와 길이가 같거나 보다 길고 위쪽으로 갈수록 잎몸이 짧아진다. 꽃은 4∼6개로 위쪽의 2∼3개는 수꽃이고 가까이 모여 달린다. 나머지는 암꽃으로 조금 떨어져서 달린다. 잎 길이는 3∼6cm, 너비 약 1cm 정도로 많은 꽃이 조밀하게 붙는데 아래쪽은 좀 성글게 달리며 길이 1cm

의 자루가 있다.
*천일사초(*C. scabrifolia*)에 비해 잎의 너비는 5∼10mm(천일사초:1.5∼3mm)로 폭이 더 넓고, 자소수가 2∼4개이며, 길이 3∼6cm(천일사초:1.5∼3cm)로 더 긴점이 구별된다.
크기: ↕ ↔50∼80cm
번식: 씨앗뿌리기, 포기나누기
▼ ⑤∼⑦ 연한 황갈색
❧ ⑦∼⑨

뿌리대사초

Carex rhizopoda Maxim.

[*rhizopoda*: 뿌리줄기에 대가 있는]
서식지: 안면도
주요특징: 땅속줄기는 짧게 벋고 모여 자란다. 잎은 줄기보다 길이가 짧고 가장자리가 까끌거린다. 꽃은 한 개의 작은이삭이 줄기 끝에 달리는데 수꽃이며 선상 원주형이다. 암꽃은 느슨하게 떨어져 달린다. 열매는 긴모양으로 길이 5∼6mm, 너비 1.5∼2mm로 5∼7맥이 있다. 과포는 털이 없고 긴 부리가 있으며 평두 혹은 가위모양이다.
크기: ↕ ↔30∼60cm
번식: 씨앗뿌리기, 포기나누기
▼ ⑤∼⑦ 연한 황갈색 ❧ ⑦∼⑨

뿌리대사초 *Carex rhizopoda* Maxim.

방동사니속(Cyperus)

전세계 748종류, 우리나라에 18종류, 한해살
이풀 또는 여러해살이풀, 줄기는 곧게서고, 밑
동에만 잎이 있으며, 잎은 선모양, 밑은 잎집
으로 됨, 꽃차례는 많은 이삭이 모여서 됨
[*Cyperus*: 고대 그리스명 cypeiros에서 유래]

방동사니 🔲🔲 LC

Cyperus amuricus Maxim.

[*amuricus*: 아무르(연해주) 지방의]
영명: Asian Flatsedge
이명: 방동산이, 검정방동산이, 차방동사니
서식지: 태안전역
주요특징: 잎은 뿌리에서 나와 꽃대를 감싸며
어긋나고 가늘고 긴 모양의 잎몸은 연하며 끝이
처진다. 포는 1~2개로 꽃차례보다 길고 꽃차례
는 길이가 같지 않은 가지가 갈라진다. 가늘고 긴
모양의 작은이삭은 편평하며 8~20개의 꽃이 좌
우로 나열된다. 수과는 거꿀달걀모양으로 3개의
능선이 있고 흑갈색이며 흑색 잔 점이 있다.
크기: ↕ ↔10~50cm
번식: 씨앗뿌리기
🔽 ⑧~⑩ 황갈색, 적갈색 🔁 ⑨~⑪

알방동사니 *Cyperus difformis* L.

병아리방동사니 *Cyperus hakonensis* Franch.
& Sav.

방동사니 *Cyperus amuricus* Maxim.

병아리방동사니

Cyperus hakonensis Franch. & Sav.

[*hakonensis*: 일본 하코네의]
영명: Small Flatsedge
이명: 병아리방동산이, 졸방동사니
서식지: 안면도
주요특징: 줄기는 모여나며 높이 5~25cm이다.
잎은 가늘고 긴 모양이고 아래는 잎집으로 된다.
꽃차례는 줄기 끝에서 나며, 꽃대 3~5개가 산방
꽃차례를 이룬다. 꽃대 1개당 긴타원모양인 작은
이삭 5~15개가 달리며, 포는 보통 1개이고 꽃차
례보다 길며 위로 선다. 열매는 수과로 넓은달걀
모양이다.
크기: ↕ ↔5~20cm
번식: 씨앗뿌리기
🔽 ⑧~⑩ 연한 녹색, 황록색
🔁 ⑨~⑪ 갈색

모기방동사니 *Cyperus haspan* L.

알방동사니

Cyperus difformis L.

[*difformis*: 이형의, 부동형의]
영명: Difformed Flatsedge
이명: 알방동산이
서식지: 가의도, 안면도
주요특징: 잎은 너비 2~6mm 정도이고 잎집은
황갈색이다. 포는 2~3개로서 꽃차례보다 길며
꽃차례는 3~6개의 가지가 갈라지고 가지 끝에
작은이삭이 둥글게 밀생하여 공모양꽃차례를 형
성한다. 작은이삭은 가늘고 긴 모양으로 10~20
개의 꽃이 달린다. 수과는 세모진 거꿀달걀모양
으로 색이 연하며 끝이 3개로 갈라진다.
크기: ↕ ↔10~40cm **번식**: 씨앗뿌리기
🔽 ⑧~⑩ 연한 황색, 황갈색
🔁 ⑨~⑪ 갈색

모기방동사니

Cyperus haspan L.

[*haspan*: 동인도명]
영명: Haspan Flatsedge
이명: 애기방동사니, 연줄방동사니
서식지: 모항리
주요특징: 잎은 축 늘어지고 꽃대보다 짧으며
잎몸이 대개 없고 폭 2~6cm이다. 꽃차례는 산
방모양으로 다시 갈라지거나 단순하고 작은이삭
이 성글게 달린다. 포는 1~2개로서 꽃차례와 길
이가 같거나 길다. 작은이삭은 선상 긴타원모양
이고 끝이 둔하고 10~28개의 꽃이 달린다.
크기: ↕ ↔10~50cm
번식: 씨앗뿌리기
🔽 ⑧~⑩ 황갈색, 적갈색
🔁 ⑨~⑪ 갈색

너도방동사니

Cyperus serotinus Rottb.

[*serotinus*: 늦게 꽃이 피는, 만생의]
이명: 꽃방동사니, 까치밥, 까치방동사니
서식지: 안면도, 병술만
주요특징: 땅속줄기가 뻗어 끝부분에 여러개
의 덩이줄기가 형성된다. 꽃대는 삼각주이며 속
은 솜 같은 조직으로 차 있다. 가늘고 긴 모양의
잎몸은 꽃대보다 짧으며 연한 갈색이다. 포는 잎
같으며 3~4개가 사방으로 퍼진다. 꽃대의 끝에
3~4개의 가지가 우산모양으로 갈라지는 꽃차례
는 높이와 지름이 7~15cm 정도이다.
크기: ↕ ↔30~100cm
번식: 씨앗뿌리기
🔽 ⑧~⑩ 연한 적갈색
🔁 ⑨~⑪ 갈색

너도방동사니 *Cyperus serotinus* Rottb.

푸른방동사니 *Cyperus nipponicus* Franch. & Sav.

푸른방동사니

Cyperus nipponicus Franch. & Sav.

[*nipponicus*: 일본산의]
영명: White–Scale Flatsedge
이명: 푸른방동산이, 나도방동사니, 나도방동산이
서식지: 안면도
주요특징: 잎은 폭 1~2.5mm로서 연한 녹색이며 꽃대보다 긴 것도 있다. 꽃대끝에 잎같은 2~3개의 포가 달리고, 그 중앙에 작은이삭이 밀생한 머리모양꽃차례가 2~3개 달리며 때로는 1~5개의 가지도 생기지만 포 보다는 짧다. 작은이삭은 밀생하고 피침모양이며 편평하고 10~30개의 꽃이 2줄로 배열한다.
크기: ↕ ↔5~20cm
번식: 씨앗뿌리기
▼ ⑧~⑩ 연한 녹색
◀ ⑨~⑪ 갈색

쇠방동사니

Cyperus orthostachyus Franch. & Sav.

[*orthostachyus*: 직립하는 이삭의]
영명: Upright–Spike Flatsedge
이명: 쇠방동산이
서식지: 신두리, 안면도
주요특징: 잎은 가늘고 긴 모양으로 폭 2~3cm이고 잎집은 길고 갈색이다. 꽃차례는 줄기 끝에 나며 꽃대 5~10개가 우산살모양으로 갈라지고, 꽃대 길이는 가장 긴 것은 20cm 정도이다. 화축에는 털이 있다. 꽃대 1개당 작은이삭 15~20개가 달린다. 작은이삭은 가늘고 긴 모양으로 납작하며 보통 10~20(40)개의 낱꽃이 핀다.
크기: ↕ ↔10~40cm
번식: 씨앗뿌리기
▼ ⑧~⑩ 연한 적갈색
◀ ⑨~⑪ 갈색

쇠방동사니 *Cyperus orthostachyus* Franch. & Sav.

참방동사니

Cyperus iria L.

영명: Haspan Flatsedge
이명: 애기방동사니, 연줄방동사니
서식지: 안면도
주요특징: 밑부분의 마디에서 분얼하여 모여나는 꽃대는 높이 25~50cm 정도이고 밑부분에 달리는 3~5개의 잎은 가늘고 긴 모양이다. 포는 4~5개로서 2~3개는 꽃차례보다 길다. 꽃차례는 3~5개의 가지가 갈라져 우산모양을 이룬다. 작은이삭은 선상 긴타원모양이고 10~15개의 꽃이 달린다.
크기: ↕ ↔10~40cm
번식: 씨앗뿌리기
▼ ⑧~⑩ 연한 황색, 황갈색
◀ ⑨~⑪ 갈색

바늘골속(*Eleocharis*)

전세계 307종류, 우리나라에 16종류, 기는 줄기가 있고, 줄기는 단순하며, 모여나기, 잎은 잎몸이 없고 잎집만 있음, 작은이삭은 1개가 줄기끝에 붙고, 포는 없음
[*Eleocharis*: 그리스어 eleos(늪)와 charis(장식하다)의 합성어 소택지에서 자란다는 뜻]

올방개

Eleocharis kuroguwai Ohwi

[*kuroguwai*: 일본명 '구로구와이']
영명: Hair Grass, Least Spike Rush, Slender Spike Rush
이명: 올메, 올미장대
서식지: 안면도
주요특징: 땅속줄기는 옆으로 길게 뻗으며 끝에 둥근 덩이줄기가 달린다. 줄기 속에는 격막이 있어 마디처럼 보인다. 밑부분에 잎집이 있으며 막질이고 비스듬히 자른모양이다. 꽃차례는 줄기끝에 통모양의 작은이삭 1개가 된다. 열매는 수과이다.
크기: ↕ ↔30~70cm
번식: 씨앗뿌리기
▼ ⑦~⑧ 연한 황색
◀ ⑨~⑪ 갈색

참방동사니 *Cyperus iria* L.

올방개 *Eleocharis kuroguwai* Ohwi

하늘지기속(Fimbristylis)

전세계 336종류, 우리나라에 25종류, 줄기는 대개 압축되고, 잎은 밀생, 드물게 잎몸이 없고, 포는 잎모양, 꽃차례는 우산모양, 복잡하고, 드물게 머리모양으로 단순함

[Fimbristylis: 라틴어 fimbria(가장자리 털)과 stylus(암술대)의 합성어이며 기본종은 암술대의 가장자리에 털이 있다는 뜻]

민하늘지기

Fimbristylis squarrosa Vahl

[*squarrosa*: 돋아난 돌기 등으로 평탄하지 않은]
영명: Curved-Awn Fimbristylis
이명: 민하늘직이, 논뚝하늘지기, 논뜨기
서식지: 안면도
주요특징: 잎은 다소 안쪽으로 말리고 털이 있으며 잎집은 연한 구리색이고 털이 있다. 꽃대가 모여나기하며 꽃차례는 1~3회 가지가 갈라지며 밑부분에 달려 있는 1~2개는 꽃차례와 길이가 비슷하다. 작은이삭은 피침모양이다. 비늘조각은 긴타원모양이고 능선이 있으며 젖혀지는 까락이 있다.
크기: ↕ ↔5~20cm
번식: 씨앗뿌리기
▼ ⑦~⑩ 연한 황갈색
◀ ⑧~⑪ 갈색

민하늘지기 *Fimbristylis squarrosa* Vahl

꼴하늘지기

Fimbristylis tristachya var. *subbispicata* (Nees & Meyen) T.Koyama

[*subbispicata*: 다소 이중인]
영명: Two-Spikelet Fimbristylis
이명: 꼴하늘직이, 골하늘직이, 꼴하늘직이
서식지: 모항리
주요특징: 잎은 밑부분에 달리며 폭 1mm로서

꼴하늘지기 *Fimbristylis tristachya* var. *subbispicata* (Nees & Meyen) T.Koyama

꽃대와 같거나 짧고 밑부분의 잎집은 갈색이다. 끝에 1개의 작은이삭이 달리지만 2~3개인 것도 있다. 작은이삭은 긴타원상 달걀모양이며 끝이 뾰족하다. 비늘조각은 넓은달걀모양이고 맥이 많으며 중앙부가 회록색이고 끝이 둔하며 소돌기가 있다.
크기: ↕ ↔5~40cm
번식: 씨앗뿌리기
▼ ⑧~⑩ 연한 황갈색
◀ ⑨~⑪ 갈색

검정방동사니속(Fuirena)

전세계 63종류, 우리나라 1종
[Fuirena: 덴마크의 의사이자 식물학자인 게오르그 푸이렌(Georg Fuiren) 이름에서 유래]

검정방동사니

Fuirena ciliaris (L.) Roxb.

[*ciliaris*: 강모가 있는, 눈썹같은 털이 있는]
영명: Ciliate fuirena
이명: 검정방동산이
서식지: 마검포
주요특징: 잎집은 길이 1~3.5cm이다. 잎혀는 녹슨빛에서 홍색의 막질이며 길이 1~2mm이다. 잎몸은 선형이고 길이 5-15 mm이며 단면은 편평하다. 부드럽고 3맥이 있으며 표면과 가장자리에 털이 있다. 포는 잎 모양이고 꽃차례보다 길이가 길며 작은 포는 긴 가시모양으로 잎집이 없다. 꽃은 1~3개의 이삭이 모여나고 3-15개의 작은 꽃이 달리며 가는 털이 밀생한다.
크기: ↕ ↔10~40cm
번식: 씨앗뿌리기, 포기나누기
▼ ⑧ ◀ ⑩

검정방동사니 *Fuirena ciliaris* (L.) Roxb.

드렁방동사니속(*Pycreus*)

전세계 131종류, 우리나라에 3종류, 줄기는 각이지고, 골속이 참, 잎은 선모양, 꽃은 꽃자루가 없고 꽃차례는 우산 또는 머리모양

드렁방동사니

Pycreus flavidus (Retz.) T.Koyama

[*flavidus*: 누른빛이 도는]
영명: Yellow Flatsedge
이명: 논두렁방동사니, 논뚝방동사니, 뚝방동산이
서식지: 안면도
주요특징: 잎은 나비 1~2mm이고 짙은 녹색이며 줄기보다 짧고 잎집은 짙은 구릿빛이 도는 갈색이다. 꽃차례는 단순, 우산모양으로 모여 머리모양으로 된다. 가지 끝에 5~10개씩 작은이삭이 거의 손모양으로 달리며 아래쪽의 작은이삭은 수상으로 짧은 꽃대축이 발달한다. 총포는 2~4개로 아래쪽의 것은 꽃차례보다 길다.
크기: ↕ ↔10~50cm
번식: 씨앗뿌리기
🔽 ⑧~⑩ 황갈색, 적갈색
◀ ⑨~⑪ 갈색

드렁방동사니 *Pycreus flavidus* (Retz.) T.Koyama

방동사니대가리

Pycreus sanguinolentus (Vahl) Nees

[*sanguinolentus*: 핏빛 같은 빨간색의]
영명: Purple–Glume Flatsedge
이명: 돌방동사니, 방동산이대가리
서식지: 안면도, 모항리
주요특징: 잎몸은 가늘고 긴 모양으로 꽃대보다 짧고 밑부분이 통 같다. 포는 2~3개로 꽃차례보다 길고 옆으로 퍼진다. 꽃차례는 5~15개의 작은이삭이 우산모양으로 모여 머리모양으로 된다. 작은이삭은 긴타원 또는 피침모양이고 15~30개의 꽃이 달린다. 수과는 넓은 거꿀달걀모양이고 좌우로 편평하다.
크기: ↕ ↔5~40cm
번식: 씨앗뿌리기
🔽 ⑧~⑩ 연한 적갈색 ◀ ⑨~⑪ 갈색

방동사니대가리 *Pycreus sanguinolentus* (Vahl) Nees

갯방동사니   🔵 LC

Pycreus polystachyos (Rottb.) P.Beauv.

[*polystachyos*: 이삭이 많은]
영명: Many–Spike Flatsedge
이명: 중방동사니, 밤송이방동사니
서식지: 가의도, 안면도, 병술만
주요특징: 잎은 꽃대보다 짧으며 잎집은 연한 적갈색이다. 포는 3~5개로 꽃차례보다 길다. 꽃차례는 3~6개의 가지가 짧게 갈라져서 둥근 형태로 된다. 작은이삭은 선상 피침모양으로 빽빽하게 달리며 편평하다. 꽃차례가 모여 1개의 둥근 머리모양꽃이 되지만 때로 1~2개의 짧은 가지를 내며 작은이삭은 약간 곧게선다.
크기: ↕ ↔10~40cm
번식: 씨앗뿌리기
🔽 ⑧~⑩ 적갈색
◀ ⑨~⑪ 갈색

올챙이고랭이속 (*Schoenoplectus*)

전세계 62종류, 우리나라에 7종류, 풀, 줄기는 서며, 골속이 참, 잎은 선모양, 작은이삭이 산방상으로 줄기끝에 붙음, 포는 줄기끝에 곧게 붙음

큰고랭이

Schoenoplectus tabernaemontani (C.C.Gmel.) Palla

[*tabernaemontani*: 식물학자의 이름에서 유래]
영명: Soft–Stem Bulrush
이명: 큰골, 돗자리골, 고랭이
서식지: 신두리, 안면도, 소원면 염전
주요특징: 땅속줄기는 길고 굵게 뻗고, 비늘조각 잎이 촘촘히 달린다. 줄기는 한군데서 1~2개가 나오고 단면은 둥근모양이다. 꽃은 줄기 옆에서 나온 취산꽃차례에 달리며 포는 1개로 꽃차례보다 짧다. 비늘조각은 달걀모양이고 끝은 둥글거나 파여 있다. 꽃덮이 강모는 보통 5~6개이며 곧게선다. 열매는 수과로 타원모양이다.
크기: ↕ 1~2m
번식: 씨앗뿌리기, 포기나누기
🔽 ⑦~⑩ 연한 적갈색
◀ ⑧~⑪ 갈색

큰고랭이 *Schoenoplectus tabernaemontani* (C.C.Gmel.) Palla

갯방동사니 *Pycreus polystachyos* (Rottb.) P.Beauv.

송이고랭이　LC

Schoenoplectus triangulatus (Roxb.) Soják

[*triangulatus*: 3각의, 3릉형의]
영명: Big Bog Bulrush
이명: 타래골, 참송이골, 송이골
서식지: 안면도
주요특징: 줄기 단면은 안으로 오목하게 들어간 삼각형이다. 잎은 줄기 아래에서 잎집으로 되고 길이 12~23cm이다. 꽃은 줄기 옆에서 나온 꽃차례에 달린다. 작은이삭은 달걀을 닮은 피침모양이며 비늘조각은 달걀모양이다. 꽃덮이 강모는 6개로 곧게선다. 수술은 3개이고 암술머리는 3개로 갈라진다. 열매는 수과로 거꿀달걀모양이다.
크기: ↕ ↔50~100cm
번식: 씨앗뿌리기, 포기나누기
🌼 ⑦~⑩ 황갈색
🍂 ⑧~⑪ 갈색

고랭이속(*Scirpus*)

전세계 59종류, 우리나라에 10종류, 전체에 털이 없고, 줄기에 잎이 없거나 있으며, 잎은 선모양, 잎집만으로 됨, 꽃은 줄기끝이나 옆에 달리고, 머리모양, 산방상 또는 우산모양
[*Scirpus*: 골풀 또는 이와 비슷한 식물명의 전용이며 라틴명]

좀송이고랭이

Scirpus mucronatus L.

[*mucronatus*: 잎 끝이 털이나 가시가 달린 것처럼 급격히 뾰족하면서 긴 형태의]
영명: Bog Bulrush
이명: 참송이골
서식지: 안면도
주요특징: 꽃대는 짙은 녹색으로 단면은 삼각모양이다. 꽃은 옆에 달리며 5~20개의 작은이삭이 뭉쳐 있다. 작은이삭은 긴타원상 통모양이고 끝이 뾰족하며 녹갈색으로 된다. 비늘조각은 넓은 달걀모양이고 끝이 뾰족하다. 꽃덮이 결각은 바늘모양이고 6개로서 수과보다 2배 정도 길며 밑부분 이외에는 밑을 향한 돌기가 있다.
크기: ↕ ↔30~80cm
번식: 씨앗뿌리기, 포기나누기
🌼 ⑦~⑩ 황갈색
🍂 ⑧~⑪ 갈색

송이고랭이 *Schoenoplectus triangulatus* (Roxb.) Soják

좀송이고랭이 *Scirpus mucronatus* L.

너도고랭이속(*Scleria*)

전세계 266종류, 우리나라에 3종류, 여러해살이풀, 줄기는 세모지고, 잎은 선모양, 잎집이 있고 잎혀가 뚜렷함, 작은이삭은 단성꽃이거나 양성꽃, 줄기 옆이나 끝에 달림

[*Scleria*: 그리스어 skleros(굳다)에서 유래된 것으로 열매가 딱딱하다는 뜻]

너도고랭이

Scleria parvula Steud.

[*parvula*: 작은]
영명: Small Nutrush
이명: 율무골, 구슬율무꽃, 율무꽃
서식지: 갈음이
주요특징: 잎은 편평하며 털이 있고 밑부분이 잎집으로 되어 헐겁게 꽃대를 둘러싼다. 꽃은 분꽃차례는 원뿔모양이며 4~6개이고 떨어져 달린다. 암꽃의 작은이삭은 길이 4~5mm로서 녹갈색이고 포영은 달걀모양이며 예두이다. 수과는 거꾸로달걀을 닮은 원모양이고 지름 2mm로서 그물같은 무늬와 윤채가 있다.
크기: ↕ ↔40~50cm
번식: 씨앗뿌리기, 포기나누기
▼ ⑦~⑩ 황갈색
◀ ⑧~⑪ 백색

너도고랭이 *Scleria parvula* Steud.

천남성과(Araceae)

전세계 117속 3,459종류, 여러해살이풀

창포속(*Acorus*)

전세계 4종류, 우리나라에 2종류, 여러해살이풀, 땅속줄기는 굵고, 향기가 진하고 좋음 잎은 선모양 또는 칼모양, 꽃줄기는 밑에서 나옴, 꽃은 원기둥모양, 조밀하고, 열매는 장과, 붉게 익음
[*Acorus*: 그리스어 a(부정, 무)와 coros(장식)의 합성어이며 아름답지 않은 꽃이라는 뜻]

창포 *Acorus calamus* L.

천남성속(*Arisaema*)

전세계 199종류, 우리나라에 10종류, 여러해살이풀, 땅속줄기는 알줄기, 밑에 있는 잎은 비늘모양, 위에 있는 것은 1~2장이 잎모양, 긴 잎자루, 불염포 발달, 열매는 장과

[*Arisaema*: 그리스어의 aris(arum 이란 식물의)와 haima(혈액)의 합성어이며 잎에 반점이 있다는 뜻]

창포　 LC

Acorus calamus L.

[*calamus*: 속이 비어있는]
영명: Common Sweet Flag
이명: 장포, 향포, 왕창포
서식지: 신두리
주요특징: 땅속줄기는 굵고 옆으로 뻗으며 마디에서 수염뿌리가 난다. 땅속줄기의 끝에서 모여나는 가늘고 긴 모양의 잎은 주맥이 있다. 잎같이 생긴 꽃대는 잎보다 약간 짧고 중앙부에 달리는 수상꽃차례는 꽃대 옆면에 밀생하여 육수꽃차례처럼 된다. '석창포'와 다르게 잎은 주맥이 있고 포는 꽃차례보다 길다.
크기: ↕ 50~80cm
번식: 포기나누기
▼ ④~⑤ 연한 황록색
◀ ⑥~⑦ 연한 녹색

둥근잎천남성

Arisaema amurense Maxim.

[*amurense*: 아무르(연해주) 지방의]
영명: Amur Jack-In-The-Pulpit
이명: 아물천남성, 남산천남성, 남산둥근잎천남성
서식지: 태안전역
주요특징: 땅속줄기는 둥글다. 줄기는 짧고 잎은 보통 1장이다. 잎몸은 길이 30~35cm, 5장의 작은잎으로 된다. 작은잎은 거꿀달걀모양으로 잎끝은 뾰족하고 아래는 쐐기모양이다. 꽃은 암수딴포기에 핀다. 꽃차례는 육수꽃차례로 둥근 기둥모양이다. 불염포는 깔때기모양으로 통부의 윗부분은 앞으로 꼬부라진다.
크기: ↕ 20~40cm
번식: 씨앗뿌리기, 알뿌리나누기
▼ ⑤~⑦ 녹색
◀ ⑨~⑩ 적색

둥근잎천남성 *Arisaema amurense* Maxim.

천남성

Arisaema amurense Maxim.

[*amurense*: 아무르(연해주) 지방]
영명: Serrate Amur Jack-In-The-Pulpit
이명: 가새천남성, 청사두초, 톱이아물천남성
서식지: 태안전역
주요특징: 알줄기는 편평한 둥근모양이고 윗부분에서 수염뿌리가 사방으로 퍼지며 옆에 작은 알줄기가 2~3개 달린다. 원줄기의 겉은 녹색이나 때로는 자주색의 반점이 있다. 잎자루가 있는 잎에 달리는 작은잎은 5개지만 간혹 3개인 경우도 있으며 가장자리에는 톱니가 있다. 꽃은 이가화고 포의 윗부분은 모자처럼 앞으로 굽는다.
크기: ↕ ↔20~40cm
번식: 씨앗뿌리기, 알뿌리나누기
🌶 ⑤~⑦ 녹색
🍃 ⑨~⑩ 적색

두루미천남성

Arisaema heterophyllum Blume

[*heterophyllum*: 다른모양의 잎이 섞여나는 성질)의]
영명: Diverse-leaf Jack-In-The-Pulpit
이명: 개천남성, 새깃사두초
서식지: 병술만
주요특징: 잎은 1장이며 잎자루는 길다. 작은잎은 13~19개로 거꿀피침모양이며 양끝이 좁다. 꽃은 이가화로 꽃자루가 길며 포의 판연은 달걀모양이고 판통의 윗부분을 덮고 있으며 끝이 갑자기 좁아지면서 뾰족해진다. 육수꽃차례의 연장부는 채찍처럼 길게 자라 높이 솟으며 꽃대축에 많은 꽃이 밀착한다.
크기: ↕ ↔30~50cm
번식: 씨앗뿌리기, 알뿌리나누기
🌶 ⑤~⑥ 녹색 🍃 ⑨~⑩ 적색

점박이천남성

Arisaema peninsulae Nakai

[*peninsulae*: 반도산의]
영명: Variegate Jack-In-The-Pulpit
이명: 알록이천남성, 자주점박이천남성, 무늬점박이천남성
서식지: 가의도, 안면도, 천리포
주요특징: 잎은 2장이고 첫째 잎은 긴 잎자루가 있으며 작은잎은 5~14개로서 긴타원 또는 거꿀달걀모양이고 중앙결각은 끝이 뾰족하며 밑부분이 예저이다. 암수딴그루로서 줄기끝에 육수꽃차례로 꽃이 달린다. 꽃대는 길이 5~20cm이다. 불염포는 윗부분이 약간 자줏빛이 도는 녹색이다.
크기: ↕ ↔20~80cm
번식: 씨앗뿌리기, 알뿌리나누기
🌶 ⑤~⑥ 녹색
🍃 ⑨~⑩ 적색

큰천남성

Arisaema ringens (Thunb.) Schott

[*ringens*: 입을 넓게 벌린]
영명: Ringen's Jack-In-The-Pulpit
이명: 푸른천남성, 자주큰천남성, 왕사두초
서식지: 태안전역
주요특징: 수염뿌리가 사방으로 퍼지며 작은 알줄기가 옆에 달린다. 잎은 2개가 마주나고 잎자루가 있으며 작은잎은 3개이다. 작은잎은 잎자루가 없고 잎몸은 마름모 비슷한 넓은달걀모양으로 표면은 윤기가 있는 녹색이고 뒷면은 흰빛이 돈다. 불염포는 윗부분이 넓게 밖으로 젖혀지고 겉은 녹색이며 안쪽은 흑자색이다.
크기: ↕ ↔30~50cm
번식: 씨앗뿌리기, 알뿌리나누기
🌶 ⑤ 녹색
🍃 ⑨~⑩ 적색

천남성 *Arisaema amurense* Maxim.

점박이천남성 *Arisaema peninsulae* Nakai

두루미천남성 *Arisaema heterophyllum* Blume

큰천남성 *Arisaema ringens* (Thunb.) Schott

반하속(*Pinellia*)

전세계 9종류, 우리나라에 2종류, 여러해살이
풀, 알줄기가 있고, 잎자루는 길며, 잎몸은 손
바닥모양, 3~7갈래, 꽃줄기는 외대, 불염포가
발달, 열매는 장과

[*Pinellia*: 이탈리아의 식물학자 피넬리(G.V.
Pinelli, 1535-1607)에서 유래]

반하

Pinellia ternata (Thunb.) Breitenb.

[*ternata*: 3출의, 3회의]
영명: Crow Dipper
이명: 까무릇
서식지: 태안전역
주요특징: 잎몸은 타원모양으로 가장자리가 밋
밋하고 털이 없다. 알뿌리에서 나오는 꽃대는 높
이 20~40cm 정도이고 길이 3~6cm 정도의 잎
같은 녹색의 포에 둘러싸인 꽃차례는 윗부분에
암꽃, 밑부분에 수꽃이 달린다. 장과는 녹색이며
작다. 알뿌리와 살눈 또는 씨로 번식한다.
크기: ↕ ↔20~40cm
번식: 씨앗뿌리기, 포기나누기
▼ ⑤~⑥ 녹색
◀ ⑨~⑩ 녹색

반하 *Pinellia ternata* (Thunb.) Breitenb.

곡정초과(Eriocaulaceae)

전세계 11속 1,254종류, 풀 또는 작은키나무

곡정초속(*Eriocaulon*)

전세계 491종류, 우리나라에 15종류, 풀, 줄기
는 짧고, 잎은 모여나기, 선모양, 줄기에 붙거
나 밑동에 붙음, 꽃줄기에는 잎이 없고 밑동은
통으로 된 잎집에 싸임

[*Eriocaulon*: 그리스어 erion(부드러운 털)과
caulos(줄기)의 합성어이며 화경 기부에 연모
가 있다는 뜻]

넓은잎개수염

Eriocaulon robustius (Maxim.)
Makino

[*robustius*: 보다 큰, 보다 강한]
영명: Robust Pipe-Wort
이명: 넓은잎곡정초, 넓은잎별수염풀
서식지: 모항리
주요특징: 잎과 꽃대가 밑에서 모여나고 잎은
가늘고 긴 모양이며 7~17개의 맥이 있다. 뿌리
에서 많이 나오는 꽃대는 높이 4~25cm 정도로
다양하다. 머리모양꽃차례는 지름 4~5mm 정도
로 많은 꽃으로 구성되고 반원모양이거나 거꿀
원뿔모양이다. 씨는 길이 0.8mm 정도의 긴타원
모양이며 겉에 갈고리 같은 털이 있다.
크기: ↕ 4~25cm **번식**: 씨앗뿌리기
▼ ⑧~⑩ 연한 갈색 ◀ ⑨~⑪

넓은잎개수염 *Eriocaulon robustius* (Maxim.)
Makino

닭의장풀과(Commelinaceae)

전세계 41속 766종류, 여러해살이풀 또는 한
해살이풀, 작은키나무

사마귀풀속(*Aneilema*)

전세계 65종류, 우리나라에 1종, 연약한 풀,
뿌리는 둥글게 나타나기도 함, 꽃은 작은 포가
있고, 잎겨드랑이 또는 줄기끝에 붙어서 원뿔
모양꽃차례를 이룸

사마귀풀

Aneilema keisak (Hassk.) Hand.-
Mazz.

[*keisak*: 일본 채집가의 이름에서 유래]
영명: Marsh Dewflower
이명: 애기닭의밑씻개, 애기달개비
서식지: 태안전역
주요특징: 줄기는 아래쪽이 비스듬히 땅을 기면
서 뿌리를 내리고 가지가 많이 갈라진다. 줄기는
연한 녹색이지만 홍자색이 돌기도 하며 겉에 한
줄로 털이 나 있다. 잎은 어긋나며 좁은 피침모양
으로 길이 2~6cm, 폭 4~8mm이다. 열매는 삭
과이며 타원모양이다.
크기: ↕ ↔10~30cm **번식**: 씨앗뿌리기
▼ ⑧~⑩ 연한 적자색 ◀ ⑨~⑪

사마귀풀 *Aneilema keisak* (Hassk.) Hand.-Mazz.

닭의장풀속(*Commelina*)

전세계 231종류, 우리나라에 5종류, 잎은 편
평하고, 중맥이 있는 평행맥, 피침모양, 달걀모
양, 취산꽃차례는 2갈래, 몇송이의 꽃으로 되
고, 접혀서 생긴 반달모양 포에 싸임

[*Commelina*: 17세기에 코멜린(Commelin)이
란 식물학자가 네덜란드에 3명 있었는데, 그
중 1명은 업적이 그리 많지 않았고 화판 중 2
개는 뚜렷하나 1개는 희미하기 때문에 이를
린네(Carl von Linne, 1707~1778)가 비유함]

닭의장풀 초

Commelina communis L.

[*communis*: 통상의, 공통적인]
영명: Asian Dayflower
이명: 닭의밑씻개, 닭기씻개비, 닭개비
서식지: 태안전역
주요특징: 밑부분이 옆으로 비스듬히 자라면서
마디에서 뿌리가 내리며 가지가 많이 갈라진다.
어긋나는 잎은 달걀을 닮은 피침모양으로 밑부
분이 막질의 잎집으로 되어 있다. 꽃은 잎겨드랑
이에서 나온다. 삭과는 타원모양으로 육질이지만
마르면 3개로 갈라져서 씨가 나온다.
크기: ↕ ↔20~40cm
번식: 씨앗뿌리기
▼ ⑥~⑩ 청색, 자주색 ◀ ⑦~⑪

닭의장풀 *Commelina communis* L.

물옥잠과(Pontederiaceae)

전세계 6속 34종류, 강이나 늪지대에 사는 물풀

물옥잠속(Monochoria)

전세계 8종류, 우리나라에 2종류, 수초, 잎은 밑동에서 나옴, 줄기 위에 1장, 물위로 솟음, 잎은 심장 또는 화살모양, 긴 잎자루, 총상꽃차례, 꽃덮이는 깊게 6갈래, 종모양

[Monochoria: 그리스어 monos(단)와 chorizo(입을 벌리다)에서 유래. 삭과의 한쪽이 벌어져서 종자가 나온다는 뜻]

물옥잠 *Monochoria korsakowii* Regel & Maack

물옥잠

Monochoria korsakowii Regel & Maack

[korsakowii: 채집가의 이름에서 유래]
영명: Korsakow's Monochoria
서식지: 구름포, 안면도, 신두리
주요특징: 어긋나는 잎의 잎자루는 밑부분에서는 길고 올라갈수록 짧아지며 밑부분이 넓어져서 원줄기를 감싼다. 잎몸은 심장모양으로 가장자리가 밋밋하다. 꽃대가 잎보다 높이 올라오고 꽃차례는 작은꽃대가 있다. 삭과는 달걀을 닮은 긴타원모양으로 끝에 암술대가 남아 있으며 속에 많은 씨가 들어 있다.
크기: ↕ ↔20~50cm
번식: 씨앗뿌리기, 포기나누기
🌼 ⑧~⑨ 청색, 자주색
🍂 ⑨~⑩

물달개비

Monochoria vaginalis var. *plantaginea* (Roxb.) Solms

[vaginalis: 잎이 있는, plantaginea: 질경이속(plantago)과 비슷한]
영명: Sheathed Monochoria
이명: 물닭개비
서식지: 백리포, 안면도
주요특징: 5~6개의 줄기가 모여 나오고 1개의 잎이 달린다. 뿌리잎의 잎자루는 길지만 원줄기의 것은 3~7cm 정도이다. 잎몸은 삼각상 달걀모양이고 물속에 잠긴 잎은 잎몸이 넓은 피침모양이다. 꽃대는 잎보다 짧아서 군락상태에서는 꽃이 보이지 않는다. 삭과는 타원모양으로 밑으로 처진 열매자루에 달린다.
크기: ↕ ↔10~30cm
번식: 씨앗뿌리기, 포기나누기
🌼 ⑧~⑩ 청색, 자주색
🍂 ⑩~⑪

골풀과(Juncaceae)

전세계 8속 581종류, 한해살이풀 또는 여러해살이풀 드물게 작은키나무

골풀속(Juncus)

전세계 393종류, 우리나라에 20종류, 줄기는 곧게 섬, 대개 단순, 잎은 편평하고, 원통 또는 비늘모양, 꽃은 머리모양꽃차례 또는 취산꽃차례, 작은 포가 있음

[Juncus: 고대 라틴명이며 jungere(매다)에서 유래된 것으로 이 풀로 물건을 묶었음]

물달개비 *Monochoria vaginalis* var. *plantaginea* (Roxb.) Solms

골풀

Juncus effuusus var. *decipiens* Buchenau

[effuusus: 느슨하게 퍼지는, decipiens: 잡다.]
영명: Common Rush
서식지: 태안전역
주요특징: 줄기는 통모양이며 희미한 종선이 있고 줄기속이 뼈처럼 하얗고 스폰지모양으로 탄력이 있다. 잎은 원줄기 밑부분에 달리고 비늘 같다. 꽃차례는 줄기의 끝부분에서 측면으로 달린다. 삭과는 길이 2~3mm 정도의 달걀모양 또는 거꿀달걀모양으로 씨는 길이 0.5mm 정도이다.
크기: ↕ ↔25~100cm
번식: 씨앗뿌리기, 포기나누기
🌼 ⑥~⑦ 황록색
🍂 ⑦~⑧ 갈색

골풀 *Juncus effuusus* var. *decipiens* Buchenau

물골풀

Juncus gracillimus (Buchenau)
V.I.Krecz. & Gontsch.

[*gracillimus*: 매우 곧으면서 길고 얇은]
영명: Slender–Stem Rush
이명: 개골풀
서식지: 안면도
주요특징: 잎은 가늘고 긴 모양이고 편평하며
백록색으로서 원줄기보다 짧고 가늘며 윗면이
구부러진다. 꽃은 복취산꽃차례에 달리며 포는
잎 같고 꽃차례보다 길거나 짧다. 수술은 6개이
며 꽃덮이 길이의 2/3정도이고 꽃밥은 수술과 길
이가 같다. 삭과는 타원모양으로서 윤기가 있으
며 꽃덮이보다 길고, 씨는 타원모양이다.
크기: ↕ ↔40~70cm
번식: 씨앗뿌리기, 포기나누기
▼ ⑥~⑦ 황록색
✂ ⑦~⑧ 갈색

비녀골풀

Juncus krameri Franch. & Sav.

[*krameri*: 식물 채집가 크래머(Wilhem
Heinrich Kramer, 1724~1765)의]
이명: 비녀골
서식지: 백리포, 신두리, 안면도
주요특징: 뿌리줄기는 옆으로 뻗고 마디 사이
가 짧으며, 줄기는 곧게선다. 잎은 줄기보다 짧고
2~3개이며 격막이 뚜렷하고 윗부분은 좁아져
뾰족하다. 꽃은 줄기 끝에 3~10개의 머리모양꽃
이 산방상으로 달리며 제일 아래 포의 길이는 꽃
차례 길이보다 길다. 열매는 삭과로 3개의 능선
이 있고 꽃덮이보다 길다.
크기: ↕ ↔45~60cm
번식: 씨앗뿌리기, 포기나누기
▼ ⑥~⑦ 황록색
✂ ⑦~⑧

비녀골풀 *Juncus krameri* Franch. & Sav.

물골풀 *Juncus gracillimus* (Buchenau) V.I.Krecz. & Gontsch.

길골풀

Juncus tenuis Willd.

[*tenuis*: 얇은, 약한]
영명: Field Rush
이명: 풀골
서식지: 안면도, 송헌리
주요특징: 잎은 폭 1mm로 줄기보다 짧고 밑부분에서 잎집으로 줄기를 감싼다. 꽃은 줄기 끝에서 나온 취산꽃차례에 핀다. 포는 보통 2개로 꽃차례보다 길다. 꽃덮이는 피침모양이고 가장자리는 흰색 막질이다. 수술은 6개로 꽃덮이 길이의 1/2 정도도. 열매는 삭과로 달걀모양이다.
크기: ↕ ↔30~60cm
번식: 씨앗뿌리기, 포기나누기
🌼 ⑥~⑦ 황록색
🍂 ⑦~⑧

푸른갯골풀

Juncus setchuensis var. *effusoides* Buchenau

[*setchuensis*: 중국 사천성의, *effusoides*: Effusa라는 식물과 비슷한]
영명: Pale-Green Stem Rush
이명: 구슬비녀골, 좀갯골풀
서식지: 닭섬, 안면도, 학암포
주요특징: 원줄기에 분록색이 돌고 둥글며 종선이 뚜렷하다. 잎은 비늘조각모양이고 밑부분에 약간 남아있다. 꽃차례는 한쪽에 달리고 꽃덮이결각은 피침모양이다. 수술은 3개이고 꽃덮이보다 약간 짧다. 열매는 삭과로 달걀을 닮은 둥근모양이며 꽃덮이보다 다소 길고 윤기가 있다.
크기: ↕ ↔45~80cm
번식: 씨앗뿌리기, 포기나누기
🌼 ⑥~⑦ 황록색
🍂 ⑦~⑧ 황갈색

길골풀 *Juncus tenuis* Willd.

꿩의밥속(*Luzula*)

전세계 171종류, 우리나라에 9종류, 잎은 넓적하거나 골이 지고, 잎집은 통으로 되며, 잎귀는 없음, 꽃은 머리모양 또는 취산모양을 이룸, 작은 포가 붙음
[*Luzula*: 라틴어 lux (빛)의 축소형 luxulae 또는 gramen luzulae에서 유래, 식물체가 이슬을 맞아 빛나는 모양에서 취함]

꿩의밥

Luzula capitata (Miq. ex Franch. & Sav.) Kom.

[*capitata*: 머리모양으로 빽빽하게 자라는]
영명: Sweep's Woodrush
이명: 꿩밥, 꿩의밥풀
서식지: 태안전역
주요특징: 땅속줄기에서 여러개의 줄기가 모여나며, 뿌리에서 나오는 잎은 잎가장자리에 하얀 털이 있다. 꽃은 줄기 끝에 동그랗게 모여 피고 6장의 꽃덮이개로 이루어졌다. 열매는 삭과로 안에는 검정색 씨가 들어 있다. 산과 들 어느 곳에서나 흔히 자라고 특히 잔디밭에서 많이 자란다.
크기: ↕ ↔10~30cm
번식: 씨앗뿌리기, 포기나누기
🌼 ④~⑤ 황적색
🍂 ⑥~⑦ 붉은 흑갈색

푸른갯골풀 *Juncus setchuensis* var. *effusoides* Buchenau

꿩의밥 *Luzula capitata* (Miq. ex Franch. & Sav.) Kom.

백합과(Liliaceae)

전세계 220속 3,500종류, 여러해살이풀, 알뿌리가 많음

쥐꼬리풀속(Aletris)

전세계 26종류, 우리나라에 3종류, 땅속줄기가 짧고, 잎은 주로 근생, 모여나기, 선모양, 피침모양, 꽃차례는 줄기끝에 붙음 총상꽃차례, 꽃은 작고, 긴 종모양, 흰색 또는 황록색

[*Aletris*: 그리스어의 제분여(곡식을 빻는 여자 노예)란 뜻으로서 화피겉에 백색 털이 있어서 가루가 묻은 것 같다는 뜻]

쥐꼬리풀

Aletris spicata (Thunb.) Franch.

[*spicata*: 수상화(한 개의 긴 꽃대 둘레에 여러 개의 꽃이 이삭 모양으로 피는 꽃)가 있는]
영명: Spike colicroot
이명: 분좌난, 속심풀
서식지: 안면도
주요특징: 잎은 모여나기하며 가늘고 긴 모양이고 3맥이 뚜렷하다. 꽃은 통같고 밑부분이 합쳐져 씨방에 붙으며 겉에 잔털이 있고 윗부분이 6개로 갈라진다. 꽃대는 높이 30~50cm로서 꼬부라진 백색털이 있으며 몇개의 작은잎이 달린다. 이삭꽃차례는 길이 15~25cm이며 포는 가늘고 긴 모양이다.
크기: ↕ ↔30~50cm **번식**: 씨앗뿌리기
🌼 ⑥~⑦ 백색　🔹 ⑧~⑨

쥐꼬리풀 *Aletris spicata* (Thunb.) Franch.

부추속(Allium)

전세계 972종류, 우리나라에 23종류, 비늘줄기 또는 짧은 줄기, 잎은 선모양, 통모양, 꽃줄기는 뿌리잎의 포에 싸임, 줄기잎은 없음, 꽃차례는 줄기끝에 우산모양

[*Allium*: 고대 라틴명이며 켈트어로 맵다 또는 냄새가 난다는 뜻]

산달래

Allium macrostemon Bunge

[*macrostemon*: 긴 수술의]
영명: Long-Stamen Chive
이명: 돌달래, 달래, 큰달래
서식지: 가의도, 안면도
주요특징: 비늘줄기는 지름 10~15mm 정도로 넓은달걀모양이고 백색 막질로 덮여 있으며 꽃대는 밑부분에 2~3개의 잎이 달리고 잎은 흰빛이 도는 연한 녹색이다. 잎 윗부분은 단면이 삼각형이고 표면에 얕은 홈이 생기며 밋밋하다. 꽃대의 끝에 우산모양꽃차례가 달린다. 꽃의 일부 또는 전부가 대가 없는 작은 살눈으로 변하기도 한다.
크기: ↕ ↔30~60cm
번식: 씨앗뿌리기, 포기나누기
🌼 ⑤~⑥ 백색, 연한 홍색
🔹 ⑥~⑦

산달래 *Allium macrostemon* Bunge

달래 *Allium monanthum* Maxim.

달래

Allium monanthum Maxim.

[*monanthum*: 일화의]
영명: Korean Wild Chive
이명: 들달래, 쇠달래, 애기달래
서식지: 태안전역
주요특징: 비늘줄기는 길이 5~10mm 정도의 넓은달걀모양이고 꽃대는 높이 5~15cm 정도이다. 꽃대보다 긴 잎은 단면이 초승달모양이며 9~13개의 맥이 있다. 꽃대 끝에 1~2개의 꽃이 달리며 열매는 삭과로서 둥글다.
크기: ↕ ↔5~15cm
번식: 씨앗뿌리기, 포기나누기
🌼 ④~⑤ 백색, 연한 홍색
🔹 ⑤~⑥

산부추

Allium thunbergii G. Don

[*thunbergii*: 스웨덴 식물학자 툰베리(C. P. Thunberg)의]
영명: Thunberg Onion
이명: 산달래, 맹산부추, 참산부추
서식지: 태안전역
주요특징: 비늘줄기는 길이 2cm 정도의 달걀을 닮은 피침모양으로 마른 잎집으로 쌓여 있고 바깥껍질은 약간 두꺼우며 갈색이 돈다. 단면이 삼각형인 잎은 2~3개가 비스듬히 위로 퍼지고 흰빛이 도는 녹색인데 생육 중에는 갈색을 띠는 분백색이기도 하다. 꽃대는 길이 30~60cm 정도이고 끝에 우산모양꽃차례로 꽃이 많이 달린다.
크기: ↕ ↔30~60cm
번식: 씨앗뿌리기, 포기나누기
🌸 ⑧~⑨ 홍자색 ✄ ⑨~⑩

비짜루속(*Asparagus*)

전세계 219종류, 우리나라에 5종류, 건조지역에 자라는 풀 또는 작은키나무로 땅속줄기를 가짐, 잎은 비늘모양, 꽃은 작은크기, 열매는 장과로 둥근모양
[*Asparagus*: 그리스 고명 asparagos에서 유래된 것으로 가지가 많이 갈라진다는 뜻]

천문동

Asparagus cochinchinensis (Lour.) Merr.

영명: Cochinchinese Asparagus
이명: 호라지좆, 부지깽나물
서식지: 신두리, 안면도, 병술만
주요특징: 방추형의 덩이뿌리는 다수 모여나고 길이 5~15cm 정도이다. 덩굴이 지는 줄기는 가늘고 다소 가지가 있으며 가늘고 긴 모양의 잎이 2~3개씩 모여난다. 꽃은 잎겨드랑이에서 2~3개가 모여 핀다. 장과는 지름 6mm 정도의 둥근모양이며 흑색 씨가 1개 들어 있다.
크기: ↕ 1~2m **번식**: 씨앗뿌리기
🌸 ⑤~⑥ 연한 황록색
✄ ⑨~⑩ 백색, 황백색

망적천문동

Asparagus dauricus Fisch. ex Link

[*dauricus*: 다후리아 지방의]
영명: Dahurian Asparagus
이명: 북선천문동, 다후리아비짜루, 북천문동(중)
서식지: 안면도
주요특징: 굵은 가지의 잎은 길이 1.5mm이며 가는 가지는 능각이 있고 능상에 작은 돌기가 많다. 꽃은 이가화로 잎겨드랑이에 모여나며 꽃대는 끝에 관절이 있어 거기에서 꽃이 떨어진다. 꽃덮이는 종모양으로 수술은 6개이다. 꽃밥은 심장모양으로 수술대보다 아주 짧다.
크기: ↕ ↔30~70cm
번식: 씨앗뿌리기
🌸 ⑤~⑥ 연한 황록색 ✄ ⑨~⑩ 적색

천문동 *Asparagus cochinchinensis* (Lour.) Merr.

망적천문동 *Asparagus dauricus* Fisch. ex Link

산부추 *Allium thunbergii* G. Don

비짜루 *Asparagus schoberioides* Kunth

방울비짜루

Asparagus oligoclonos Maxim.

[*oligoclonos*: 소수의 대가 있는]
영명: Few-Twig Asparagus
이명: 참빗자루, 새방울비짜루, 방울비자루
서식지: 신두리, 안면도, 학암포
주요특징: 일년생가지에는 3개의 능각이 있으며 능선 위에는 소돌기가 있어서 거칠다. 꽃은 암수딴그루로 1~2개씩 달리고 통을 닮은 종모양이다. 꽃자루는 길이 7~8mm로서 중부 또는 중상부에 관절이 있다. 수꽃의 꽃덮이조각은 6개로 수술은 6개이다. 암꽃의 꽃덮이는 길이 3mm이다. 장과는 둥글며 지름 10mm정도이다.
크기: ↕ ↔50~100cm
번식: 씨앗뿌리기
▼ ⑥~⑦ 연한 황록색
◀ ⑨~⑩ 적색

비짜루 🔰 LC

Asparagus schoberioides Kunth

[*schoberioides*: 명아주과의 식물과 비슷한]
영명: Schoberia-like Asparagus
이명: 닭의비짜루, 빗자루, 노간주비짜루
서식지: 태안전역
주요특징: 줄기는 둥글지만 모가 나고, 많은 가지가 나온다. 잎은 조그만 바늘처럼 생기거나 가시로 되어 있다. 꽃은 잎겨드랑이에 약 2~6송이씩 무리지어 피며, 꽃자루는 약 3mm로 짧다. 열매는 장과로 둥근모양이다.
크기: ↕ ↔50~100cm
번식: 씨앗뿌리기
▼ ⑤~⑥ 연한 황록색
◀ ⑨~⑩ 적색

은방울꽃속(*Convallaria*)

북반구의 온대에 3종류, 우리나라에 1종, 잎은 밑동에서 2장이 나오고, 타원모양, 비늘잎이 발달, 꽃은 줄기끝에 모여 붙고, 포엽은 선모양, 꽃은 종모양
[*Convallaria*: 라틴어 convallis(골짜기)에서 유래된 말로 골짜기의 백합이라는 뜻]

은방울꽃 🔲교

Convallaria keiskei Miq.

[*keiskei*: 일본 명치시대 초기의 식물학자 이름]
영명: Lily of the Valley
이명: 영란
서식지: 태안전역
주요특징: 땅속줄기가 옆으로 길게 뻗고 마디에서 새순이 지상으로 나오며 밑부분에 수염뿌리가 있다. 꽃대는 잎보다 짧다. 잎몸은 달걀을 닮은 타원모양으로 가장자리가 밋밋하다. 잎표면은 짙은 녹색이고 뒷면은 연한 흰빛이 돈다. 꽃은 종같고 끝이 6개로 갈라져서 뒤로 젖혀지며 향이 매우 좋다. 열매는 장과이다.
크기: ↕ ↔20~35cm
번식: 씨앗뿌리기, 포기나누기
▼ ④~⑤ 백색
◀ ⑦~⑧ 적색

은방울꽃 *Convallaria keiskei* Miq.

방울비짜루 *Asparagus oligoclonos* Maxim.

애기나리속(*Disporum*)

전세계 22종류, 우리나라에 4종류, 땅속줄기가 있고, 줄기는 약간의 가지를 냄, 잎은 타원모양, 피침모양, 꽃은 가지 끝에 통모양 또는 종모양, 열매는 장과로 검정색

[*Disporum*: 그리스어 dis(2)와 spora(종자)의 합성어이며 지방 각 실에 배주가 2개씩 있음]

애기나리

Disporum smilacinum A. Gray

[*smilacinum*: 밀나물속(*Smilax*)과 비슷한]
영명: Star-Flower Fairybell
이명: 가지애기나리
서식지: 태안전역
주요특징: 원줄기 밑부분을 3~4개의 잎집 같은 잎이 둘러싼다. 잎은 어긋나는데 달걀을 닮은 긴타원모양이고 가장자리가 밋밋하다. 꽃은 가지 끝에 보통 1개가 밑을 향해 달리지만 드물게 2개가 달리기도 한다. 6개의 꽃잎은 길이 15~18mm 정도의 피침모양이다. 열매는 지름 7mm 정도로 둥글다.
크기: ↕ ↔15~40cm
번식: 씨앗뿌리기, 포기나누기
▼ ④~⑤ 백색   ◀ ⑨~⑩ 흑색

애기나리 *Disporum smilacinum* A. Gray

윤판나물 *Disporum uniflorum* Baker

윤판나물

Disporum uniflorum Baker

[*uniflorum*: 꽃이 1개인]
영명: Korean Fairybell
이명: 대애기나리, 큰가지애기나리, 금윤판나물
서식지: 가의도, 백리포, 안면도, 천리포
주요특징: 짧은 땅속줄기는 옆으로 뻗으면서 자라고 원줄기는 가지가 크게 갈라진다. 어긋나는 잎은 긴타원모양이며 3~5개의 잎맥이 있고 잎자루가 없다. 꽃은 가지 끝에 1~3개가 밑을 향해 달리고 길이 2cm 정도이다. 장과는 지름 1cm 정도로 둥글다.
크기: ↕ ↔30~60cm
번식: 씨앗뿌리기, 포기나누기
▼ ④~⑥ 연한황색   ◀ ⑨~⑩ 흑색

큰애기나리

Disporum viridescens (Maxim.) Nakai

[*viridescens*: 연한 녹색의]
영명: Green Fairybell
이명: 중애기나리
서식지: 백리포, 안면도, 토끼섬
주요특징: 어긋나는 잎은 길이 6~12cm, 너비 2~5cm 정도의 긴타원모양이고 3~5개의 맥이 있다. 잎가장자리와 뒷면 위에는 작은 돌기가 있다. 꽃은 밑을 향해 달리고 꽃잎은 6개이다. 열매는 지름 7mm 정도로 둥글다.
크기: ↕ ↔30~70cm
번식: 씨앗뿌리기, 포기나누기
▼ ⑤~⑥ 흰색   ◀ ⑨~⑩ 흑색

큰애기나리 *Disporum viridescens* (Maxim.) Nakai

중의무릇속(*Gagea*)

전세계 209종류, 우리나라에 2종류, 비늘줄기는 달걀모양, 뿌리잎은 보통 1장, 선모양, 꽃은 줄기끝에 우산모양, 1~3장의 포엽이 있음, 꽃덮이는 6장, 노란색 또는 황록색

[*Gagea*: 영국의 식물학자 게이지(Thomas Gage, 1781~1820)에서 유래]

중의무릇

Gagea lutea (L.) Ker Gawl.

[*lutea*: 황색의]
영명: Oriental Yellow Gagea
이명: 중무릇, 조선중무릇, 애기물구지
서식지: 백화산, 안면도
주요특징: 땅 가까이에서 난 잎은 1개이고 다소 육질이며 약간 안쪽으로 말리고 꽃대를 감싼다. 꽃대는 3~10개의 꽃이 우산모양으로 달린다. 포는 2개이며 밑부분의 것은 길이 4~8cm이다. 꽃의 꽃덮이 결각은 6개이며 긴타원모양이고 뒷면에 녹색이 돈다. 삭과는 거의 둥글며 3개의 능선이 있다.
크기: ↕ ↔15~20cm
번식: 씨앗뿌리기
▼ ④~⑤ 황색
◀ ⑧~⑨

중의무릇 *Gagea lutea* (L.) Ker Gawl.

원추리속(*Hemerocallis*)

전세계 23종류, 우리나라에 8종류, 땅속줄기
는 짧고, 뿌리잎은 모여나기, 꽃줄기는 높이
나오고, 줄기끝에 소수의 꽃이 붙음, 꽃부리는
깔때기모양, 꽃부리통은 긺
[*Hemerocallis*: 그리스어 hemera(1일)와
callos(아름다움)의 합성어로 아름다운 꽃이 하
루만에 시든다는 뜻]

백운산원추리 초

Hemerocallis hakuunensis Nakai

[*hakuunensis*: 전라남도 백운산의]
서식지: 안면도
주요특징: 뿌리는 두툼하며 잎은 길이가 약
50~100cm정도 된다. 꽃은 꽃대 끝에 가지를 쳐
서 3~14개의 꽃이 핀다. 꽃향기는 없으며 숲가
장자리, 풀밭, 바닷가에서 자란다.
크기: ↕ ↔80~100cm
번식: 씨앗뿌리기, 포기나누기
🌺 ⑥~⑦ 등황색 🍂 ⑦~⑨

백운산원추리 *Hemerocallis hakuunensis* Nakai

태안원추리

Hemerocallis taeanensis S.S.Kang &
M.G.Chung

[*taeanensis*: 태안의]
영명: Taean Daylily
서식지: 안면도
주요특징: 잎은 길이 32~56cm, 폭 0.5~1.4cm
로 작고 부드러우며 표면은 편평하거나 줄이 있
고 연한청녹색이다. 꽃차례는 대개 끝이 두개
로 갈라지고 꽃은 보통 2~5개가 피고 길이가
3.0~5.5cm 정도 된다. 꽃자루는 길이 2~3cm,
폭 3mm로 대체로 포보다 길다. 포는 달걀모양이
고 가장자리는 막질이다.
크기: ↕ ↔30~65cm
번식: 씨앗뿌리기, 포기나누기
🌺 ⑥~⑧ 등황색, 황색
🍂 ⑦~⑨

태안원추리 *Hemerocallis taeanensis* S.S.Kang & M.G.Chung

백합속(*Lilium*)

전세계 138종류, 우리나라에 19종류, 비늘줄
기는 살찐 비늘 조각들이 붙음, 줄기는 곧게
섬, 잎은 선모양, 피침모양, 달걀모양, 어긋나
기 또는 돌려나기, 꽃은 큰크기, 깔때기 또는
종모양
[*Lilium*: 라틴 고명이며 켈트어의 li와 그리스
어의 leirion(백합은 모두 백색을 뜻함)]

털중나리

Lilium amabile Palib.

[*amabile*: 귀여운]
영명: Friendly Lily
이명: 털종나리
서식지: 태안전역
주요특징: 비늘줄기는 길이 3cm 정도의 달걀을
닮은 타원모양이고 줄기는 윗부분에서 가지가
갈라지며 전체에 회색을 띠는 잔털이 있다. 어긋
나는 잎은 피침모양으로 잎자루가 없다. 잎 가장
자리는 밋밋하고 둔한 녹색이며 양면에 잔털이
밀생한다. 1~5개의 꽃은 밑을 향해 피고 꽃잎은
주황색 바탕에 자주색 반점이 있다.
크기: ↕ ↔50~100cm
번식: 씨앗뿌리기, 알뿌리나누기
🌺 ⑥~⑧ 주황색
🍂 ⑨~⑩

털중나리 *Lilium amabile* Palib.

참나리

Lilium lancifolium Thunb.

[*lancifolium*: 잎이 가늘고 뾰족한]
영명: Tiger Lily
이명: 백합, 나리, 알나리
서식지: 태안전역
주요특징: 다닥다닥 어긋나게 달리는 잎은 길이 5~18cm, 너비 5~15mm 정도의 피침모양이며 짙은 갈색의 살눈이 잎겨드랑이에 달린다. 꽃은 약 4~20개 정도가 밑을 향해 달린다. 꽃잎은 길이 7~10cm 정도의 피침모양으로 황적색 바탕에 흑자색 반점이 많고 뒤로 말린다.
크기: ↕ ↔1~2m
번식: 씨앗뿌리기, 알뿌리나누기, 살눈심기
🌸 ⑦~⑧ 황적색
🍂 ⑨~⑩

땅나리 LC

Lilium callosum Siebold & Zucc.

[*callosum*: 경피가 있는, 혹이 있는, 자색 반점이 있는]
영명: Slim–Stem Lily
이명: 작은중나리, 애기중나리
서식지: 갈음이, 구름포, 백리포, 신두리, 안면도
주요특징: 다닥다닥 달리며 어긋나는 잎은 길이 3~15cm, 너비 3~6mm 정도의 가늘고 긴 모양으로 털이 없으며 가장자리가 밋밋하지만 때로는 반원모양의 돌기가 있다. 원줄기와 가지 끝에 1~8개의 꽃이 밑을 향해 달리고 꽃잎은 거꿀피침모양으로 반점이 없고 뒤로 완전히 말린다.
크기: ↕ 30~100cm
번식: 씨앗뿌리기, 알뿌리나누기
🌸 ⑦~⑧ 주황색
🍂 ⑨~⑩

하늘말나리

Lilium tsingtauense Gilg.

영명: Twilight lily
이명: 우산말나리
서식지: 닭섬, 백화산, 안면도
주요특징: 밑부분에는 크게 돌려나는 잎이 6~12개씩 달리고 윗부분에는 작게 어긋나는 잎이 달리며 위로 올라갈수록 작아진다. 꽃은 1~3개가 위를 향해 달리고 주황색 바탕에 자주색 반점이 있으며 약간 뒤로 굽는다. 삭과는 길이 22mm, 지름 20~25mm 정도의 거꿀달걀을 닮은 통모양으로 3개로 갈라진다.
크기: ↕ ↔80~100cm
번식: 씨앗뿌리기, 알뿌리나누기
🌸 ⑦~⑧ 황적색
🍂 ⑨~⑩

참나리 *Lilium lancifolium* Thunb.

땅나리 *Lilium callosum* Siebold & Zucc.

하늘말나리 *Lilium tsingtauense* Gilg.

맥문동속(*Liriope*)

동아시아에 6종류, 우리나라에 3종류, 수염뿌리는 통통한 것이 있음, 잎은 선모양, 모여나기, 꽃은 총상꽃차례, 줄기끝에 붙고, 꽃덮이는 6장, 열매는 둥글고 육질, 흑자색
[*Liriope* : 그리스신화의 분수의 요정에서 유래]

맥문동 🏆

Liriope platyphylla F.T.Wang & T.Tang

[*platyphylla* : 넓은 잎의]
영명: Big Blue Lilyturf
이명: 알꽃맥문동, 넓은잎맥문동
서식지: 태안전역
주요특징: 굵은 땅속줄기는 옆으로 뻗지 않고 수염뿌리의 끝에 '땅콩'과 같은 덩이뿌리가 생기며 꽃대는 길이 30~50cm 정도이다. 밑에서 모여나는 가늘고 긴 모양의 잎은 밑부분이 잎자루처럼 가늘어진다. 꽃은 6개의 꽃잎이 있다. 열매는 지름 7mm 정도의 둥근 장과이나 얇은 껍질이 벗겨지면서 까만 씨가 노출된다.
크기: ↕ ↔30~50cm
번식: 씨앗뿌리기, 포기나누기
🌼 ⑤~⑥ 연한 자주색
🍒 ⑨~⑩ 흑색

맥문동 *Liriope platyphylla* F.T.Wang & T.Tang

맥문아재비속(*Ophiopogon*)

아시아에 67종류, 우리나라에 3종류, 땅속줄기는 짧고 굵으며, 잎은 밑동에서 모여나고 선모양, 가죽질, 꽃은 총상꽃차례, 꽃은 작은크기, 연분홍색, 흰색, 종모양
[*Ophiopogon* : 그리스어 ophio(뱀)와 pogon (수염)의 합성어에서 유래]

소엽맥문동 *Ophiopogon japonicus* (L.f.) Ker Gawl.

소엽맥문동

Ophiopogon japonicus (L.f.) Ker Gawl.

[*japonicus* : 일본의]
영명: Dwarf Lilyturf
이명: 겨우사리맥문동, 좁은맥문동, 긴잎맥문동
서식지: 태안전역
주요특징: 꽃대는 길이 5~10cm 정도로 편평하며 예리한 능선이 있다. 밑부분에서 모여나는 잎은 길이 15~30cm, 너비 2~4mm 정도로 가늘고 긴 모양이며 끝이 둔하다. 약 10개 전후의 꽃이 모여 피며 열매는 둥글다.
크기: ↕ ↔7~12cm
번식: 씨앗뿌리기, 포기나누기
🌼 ⑤ 연한 자주색, 백색
🍒 ⑨~⑩ 청색

둥굴레속(*Polygonatum*)

북반구 온대지방에 75종류, 우리나라에 17종류, 땅속줄기는 통통하고, 뿌리잎은 보통 어긋나기, 드물게 돌려나기, 꽃덮이는 긴 종모양, 열매는 장과
[*Polygonatum* : 그리스어 polys(많은)와 gonu (무릎, 마디)의 합성이며 땅속줄기에 마디가 많은 모습에서 유래]

진황정

Polygonatum falcatum A. Gray

[*falcatum* : 낫 같은]
영명: Moniliform–Rhizome Solomon's Seal
이명: 대잎둥굴레
서식지: 태안전역
주요특징: 마디가 있는 굵은 뿌리줄기가 기어 자라다가 땅위줄기가 나오면 한쪽으로 굽어 성장한다. 잎은 긴타원모양으로 어긋나며 두 줄로 나란히 달리는데, 뒷면은 흰색이며 잎가장자리는 밋밋하다. 대롱처럼 길게 생긴 꽃은 잎겨드랑이에 3~5송이씩 무리지어 핀다. 열매는 아래로 처져 둥근 장과로 익는다.
크기: ↕ ↔50~80cm
번식: 씨앗뿌리기, 포기나누기
🌼 ⑤ 백색, 연한 녹색 🍒 ⑨~⑩ 흑색

진황정 *Polygonatum falcatum* A. Gray

각시둥굴레

Polygonatum humile Fisch. ex Maxim.

[*humile*: 키가 작은]
영명: Dwarf Solomon's Seal
이명: 둥굴레아재비, 애기둥굴레, 한라각시둥굴레
서식지: 가의도, 안면도, 천리포, 곰섬
주요특징: 줄기는 곧게서며 겉에 능선이 있다. 잎은 어긋나며, 2줄로 배열된다. 잎몸은 긴타원모양으로 잎가장자리와 뒷면 맥 위에 돌기 같은 털이 난다. 꽃은 잎겨드랑이에 난 꽃자루에 1개씩 아래를 향해 달리고, 꽃부리는 종모양으로 끝이 6갈래로 갈라진다. 열매는 둥근 장과이다.
크기: ↕ 15~30cm
번식: 씨앗뿌리기, 포기나누기
▼ ⑤~⑥ 백색, 연한 녹색　✂ ⑨~⑩ 흑색

각시둥굴레 *Polygonatum humile* Fisch. ex Maxim.

퉁둥굴레

Polygonatum inflatum Kom.

[*inflatum*: 주머니 같은, 부풀은]
영명: Inflated Solomon's Seal
이명: 통둥굴레, 퉁퉁둥굴레
서식지: 안면도
주요특징: 땅속줄기는 굵고 옆으로 뻗으며 원줄기는 옆으로 비스듬히 서고 윗부분에 능각이 있다. 어긋나는 잎은 2줄로 배열되고 긴타원모양으로 표면은 녹색, 뒷면은 분백색이다. 잎겨드랑이에서 밑으로 처진 꽃자루에 3~7개씩 달리는 꽃은 통형이고 포의 길이가 꽃보다 짧다.
크기: ↕ 30~80cm
번식: 씨앗뿌리기, 포기나누기
▼ ⑤~⑥ 백색, 연한 녹색　✂ ⑨~⑩ 흑색

퉁둥굴레 *Polygonatum inflatum* Kom.

늦둥굴레 　특

Polygonatum infundiflorum Y.S.Kim, B.U.Oh & C.G.Jang

영명: Late-Blooming Solomon's Seal
서식지: 안면도, 병술만
주요특징: 줄기는 곧게서다가 끝부분이 아래로 늘어지고 잎은 10~15개로 어긋나며 타원모양이다. 가장자리가 밋밋하고 양면에 털이 없으며 잎자루는 없다. 꽃의 꽃대는 길이 1~4cm이며 2~4개의 작은꽃대가 나온다. 수술은 6개, 수술대는 통모양이고 돌기가 밀생하며 상부는 털이 점차 자라난다.
크기: ↕ ↔ 30~60cm
번식: 씨앗뿌리기, 포기나누기
▼ ⑤ 백색, 연한 녹색
✂ ⑨~⑩ 흑색

늦둥굴레 *Polygonatum infundiflorum* Y.S.Kim, B.U.Oh & C.G.Jang

둥굴레

Polygonatum odoratum (Mill.) var. *pluriflorum* (Miquel) Ohwi

[*odoratum*: 향기가 있는, *pluriflorum*: 많은 꽃이 있는]
영명: Lesser Solomon's Seal
이명: 맥도둥굴레, 애기둥굴레, 좀둥굴레
서식지: 태안전역
주요특징: 줄기의 중간 부분 이상은 능선이 있어 각이 진다. 어긋나는 잎은 한쪽으로 치우쳐서 퍼지며 길이 5~10cm, 너비 2~5cm 정도의 긴타원모양이다. 꽃은 1~2개씩 잎겨드랑이에 달리며 밑부분은 백색, 윗부분은 녹색이고 작은꽃대는 밑부분이 합쳐저서 꽃대가 된다. 장과는 둥글다.
크기: ↕ ↔ 30~60cm
번식: 씨앗뿌리기, 포기나누기
▼ ⑥~⑦ 백색, 연한 녹색
✂ ⑨~⑩ 흑색

용둥굴레

Polygonatum involucratum (Franch. & Sav.) Maxim.

[*involucratum*: 총포의]
영명: Wide-Bract Solomon's Seal
서식지: 태안전역
주요특징: 어긋나는 잎은 2줄로 배열되며 달걀모양 또는 달걀을 닮은 타원모양으로 짧은 잎자루가 있고 가장자리가 밋밋하며 표면은 녹색, 뒷면은 분백색이다. 잎겨드랑이에서 나오는 꽃은 작은 꽃 2개가 아래를 향해 모여 달리는데 2장의 넓은 포가 둘러싸고 있으며, 포의 길이는 꽃보다 길다. 장과는 둥글다.
크기: ↕ ↔ 20~60cm
번식: 씨앗뿌리기, 포기나누기
▼ ⑤~⑥ 백색, 연한 녹색　✂ ⑨~⑩ 흑색

용둥굴레 *Polygonatum involucratum* (Franch. & Sav.) Maxim.

둥굴레 *Polygonatum odoratum* (Mill.) var. *pluriflorum* (Miquel) Ohwi

산둥굴레

Polygonatum thunbergii Morr. & Decne.

[*thunbergii*: 스웨덴 식물학자 툰베리(C. P. Thunberg)의]
영명: Thunberg's Solomon's Seal
이명: 산퉁둥굴레
서식지: 안면도
주요특징: 줄기는 능각이 없고 윗부분에서는 활 모양으로 약간 처진다. 잎은 어긋나며 좁은 타원 모양으로 표면은 녹색이고, 잎맥과 잎가장자리에 돌기가 있다. 꽃은 잎겨드랑이에서 난 1~4개의 꽃자루에 각각 달린다. 작은 꽃은 통모양이고 길이는 2~2.6cm이다. 수술대는 송곳모양이며 털이 없고, 열매는 장과이다.
크기: ↕ ↔30~60cm
번식: 씨앗뿌리기, 포기나누기
🔽 ⑥~⑧ 백색, 연한 녹색
◀ ⑨~⑩ 흑색

산둥굴레 *Polygonatum thunbergii* Morr. & Decne.

무릇속(*Scilla*)

전세계 86종류, 우리나라에 2종류, 비늘줄기가 있는 여러해살이풀. 뿌리잎은 선모양, 모여나기, 꽃줄기는 외대, 잎이 붙지 않고, 꽃은 작으며 총상꽃차례
[*Scilla*: 그리스어 skilla 해총(*Drimia maritima*)에서 유래, 또는 현재의 *Urginea scilla*란 식물명의 전용]

무릇

Scilla scilloides (Lindl.) Druce

[*scilloides*: 무릇속(*Scilla*)의 식물을 닮은]
영명: East Asian Squill
이명: 물구, 물굿, 물구지
서식지: 태안전역
주요특징: 비늘줄기는 길이 2~3cm 정도로서 달걀을 닮은 둥근모양이며 바깥껍질은 흑갈색이

고 꽃대는 높이 25~50cm 정도이다. 가늘고 긴 모양의 잎은 약간 두꺼우며 털이 없고 윤기가 있다. 총상꽃차례에 달리는 꽃은 아래에서부터 무한형으로 피고 6개의 꽃잎은 거꿀피침모양이다. 삭과는 거꿀달걀을 닮은 둥근모양이고, 씨는 넓은 피침모양이다.
크기: ↕ ↔20~40cm
번식: 씨앗뿌리기, 알뿌리나누기
🔽 ⑧~⑨ 연한 적자색
◀ ⑨~⑩

무릇 *Scilla scilloides* (Lindl.) Druce

풀솜대속(*Smilacina*)

전세계 20종류, 우리나라에 7종류, 땅속줄기는 기고, 줄기는 곧게 섬, 잎은 어긋나기, 편평하고, 몇 개의 세로맥이 있음, 꽃차례는 총상 또는 원뿔모양꽃차례, 꽃덮이 6장, 열매는 장과로 구형
[*Smilacina*: *Smilax*(청미래덩굴속)의 축소형으로 잎모양이 비슷함]

풀솜대

Smilacina japonica A.Gary

[*japonica*: 일본의]
영명: Snowy False Lily Of The Valley
이명: 솜대, 지장보살, 품솜대
서식지: 태안전역
주요특징: 옆으로 뻗는 땅속줄기는 지름 4~8mm 정도이고 비스듬히 자라는 줄기는 위로 갈수록 털이 많아진다. 어긋나는 잎은 5~7개가 2줄로 배열되고 긴타원모양이다. 밑부분의 잎은 잎자루가 있으나 올라갈수록 없어지며 양면에 털이 있는데 특히 뒷면에 더 많다. 복총상꽃차례로 피는 양성꽃의 꽃잎은 긴타원모양이다.
크기: ↕ ↔20~50cm
번식: 씨앗뿌리기, 포기나누기
🌸 ⑤~⑦ 백색
🍂 ⑨~⑩ 적색

청미래덩굴속(*Smilax*)

전세계 257종류, 우리나라에 6종류, 덩굴 또는 곧게서는 작은키나무 또는 풀, 잎은 어긋나기, 꽃은 잎겨드랑이 또는 줄기끝에 우산모양, 황록색, 암수딴그루, 열매는 둥근모양
[*Smilax*: 상록가시나무의 그리스 옛 이름에서 전용 또는 그리스어 smilax(덩굴식물)에서 유래]

청미래덩굴

Smilax china L.

[*china*: 중국의]
영명: East Asian Greenbrier
이명: 망개나무, 명감나무, 매발톱가시
서식지: 태안전역
주요특징: 굵은 뿌리가 옆으로 뻗고, 줄기는 갈고리 같은 가시가 있다. 어긋나는 잎은 넓은타원모양으로 가장자리가 밋밋하며 땅 가까이에서 5~7맥이 나오고 다시 그물맥으로 되며 윤기가 있다. 턱잎은 덩굴손으로 된다. 우산모양꽃차례에 5~15개의 꽃이 피며, 열매는 둥글다.
크기: ↕ ↔3~5m
번식: 씨앗뿌리기, 포기나누기
🌸 ④~⑤ 황록색
🍂 ⑨~⑩ 적색

풀솜대 *Smilacina japonica* A.Gary

청미래덩굴 *Smilax china* L.

선밀나물

Smilax nipponica Miq.

[*nipponica*: 일본산의]
영명: White Back Greenbrier
이명: 새밀
서식지: 태안전역
주요특징: 어긋나게 붙는 잎은 달걀모양으로 표면은 녹색이고 뒷면은 연한 분백색이며 소돌기가 있고 가장자리가 밋밋하다. 잎자루는 길이 1~4cm 정도로서 턱잎이 변한 1쌍의 덩굴손이 달려 있다. 우산모양꽃차례에 양성꽃이 여러개 달린다. 열매는 흰가루로 덮여 있으며 둥글다.
크기: ↕ ↔80~100cm
번식: 씨앗뿌리기
▼ ⑤~⑥ 황록색
◀ ⑨~⑩ 흑색

밀나물

Smilax riparia var. *ussuriensis* Hara et T. Koyama

[*riparia*: 해안에서 자라는, *ussuriensis*: 시베리아 우수리 지방의]
영명: Riparian Greenbrier
서식지: 태안전역
주요특징: 줄기는 길게 뻗고 가지를 많이 치며 가시는 없다. 잎은 어긋나고 짧은 잎자루 밑부분에 덩굴손이 있다. 잎몸은 긴타원모양 또는 달걀모양으로 뒷면에 잎맥이 5~7개 있다. 암수딴그루로 꽃은 15~30개가 잎겨드랑이에서 나온 우산모양꽃차례에 달린다. 열매는 둥근 장과이다.
크기: ↕ ↔2~3m   **번식**: 씨앗뿌리기
▼ ⑤~⑦ 황록색   ◀ ⑨~⑩ 흑색

밀나물 *Smilax riparia* var. *ussuriensis* Hara et T. Koyama

청가시덩굴

Smilax sieboldii Miq.

[*sieboldii*: 식물 연구가 지볼트(Philipp Franz Balthasar von Siebold, 1796~1866)의]
영명: Siebold's Greenbrier
이명: 청가시나무, 청가시덤불, 청밀개덤불
서식지: 태안전역
주요특징: 줄기는 능선과 곧은 가시가 있으며 가지는 녹색으로 흑색 반점이 있고 털이 없다. 어긋나게 붙는 잎은 달걀모양으로 가장자리가 물결모양이며 표면은 녹색, 뒷면은 연한 녹색으로 약간 윤기가 있다. 턱잎이 변한 1쌍의 덩굴손이 있다. 잎겨드랑이에서 나오는 우산모양꽃차례에 달리는 꽃은 넓은 종모양이다.
크기: ↕ ↔3~5m
번식: 씨앗뿌리기, 포기나누기
▼ ⑤~⑥ 황록색
◀ ⑨~⑩ 흑색

선밀나물 *Smilax nipponica* Miq.

청가시덩굴 *Smilax sieboldii* Miq.

민청가시덩굴

Smilax sieboldii f. *inermis* Hara

[*sieboldii*: 식물 연구가 지볼트(Philipp Franz Balthasar Von Siebold, 1796~1866)의, *inermis*: 가시가 없는, 무장을 하지 않은]
이명: 민둥청가시, 민둥청가시나무
서식지: 안면도
주요특징: 줄기는 녹색으로 능선이 있으며 흑색 반점이 있고 털, 가시가 없다. 잎은 어긋나기하며 가장자리가 물결모양이고 약간 윤기가 있다. 밑부분에서 나온 5~7맥이 다시 그물맥으로 된다. 턱잎이 변한 1쌍의 덩굴손이 있다. 꽃은 넓은 종모양이며, 우산모양꽃차례는 잎겨드랑이에 달린다.
크기: ↕ ↔3~5m
번식: 씨앗뿌리기, 포기나누기
▼ ⑥ 황록색
◀ ⑨~⑩ 흑색

민청가시덩굴 *Smilax sieboldii* f. *inermis* Hara

뻐꾹나리속(Tricyrtis)

동아시아 및 인도에 25종류, 우리나라에 1종, 땅속줄기가 짧고, 줄기는 곧게서며, 위에서 가지가 갈라짐, 잎은 어긋나기, 긴타원모양 또는 달걀모양, 밑부분은 줄기를 둘러쌈
[Tricyrtis: 그리스어 treis(3)와 cyrtos(굽다)의 합성어로 3개의 외화피 기부가 굽은 모양에서 유래]

뻐꾹나리 LC

Tricyrtis macropoda Miq.

[*macropoda*: 굵은 대의]
영명: Toad Lily
서식지: 백리포, 안면도
주요특징: 잎은 넓은달걀모양으로 어긋나며 잎 가장자리는 밋밋하다. 줄기는 곧게서고 비스듬하게 아래쪽을 향한 털들이 있다. 꽃은 줄기 끝에 몇 송이씩 무리져 피고 자색 점들이 있는 6장의 꽃덮이조각으로 되어 있다. 암술머리가 3갈래로 나누어진 다음 다시 2갈래로 나누어지는 독특한 특징을 지닌다.
크기: ↕ ↔50～100cm
번식: 씨앗뿌리기, 포기나누기, 꺾꽂이
▼ ⑦ 연한 분홍색
◀ ⑨～⑩

뻐꾹나리 *Tricyrtis macropoda* Miq.

산자고속(Tulipa)

전세계 120종류, 우리나라에 1종, 비늘줄기가 있는 여러해살이풀, 잎은 타원 또는 선모양, 밑동에서 나오고, 꽃줄기는 1개, 위에 1송이씩 붙음, 꽃덮이는 종모양, 6장
[Tulipa: 이슬람교도 남자가 머리에 감는 두건(터번)에서 유래]

산자고

Tulipa edulis (Miquel) Baker

[*edulis*: 식용의]
영명: Edible Tulip
이명: 물구, 물굿, 까치무릇
서식지: 안면도, 바람아래 해수욕장
주요특징: 비늘줄기는 길이 3～4cm 정도의 달걀을 닮은 둥근모양이다. 가늘고 긴 뿌리잎은 백록색을 띠며 털이 없다. 포는 2～3개이고 작은 꽃대는 길이 2～4cm 정도이다. 6개의 꽃잎은 길이 20～24mm 정도의 피침모양으로 백색 바탕에 자주색 맥이 있다. 삭과는 길이와 지름이 각각 1.2cm 정도로 거의 둥글고 세모가 진다.
크기: ↕ ↔15～30cm
번식: 씨앗뿌리기, 알뿌리나누기
▼ ④～⑤ 연한 분홍색
◀ ⑥～⑦ 녹색

여로속(Veratrum)

북반구 온대지방에 31종류, 우리나라에 12종류, 땅속줄기가 짧고 통통한 여러해살이풀, 꽃은 잡성, 원뿔모양꽃차례, 꽃덮이는 6장이 떨어지지 않고 열매는 삭과
[Veratrum: 라틴어 verator(예언자)에서 유래]

흰여로

Veratrum versicolor Nakai

[*versicolor*: 무늬가 있는, 변색의]
영명: White False-Hellebore
이명: 백여로, 파란여로
서식지: 구름포, 백리포, 천리포, 만리포, 송현리
주요특징: 줄기 아래에 달리는 잎은 어긋나며 긴타원모양이고 끝은 뽀족하다. 줄기 윗부분에 달리는 잎은 실모양이다. 꽃은 줄기 끝의 원뿔모양꽃차례에 달리고, 꽃차례 길이는 15～25cm이다. 포는 피침모양이며 2개씩 꽃이 달린다.
크기: ↕ ↔1～1.2m
번식: 씨앗뿌리기
▼ ⑦～⑧ 황백색, 황록색
◀ ⑨～⑩ 황갈색

흰여로 *Veratrum versicolor* Nakai

수선화과(Amaryllidaceae)

전세계 80속 2,375종류, 비늘줄기가 있는 풀, 드물게 땅속줄기

상사화속(Lycoris)

아시아에 24종류, 우리나라에 6종류, 비늘줄기가 있고, 잎은 밑동에서 나고, 편평, 띠모양, 보통 꽃이 필 때에는 잎을 볼 수가 없음, 꽃줄기는 속이 차고, 꽃은 깔때기모양
[Lycoris: 그리스신화 중의 바다의 여신 Lycoris에서 유래된 것으로 꽃이 아름답다는 뜻]

붉노랑상사화   특

Lycoris flavescens M.Kim & S.T.Lee

[*flavescens*: 누른빛이 도는]
영명: Reddish-Yellow Surprise Lily
이명: 개상사화, 흰상사화
서식지: 가의도, 안면도
주요특징: 잎은 부채꼴모양으로 나며 끝은 둔하고 가장자리는 밋밋하다. 뿌리는 흑갈색을 띠는 달걀모양으로 지름이 약 4cm정도이다. 꽃은 꽃대 끝에서 10여 개의 꽃이 바퀴모양으로 나와서 끝마디에 하나씩 달려 옆을 향해 핀다. 꽃덮개는 길이가 4～5.5cm이고 꽃덮개의 찢어진 잎은 6개이며 중앙 부분이 뒤로 젖혀진다.
크기: ↕ ↔40～50cm
번식: 알뿌리나누기
▼ ⑨～⑩ 황백색
◀ ⑩～⑪ 황갈색

붉노랑상사화 *Lycoris flavescens* M.Kim & S.T.Lee

산자고 *Tulipa edulis* (Miquel) Baker

마과(Dioscoreaceae)
전세계 6속 666종류, 덩굴성 풀

마속(*Dioscorea*)
전세계 626종류, 우리나라에 8종류, 땅속줄기
가 감자, 원반 또는 원통모양, 줄기는 덩굴성,
꽃은 단성꽃, 암수딴그루 또는 암수한그루에
꽃만 달리 붙음
[*Dioscorea*: 1세기 그리스의 자연과학자 디오
스코리데스(Pedanius Dioscorides)에서 유래]

마

Dioscorea batatas Decne.

[*batatas*: 고구마의 남미 지방명]
영명: Chinese Yam
이명: 참마, 당마
서식지: 태안전역
주요특징: 잎은 삼각형을 닮은 달걀모양으로
마주나거나 돌려나게 붙으며 잎자루는 길다. 잎
자루와 잎맥은 자줏빛이 돌고 잎겨드랑이에 살
눈이 생긴다. 꽃은 단성꽃으로 잎겨드랑이에서
2～3개씩 나오는 수상꽃차례에 달리며 수꽃차례
는 곧게서고 암꽃차례는 밑으로 처진다. 땅에 가
까운쪽의 잎은 귀모양이며 가장자리가 잘록하다.
크기: ↕ ↔1～3m
번식: 씨앗뿌리기, 살눈심기
🌺 ⑦～⑧ 백색, 연한 주황색
🍂 ⑨～⑩ 갈색

부채마

Dioscorea nipponica Makino

[*nipponica*: 일본산의]
영명: Fan-Leaf Mountain Yam
이명: 단풍잎마, 박추마, 털단풍잎마
서식지: 태안전역
주요특징: 잎은 어긋나며 넓은달걀 또는 심장모
양으로 끝은 길게 뾰족하고 밑은 심장모양이다.
잎은 손모양으로 갈라지나 드물게 갈라지지 않
는 것도 있다. 잎자루는 길며 꽃은 암수딴포기로
핀다. 수꽃차례는 곧게서며 때로는 가지를 치고,
암꽃차례는 밑으로 처진다. 열매는 넓은타원모양
의 삭과로 3개의 날개가 있다.
크기: ↕ ↔1～3m
번식: 씨앗뿌리기
🌺 ⑦～⑧ 연한 황록색
🍂 ⑨～⑩ 갈색

마 *Dioscorea batatas* Decne.

부채마 *Dioscorea nipponica* Makino

단풍마

Dioscorea quinqueloba Thunb.

[*quinqueloba*: 다섯 개로 갈라진]
영명: Maple-Leaf Mountain Yam
이명: 국화마
서식지: 태안전역
주요특징: 전체에 털이 있고, 잎은 어긋나며
5～9갈래로 가운데까지 갈라지고 밑이 심장모양
이다. 잎자루는 길고 아래쪽에 돌기가 1쌍 있다.
꽃은 암수딴포기로 피며 잎겨드랑이에서 나온
이삭꽃차례에 달린다. 열매는 거꿀달걀모양의 삭
과로 날개가 3개 있다.
크기: ↕ ↔1～3m
번식: 씨앗뿌리기
🌺 ⑦～⑧ 연한 황록색
🍂 ⑨～⑩ 갈색

단풍마 *Dioscorea quinqueloba* Thunb.

국화마 *Dioscorea septemloba* Thunb.

국화마

Dioscorea septemloba Thunb.

[*septemloba*: 잎이 톱니처럼 7개로 얕게 갈라진]

영명: Chrysanthemum–Leaf Mountain Yam
이명: 산약, 단풍마
서식지: 백리포, 안면도
주요특징: 줄기는 길게 자라고 가지는 적자색이다. 잎은 어긋나며 손바닥모양으로 갈라지는데 양면에 털이 없다. 잎자루는 길며 아래쪽에는 가시모양의 돌기가 없다. 꽃은 잎겨드랑이에서 나온 이삭꽃차례에 달린다. 수꽃차례는 가지를 치며 곧게서고, 암꽃차례는 가지를 치지 않으며 밑으로 처진다.
크기: ↕ ↔1~3m
번식: 씨앗뿌리기
🌼 ⑥~⑧ 연한 황록색
🍂 ⑨~⑩ 갈색

붓꽃과(Iridaceae)

전세계 80속 2,456종류, 땅속줄기 또는 알뿌리를 가진 여러해살이풀

붓꽃속(*Iris*)

전세계 389종류, 우리나라에 21종류, 땅속줄기는 통통하거나 둥글며, 잎은 창모양, 2줄로 붙음, 꽃은 대개 크고 화려하며, 바깥쪽 꽃덮이 3장, 안쪽 꽃덮이 3장, 열매는 삭과로 세모짐
[*Iris*: 그리스어로 '무지개'란 뜻에서 유래]

대청부채 멸 2급

Iris dichotoma Pall.

[*dichotoma*: 포크모양으로 분할된]

영명: Vesper Iris
이명: 얼이범부채, 참부채붓꽃, 대청붓꽃
서식지: 옹도
주요특징: 잎은 납작한 칼모양으로 길이 20~30cm, 폭 2~2.5cm이며 줄기 아래쪽에 6~8장이 2줄로 나서 부챗살처럼 된다. 꽃은 가지 끝에서 나온 취산꽃차례에 핀다. 수술은 3개이고, 암술대는 3갈래로 깊게 갈라진다. 열매는 삭과로 타원모양이다.
크기: ↕ ↔50~90cm
번식: 씨앗뿌리기, 포기나누기
🌼 ⑦~⑧ 보라색
🍂 ⑨~⑩

대청부채 *Iris dichotoma* Pall.

꽃창포 특

Iris ensata var. *spontanea* (Makino) Nakai

[*ensata*: 일형의, *spontanea*: 야생의, 자생의]

영명: Beautiful–Flower Water Iris
이명: 꽃장포, 들꽃장포, 들꽃창포
서식지: 안면도
주요특징: 꽃대의 높이는 60~100cm 정도에 달하고 털이 없으며 가지가 갈라진다. 가늘고 긴 모양의 잎은 주맥이 뚜렷하다. 꽃에는 밑부분에 녹색인 잎집모양의 포가 2개 있고, 타원모양 꽃잎의 중앙에는 황색의 뾰족한 무늬가 있다. 삭과는 뒤쪽에서 터지고 씨는 편평하고 적갈색이다.
크기: ↕ ↔60~100cm
번식: 씨앗뿌리기, 포기나누기
🌼 ⑥~⑦ 적자색
🍂 ⑧~⑨ 갈색

꽃창포 *Iris ensata* var. *spontanea* (Makino) Nakai

타래붓꽃

Iris lactea var. *chinensis* (Fisch.) Koidz.

[*lactea*: 우유 같은, *chinensis*: 중국의]
영명: Winding–Leaf Iris
서식지: 안면도, 파도리
주요특징: 땅속줄기에서 모여나는 꽃대는 높이 30~60cm 정도이다. 가늘고 긴 모양의 잎은 녹색이지만 밑부분은 연한 자줏빛이 돈다. 잎 전체가 약간 비틀려서 꼬인다. 꽃은 잎보다 짧은 꽃대에 달리는데 향기가 있으며 3개의 꽃잎은 밖으로 퍼진다. 삭과는 통모양으로 끝이 부리처럼 뾰족하다.
크기: ↕ ↔30~60cm
번식: 씨앗뿌리기, 포기나누기
▼ ④~⑤ 연한 청색
✄ ⑦~⑧

노랑꽃창포 *Iris pseudacorus* L.

붓꽃 *Iris sanguinea* Donn ex Horn

금붓꽃

Iris minutiaurea Makino

[*minutiaurea*: 미세한 황금색의]
영명: Grassy–Leaf Yellow Iris
이명: 누른붓꽃, 애기노랑붓꽃
서식지: 구름포, 백리포
주요특징: 땅속줄기가 옆으로 뻗으면서 새순이 나오며 새순이 나온 자리에는 수염뿌리가 생긴다. 잎은 뿌리에서 모여 나오고 줄기 밑은 오래되어 말라붙은 잎으로 둘러 싸인다. 위에 달리는 잎은 위로 곧게선다. 꽃은 지름이 약 2cm이며 줄기 끝에 한송이만 달린다.
크기: ↕ ↔5~10cm
번식: 씨앗뿌리기, 포기나누기
▼ ⑤ 황색
✄ ⑦~⑧

붓꽃 🏆 교

Iris sanguinea Donn ex Horn

[*sanguinea*: 핏빛 같은 빨간색의]
영명: Blood Iris
서식지: 백리포, 천리포
주요특징: 옆으로 뻗는 땅속줄기에서 모여 나오는 꽃대는 높이가 40~70cm 정도이다. 곧게서는 가늘고 긴 모양의 잎은 밑부분이 잎집 같으며 붉은빛이 돌기도 한다. 꽃대 끝에 2~3개씩 달리는 꽃은 잎 같은 포가 있다. 삭과는 대가 있으며 3개의 능선이 있는 방추형이다. 갈색의 씨는 삭과 끝에서 터지면서 나온다.
크기: ↕ ↔40~70cm
번식: 씨앗뿌리기, 포기나누기
▼ ⑤~⑥ 자주색
✄ ⑦~⑧

각시붓꽃

Iris rossii Baker

[*rossii*: 채집가 로스(Ross)의]
영명: Long–Tail Iris
이명: 애기붓꽃
서식지: 태안전역
주요특징: 땅속줄기와 수염뿌리가 발달한다. 잎은 칼모양으로 길이는 30cm, 폭은 2~5cm이며, 뒷면은 분백색이다. 꽃은 지름 3.5~4cm 정도이고 꽃줄기끝에 한송이씩 달린다. 포는 4~5장이며 가늘고 긴 모양이다. 열매는 삭과로 긴달걀모양이다.
크기: ↕ ↔10~20cm
번식: 씨앗뿌리기, 포기나누기
▼ ④~⑤ 자주색
✄ ⑥~⑦

노랑꽃창포

Iris pseudacorus L.

[*pseudacorus*: 창포(*Acorus calamus* var. *angustatus*)와 비슷한]
영명: Yellow Iris, Yellow Flag, Water Flag
서식지: 안면도
주요특징: 뿌리줄기는 짧고 수염뿌리는 황갈색이다. 잎은 가늘고 긴 모양이고 끝은 점점 좁아지며 가장자리는 밋밋하고 가운데맥이 뚜렷하다. 꽃은 줄기 끝에서 총상꽃차례를 이룬다. 암술머리는 갈라지고 결각에는 톱니가 있다. 열매는 삭과이며 삼각상 타원모양이고 갈색의 씨가 들어 있다.
크기: ↕ ↔10~20cm
번식: 씨앗뿌리기, 포기나누기
▼ ④~⑤ 황색
✄ ⑦~⑧

각시붓꽃 *Iris rossii* Baker

흰각시붓꽃 *Iris rossii* f. *alba* Y. N. Lee

타래붓꽃 *Iris lactea* var. *chinensis* (Fisch.) Koidz.

금붓꽃 *Iris minutiaurea* Makino

등심붓꽃속(*Sisyrinchium*)

아메리카에 210종류, 우리나라에 자생 1종류, 귀화 1종, 땅속줄기는 짧고 잎은 선모양, 꽃줄기는 납작, 꽃은 방사모양, 푸르거나 노란색, 2개의 포위에 2~5송이의 꽃이 우산모양으로 핌 [*Sisyrinchium*: 향기가 좋은 수초의 그리스 이름에서 유래]

등심붓꽃

Sisyrinchium angustifolium Mill.

[*angustifolium*: 좁은 잎]
이명: 골붓꽃
서식지: 천리포
주요특징: 줄기는 곧게서며 납작하고 아래쪽에 좁은 날개가 2개 있다. 잎은 줄기 아래쪽에 여러 장이 어긋나며 납작하고 긴 모양으로 끝이 뾰족하다. 꽃은 줄기 끝에 3~6개가 우산모양꽃차례를 이룬다. 꽃덮이는 종모양이며 깊게 6갈래로 갈라진다. 열매는 삭과이며 둥글고 밑을 향한다.
크기: ↕ ↔10~20cm
번식: 씨앗뿌리기, 포기나누기
🌼 ④~⑥ 자주색
🍂 ⑦~⑧

등심붓꽃 *Sisyrinchium angustifolium* Mill.

생강과(Zingiberaceae)

전세계 52속 1,611종류, 뿌리줄기가 굵은 여러해살이풀

생강속(*Zingiber*)

전세계 146종류, 우리나라에 1종 퍼져 자람. 땅속줄기는 굵고 향기가 있음, 꽃줄기에 비늘잎이 있고, 꽃은 이삭모양, 포는 불염포모양, 꽃받침은 통모양, 끝이 3갈래
[*Zingiber*: 산스크리트어의 sringavera(각형)에서 유래된 것으로 땅속줄기의 형태에서 연상]

양하

Zingiber mioga (thunb.) Rosc.

[*mioga*: 일본명 '묘가']
영명: Mioga Ginger
이명: 양애, 양해깐
서식지: 안면도
주요특징: 밑부분의 잎집이 서로 감싸면서 원줄기처럼 자라서 높이가 40~100cm 정도에 이른다. 긴타원모양의 잎몸은 길이 15~30cm, 너비 3~6cm 정도로 밑부분이 좁아져서 잎자루처럼 된다. 땅속줄기의 끝에 비늘잎으로 싸인 꽃대는 길이 5~15cm 정도이다.
크기: ↕ ↔40~100cm
번식: 씨앗뿌리기, 포기나누기
🌼 ⑧~⑩ 황색, 분홍색
🍂 ⑨~⑪

양하 *Zingiber mioga* (thunb.) Rosc.

난초과(Orchidaceae)
전세계 899속 28,349종류, 땅 또는 바위나 나무에 붙어서 자라는 여러해살이풀

병아리난초속(*Amitostigma*)
동아시아에 29종류, 우리나라에 1종, 알뿌리, 줄기는 가늘며, 잎은 1~4장, 꽃의 포는 녹색, 피침모양, 꽃받침은 꽃잎과 같은 모양, 입술꽃잎은 크고 3갈래, 암술머리는 2갈래
[*Amitostigma*: 그리스어 a(부정)와 *Mitostigma* (속명)의 합성어이며 *Mitostigma*속이 아니라는 뜻]

병아리난초
Amitostigma gracilis (Bl.) Schlecht.
[*gracilis*: 길면서 곧고 얇은]
영명: Delicate Amitostigma
이명: 바위난초, 병아리란
서식지: 태안전역
주요특징: 1~2개의 굵고 긴 뿌리가 있다. 잎은 줄기에 1장 달리며 긴타원모양이다. 꽃은 총상꽃차례를 이루어 줄기 끝에서 한쪽으로 모여 피며, 지름은 3mm 정도이다. 입술꽃잎은 3갈래로 나뉘고 거의 길이는 1.5mm 정도이다. 주로 숲속의 그늘진 바위 틈에서 자란다.
크기: ↕ ↔8~20cm
번식: 씨앗뿌리기, 포기나누기
🌸 ⑥~⑦ 홍자색
🍂 ⑧~⑨

병아리난초 *Amitostigma gracilis* (Bl.) Schlecht.

새우난초속(*Calanthe*)
전세계 222종류, 우리나라에 8종류, 땅속줄기가 기고, 염주모양, 수염뿌리가 많음, 잎은 크고, 주름져 있음, 꽃차례는 단순, 꽃받침은 서로 같은 모양, 입술꽃잎의 끝은 3갈래
[*Calanthe*: 그리스어 calos(아름답다)와 anthos(꽃)의 합성어이며 꽃이 아름답다는 뜻]

새우난초   🔖 LC
Calanthe discolor Lindl.
[*discolor*: 2가지 색의]
영명: Common Calanthe
이명: 새우란
서식지: 안면도
주요특징: 뿌리줄기는 마디가 잘록하며 옆으로 뻗는다. 잎은 길이 약 20cm, 너비 약 4~6cm이며 잎가장자리는 잘게 주름져 있다. 꽃은 잎 사이에서 나온 꽃줄기 위에 무리지어 핀다. 뿌리줄기가 새우등처럼 생겨 '새우난'이라는 이름이 붙었다.
크기: ↕ ↔30~50cm
번식: 씨앗뿌리기, 포기나누기
🌸 ④~⑤ 연한 분홍색
🍂 ⑦~⑧

새우난초 *Calanthe discolor* Lindl.

금새우난초 VU

Calanthe sieboldii Decne. ex Regel

[*sieboldii*: 식물 연구가 지볼트(Philipp Franz Balthasar von Siebold, 1796~1866)의]
영명: Island Golden Calanthe
서식지: 안면도
주요특징: 잎은 밑부분에서 2~3개가 나와 밑부분이 잎집으로 싸여 섰다가 벌어지며 주름이 많고 넓은타원모양이다. 꽃의 꽃대는 잎이 완전히 자라기 전에 잎속에서 자라며 1~2개의 포가 있다. 포는 피침모양이고 건막질이며 끝이 뾰족하다. 꽃뿔은 길이 5~7mm로서 꽃잎보다 짧다.
크기: ↕ ↔30~50cm
번식: 씨앗뿌리기, 포기나누기
④~⑤ 황색 ⑦~⑧

금새우난초 *Calanthe sieboldii* Decne. ex Regel

은대난초속(*Cephalanthera*)

북반구의 온대지방에 26종류, 우리나라에 5종류, 땅속줄기가 짧고, 잎은 줄기에 붙고, 피침모양 또는 긴타원모양, 꽃은 수상꽃차례, 꽃은 반쯤 열림, 가운데 결각은 넓은 혀모양
[*Cephalanthera*: 그리스어 centron(거)과 anthera(꽃밥)의 합성어이며 거가 있는 꽃밥이란 뜻]

금난초

Cephalanthera falcata (Thunb.) Blume

[*falcata*: 낫 같은]
영명: Golden Cephalanthera
이명: 금란, 금란초
서식지: 태안전역
주요특징: 잎은 긴타원모양으로 6~10장이 어긋나며 세로 주름이 조금 진다. 잎 아래쪽은 줄기를 감싸고 잎 끝은 뾰족하다. 꽃은 3~10개가 이삭꽃차례로 달리고, 꽃잎은 활짝 벌어지지 않는다. 곁꽃잎은 꽃받침보다 조금 짧고 입술꽃잎은 3갈래다.
크기: ↕ ↔40~70cm **번식**: 씨앗뿌리기
④~⑥ 황색 ⑦~⑧

금난초 *Cephalanthera falcata* (Thunb.) Blume

은대난초

Cephalanthera longibracteata Blume

[*longibracteata*: 긴 포엽이 있는]
영명: Long-Bract Cephalanthera
이명: 은대난, 댓잎은난초, 은대란
서식지: 태안전역
주요특징: 잎은 끝이 뾰족하고 긴타원모양으로 어긋난다. 꽃은 작은 편이며 완전히 펴지지 않는 점이 독특하다. 꽃받침조각은 피침모양이며 길이는 1.1~1.2cm이다. 꽃잎은 길이가 짧고 너비가 넓은 것이 특이하며, 꿀주머니가 있고 씨방에 털 같은 돌기가 나 있다.
크기: ↕ ↔30~50cm
번식: 씨앗뿌리기
⑤~⑥ 백색 ⑦~⑧ 갈색

은대난초 *Cephalanthera longibracteata* Blume

보춘화속(*Cymbidium*)

전세계 91종류, 우리나라에 6종류, 나무 또는 땅위에 자람, 줄기는 짧고, 잎은 모여나기, 꽃줄기는 밑동에 붙는데 전체에 비늘잎이 있음, 꽃은 크고 짧음
[*Cymbidium*: 그리스어 cymbe(배)와 eidso(형)의 합성어이며 순판의 형태에서 유래]

보춘화 LC

Cymbidium goeringii (Rchb.f.) Rchb.f.

[*goeringii*: 채집가 괴링(Goering)의]
영명: Goering Cymbidium
이명: 춘란, 보춘란
서식지: 태안전역
주요특징: 흰색의 수염이 있는 뿌리는 굵게 사방으로 퍼지고 끝이 뾰족하다. 주름진 잎은 가장자리에 작은 톱니가 나 있으며 뿌리에 모여난다. 지름 약 2.5cm의 꽃은 줄기 끝에 1송이 피는데, 흰색의 입술 꽃잎은 자색 얼룩무늬를 가진다.
크기: ↕ ↔20~30cm
번식: 씨앗뿌리기, 포기나누기
③~④ 연한 황록색
⑥~⑦

보춘화 *Cymbidium goeringii* (Rchb.f.) Rchb.f.

닭의난초속(*Epipactis*)

전세계 91종류, 우리나라에 5종류, 땅속줄기가 발달, 곧게서는 줄기에 달걀 또는 피침모양의 잎이 붙음, 꽃은 총상꽃차례, 포가 있음, 열매는 삭과, 밑으로 처짐

[*Epipactis*: *Helleborus*속의 고대 그리스명 eppebolos의 일부를 전용, Epi(상)와 pactos (굳다)의 합성어라고도 함]

닭의난초

Epipactis thumbergii A. Gray

[*thumbergii*: 스웨덴 식물학자 툰베리(C. P. Thunberg)의]
영명: Thunberg's Helleborine
이명: 닭의란
서식지: 안면도, 만리포, 구례포
주요특징: 잎은 좁은달걀모양이며 주름이 많고 끝부분이 뾰족하다. 뿌리는 옆으로 뻗으며 마디마디에서 나온다. 꽃은 원줄기를 따라 위로 올라가며 피는데, 꽃 안쪽에는 홍자색의 반점이 있다. 열매는 아래로 처지면서 달리고 안에는 먼지같이 작은 씨가 많이 들어 있다.
크기: ↕ ↔20~70cm
번식: 씨앗뿌리기, 포기나누기
🌱 ⑥~⑧ 황록색
🍂 ⑧~⑨ 갈색

닭의난초 *Epipactis thumbergii* A. Gray

으름난초속(*Galeola*)

동아시아에 6종류, 우리나라에 1종, 엽록소가 없으며 썩은 나무에 자라는 난, 땅속줄기가 발달, 땅위줄기는 서거나 기고, 가지를 침, 총상꽃차례, 열매는 큰크기, 육질, 씨에 날개 있음

으름난초 🏵 VU 멸 2급

Galeola septentrionalis Rchb.f.

[*septentrionalis*: 북반구의, 북방의]
영명: Akebian-Fruit.Orchid
이명: 개천마, 으름란
서식지: 안면도
주요특징: 잎은 아주 조그만 비늘조각처럼 생긴 삼각형이며 마르면 가죽같이 된다. 꽃은 가지 끝에 몇 송이씩 핀다. 꽃의 지름은 약 1.5~2cm이고, 꽃잎과 꽃받침잎의 생김새는 비슷하다. 입술꽃잎은 노란색으로 조금 두껍다. 열매는 약 6~8cm의 크기로 으름처럼 커진다.
크기: ↕ ↔50~100cm
번식: 씨앗뿌리기
🌱 ⑥~⑦ 황갈색
🍂 ⑨~⑩ 적색

나리난초속(*Liparis*)

전세계 431종류, 우리나라에 10종류, 땅 위 또는 다른나무에 착생, 둥근 비늘줄기가 있고, 잎은 보통 2장, 꽃은 총상꽃차례, 꽃받침은 곁꽃잎과 같은 모양

[*Liparis*: 그리스어 liparos(기름기, 빛나다)에서 유래된 것으로 매끈하고 윤기가 있는 잎을 뜻함]

키다리난초

Liparis japonica (Miq.) Maxim.

[*japonica*: 일본의]
영명: Tall Widelip Orchid
이명: 큰옥잠난초, 카다리란, 나리란
서식지: 구름포, 천리포
주요특징: 덩이줄기는 달걀을 닮은 둥근모양이다. 좁은 타원모양의 잎 2장이 줄기 밑부분을 감싼다. 꽃은 길이 10~20cm의 총상꽃차례에 15~20개가 다소 성글게 달린다. 포는 세모난 달걀모양으로 끝이 뾰족하다. 꽃받침은 피침모양이고 곁꽃잎은 가늘고 긴 모양이다. 입술꽃잎은 거꿀달걀모양으로 끝이 뾰족하고, 열매는 삭과이다.
크기: ↕ ↔20~40cm
번식: 씨앗뿌리기, 포기나누기
🌱 ⑥~⑧ 연한 자주색
🍂 ⑧~⑨

키다리난초 *Liparis japonica* (Miq.) Maxim.

으름난초 *Galeola septentrionalis* Rchb.f.

275

사철란속(*Goodyera*)

전세계 99종류, 우리나라에 7종류, 지상 또는 착생란, 줄기의 밑동은 김, 잎은 어긋나기, 꽃은 작은크기, 윗꽃받침은 곁꽃잎에 밀접하여 투구모양으로 됨

[*Goodyera*: 영국의 식물학자 구다이어(John Goodyer, 1592~1664)에서 유래]

로제트사철란

Goodyera rosulacea Y. N. Lee

[*rosulacea*: 장미모양(로제트형)의]
서식지: 소원면 신덕리
주요특징: 뿌리는 1~6개이고 땅속줄기는 마디가 있다. 잎은 아래쪽에서 4~8장이 방사상으로 나며, 윗면은 녹색이고 뒷면은 회록색이다. 20개 정도의 꽃은 이삭모양꽃차례에 한쪽으로 치우쳐 달린다. 열매는 삭과로 타원모양이다.
크기: ↕ ↔20~40cm
번식: 씨앗뿌리기
🌑 ⑦~⑧ 백색 🍂 ⑨~⑩

사철란 🏵 LC

Goodyera schlechtendaliana Rchb.f.

[*schlechtendaliana*: 독일의 식물학자 슐레히텐달(D.F.L. von Schlechtendal 1794~1866)]
영명: Schlechtendal's Rattlesnake Plantain
이명: 알룩난초
서식지: 안면도
주요특징: 잎은 좁은달걀모양으로 줄기 아래쪽에 몇 장이 모여 달린다. 잎몸은 조금 두껍고 앞면에 보통 흰 무늬가 있다. 꽃은 붉은색이 조금 도는 흰색으로 줄기 끝에 5~15개가 이삭꽃차례로 달린다. 포는 곧게서며 털이 있고 피침모양이다. 입술꽃잎은 꽃받침잎과 길이가 비슷하고 안쪽에 털이 난다. 열매는 삭과이다.
크기: ↕ ↔20~40cm
번식: 씨앗뿌리기, 포기나누기
🌑 ⑧~⑨ 백색 🍂 ⑨~⑩

로제트사철란 *Goodyera rosulacea* Y. N. Lee

사철란 *Goodyera schlechtendaliana* Rchb.f.

옥잠난초

Liparis kumokiri F.Maek.

[*kumokiri*: 일본명 '구모기리소오']
영명: Large Widelip Orchid
이명: 구름나리란
서식지: 천리포, 송현리
주요특징: 타원모양 잎 2장이 모여나고, 잎 가장자리는 물결모양이다. 꽃은 연한 녹색 또는 드물게 어두운 보라색으로 총상꽃차례에 5~15개가 달린다. 꽃차례 길이는 3~7cm이다. 곁꽃잎은 꽃받침과 길이가 같다. 입술꽃잎은 끝이 보통 자른 것처럼 납작하다. 열매는 삭과로 곤봉모양이다.
크기: ↕ ↔20~30cm
번식: 씨앗뿌리기, 포기나누기
🌑 ⑥~⑦ 연한 녹색
🍂 ⑧~⑨

옥잠난초 *Liparis kumokiri* F.Maek.

제비난초속(*Platanthera*)

북반구 온대지방에 165종류, 우리나라에 8종류, 뿌리는 통통, 잎은 좁고 길거나 타원모양, 꽃은 희며, 이삭꽃차례, 입술모양의 꽃잎은 갈라지지 않으며, 거는 보통 긺

[*Platanthera*: 그리스어의 platys(넓다)와 anthera(꽃밥)의 합성어이며 기본종의 꽃가루주머니에서 좌우를 서로 연결하는 조직(약격)이 넓음]

제비난초

Platanthera freynii Kraenzl.

[*freynii*: 오스트리아의 분류학자 프레이엔(J.F. Freyn, 1845-1903)의]
영명: Greater Platanthera
이명: 향난초, 제비난, 쌍두제비란
서식지: 태안전역
주요특징: 잎은 줄기 아래쪽에서 타원모양의 큰 잎 2장이 거의 마주난 것처럼 달리고, 위쪽에는 가늘고 긴 모양의 작은잎이 드문드문 달린다. 꽃은 이삭꽃차례에 빽빽하게 달리며 향기가 있다. 포는 가늘고 긴 모양으로 꽃보다 짧다. 입술꽃잎은 길이 1~1.3cm 정도로 가늘고 긴 모양으로 갈라지지 않는다. 열매는 삭과이다.
크기: ↕ ↔20~50cm
번식: 씨앗뿌리기
▼ ⑥~⑧ 백색　◀ ⑧~⑨

제비난초 *Platanthera freynii* Kraenzl.

하늘산제비란

Platanthera neglecta Schltr.

[*neglecta*: 현저하지 않은, 보잘 것 없는]
서식지: 안면도
주요특징: 줄기는 곧게서며 좁은 날개가 있고 마르면 능선이 된다. 줄기에 달리는 잎은 2~5

장이 어긋난다. 잎은 긴타원모양으로 끝이 뾰족하고 밑이 줄기를 감싼다. 꽃은 이삭꽃차례에 5~14개가 달린다. 꽃받침은 달걀모양으로 3개의 맥이 있다. 입술꽃잎은 혀모양이고, 꽃뿔은 통모양이다.
크기: ↕ ↔10~50cm
번식: 씨앗뿌리기
▼ ⑥~⑧ 황록색
◀ ⑧~⑨

하늘산제비란 *Platanthera neglecta* Schltr.

방울새란속(*Pogonia*)

전세계 5종류, 우리나라에 3종류, 땅 위에 자라고, 줄기는 가늘고, 잎이 1장 붙고, 포가 붙으며, 잎은 가늘며, 편평, 꽃은 줄기끝에 1송이씩 붙음

[*Pogonia*: 그리스어 pogonias(수염이 있는, 까락이 있는)에서 유래된 것으로 입술꽃잎에 수염같은 돌기가 있다는 뜻]

큰방울새란

Pogonia japonica Rchb.f.

[*japonica*: 일본의]
영명: Japanese Pogonia
이명: 큰방울새난초, 큰방울비란
서식지: 학암포
주요특징: 줄기 가운데 부분에 피침모양 잎 한 장이 달리며 밑은 줄기를 조금 감싼다. 꽃은 줄기 끝에 1개씩 달리며, 꽃잎은 조금 벌어지고 긴타원모양이다. 입술꽃잎은 꽃받침과 길이가 비슷하고 3갈래이며 가운데 큰 갈래는 거꿀달걀모양으로 육질의 돌기가 밀생한다. 열매는 삭과이다.
크기: ↕ ↔15~30cm
번식: 씨앗뿌리기, 포기나누기
▼ ⑥~⑦ 연한 적자색
◀ ⑦~⑧

큰방울새란 *Pogonia japonica* Rchb.f.

방울새란

Pogonia minor (Makino) Makino

[*minor*: 보다 작은]
이명: 방울새난초, 방울새난
서식지: 학암포
주요특징: 줄기 가운데 부분에 거꿀피침모양 또는 좁은 긴타원모양의 잎 1장이 달린다. 잎의 밑은 좁아져서 줄기로 흐른다. 꽃은 줄기 끝에 1개 달리며 벌어지지 않는다. 꽃받침은 선상 거꿀피침모양이며, 입술꽃잎은 꽃받침보다 조금 짧고 3갈래로 갈라진다. 열매는 삭과이다.
크기: ↕ ↔10~25cm
번식: 씨앗뿌리기, 포기나누기
▼ ⑥~⑦ 연한 적자색
◀ ⑦~⑧

방울새란 *Pogonia minor* (Makino) Makino

타래난초속(*Spiranthes*)

전세계 41종류, 우리나라에 2종류, 지상에 나는 작은크기 난, 뿌리는 굵음, 꽃은 타래모양으로 늘어섬, 흰색 또는 연분홍색, 위꽃받침은 꽃잎과 투구모양으로 됨

[*Spiranthes*: 그리스어 speira(나선)와 anthos(꽃)의 합성어이며 화수가 꼬이기 때문에 꽃이 나선상으로 달림]

타래난초

Spiranthes sinensis (Pers.) Ames

[*sinensis*: 중국의]
영명: Ladies' Tresse
이명: 타래란
서식지: 태안전역
주요특징: 꽃대는 길이 10~40cm 정도이고 뿌리가 다소 굵음. 뿌리잎은 길이 10~20cm, 너비 3~10mm 정도로 주맥이 들어가고 밑부분이 짧은 초로 되며 줄기잎은 피침모양으로 끝이 뾰족하다. 꽃은 원줄기 윗부분에 빙빙 돌아간모양으로 꼬인 수상꽃차례에 옆을 향해 달린다.
크기: ↕ ↔10~40cm
번식: 씨앗뿌리기, 포기나누기
🌸 ⑤~⑧ 연한 분홍색
🍂 ⑦~⑨

비비추난초속(*Tipularia*)

전세계 7종류, 우리나라에 1종, 잎은 달걀모양, 긴 잎자루, 꽃은 작고, 총상꽃차례, 가느다란 거가 있음

[*Tipularia*: 곤충 각다귀속(*Tipula*)에서 유래된 것으로 꽃이 마치 벌레처럼 생겼다는 데서 유래]

비비추난초

Tipularia japonica Matsum.

[*japonica*: 일본의]
영명: Hosta–Leaf Orchid
이명: 외대난초, 실난초, 비비취란
서식지: 안면도
주요특징: 잎은 1장으로 잎자루가 있고 잎몸은 세모난 달걀모양이다. 꽃은 작고 5~10개가 줄기 끝에서 총상꽃차례를 이룬다. 꽃잎은 거꿀피침모양으로 가장자리가 물결모양이고, 입술꽃잎은 거꿀달걀모양으로 끝이 3갈래로 갈라진다. 가운데 갈래의 밑부분에 육상체 2개가 있다. 열매는 삭과로 달걀을 닮은 타원모양이다.
크기: ↕ ↔10~20cm
번식: 씨앗뿌리기, 포기나누기
🌸 ⑤~⑥ 연한 황록색
🍂 ⑦~⑧

나도잠자리란속(*Tulotis*)

전세계 8종류, 우리나라에 2종류, 지상에 나는, 뿌리가 굵은 식물, 잎은 1~3장, 꽃은 작은 크기, 녹색, 입술꽃잎에 거가 붙고, 3갈래, 가운데 결각은 길고 밑동에 돌기 있음

나도잠자리란

Tulotis ussuriensis (Regel et Maack) Hara

[*ussuriensis*: 시베리아 우수리지방의]
영명: Ussuri River Platanthera
이명: 제비잠자리난, 잠자리난초, 잠자리란
서식지: 백리포, 안면도, 신두리
주요특징: 줄기에 달리는 잎은 5~8장이 어긋나며, 아래에 달리는 잎은 타원모양으로 크고, 위에 달리는 잎은 비늘모양으로 작다. 꽃은 12~24개가 이삭꽃차례로 달린다. 입술꽃잎은 혀모양인데 3갈래로 갈라지며 그 곁갈래는 둥근 사각형이다. 꽃뿔은 통모양이다. 열매는 타원모양의 삭과이다.
크기: ↕ ↔15~35cm
번식: 씨앗뿌리기, 포기나누기
🌸 ⑦~⑧ 연한 녹색
🍂 ⑧~⑨

타래난초 *Spiranthes sinensis* (Pers.) Ames

비비추난초 *Tipularia japonica* Matsum.

나도잠자리란 *Tulotis ussuriensis* (Regel et Maack) Hara

태안반도는

태안반도는 충청남도의 최서북단에 위치한 저산성 구릉지로 동쪽을 제외하고는 3면이 바다로 둘러싸여 있으며, 리아스식 해안선이 잘 발달 되어 있다. 국내 유일한 해안국립공원이 있으며, 해안선의 길이가 530.8km로 곳곳마다 아름다운 절경을 이루고 있다. 또한 119개의 크고 작은 섬들이 분포되어 있다. 태안반도 북측은 백화산을 중심으로 산악지대를 형성하고 있으며, 남측으로는 저산성 구릉지대를 이루고 있다. 태안반도는 북서 계절풍의 영향을 크게 받는 해빈이 집중적으로 분포해있으며, 해수욕장으로 개발되어 관광지로 각광을 받고 있다. 반면에 안면도의 동측 천수만과 태안반도의 북측 가로림만, 근소만 등의 넓은 간석지가 발달해 있는데 밀물과 썰물로 생성되는 갯골의 생태적 가치와 경관의 아름다움이 함께한다. 태안반도는 리아스식 해안의 발달로 일천 삼백 리의 해안은 주로 갯벌 해안, 모래 해안, 그리고 바위 해안으로 나누어지며, 경사면에는 주로 해식애가 형성되어있다.

태안반도의 갯벌은 강이 없어 하천의 영향을 크게 받지 않아 하구역 갯벌은 존재하지 않고 모래갯벌, 펄갯벌, 혼성갯벌 있으며, 바다로 돌출하여 외해와 직접 접해있어 파도의 작용이 활발하여 모래갯벌이 많다. 태안반도는 갯벌과 함께 아름다운 자연경관과 해안생태계를 이루고 있는 해안사구가 산재하고 있다. 이러한 해안사구는 지하수를 저장할 수 있는 공간을 제공하며, 해수 침입에 의한 지하수 오염을 방지하고, 태풍, 해일 등 자연재해을 막아주는 방파제의 역할을 한다. 태안해안국립공원 지역 내 학암포, 백사장, 삼봉, 기지포 등 11개소 해안사구가 보전 및 관리되고 있다. 이렇게 태안반도 내에 많은 사구가 발달한 이유는 지역적으로 다른 곳에 비해 서해로 돌출되어 해안사구 형성의 주된 바람인 북서 계절풍에 직접 노출된 상태로 최적의 사구형성 조건을 제공하며, 해안의 암석은 사질규암으로 해식에 의해 직접적인 모래 공급원이 되고, 연안 해저의 많은 모래톱은 사구지역으로 풍부한 모래를 공급하고 있기 때문이다.

태안반도는 바다의 직접적인 영향을 받고 있으나, 겨울철에는 북서 계절풍으로 인해 같은 위도상에 있는 동해안 지역보다 오히려 추운편이다. 그러나 4계절이 뚜렷하여, 겨울에는 몹시 춥고 여름에는 대륙성 온대기후가 나타나기도 한다. 그런가 하면 지리적인 영향으로 한서의 차가 심하지 않은 해안성 기후의 현상도 나타나는 특징을 가지고 있다. 태안반도의 해안에는 난대성 식물과 해안성 식물이 다양하게 자라고 있다. 특히 해안림은 전 해안에 걸쳐 골고루 분포한다. 해안림의 주요 임상은 소나무림이 가장 많다. 태안반도는 우리나라 전체의 30%에 해당하는 해안사구가 집중되어있는 곳이다. 태안반도 북서쪽에 위치한 신두리해안사구는 생태계보전지역, 천연기념물, 습지보전구역 등으로 지정된 곳으로 해당화 군락, 순비기나무군락, 갯그령군락, 통보리사초군락, 좀보리사초군락, 갯쇠보리군락 등이 형성되어있다. 태안반도 내륙은 지리적인 여건과 계절적인 특성으로 인해 다양한 식물군이 형성되어있으며, 그중 천연기념물 제138호로 지정되어 있는 모감주나무 군락지를 비롯한 굴거리나무, 새우난초, 동백나무군락, 순비기나무, 보리장나무 등은 특이할 만한 것이다. 태안반도의 아름다운 해안가 경관을 해치며 생태계를 교란하는 귀화식물들의 침입이 문제될 수 있다. 신두리해안사구 지역 등에서의 귀화식물은 겹달맞이꽃, 망초, 개망초, 미국자리공 등을 있다.

태안반도에 속해 있는 대부분의 식생은 해송과 소나무가 우점하고 있는데, 해안에 가까울수록 해송이 우점하고 내륙으로 들어갈수록 소나무가 우점하고 있다. 특히 안면도에 자생하는 안면송은 조선시대부터 체계적으로 관리 조성된 특이성을 갖고 있다. 안면송은 일찍이 궁궐을 짓는데 사용해 왔고, 국가에서 직접 산지기를 두어 관리하였다. 안면송은 해안성 기후 및 토질이 비옥하여 성장이 빠르고 해송과 소나무의 중간 형질을 기지고 있으며, 수간이 곧고 목질이 단단하여 마디가 없는 것이 특징이다. 태안반도 내륙의 두웅습지, 신두2호저수지, 안면도 승언2호저수지 등의 수변 인근에는 다양한 수생식물 서식하고 있다.

두웅습지
물이 마르지 않은 세계에서 가장 작은 보존 습지, 자연이 그대로 살아 있는 생태계의 보고

람사르협약에 의해 보호를 받고있는 습지로 해안에 사구가 생기면서 배후산지 골짜기 경계부분에 담수가 고이면서 형성된 습지이다. 약 65,000㎡의 면적의 작은 습지지만 우리나라에서 6번째 람사르습지로등록된 곳이다. 밑바닥이 모래로 되어 있고, 물이 마르지 않아 동·식물들에게 안정적으로 수분을 공급하고 있는 등 생태형성에 중요한 역할을 하고 있다.

신두리 해안사구
작은 사막으로 불리는 생태계의 보고

신두리해안사구는 2001년 11월 30일 천연기념물 제431호로 지정되었다. 이 사구는 태안반도 북서부의 태안군 원북면 신두리에 자리잡고 있으며, 규모는 해변을 따라 길이 약 3.4km, 너비 500m-1.3km로, 사구의 원형이 잘 보존된 북쪽지역 일부가 천연기념물로 지정되었다. 신두리 해안의 만입부에 있는 사빈의 배후를 따라 분포하는데 겨울철에는 강한 북서풍의 영향을 받는다. 신두리 해안은 모래로 구성되어 있어 간조 때가 되면 넓은 모래 개펄과 해빈이 노출된다. 모래가 바람에 의해 개펄과 해변에서 육지로 이동되어 사구가 형성되기에 좋은 조건을 지니고 있다. 해안사구는 해류에 의해 사빈으로 운반된 모래가 파랑으로 밀려 올려지고 그 곳에서 같은 조건에서 항상 일정하게 불어오는 탁월풍의 작용을 받아 모래가 낮은 구릉 모양으로 쌓여서 형성된 퇴적지형이다. 해안사구는 모래 공급량과 풍속·풍향, 식물의 특성, 주변의 지형, 기후 등의 요인에 따라 형성과 크기가 결정된다. 해안사구는 육지와 바다 사이의 퇴적물의 양을 조절하여 해안을 보호하고, 내륙과 해안의 생태계를 이어주는 완충적 역할을 하며 폭풍·해일로부터 해안선과 농경지를 보호하고, 해안가 식수원인 지하수를 공급하며, 아름다운 경관 등을 연출한다. 독특한 지형과 식생이 잘 보전되어 있고, 모래언덕의 바람자국 등 사막지역에서만 볼 수 있는 독특한 경관과 해당화 군락, 조류의 산란장소 등으로 경관적·생태학적 가치가 높으며, 규모가 우리나라에서 가장 크다.

천리포수목원
아름다운 해변의 경치와 잘 어울리는 "서해안의 아름다운 보석"

서해안의 태안반도 끝에 자리 잡아 해안, 섬 및 바다를 함께 껴안고 있어서 우리나라 수목원 중에서 최고의 경치 서해안 최남단인 목포지역과 같은 온화한 기후로 자생식물 뿐만 아니라 해외에서 도입한 수많은 귀중한 식물이 살아가는 터전인 우리나라의 자랑스러운 수목원 천리포수목원은 미국에서 귀화하신 민병갈(Carl Ferris Miller) 박사님께서 1962년부터 부지를 구입하면서부터 시작된다. 1970년 초부터는 척박한 천리포 해변의 부지에 거의 반생을 통한 헌신적인 노력을 기울였다. 2000년에 국제수목학회(IDS: International Dendrology Society)는 서해안의 아름다운 해변의 경치와 잘 어울리는 천리포수목원을 "세계의 아름다운 수목원"으로 선정됨. 특히 목련속, 호랑가시나무속, 동백나무속, 단풍나무속 및 무궁화나무속 등의 집중적인 수집은 세계적으로 이름나 있으며, 16,000분류군의 거대한 식물가족이 천리포 바닷가에 자리 잡아 살아가고 있다. 이를 밑바탕으로 천리포수목원은 산림생명자원관리기관, 생물다양성관리기관, 산림교육전문가양성기관, 수목원전문가양성교육기관 및 산림교육센터 등의 다양한 역할을 통하여 세계식물보전전략(GSPC: Global Strategy for Plant Conservation)을 토대로 식물다양성 보전과 관련 전문인력을 양성하고 있다.

안면도 자연휴양림
소나무 천연숲으로 이루어진 휴양림

수령 100여 년 내외의 소나무 천연림이 울창하게 형성되어있다. 안면도의 소나무는 고려 때부터 궁재와 배를 만드는데 많이 사용되었으나 도·남벌이 심해지자 왕실에서 특별관리하기 시작하였으며, 1965년부터는 충청남도에서 직접 관리하고 있다. 휴양림 안에는 시원하게 뻗어 올라간 소나무숲 뿐만아니라 교육시설, 숲속의 집, 휴양관 등의 편의 시설이 있어 자연속에서 편안하게 쉬어갈 수 있다. 안면도자연휴양림 인근에 조성된 안면도수목원은 한국 전통정원을 비롯해 각종 테마정원이 있어 계절에 따라 다양한 멋을 느낄 수 있다. 수목원을 돌아보는 길은 경사가 낮고 평이한 길이라서 오래 걷기에 부담스럽지 않아 남녀노소 누구나 무리 없이 걸을 수 있다.

지역 식물상 : 140과 544속 1,011종 8아종 114변종 20품종 2교잡종 총 1,155종류(Taxa)

국 명	가의도	갈음이	곳도	구름포	궁시도	닭섬	두웅신두2호저수지	백리포	백화산	솔섬	신두리	안면도	옹도	천리포	학암포	흥주사	십리포
석송과																	
석송		○										○		○			
뱀톱												○					
속새과																	
쇠뜨기	○			○		○		○			○	○		○	○	○	○
고사리삼과																	
자루나도고사리삼												○					
좀나도고사리삼																	
나도고사리삼												○					
단풍고사리삼												○					
고사리삼								○	○			○					
고비과																	
꿩고비												○					
고비	○	○		○		○		○	○	○	○	○		○	○		○
잔고사리과																	
잔고사리															○	○	
황고사리						○						○					
진고사리												○					
큰진고사리								○				○					
산일엽초																	
고사리	○		○	○		○	○	○			○	○		○	○		○
넉줄고사리과																	
넉줄고사리	○								○			○					
가는잎처녀고사리						○						○					
사다리고사리																	
지네고사리												○					
처녀고사리								○				○		○			
면마과																	
왁살고사리												○					
도깨비쇠고비	○			○	○	○		○				○		○	○		
쇠고비								○								○	
금족제비고사리									○								
관중	○			○				○				○		○	○		
홍지네고사리									○			○					
애기족제비고사리												○		○			
산족제비고사리												○					
가는잎족제비고사리				○				○		○		○					
큰족제비고사리												○					
비늘고사리												○					
바위족제비고사리									○								
곰비늘고사리								○				○					
족제비고사리								○	○			○					
참나도히초미																	
십자고사리						○						○					
관중과																	
응달고사리												○					
야산고비												○		○			
꼬리고사리과																	
꼬리고사리			○			○	○	○				○					○
거미고사리																○	
참새발고사리												○					
개고사리								○				○		○		○	
뱀고사리								○				○		○			

284

토끼섬	대소산	삼봉 해수욕장	내파 수도	외파 수도	천리포 수목원	장명수	만리포	소원면 염전	병술만	바람아래 해수욕장	파도리	곰섬	송현리	신두리 마을	구례포	모항리	마검포	기타지역
					○				○									
																		마도
																○		
					○		○		○	○			○					
														○				
○	○				○		○		○		○		○					
					○													
													○					
○	○		○	○	○		○		○			○	○					
													○					
					○								○					
		○	○						○									
					○													
											○							
					○													
									○									
																○		
					○													
					○													
○	○				○		○		○		○	○						
				○	○		○											
	○				○						○	○						

국 명	가의도	갈음이	곳도	구름포	궁시도	닭섬	두웅 신두2호 저수지	백리포	백화산	솔섬	신두리	안면도	옹도	천리포	학암포	흥주사	십리포
고란초과																	
고란초																	O
네가래과																	
네가래												O					
소나무과																	
소나무	O			O		O	O	O	O	O	O	O		O	O		
곰솔	O		O	O	O	O	O	O	O	O	O	O		O	O		O
측백나무과																	
노간주나무	O			O			O	O	O	O	O	O		O	O		
홀아비꽃대과																	
옥녀꽃대	O						O	O			O	O		O			
홀아비꽃대									O								
버드나무과																	
은백양	O			O				O				O		O	O		
은사시나무							O		O		O				O		
내버들							O				O						
왕버들									O		O	O	O				
갯버들							O				O	O					
버드나무	O			O				O			O	O		O	O		
키버들											O						
개키버들												O					
가래나무과																	
굴피나무	O	O	O	O			O			O	O	O		O	O	O	O
자작나무과																	
오리나무												O					
물오리나무	O	O		O		O	O	O			O	O		O	O		
까치박달		O															
서어나무												O					
소사나무	O	O	O	O		O		O	O	O	O	O		O	O		O
개암나무	O			O				O	O		O	O		O	O		
참개암나무	O			O				O				O		O	O		
참나무과																	
밤나무												O					
상수리나무	O			O				O	O	O		O		O	O		
갈참나무			O	O				O	O			O		O			O
떡갈나무	O	O	O			O					O	O	O	O	O		O
신갈나무	O			O			O	O			O	O		O	O		O
졸참나무	O		O	O		O	O	O	O	O	O	O		O	O		
굴참나무	O			O		O	O	O	O		O	O		O	O	O	
느릅나무과																	
푸조나무	O											O					
폭나무	O											O					
풍게나무												O					
팽나무	O	O	O	O	O		O	O		O		O	O	O	O		
시무나무									O								
당느릅나무												O					
느릅나무												O	O		O		
참느릅나무									O			O					
느티나무	O			O				O	O			O		O	O	O	
뽕나무과																	
닥나무								O				O					
꾸지나무																	
꾸지뽕나무	O	O	O							O		O		O			
뽕나무	O			O	O		O	O				O		O	O	O	

286

토끼섬	대소산	삼봉해수욕장	내파수도	외파수도	천리포수목원	장명수	만리포	소원면염전	병술만	바람아래해수욕장	파도리	곰섬	송현리	신두리마을	구례포	모항리	마검포	기타지역
		○												○	○			
													○					
○	○				○				○	○	○	○	○					
	○		○		○		○		○	○	○	○						
○	○	○			○		○		○	○	○	○						
	○				○				○				○					
					○													
	○				○		○		○	○	○	○	○		○			
					○		○						○					
					○													
	○	○							○				○					
					○							○	○					
○									○	○								
○					○		○		○	○	○	○	○					
○									○	○								
					○		○				○		○					
									○	○			○					
○			○	○	○													
					○													
			○															
			○		○				○	○			○					
			○	○		○			○									

국 명	가의도	갈음이	곳도	구름포	궁시도	닭섬	두웅 신두2호 저수지	백리포	백화산	솔섬	신두리	안면도	옹도	천리포	학암포	흥주사	십리포
산뽕나무	○			○				○			○	○		○	○		
가새뽕나무	○											○					
삼과																	
환삼덩굴	○	○	○	○	○			○	○		○	○		○	○		○
쐐기풀과																	
왜모시풀												○					
모시풀	○			○				○				○		○	○	○	
개모시풀																	
좀깨잎나무		○										○				○	
풀거북꼬리	○													○	○		
거북꼬리							○				○	○					
혹쐐기풀												○					
모시물통이												○					
물통이	○									○		○					
쐐기풀	○			○				○				○		○	○		
단향과																	
제비꿀								○				○					
쥐방울덩굴과																	
쥐방울덩굴												○					
족도리풀		○										○					
각시족도리풀		○		○				○				○		○			
마디풀과																	
싱아		○						○				○					
범꼬리														○			
메밀	○			○				○				○		○	○		
나도닭의덩굴												○					
큰닭의덩굴												○					
닭의덩굴	○		○	○				○			○	○		○	○		○
감절대												○					
호장근												○					
하수오												○		○			
물여뀌														○			
꽃여뀌											○						
이삭여뀌	○											○				○	
여뀌	○			○				○			○	○		○	○		○
흰꽃여뀌	○			○				○				○		○	○		
큰개여뀌	○			○				○			○	○		○	○		
개여뀌	○	○									○	○					
넓은잎미꾸리낚시								○									
며느리배꼽	○			○		○		○			○	○		○	○		
장대여뀌												○					
바보여뀌				○							○	○					○
미꾸리낚시	○	○		○		○		○			○	○		○	○		
며느리밑씻개	○	○		○				○			○	○		○	○	○	
고마리	○			○				○		○	○	○		○	○		
끈끈이여뀌		○										○					
큰끈끈이여뀌		○															
기생여뀌												○					
봄여뀌	○			○				○				○		○	○		
마디풀	○			○				○			○	○		○	○		○
이삭마디풀		○															
수영	○			○	○			○	○		○	○		○	○		
애기수영	○			○				○	○		○	○		○	○		
소리쟁이	○	○		○	○			○	○		○	○	○	○	○		○

토끼섬	대소산	삼봉 해수욕장	내파 수도	외파 수도	천리포 수목원	장명수	만리포	소원면 염전	병술만	바람아래 해수욕장	파도리	곰섬	송현리	신두리 마을	구례포	모항리	마검포	기타지역
		○	○	○	○	○						○			○			
					○													
					○													
					○													
					○									○				
					○													
					○										○			
															○			
○					○										○			
									○									
					○			○	○									
					○													
					○	○	○											
			○	○	○													
			○	○														
			○		○		○							○				
						○												
					○													
		○	○		○	○	○				○	○		○				

국 명	가의도	갈음이	곳도	구름포	궁시도	닭섬	두웅 신두2호 저수지	백리포	백화산	솔섬	신두리	안면도	옹도	천리포	학암포	흥주사	십리포
참소리쟁이	O			O				O			O	O		O	O	O	
금소리쟁이												O					
명아주과																	
가는갯능쟁이								O			O	O			O		
갯는쟁이	O											O					
흰명아주	O		O	O		O	O	O			O	O		O	O	O	O
명아주	O	O		O				O				O		O	O		O
청명아주												O					
좀명아주	O					O	O				O	O					
취명아주																	
참명아주											O						
버들명아주	O			O				O			O	O		O	O		
호모초															O		
댑싸리																	
갯댑싸리												O					
퉁퉁마디								O				O					
솔장다리							O	O			O	O			O		O
나래수송나물															O		
수송나물							O				O	O			O		
나문재		O						O				O			O		
칡				O				O				O					
해홍나물	O							O				O					
비름과																	
쇠무릎	O			O			O	O				O		O	O	O	O
개비름	O			O				O				O		O	O		
비름												O					
털비름												O					
청비름												O					
자리공과																	
미국자리공		O					O	O			O	O		O	O		
석류풀과																	
석류풀												O					
큰석류풀															O		
번행초과																	
번행초												O					
쇠비름과																	
쇠비름	O			O			O	O			O	O		O	O		
석죽과																	
벼룩이자리	O			O			O	O			O	O		O	O		
점나도나물	O			O			O	O	O		O	O		O	O	O	O
패랭이꽃												O					
술패랭이꽃																	
대나물	O			O		O		O	O	O	O	O		O			O
참개별꽃								O									
개별꽃	O		O					O				O					
큰개별꽃	O			O		O		O				O		O	O	O	
개미자리											O	O			O		
큰개미자리												O					
애기장구채			O		O	O						O					O
갯장구채	O							O							O		O
털장구채											O						O
장구채									O			O					
갯개미자리					O							O	O				O
벼룩나물						O					O	O				O	

290

토끼섬	대소산	삼봉해수욕장	내파수도	외파수도	천리포수목원	장명수	만리포	소원면염전	병술만	바람아래해수욕장	파도리	곰섬	송현리	신두리마을	구례포	모항리	마검포	기타지역
		○			○			○	○									
					○									○	○			운여해변
			○	○	○	○	○											
		○			○													
															○			
				○				○										
					○													
															○			
								○										
															○			
○															○			
○						○		○	○									
								○										
						○												
○		○	○	○	○	○	○	○	○			○						
	○				○		○											
									○	○	○				○			
			○		○	○												
					○				○			○						
					○													
○		○			○		○							○				
					○				○			○						
○	○				○													
																○		
		○																
○									○			○	○		○			
					○													
													○					
																○		

국 명	가의도	갈음이	곳도	구름포	궁시도	닭섬	두웅신두2호저수지	백리포	백화산	솔섬	신두리	안면도	옹도	천리포	학암포	흥주사	십리포
쇠별꽃	O			O			O	O			O	O		O	O	O	
별꽃	O		O	O	O		O	O	O		O	O		O	O		O
수련과																	
가시연꽃												O					
수련							O					O					
붕어마름과																	
붕어마름							O				O	O					
미나리아재비과																	
투구꽃	O			O				O				O		O	O		
흰진범								O						O			
진범														O			
개복수초								O						O			
동의나물																	
승마		O		O		O		O						O			
사위질빵	O			O				O	O					O	O		
외대으아리								O				O					
종덩굴																	
자주조희풀		O						O						O			
큰꽃으아리	O			O				O				O		O	O		
참으아리	O	O		O		O						O					
으아리	O			O		O	O	O			O	O		O	O		
할미밀망												O					
노루귀	O	O	O			O	O	O			O	O		O	O		
할미꽃	O			O			O	O		O	O	O		O	O		
털개구리미나리												O		O			
젓가락나물							O				O						
미나리아재비							O	O			O	O		O			
매화마름												O		O			
왜젓가락나물											O						
개구리자리											O	O			O		
개구리미나리											O	O					
개구리발톱												O					
꿩의다리	O		O	O				O	O			O		O	O		
산꿩의다리	O			O				O				O		O	O		
좀꿩의다리								O									
으름덩굴과																	
으름덩굴	O	O	O	O				O	O			O		O	O		
여덟잎으름								O				O					
멀꿀	O																
매자나무과																	
뿔남천														O			
방기과																	
댕댕이덩굴	O	O	O	O	O	O	O	O			O	O		O	O	O	O
새모래덩굴	O			O				O				O		O	O		
목련과																	
일본목련								O				O					
오미자과																	
오미자														O			
녹나무과																	
비목나무	O	O										O					
감태나무	O							O			O	O		O			
생강나무	O	O	O	O		O		O	O	O	O	O		O	O	O	O
후박나무						O						O		O			
참식나무	O					O		O									

292

토끼섬	대소산	삼봉해수욕장	내파수도	외파수도	천리포수목원	장명수	만리포	소원면염전	병술만	바람아래해수욕장	파도리	곰섬	송현리	신두리마을	구례포	모항리	마검포	기타지역
					○	○				○		○						
			○		○					○		○						
																○		
					○						○							
					○													
					○													
																		원북면황촌리
					○		○								○			
			○															
○																		
							○											
				○	○		○		○						○			
			○		○					○								
					○		○		○									
					○		○											
					○													
												○						
												○						
							○											
										○								
					○					○		○						
	○		○		○				○	○								
○																		
					○													
○	○	○	○	○	○		○		○		○			○				
					○													
	○				○				○									
	○														○			
○	○				○		○		○	○	○	○	○					
					○													
					○													

293

국　　　명	가의도	갈음이	곳도	구름포	궁시도	닭섬	두웅신두2호저수지	백리포	백화산	솔섬	신두리	안면도	옹도	천리포	학암포	흥주사	십리포
양귀비과																	
개양귀비	○																
현호색과																	
애기똥풀								○				○				○	
왜현호색			○														
애기현호색								○									
염주괴불주머니								○									
자주괴불주머니	○																
산괴불주머니	○	○			○							○					
현호색	○			○				○				○		○	○		
조선현호색														○			
십자화과																	
장대나물	○			○		○		○	○		○	○		○	○		
갯장대												○			○		
갓	○			○				○				○		○	○		
유채					○												
서양갯냉이											○	○			○		
냉이	○			○		○		○			○	○		○	○		○
황새냉이	○			○		○		○			○	○		○	○	○	
미나리냉이	○			○				○				○		○	○		
가는장대												○					
꽃다지	○			○		○		○				○		○			
큰잎다닥냉이												○					
콩다닥냉이												○					
개갓냉이	○			○				○				○		○			
속속이풀			○			○					○					○	
노란장대																	
말냉이	○			○				○				○		○	○		○
돌나물과																	
꿩의비름	○		○	○				○				○		○	○		
큰꿩의비름	○								○								
바위솔												○					
가는기린초												○					
말똥비름									○								
기린초	○	○	○	○				○				○		○	○		
땅채송화	○				○								○				
바위채송화								○				○					
돌나물	○	○		○				○				○		○	○		
범의귀과																	
노루오줌								○				○		○		○	
수국												○				○	
산수국	○								○								
물매화		○												○			○
얇은잎고광나무														○			
까마귀밥나무		○										○					
장미과																	
산짚신나물								○						○			
짚신나물	○	○		○				○		○	○	○		○	○		
산사나무			○									○					
뱀딸기	○			○		○		○		○	○	○		○	○		○
큰뱀무												○			○		
야광나무	○			○				○				○		○	○		
털야광나무					○							○					
윤노리나무												○					

294

토끼섬	대소산	삼봉 해수욕장	내파 수도	외파 수도	천리포 수목원	장명수	만리포	소원면 염전	병술만	바람아래 해수욕장	파도리	곰섬	송현리	신두리 마을	구례포	모항리	마검포	기타지역
															○			
					○													
									○									
									○									
								○				○						
									○									
					○													
									○			○						
					○			○										
												○						
							○					○						
									○									
○		○																
			○															
					○													
					○								○					
					○		○		○									
					○													
			○		○		○	○	○			○				○		
			○		○		○					○	○					

국 명	가의도	갈음이	곳도	구름포	궁시도	닭섬	두웅 신두2호 저수지	백리포	백화산	솔섬	신두리	안면도	옹도	천리포	학암포	흥주사	십리포
딱지꽃	○			○				○	○			○		○	○		
돌양지꽃												○					
양지꽃	○		○	○		○		○			○	○		○	○		
세잎양지꽃	○			○			○	○			○	○		○	○	○	
가락지나물						○					○						
산복사나무	○			○				○				○		○			
이스라지	○		○	○			○	○				○		○			
털이스라지											○						
털개벚나무			○					○				○					
개벚나무						○											○
복사나무							○		○			○			○		
좀개소시랑개비												○					
앵도나무																○	
콩배나무						○						○		○			
돌배나무										○		○					
산돌배	○											○					
병아리꽃나무	○	○										○					
찔레꽃	○	○	○	○			○	○	○	○	○	○	○	○	○		○
흰해당화															○		
해당화	○			○		○	○	○			○	○		○	○		○
개해당화												○					
돌가시나무																	
수리딸기	○	○						○	○			○				○	
복분자딸기	○											○					
산딸기	○			○				○	○		○	○		○	○	○	
장딸기	○											○					
오엽딸기																	
줄딸기	○							○				○				○	
단풍딸기												○					
멍석딸기	○	○	○	○		○	○	○	○			○		○	○		○
곰딸기												○					
오이풀	○	○		○		○	○	○	○			○		○	○		○
자주가는오이풀																	
가는오이풀				○				○									
털팥배나무												○					
벌배나무												○					
팥배나무	○	○	○			○		○	○	○		○		○			○
왕잎팥배												○					
조팝나무	○			○				○				○		○	○		
국수나무	○	○		○		○		○		○	○	○		○	○	○	
콩과																	
자귀풀	○			○				○	○		○	○		○	○		
자귀나무	○	○		○				○	○	○	○	○		○	○		○
털족제비싸리	○			○				○				○		○	○		
족제비싸리	○			○				○				○		○	○		○
새콩	○			○		○		○				○		○	○		
자운영												○		○			
차풀	○			○		○		○				○		○	○		○
활나물									○			○					
큰도둑놈의갈고리	○											○					
개도둑놈의갈고리		○										○					
도둑놈의갈고리												○					
여우팥	○			○				○				○		○	○		
돌콩	○			○				○			○	○		○	○		○

토끼섬	대소산	삼봉해수욕장	내파수도	외파수도	천리포수목원	장명수	만리포	소원면염전	병술만	바람아래해수욕장	파도리	곰섬	송현리	신두리마을	구례포	모항리	마검포	기타지역
			○															
					○		○											
					○													
															○			
					○				○		○							
					○													
					○						○	○						
			○															
									○									
○	○		○	○	○	○	○		○	○		○	○	○				
			○		○	○	○			○	○	○						
							○							○				
	○						○		○	○	○							
									○	○								
	○		○	○														
			○															
													○					
			○	○	○	○	○		○									
	○				○		○		○	○	○	○	○	○				
							○											
							○											
○	○	○			○				○	○	○	○	○		○			
	○				○				○	○				○				
⬚	⬚	⬚	⬚	⬚	⬚	⬚	⬚	⬚	⬚	⬚	⬚	⬚	⬚	⬚	⬚	⬚	⬚	⬚
						○	○											
○		○			○		○	○			○			○				
	○				○		○							○				
			○		○													
	○		○		○	○	○											
	○																	
						○												

297

국 명	가의도	갈음이	곳도	구름포	궁시도	닭섬	두웅 신두2호 저수지	백리포	백화산	솔섬	신두리	안면도	옹도	천리포	학암포	흥주사	십리포
큰낭아초		○															
땅비싸리	○			○				○		○	○	○		○	○		
둥근매듭풀												○					
매듭풀	○	○		○				○			○	○		○	○		○
활량나물								○				○					
갯완두	○			○			○					○		○			○
연리초							○				○						
싸리	○			○	○	○	○			○	○	○		○	○		
비수리	○	○		○			○				○	○		○	○		○
참싸리	○			○		○	○				○	○		○	○		
조록싸리	○			○		○	○				○	○		○	○		
털조록싸리	○		○	○		○	○				○	○		○	○	○	
괭이싸리	○			○			○					○		○	○		
풀싸리	○			○		○	○				○	○		○			
개싸리											○	○					
좀싸리												○					
고양싸리												○					
서양벌노랑이												○					
다릅나무	○			○		○		○		○	○	○		○	○		○
자주개자리												○					
잔개자리												○			○		
개자리	○			○			○					○		○			
전동싸리		○					○				○						
칡	○	○	○	○	○	○	○	○	○	○	○			○	○	○	○
큰여우콩	○											○					
아까시나무	○			○		○	○	○						○			○
왕관갈퀴나물												○					
고삼												○		○			
붉은토끼풀							○					○					
토끼풀	○			○		○	○				○	○		○	○	○	
갈퀴나물	○			○			○							○	○		
가는갈퀴											○						
살갈퀴						○					○	○				○	○
노랑갈퀴							○							○			
등갈퀴나물											○						
새완두	○			○			○							○			
네잎갈퀴나물	○											○					
큰등갈퀴												○					
큰갈퀴												○					
얼치기완두						○					○						
나비나물	○	○		○		○	○				○	○		○	○	○	
광릉갈퀴				○								○					
큰네잎갈퀴							○										
새팥												○					
좀돌팥												○					
등									○			○					
쥐손이풀과																	
선이질풀														○	○		
이질풀														○	○		
쥐손이풀														○			
세잎쥐손이														○			
괭이밥과																	
괭이밥	○	○	○	○	○	○	○	○						○	○		○

토끼섬	대소산	삼봉 해수욕장	내파 수도	외파 수도	천리포 수목원	장명수	만리포	소원면 염전	병술만	바람아래 해수욕장	파도리	곰섬	송현리	신두리 마을	구례포	모항리	마검포	기타지역
○	○				○		○											
					○	○	○							○	○			
															○			
											○	○	○		○			
○	○				○						○							
			○	○		○		○			○			○				
					○		○						○					
					○		○				○				○			
			○				○											
									○									
												○			○			
								○										
○	○	○	○		○	○	○		○	○								
	○				○	○		○			○							
					○				○									
								○										
					○	○				○					○			
										○			○					
					○													
	○				○				○	○			○		○			
			○															
			○															
			○	○	○					○			○					

국 명	가의도	갈음이	곳도	구름포	궁시도	닭섬	두웅신두2호저수지	백리포	백화산	솔섬	신두리	안면도	옹도	천리포	학암포	흥주사	십리포
운향과																	
백선		O		O		O		O				O		O			
쉬나무		O							O			O					
상산													O				
왕초피나무								O									
초피나무	O	O	O	O				O				O		O	O		O
개산초	O	O								O		O					
산초나무	O			O		O		O	O	O	O	O		O	O		O
민산초나무												O					
소태나무과																	
가죽나무								O			O	O					
소태나무	O		O					O		O		O		O	O		
멀구슬나무과																	
멀구슬나무																	
원지과																	
병아리다리																	
애기풀	O			O				O				O		O	O		
별이끼과																	
물별이끼											O						
굴거리나무과																	
굴거리나무						O						O					
대극과																	
깨풀	O			O				O			O			O	O		O
흰대극	O										O						
등대풀												O	O				
대극	O			O		O		O			O	O		O	O		
누운땅빈대	O																
땅빈대												O					
개감수	O																
애기땅빈대	O			O				O				O		O	O		
예덕나무	O																
여우구슬												O					
사람주나무	O											O					
광대싸리		O										O	O				
옻나무과																	
붉나무	O	O		O		O		O	O		O	O				O	
산검양옻나무												O					
개옻나무	O			O		O	O	O			O	O		O	O		
감탕나무과																	
호랑가시나무						O						O					
꽝꽝나무	O			O				O				O		O	O		
대팻집나무						O					O	O					
노박덩굴과																	
푼지나무												O					
노박덩굴	O	O		O		O		O				O	O	O	O	O	O
털노박덩굴												O					
화살나무	O			O				O			O	O		O	O		
사철나무	O	O	O		O							O					
참회나무	O	O						O		O	O	O		O	O		O
회잎나무	O	O		O				O				O		O	O		
줄사철나무								O				O				O	O
참빗살나무	O			O	O			O	O	O		O					
고추나무과																	
말오줌때												O					

300

토끼섬	대소산	삼봉 해수욕장	내파 수도	외파 수도	천리포 수목원	장명수	만리포	소원면 염전	병술만	바람아래 해수욕장	파도리	곰섬	송현리	신두리 마을	구례포	모항리	마검포	기타지역
					○				○									
					○				○									
	○				○		○						○					
		○																
○					○				○		○		○					
	○																	
																	○	
					○		○											
					○													
		○	○		○	○									○			
									○									
					○		○					○	○					
			○															
					○													
		○			○				○									
					○													
○	○		○	○	○		○	○	○	○	○							
○			○		○													
					○													
									○									
													○					
○		○	○	○	○				○				○					
○					○		○		○	○	○							
	○	○			○				○	○		○						
									○	○	○	○						
	○								○									
					○				○									
		○	○						○									
									○	○								

301

국 명	가의도	갈음이	곳도	구름포	궁시도	닭섬	두웅신두2호저수지	백리포	백화산	솔섬	신두리	안면도	옹도	천리포	학암포	흥주사	십리포
고추나무							O				O	O		O			
단풍나무과																	
단풍나무									O			O				O	
고로쇠나무	O			O				O				O	O	O	O		
만주고로쇠	O	O										O			O		
당단풍												O					
신나무												O					
무환자나무과																	
모감주나무		O		O								O		O			
봉선화과																	
봉선화												O					
물봉선														O		O	
나도밤나무과																	
나도밤나무	O	O						O				O		O		O	
합다리나무	O			O		O		O				O		O			
갈매나무과																	
먹년출												O					
헛개나무												O		O			
까마귀베개												O					
갈매나무	O											O					
털갈매나무	O											O					
포도과																	
개머루	O			O	O			O				O		O	O	O	
가새잎개머루	O							O				O					
자주개머루												O					
담쟁이덩굴	O	O	O	O				O	O			O	O	O	O	O	
왕머루		O				O					O	O					
머루	O			O				O				O	O	O	O		
새머루	O	O		O				O				O		O	O		
까마귀머루	O	O		O	O			O				O		O	O		
피나무과																	
장구밤나무	O	O	O	O				O	O			O	O	O	O		O
피나무								O	O					O			
찰피나무			O			O						O		O			
아욱과																	
어저귀												O					
수박풀												O		O			
벽오동과																	
까치깨												O					
수까치깨	O	O										O					
벽오동								O	O			O				O	
다래나무과																	
다래	O	O		O				O				O		O	O		
양다래												O					
개다래												O					
차나무과																	
동백나무	O		O		O	O			O			O	O				
물레나물과																	
물레나물	O	O		O				O				O		O	O		
채고추나물											O	O					
고추나물	O	O		O				O				O		O	O		
좀고추나물												O					
물별과																	
물벼룩이자리																	

토끼섬	대소산	삼봉해수욕장	내파수도	외파수도	천리포수목원	장명수	만리포	소원면염전	병술만	바람아래해수욕장	파도리	곰섬	송현리	신두리마을	구례포	모항리	마검포	기타지역
					○													
				○					○									
	○								○			○						
											○							
									○									
					○		○								○			
	○				○				○									
	○		○	○	○				○									
	○			○	○		○											
					○													
○		○	○	○	○		○					○						
					○													
○		○	○	○														
					○	○			○									
○		○	○	○					○					○				
			○															
					○													
○			○															
			○			○	○					○	○					
	○				○				○									
			○	○							○							
	○				○		○											
					○													
																○		

국 명	가의도	갈음이	곳도	구름포	궁시도	닭섬	두웅 신두2호 저수지	백리포	백화산	솔섬	신두리	안면도	옹도	천리포	학암포	흥주사	십리포
제비꽃과																	
졸방제비꽃	O			O				O				O		O	O		
남산제비꽃	O	O	O	O		O	O	O	O			O		O	O	O	
둥근털제비꽃												O					
낚시제비꽃							O	O			O	O					
흰털제비꽃	O			O				O				O		O	O		
잔털제비꽃	O			O				O				O		O	O		
흰젖제비꽃												O					
제비꽃	O			O			O	O	O		O	O		O	O		
흰제비꽃												O					
털제비꽃	O			O				O				O		O			
고깔제비꽃	O	O	O	O		O	O					O		O			
뫼제비꽃												O					
서울제비꽃												O					
알록제비꽃								O				O		O	O		
콩제비꽃												O				O	
호제비꽃	O			O				O				O		O	O		
보리수나무과																	
보리장나무						O		O				O					
보리밥나무	O		O	O		O		O		O		O	O	O	O		O
보리수나무	O	O		O			O	O	O		O	O		O	O	O	
부처꽃과																	
털부처꽃				O				O			O	O		O	O		
마디꽃												O					
가는마디꽃												O					
마름과																	
애기마름								O			O	O					
마름								O				O	O				
바늘꽃과																	
털이슬												O					
돌바늘꽃												O					
바늘꽃												O					
여뀌바늘												O					
달맞이꽃		O		O			O	O				O			O		O
큰달맞이꽃				O				O				O		O	O	O	
긴잎달맞이꽃	O			O			O	O			O	O					
개미탑과																	
개미탑								O			O						
이삭물수세미							O				O	O					
물수세미								O									
박쥐나무과																	
박쥐나무												O		O			
두릅나무과																	
독활							O	O				O				O	
두릅나무	O	O	O	O				O				O	O	O	O		
오갈피나무								O				O				O	
팔손이나무						O											
송악	O							O	O			O		O			
선피막이												O					
큰피막이							O				O	O					
음나무	O	O	O	O		O	O	O		O		O	O	O	O	O	O
산형과																	
개구릿대	O																
처녀바디	O	O	O			O	O	O									O

토끼섬	대소산	삼봉해수욕장	내파수도	외파수도	천리포수목원	장명수	만리포	소원면염전	병술만	바람아래해수욕장	파도리	곰섬	송현리	신두리마을	구례포	모항리	마검포	기타지역
	○		○		○		○		○			○						
										○								
	○																	
○	○		○	○	○													
							○											
									○									
					○													
○		○	○	○	○				○	○	○	○			○			
○					○					○		○						
																○		
					○	○	○				○							
	○				○			○							○			
					○													
														○				
					○										○			
	○		○		○		○			○		○						
					○													
							○											
					○											○		
○	○	○	○		○				○	○	○			○				
					○							○						

국 명	가의도	갈음이	곳도	구름포	궁시도	닭섬	두웅 신두2호 저수지	백리포	백화산	솔섬	신두리	안면도	옹도	천리포	학암포	흥주사	십리포
구릿대												○					
바디나물	○			○		○	○	○				○		○	○		
유럽전호												○					
시호				○				○				○					
개시호												○					
갯사상자	○	○		○				○				○		○	○		
갯당근	○																
섬바디						○											
갯방풍							○	○			○	○		○	○		○
미나리	○			○				○	○		○	○		○	○		○
긴사상자												○			○		
신감채	○																
강활	○																
묏미나리												○					
갯기름나물	○		○	○	○	○		○			○	○	○	○	○		
기름나물	○	○	○				○	○		○		○					
참나물	○			○				○				○		○	○		
노루참나물	○			○				○				○		○	○		
왜우산풀												○					
참반디												○					
애기참반디												○					
감자개발나물												○					
개발나물	○			○				○				○		○	○		
사상자	○	○		○				○				○		○	○		○
개사상자	○											○					○
층층나무과																	
층층나무								○	○			○					
산딸나무								○				○					
곰의말채나무												○					
노루발과																	
매화노루발	○			○				○		○	○	○		○	○		
노루발	○			○		○		○		○		○		○	○		
진달래과																	
진달래	○	○	○	○		○	○	○	○	○	○	○		○	○		○
철쭉							○		○		○	○		○			
산철쭉												○					
정금나무	○								○		○	○			○		
자금우과																	
자금우																	
앵초과																	
애기봄맞이	○			○				○				○		○	○		
봄맞이	○			○				○				○		○	○	○	
까치수염								○				○					
큰까치수염	○	○	○	○		○		○			○	○		○	○		○
좀가지풀												○				○	
갯까치수염	○	○	○	○	○	○						○		○	○		
앵초								○				○		○			
갯질경과																	
갯질경	○	○						○	○			○			○		
감나무과																	
고욤나무	○			○				○				○		○	○		
노린재나무과																	
노린재나무	○			○			○	○		○	○	○		○	○		
검노린재나무	○					○						○			○		

토끼섬	대소산	삼봉해수욕장	내파수도	외파수도	천리포수목원	장명수	만리포	소원면염전	병술만	바람아래해수욕장	파도리	곰섬	송현리	신두리마을	구례포	모항리	마검포	기타지역
					○				○		○	○		○	○			
			○		○		○					○			○			
						○		○						○	○			
											○							
										○				○	○			
						○						○						
		○							○	○		○						
	○				○		○		○			○			○			
					○													
									○	○		○						
					○		○		○									
	○				○		○		○		○	○	○					
○	○				○				○		○	○	○					
													○					
									○			○	○					
									○									
												○						
													○					
○	○		○		○		○					○			○			
○												○				○		
○		○				○	○		○									
	○				○		○											
○					○		○		○		○			○				

국 명	가의도	갈음이	곳도	구름포	궁시도	닭섬	두웅 신두2호 저수지	백리포	백화산	솔섬	신두리	안면도	옹도	천리포	학암포	흥주사	십리포
때죽나무과																	
때죽나무	○	○	○	○			○	○	○	○	○	○		○	○	○	○
쪽동백나무								○		○	○	○		○		○	
물푸레나무과																	
들메나무	○	○	○									○					
물푸레나무	○	○		○				○				○		○	○		
쇠물푸레나무												○					
산동쥐똥나무		○															
광나무								○				○					
쥐똥나무	○		○	○		○	○	○	○	○	○	○		○	○		
구골나무												○					
마전과																	
큰벼룩아재비								○	○								
용담과																	
용담				○					○					○			
구슬붕이	○			○				○			○	○		○	○		
큰구슬붕이												○		○			
개쓴풀	○	○															
자주쓴풀		○															
조름나물과																	
노랑어리연꽃											○						
어리연꽃												○					
협죽도과																	
개정향풀															○		
마삭줄	○		○									○					
백화등	○																
박주가리과																	
민백미꽃	○											○					
백미꽃	○																
덩굴박주가리																	
산해박																	
큰조롱	○	○		○	○			○				○					○
박주가리	○			○				○	○		○	○		○	○		○
왜박주가리																	
메꽃과																	
선메꽃								○									
애기메꽃												○					
메꽃	○			○				○				○		○	○		
큰메꽃												○					
갯메꽃	○	○		○		○		○			○	○		○	○		○
실새삼												○					
새삼									○			○					
미국실새삼												○					
아욱메풀															○		
미국나팔꽃																	
애기나팔꽃																	
나팔꽃												○					
둥근잎유홍초												○		○			
지치과																	
모래지치						○	○				○	○			○		○
갈퀴지치												○		○			
꽃바지	○			○		○		○				○		○	○		
개지치									○								
지치								○				○					

308

토끼섬	대소산	삼봉해수욕장	내파수도	외파수도	천리포수목원	장명수	만리포	소원면염전	병술만	바람아래해수욕장	파도리	곰섬	송현리	신두리마을	구례포	모항리	마검포	기타지역
	○				○		○		○	○	○	○	○		○			
○	○																	
	○				○				○	○			○					
○	○		○		○				○	○			○					
							○					○		○				
												○						
													○					
															○			
																○		
					○													
○					○		○		○									
○		○	○	○		○		○	○									
					○													
			○															
○			○	○	○	○					○	○	○		○			
					○													
													○					
											○				○	○		
					○													

국 명	가의도	갈음이	곳도	구름포	궁시도	닭섬	두웅 신두2호 저수지	백리포	백화산	솔섬	신두리	안면도	옹도	천리포	학암포	흥주사	십리포
반디지치	O	O						O				O		O			
꽃마리	O			O			O	O			O	O		O	O	O	
참꽃마리												O					
마편초과																	
작살나무	O	O	O	O			O	O	O	O	O	O		O	O	O	O
누리장나무	O				O							O	O	O		O	
층꽃나무											O						
순비기나무		O					O	O			O	O		O	O		O
꿀풀과																	
배초향		O										O					
금창초												O					
조개나물												O			O		
개차즈기												O					
층층이꽃	O																
탑꽃												O					
향유	O							O				O		O			
긴병꽃풀																	
오리방풀	O			O				O				O		O	O		
흰산박하		O															
산박하		O						O				O		O			
광대수염	O			O				O				O		O	O		
광대나물	O			O			O	O			O	O		O			O
자주광대나물																	
익모초	O		O				O	O	O			O		O	O	O	O
송장풀	O	O		O				O				O					
개쉽사리												O					
쉽사리	O			O			O	O		O	O	O		O	O		
애기쉽사리	O			O				O			O	O		O	O		
벌깨덩굴								O						O			
박하												O					
가는잎산들깨		O								O							
쥐깨풀	O			O				O				O		O	O		
들깨풀	O			O				O				O		O	O		
개박하																O	
소엽												O					
들깨	O			O				O				O					
산속단												O					
속단	O	O	O	O				O	O			O		O			O
꿀풀	O			O				O	O		O	O		O	O		
단삼												O					
배암차즈기	O			O				O			O	O		O	O		
애기골무꽃												O					
골무꽃	O	O						O				O		O	O		O
떡잎골무꽃																	
산골무꽃																	
참골무꽃								O			O	O		O	O		O
석잠풀												O					
개곽향												O					
가지과																	
흰독말풀												O					
독말풀																	O
구기자	O				O										O		
페루꽈리														O			
노란꽃땅꽈리												O					

토끼섬	대소산	삼봉해수욕장	내파수도	외파수도	천리포수목원	장명수	만리포	소원면염전	병술만	바람아래해수욕장	파도리	곰섬	송현리	신두리마을	구례포	모항리	마검포	기타지역
					○				○	○		○						
					○							○						
○	○				○				○	○			○					
			○	○	○													
					○	○					○	○						
													○					
	○																	
					○													
					○		○					○			○			
					○				○			○						
					○													
	○		○	○	○	○						○						
					○													
					○		○						○					
							○											
					○				○									
					○		○				○							
													○					
○	○				○		○					○	○					
					○											○		
							○											
					○													
					○													
				○														

국 명	가의도	갈음이	곳도	구름포	궁시도	닭섬	두웅신두2호저수지	백리포	백화산	솔섬	신두리	안면도	옹도	천리포	학암포	흥주사	십리포
꽈리												○		○		○	
땅꽈리																	
가시꽈리												○					
좁은잎배풍등												○					
배풍등	○		○	○				○			○	○		○	○		
까마중	○	○		○	○			○	○		○	○		○	○		○
털까마중												○					
현삼과																	
민구와말												○					
구와말												○					
가는미국외풀												○					
미국외풀												○					
논뚝외풀												○					
밭뚝외풀											○	○					
주름잎	○			○				○			○	○		○	○	○	
꽃며느리밥풀	○			○	○			○				○		○	○		
오동나무		○										○				○	○
참오동나무												○					○
나도송이풀												○					
절국대				○													
큰물칭개나물									○								
선개불알풀														○			
개불알풀	○			○				○	○			○		○	○		○
꼬리풀																	
문모초												○					
큰개불알풀	○			○				○			○	○		○	○		
물칭개나물																○	
냉초												○					
열당과																	
초종용											○			○			
능소화과																	
개오동																	
쥐꼬리망초과																	
쥐꼬리망초	○			○				○	○			○		○	○		
통발과																	
땅귀개		○															
이삭귀개		○															
참통발												○					
파리풀과																	
파리풀	○		○		○			○				○		○	○		
질경이과																	
질경이	○	○		○				○	○		○	○		○	○		○
개질경이								○				○	○				
창질경이	○			○				○				○		○	○	○	○
갯질경이					○										○		
왕질경이												○			○		
꼭두서니과																	
백령풀												○					
털백령풀												○					
큰잎갈퀴					○							○					
털둥근갈퀴	○			○				○				○		○	○		
민둥갈퀴												○		○			
참갈퀴덩굴	○			○				○				○					
산갈퀴												○					

312

토끼섬	대소산	삼봉해수욕장	내파수도	외파수도	천리포수목원	장명수	만리포	소원면염전	병술만	바람아래해수욕장	파도리	곰섬	송현리	신두리마을	구례포	모항리	마검포	기타지역
			○															
					○													
																○		
○					○		○											
		○	○		○	○		○	○									
					○													
																○		
																○		
					○													
○					○													
	○				○								○					
							○											
					○													
												○						
							○											
									○			○						
															○			
			○		○										○			
			○	○	○								○		○			
					○		○	○	○					○				
					○						○							
												○						
							○							○				
					○													

국 명	가의도	갈음이	곳도	구름포	궁시도	닭섬	두웅 신두2호 저수지	백리포	백화산	솔섬	신두리	안면도	옹도	천리포	학암포	흥주사	십리포
갈퀴덩굴	O			O			O	O			O	O		O	O	O	
네잎갈퀴	O		O	O				O				O		O	O		
가는네잎갈퀴												O					
솔나물	O			O				O	O			O		O	O		
호자덩굴												O					
백운풀											O						
계요등	O			O	O			O				O		O	O		
좁은잎계요등												O					
털계요등	O	O		O		O		O				O		O	O		
꼭두서니	O		O	O				O			O	O		O	O		
갈퀴꼭두서니	O		O	O			O	O	O		O	O		O	O	O	
인동과																	
길마가지나무	O							O				O		O			
인동	O	O	O	O		O		O	O	O		O		O	O	O	O
괴불나무												O					
올괴불나무		O				O			O			O					
넓은잎딱총나무												O					
딱총나무	O											O					
분꽃나무	O		O							O		O					
가막살나무	O	O		O		O		O			O	O		O	O		O
덜꿩나무	O	O		O				O	O	O		O		O	O		
붉은병꽃나무												O					
병꽃나무	O							O	O			O		O	O		
연복초과																	
연복초	O											O					
쥐오줌풀과																	
마타리	O	O		O				O			O	O		O	O		O
뚝갈	O	O		O		O		O				O		O	O		O
쥐오줌풀	O			O			O	O			O	O		O	O		
산토끼꽃과																	
솔체꽃												O					
박과																	
뚜껑덩굴												O					
수박												O					
참외												O					
호박												O					
돌외												O					
새박								O						O			
산외												O					
왕과																	
하늘타리												O					
노랑하늘타리												O					
초롱꽃과																	
수원잔대	O			O				O		O		O		O	O		
모시대	O			O				O				O		O	O		
당잔대	O		O			O		O				O		O			
가는잎잔대						O											
잔대	O			O		O	O	O				O		O	O		O
층층잔대	O								O			O					
털잔대	O		O	O		O	O	O			O	O		O	O		
넓은잔대	O		O	O		O	O	O			O	O		O	O		
영아자												O					
초롱꽃												O					
더덕	O		O	O		O		O				O		O	O	O	

토끼섬	대소산	삼봉해수욕장	내파수도	외파수도	천리포수목원	장명수	만리포	소원면염전	병술만	바람아래해수욕장	파도리	곰섬	송현리	신두리마을	구례포	모항리	마검포	기타지역
												○						
					○					○								
					○													
							○								○			
		○			○		○		○									
			○															
			○	○	○	○			○			○						
○	○				○				○	○			○					
○	○	○	○		○		○		○	○	○		○					
				○	○													
					○					○								
○	○				○		○		○	○	○	○	○					
	○																	
	○		○		○		○								○			
	○		○		○	○	○				○	○			○			
○																		
					○													
					○													
			○		○													
					○		○					○						
					○					○		○						
					○													
○				○		○									○			
									○									

국 명	가의도	갈음이	곳도	구름포	궁시도	닭섬	두웅 신두2호 저수지	백리포	백화산	솔섬	신두리	안면도	옹도	천리포	학암포	흥주사	십리포
소경불알												○					
수염가래꽃						○						○					
숫잔대																	
도라지	○	○		○		○		○				○		○	○		○
국화과																	
톱풀														○			
단풍취												○					
좀딱취												○					
돼지풀	○			○				○				○		○	○		
개똥쑥	○													○			
사철쑥	○	○	○	○	○	○	○	○	○		○	○		○	○		○
뺑쑥											○	○					
큰비쑥												○					
제비쑥	○		○	○		○	○	○			○	○		○	○		
맑은대쑥	○		○	○		○	○	○	○	○		○		○	○		○
산쑥												○					
쑥	○			○	○	○	○	○			○	○		○	○		○
비쑥											○						
넓은잎외잎쑥	○		○	○		○		○				○		○	○		
외잎쑥																	
까실쑥부쟁이	○	○	○	○				○				○		○	○		○
옹굿나물																	
갯쑥부쟁이	○							○				○					
미국쑥부쟁이		○										○					
참취	○	○	○	○		○	○	○			○	○		○	○		○
해국	○		○	○	○	○		○		○		○		○	○		○
비자루국화								○						○			○
갯개미취												○					
가새쑥부쟁이								○				○					
삽주	○	○	○	○		○	○	○			○	○		○	○		○
도깨비바늘	○	○							○	○		○		○	○		○
미국가막사리				○								○		○			
까치발		○										○					
구와가막사리												○					
가막사리		○						○				○		○			
조뱅이	○			○			○				○	○					
지느러미엉겅퀴			○						○			○		○			
담배풀												○					
좀담배풀												○					
긴담배풀	○			○		○		○				○		○	○		
천일담배풀												○					
여우오줌				○				○				○		○			
두메담배풀								○				○	○	○			
중대가리												○					
엉겅퀴	○			○		○	○					○		○	○	○	○
버들잎엉겅퀴	○	○												○			
큰엉겅퀴												○					
고려엉겅퀴												○					
실망초	○			○				○			○	○		○	○		
망초	○	○		○				○			○	○		○	○		○
큰망초								○				○					
큰금계국															○		
코스모스												○					
주홍서나물												○					

토끼섬	대소산	삼봉 해수욕장	내파 수도	외파 수도	천리포 수목원	장명수	만리포	소원면 염전	병술만	바람아래 해수욕장	파도리	곰섬	송현리	신두리 마을	구례포	모항리	마검포	기타지역
																	○	
○	○				○		○		○									
	○				○	○								○				
○	○	○	○				○		○		○	○						
									○									
○			○		○			○				○						
○	○	○	○		○		○		○	○	○		○					
	○		○	○	○	○	○				○	○						
					○													
					○													
																		원북면 황촌리
○	○		○		○		○				○	○						
		○	○						○		○							
						○												
					○													
○	○		○		○		○				○	○	○		○			
○			○		○	○		○	○	○	○							
○						○	○											
			○															
					○		○											
			○	○	○	○												
													○					
					○		○											
					○													
			○	○	○		○				○			○				
○	○		○	○	○	○	○							○	○		·	

국 명	가의도	갈음이	곳도	구름포	궁시도	닭섬	두웅신두2호저수지	백리포	백화산	솔섬	신두리	안면도	옹도	천리포	학암포	흥주사	십리포
이고들빼기	O	O	O	O		O		O	O			O		O	O		O
고들빼기	O			O				O				O		O	O	O	
산국	O							O	O	O	O	O		O	O		O
감국	O	O	O	O	O	O		O		O	O	O		O	O		O
산구절초	O			O				O				O		O	O		
구절초	O			O				O	O			O		O	O		
절굿대	O			O				O	O			O		O			
한련초	O							O				O					
붉은서나물											O	O					
개망초	O	O	O	O			O	O	O		O	O		O	O	O	O
주걱개망초							O				O						
등골나물	O			O		O		O				O		O	O		O
골등골나물	O	O		O		O		O				O		O	O		O
벌등골나물	O			O				O				O		O	O	O	
향등골나물		O										O					
털별꽃아재비												O		O			
떡쑥	O		O	O			O	O				O		O	O		
풀솜나물	O			O			O	O			O	O		O	O		O
왜떡쑥							O				O	O					
뚱딴지	O			O				O				O		O	O		O
지칭개	O			O				O				O		O	O	O	
조밥나물	O	O		O				O				O					
께묵												O					
서양금혼초		O										O					
금불초	O			O				O				O		O	O		
버들금불초	O			O		O		O				O		O	O		
가는금불초												O		O			
씀바귀	O			O		O		O			O	O		O	O		
흰씀바귀	O			O		O		O			O	O		O	O		
벋음씀바귀																	O
벌씀바귀						O					O						
갯씀바귀	O			O				O			O	O		O			O
좀씀바귀																	
선씀바귀												O					
용설채								O				O					
가는잎왕고들빼기											O						
왕고들빼기	O	O		O			O	O	O			O		O	O		
산씀바귀	O			O		O		O				O		O	O		O
가시상추												O					
개보리뺑이												O					
솜나물	O	O	O	O		O		O		O		O		O	O		O
곰취				O										O			
머위	O			O			O	O			O	O		O	O	O	
쇠서나물												O					
왕씀배		O															
버들분취														O			
빗살서덜취	O	O	O					O		O		O		O			
쇠채	O											O					O
멱쇠채																	
금방망이															O		
개쑥갓	O	O	O					O	O			O		O	O	O	O
산비장이			O									O		O			
털진득찰	O	O						O				O					
진득찰	O					O			O			O		O			

토끼섬	대소산	삼봉 해수욕장	내파 수도	외파 수도	천리포 수목원	장명수	만리포	소원면 염전	병술만	바람아래 해수욕장	파도리	곰섬	송현리	신두리 마을	구례포	모항리	마검포	기타지역
○		○	○		○		○		○			○						
					○		○					○			○	○		
		○			○		○				○				○			
	○		○	○	○				○		○	○			○			
					○		○						○					
						○	○	○						○				
					○		○											
○			○	○	○	○	○	○		○		○			○			
														○				
	○	○	○		○		○			○					○			
○							○											
					○			○										
			○															
					○													
	○			○	○		○			○								
					○													
			○					○										
					○							○						
			○															
						○									○			
	○				○													
						○							○					
									○	○					○			
															○			
					○													
					○		○											
		○						○										
○	○		○		○	○		○				○						
	○				○													
																○		
							○									○		
					○		○			○								
					○													
					○		○											
															○			
					○		○				○	○	○					
						○												
															○			
								○										
																○		

국 명	가의도	갈음이	곳도	구름포	궁시도	닭섬	두웅 신두2호 저수지	백리포	백화산	솔섬	신두리	안면도	옹도	천리포	학암포	흥주사	십리포
미역취	○	○		○				○	○			○		○			
큰방가지똥	○	○	○	○				○	○			○		○	○	○	○
사데풀	○	○		○				○			○	○		○	○		○
방가지똥	○		○	○			○	○	○			○		○	○		○
큰비짜루국화		○															
우산나물	○	○	○	○		○		○		○	○	○		○	○		
수리취	○	○		○			○	○			○	○		○	○		
만수국아재비								○		○		○		○			
흰민들레	○			○			○	○			○	○		○	○		○
흰노랑민들레								○									
털민들레	○			○				○				○		○	○		○
서양민들레	○			○			○	○			○	○		○	○	○	○
솜방망이	○			○			○	○			○	○		○	○		
쇠채아재비																	
도꼬마리		○					○	○			○	○		○	○		○
뿌리뱅이	○		○	○		○	○	○			○	○		○	○		
부들과																	
긴흑삼릉																	
애기부들												○					
좀부들												○					
부들							○	○			○	○		○			○
흑삼릉												○					
가래과																	
말즘							○				○	○					
가는가래												○					
가래												○		○			
애기가래												○					
솔잎가래												○					
줄말							○										
지채과																	
지채												○					
택사과																	
택사												○					
질경이택사								○				○					
벗풀				○								○		○			
올미												○					
자라풀과																	
올챙이자리												○					
올챙이솔												○					
검정말												○		○	○		
자라풀												○					
물질경이												○					
가는잎물질경이																	
벼과																	
속털개밀																	
개밀						○	○				○	○		○	○		
산겨이삭							○										
뚝새풀	○			○			○	○			○	○		○	○	○	
쇠풀												○					
조개풀	○			○				○			○	○		○	○		
해장죽												○					
새								○			○	○					
메귀리												○					
개피							○				○	○					

토끼섬	대소산	삼봉해수욕장	내파수도	외파수도	천리포수목원	장명수	만리포	소원면염전	병술만	바람아래해수욕장	파도리	곰섬	송현리	신두리마을	구례포	모항리	마검포	기타지역
	○						○				○	○						
			○		○	○				○		○						
					○	○		○	○					○				
○			○															
	○				○					○	○			○				
					○		○							○				
			○															
					○							○	○					
					○							○						
	○				○						○							
○																		
			○					○	○	○	○							
					○		○			○		○						
													○					
								○								○		
												○						
																○		
								○										
																	○	
					○													
					○			○										
												○						
			○		○													
							○											

국 명	가의도	갈음이	곳도	구름포	궁시도	닭섬	두웅 신두2호 저수지	백리포	백화산	솔섬	신두리	안면도	옹도	천리포	학암포	흥주사	십리포
바랭이새												○					
민숲개밀												○					
방울새풀											○						
빕새귀리														○			
참새귀리				○							○	○		○			○
긴까락빕새귀리												○					
털빕새귀리												○		○			
실새풀	○	○	○	○				○	○			○		○			○
산조풀		○				○		○			○	○					○
나도바랭이	○			○				○				○		○	○		
율무												○					
개솔새		○								○	○	○		○			○
오리새	○										○						
바랭이	○	○		○							○	○		○	○		○
좀바랭이											○						
민바랭이												○					
잔디바랭이												○					
돌피											○	○					
물피								○				○					
피	○			○				○				○		○	○		
왕바랭이	○			○				○	○			○		○	○		○
갯보리		○									○	○					○
갯그령					○			○				○		○	○		○
그령	○			○				○				○		○	○		
각시그령												○					
비노리												○					
큰비노리											○	○					
나도개피	○			○				○			○	○		○	○		○
개억새												○					
큰김의털												○					
들묵새												○					○
김의털	○		○	○		○		○	○		○	○		○	○		
김의털아재비							○				○						
진들피												○					
왕미꾸리광이												○					
쇠치기풀								○				○					
향모												○		○			
띠	○			○				○	○		○	○		○	○		○
기장대풀								○				○					
갯쇠보리								○	○		○	○		○	○		○
쇠보리												○			○		
나도겨풀								○			○						
겨풀								○			○	○					
조릿대풀												○					
쌀새												○					
물억새											○	○					
억새	○	○	○	○	○	○	○	○	○		○	○	○	○	○	○	○
진퍼리새																	
쥐꼬리새												○					
주름조개풀	○	○	○	○				○			○	○		○	○	○	○
개기장	○			○				○		○		○		○	○		
미국개기장												○					
기장												○					
뿔이삭풀											○						

토끼섬	대소산	삼봉 해수욕장	내파 수도	외파 수도	천리포 수목원	장명수	만리포	소원면 염전	병술만	바람아래 해수욕장	파도리	곰섬	송현리	신두리 마을	구례포	모항리	마검포	기타지역
					○													
			○			○												
					○		○		○	○	○		○		○			
					○	○	○	○			○			○				
							○											
○	○				○	○	○		○				○					
			○	○			○											
								○								○		
							○								○	○		
					○	○												
					○		○		○									
		○									○	○						
	○				○		○								○			
						○												
						○												
												○						
								○										
			○	○											○			
															○			
					○	○	○				○	○			○	○		
																○		
					○	○												
	○		○	○	○		○	○	○		○	○	○					
							○											
	○					○												
	○		○		○		○		○	○	○							

323

국 명	가의도	갈음이	곳도	구름포	궁시도	닭섬	두웅 신두2호 저수지	백리포	백화산	솔섬	신두리	안면도	옹도	천리포	학암포	흥주사	십리포
참새피								O				O					
수크령	O	O		O				O				O		O	O		O
모새달																	
갈풀											O	O					
갈대	O	O		O	O			O			O	O	O	O	O		O
달뿌리풀	O			O				O				O		O	O		
새포아풀												O		O		O	
왕포아풀														O			
포아풀	O			O				O				O		O	O		
청포아풀							O										
갯쇠돌피	O																
이대												O					O
물뚝새											O	O					
조릿대	O			O				O				O		O	O	O	
신이대	O				O	O					O	O	O			O	
금강아지풀								O				O					
강아지풀	O	O		O	O	O	O	O	O		O	O		O	O		O
갯강아지풀	O			O				O			O	O		O	O		O
수강아지풀												O					
기름새	O					O		O				O		O			
큰기름새								O				O		O			
쥐꼬리새풀							O				O						O
나래새																	
솔새	O	O		O	O			O	O	O	O	O		O	O		O
잠자리피											O						
줄							O				O	O					
잔디							O				O	O	O		O		
왕잔디		O															
갯잔디	O			O				O		O	O	O		O	O		O
사초과																	
모기골											O						
꽃하늘지기											O						
큰매자기																	
매자기							O					O					
좀매자기																	
뚝사초								O									
북사초								O									
솔잎사초												O					
밀사초					O												
길뚝사초												O					
회색사초							O								O		
도깨비사초	O			O				O						O	O		
이삭사초								O			O	O					
삿갓사초								O			O						
갯청사초								O			O						
나도별사초								O									
산비늘사초											O						
가는잎그늘사초	O	O	O	O		O	O	O		O		O		O	O	O	O
보리사초												O					
개찌버리사초	O																
통보리사초				O			O	O			O			O	O		
애괭이사초											O						
그늘사초	O		O	O				O				O		O	O		
난사초	O											O		O			

토끼섬	대소산	삼봉 해수욕장	내파 수도	외파 수도	천리포 수목원	장명수	만리포	소원면 염전	병술만	바람아래 해수욕장	파도리	곰섬	송현리	신두리 마을	구례포	모항리	마검포	기타지역
	○							○							○			
						○		○										
○				○	○	○	○	○	○	○			○	○				
										○								
														○	○			
						○												
			○	○	○		○		○	○	○				○			
			○	○		○			○		○			○				
	○																	
															○			
											○	○						
	○						○				○	○	○					
○						○				○	○							
											○							원북면 일호저수지
										○								
								○										
													○				○	
	○		○		○		○			○	○		○					
					○					○								
										○								

325

국 명	가의도	갈음이	곳도	구름포	궁시도	닭섬	두웅 신두2호 저수지	백리포	백화산	솔섬	신두리	안면도	옹도	천리포	학암포	흥주사	십리포
왕비늘사초							○					○		○			
융단사초												○					
양지사초																	
괭이사초											○	○					
좀보리사초							○				○	○			○		○
뿌리대사초												○					
큰천일사초	○											○					
천일사초												○			○		
대사초	○		○	○		○	○	○			○	○		○	○	○	
방동사니	○			○				○			○	○		○	○		○
알방동사니	○											○					
병아리방동사니												○					
모기방동사니																	
물방동사니												○					
참방동사니												○					
금방동사니												○					
푸른방동사니												○					
쇠방동사니											○	○					
향부자												○					
너도방동사니												○					
올방개												○					
하늘지기												○					○
큰하늘지기											○	○					
민하늘지기												○					
암하늘지기														○			
꼴하늘지기																	
검정방동사니																	
파대가리											○	○					
세대가리											○	○					
드렁방동사니												○					
갯방동사니	○											○					
방동사니대가리												○					
올챙이고랭이												○					
물고랭이								○									
큰고랭이							○				○	○					
송이고랭이												○					
세모고랭이	○			○				○				○		○	○		
솔방울고랭이												○					
좀송이고랭이												○					
방울고랭이														○			
너도고랭이		○															

천남성과

국 명	가의도	갈음이	곳도	구름포	궁시도	닭섬	두웅 신두2호 저수지	백리포	백화산	솔섬	신두리	안면도	옹도	천리포	학암포	흥주사	십리포
창포						○											
천남성	○			○				○						○	○		
둥근잎천남성	○		○					○					○	○			
두루미천남성																	
점박이천남성	○												○	○			
큰천남성	○				○												
반하	○			○		○		○			○	○		○	○	○	
너도고랭이																	

개구리밥과

국 명	가의도	갈음이	곳도	구름포	궁시도	닭섬	두웅 신두2호 저수지	백리포	백화산	솔섬	신두리	안면도	옹도	천리포	학암포	흥주사	십리포
개구리밥	○			○				○						○	○		

곡정초과

국 명	가의도	갈음이	곳도	구름포	궁시도	닭섬	두웅 신두2호 저수지	백리포	백화산	솔섬	신두리	안면도	옹도	천리포	학암포	흥주사	십리포
검은개수염																	

토끼섬	대소산	삼봉해수욕장	내파수도	외파수도	천리포수목원	장명수	만리포	소원면염전	병술만	바람아래해수욕장	파도리	곰섬	송현리	신두리마을	구례포	모항리	마검포	기타지역
																		신진도
							○				○				○			
						○		○		○	○							
	○				○						○		○					
					○		○								○			
																○		
									○									
																○		
																○		
																	○	
								○										
									○									
																○		
								○										
							○											
			○		○													
				○	○													
									○									
					○													
			○	○	○				○									
			○		○													
																	○	

국 명	가의도	갈음이	곳도	구름포	궁시도	닭섬	두응 신두2호 저수지	백리포	백화산	솔섬	신두리	안면도	옹도	천리포	학암포	흥주사	십리포
넓은잎개수염																	
흰개수염		○															
닭의장풀과																	
닭의장풀	○	○		○		○	○	○			○	○		○	○		○
사마귀풀	○			○		○	○				○	○		○	○		
자주닭개비과																	
자주닭개비												○		○			
물옥잠과																	
물옥잠				○								○					
물달개비								○				○					
골풀과																	
별날개골풀												○					
골풀	○		○		○	○		○		○	○	○		○	○	○	○
물골풀												○					
비녀골풀									○		○	○					
길골풀												○					
푸른갯골풀						○						○			○		
꿩의밥							○	○	○		○	○		○		○	○
산꿩의밥		○										○					
백합과																	
쥐꼬리풀												○					
산달래	○											○					
달래	○			○	○	○		○		○		○		○	○		
참산부추												○					
산부추	○	○		○		○		○		○		○		○	○		
부추			○							○		○					
천문동						○						○	○				
망적천문동												○					
방울비짜루												○	○		○		
비짜루	○	○	○	○		○		○	○	○		○		○	○		
은방울꽃	○	○		○		○		○				○		○	○		
애기나리	○	○		○		○		○			○	○		○	○	○	
윤판나물	○							○				○					
큰애기나리								○				○					
중의무릇										○		○					
백운산원추리												○					
태안원추리												○					
참나리	○	○	○	○		○		○			○	○		○	○	○	○
하늘말나리						○			○			○					
털중나리			○									○		○	○		
땅나리		○		○				○			○	○					
맥문동	○					○		○			○	○		○	○	○	○
개맥문동								○				○		○			
맥문아재비	○			○				○				○					
소엽맥문동								○				○					○
진황정	○	○				○											
산둥굴레																	
퉁둥굴레												○					
늦둥굴레												○					
용둥굴레	○			○				○				○		○	○		
둥굴레	○		○	○		○	○	○		○	○	○		○			
죽대												○					
왕둥굴레						○											
무릇	○		○	○		○	○	○			○	○	○	○	○		○

328

토끼섬	대소산	삼봉해수욕장	내파수도	외파수도	천리포수목원	장명수	만리포	소원면염전	병술만	바람아래해수욕장	파도리	곰섬	송현리	신두리마을	구례포	모항리	마검포	기타지역
																○		
○	○	○	○	○	○	○	○								○			
														○				
														○				
	○			○			○	○						○				
												○						
					○							○						
					○				○			○						
					○		○				○	○						
			○															
									○									
			○		○				○			○						
○					○				○	○			○					
○																		
○		○	○			○			○	○			○					
					○		○				○							
○					○				○	○								
										○								
○	○				○		○		○	○								
	○				○								○					
									○									
									○									
○		○			○				○			○						
			○		○		○		○	○	○							

국 명	가의도	갈음이	곳도	구름포	궁시도	닭섬	두웅 신두2호 저수지	백리포	백화산	솔섬	신두리	안면도	옹도	천리포	학암포	흥주사	십리포
풀솜대	O		O	O				O				O		O	O	O	
뻐꾹나리								O				O					
산자고												O					
여로과																	
흰여로				O				O									
밀나물과																	
청미래덩굴	O	O	O	O		O	O	O	O	O	O	O	O	O	O	O	O
선밀나물	O	O		O		O	O	O	O		O	O		O	O	O	
밀나물	O			O				O				O		O	O		
민청가시덩굴												O					
청가시덩굴	O	O		O	O		O	O	O		O	O		O	O	O	
수선화과																	
붉노랑상사화	O											O					
마과																	
마	O			O		O		O			O	O		O	O		O
참마												O					
부채마	O			O				O				O		O	O		
단풍마	O	O		O				O				O		O	O		
국화마								O				O					
각시마	O			O				O				O		O	O		
도꼬로마	O			O				O				O		O	O		
붓꽃과																	
대청부채													O				
노랑꽃창포												O					
각시붓꽃	O			O										O			
넓은잎각시붓꽃												O					
흰각시붓꽃																	
꽃창포												O					
타래붓꽃												O					
금붓꽃				O				O									
붓꽃								O						O			
등심붓꽃														O			
생강과																	
양하												O					
난초과																	
병아리난초			O			O		O			O	O					
새우난초												O					
금새우난초												O					
은난초														O			
금난초	O			O				O				O		O	O		
은대난초	O			O				O				O		O	O		
보춘화	O			O	O			O			O	O		O	O		
닭의난초												O					
으름난초												O					
로제트사철란																	
사철란												O					
옥잠난초														O			
키다리난초				O													
제비난초	O	O	O		O			O				O		O			
하늘산제비란												O					
큰방울새란															O		
방울새란															O		
타래난초	O			O				O				O		O	O		
비비추난초												O					
나도잠자리란								O				O					

토끼섬	대소산	삼봉해수욕장	내파수도	외파수도	천리포수목원	장명수	만리포	소원면염전	병술만	바람아래해수욕장	파도리	곰섬	송현리	신두리마을	구례포	모항리	마검포	기타지역
					○													
										○								
					○		○						○					
○	○		○		○	○	○		○	○	○	○	○	○	○			
					○		○						○					
	○														○			
○	○				○	○			○	○								
	○		○	○	○		○		○									
					○													
○												○			○			
					○													
											○							
							○							○				
	○				○													
○	○						○		○	○	○		○					
							○									○		
																		소원면신덕리
					○								○					
					○													
												○	○					
					○		○											
														○				

INDEX 학명

저자소개

최기학 Choi Ki-Hag
· 행복한 나무나라 대표, 나무병원 원장
· (사)한국정원협회 전문위원 / 조성관리분과위원장
· 천리포수목원 자문위원
· 충청남도교육청 학교환경교육 자문위원
· 태안반도 해안생태계 전문가
· 前) 남면초·중학교, 근흥중학교, 태안중학교 교장
· 한국교원대학교 교육학 석사
· 공주대학교 대학원 박사과정 수료

김종근 Kim Chong-Geun
· 플러스가든 대표
· (사)한국정원협회 기획이사
· 국립수목원 국가수목유전자원 심의위원
· 前) 한화 제이드가든 수목관리팀장, 한화 백년의 숲 PJT 책임
· 前) 천리포수목원 자원식물연구소 실장, 교육팀장
· 前) 영국왕립원예협회 위슬리가든 가드너
· 前) (사)한국식물원수목원협회 사업감사, 편집분과위원장
· RHS Wisley Diploma · 영남대학교 조경학석사

엄의호 Eom Eui-Ho
· 충남 태안지역 식물탐사 전문가
· 국립생물자원관 식물DNA바코드사업 현장 연구원
· 국립호남권생물자원관 현장연구원
· 한반도 식물연구회 회원
· 前) 서산고등학교 교사
· 공주사범대학교 사회교육과

이정관 Lee Jeong-Kwan
· 도담식물 대표
· (사)한국정원협회 전문위원
· 한국수목원정원관리원 자문위원
· 前) (사)한국식물원수목원협회 연구원
· 前) 미산식물 실장
· 前) 천리포수목원 식물팀
· 배재대학교 원예조경학부

이주헌 Lee Ju-Hun
· 천리포수목원 식물관리팀장
· 서산시 지방건축위원회 위원
· 前) ㈜산내조경 · 산내식물원 과장
· 前) ㈜성호엔지니어링 대리
· 공주대학교 조경학석사
· 호남대학교 조경학과

감수소개

김용식 Kim Yong-Shik
· 前) 천리포수목원 원장
· 영남대학교 조경학과 명예교수
· International Association of Botanic Gardens 비상임 이사
· International Journal of Botanic Gardens 편집위원
· BGCI Conservation Consortium for Magnolia 집행이사
· 환경부 국가생물적색목록위원회 위원
· IUCN SSC Conservation Translocation Specialist Group
· 前) (사)한국식물원수목원협회 회장
· 前) (사)한국환경생태학회 회장
· 前) 영남대학교 조경학과 교수
· 서울대학교 농학박사

참고문헌

· A. W. Smith(1997) A Gardener's Handbook of Plant Names. Dover Books.
· IUCN Red List of Threatened Species https://www.iucnredlist.org/en
· The Plant List http://www.theplantlist.org
· The Red List of Vascular Plants in Korea updated 2018. 국립수목원
· 국립수목원 국가표준식물목록 http://www.nature.go.kr/kpni/index.do
· 국립수목원(2010) 알기 쉽게 정리한 식물용어. 국립수목원
· 배희원(2019) 초 · 중등학교 교과서에 등장하는 식물 종들의 특성과 학습 주제에 따른 연계성 분석
  제7차 과학과 교육과정의 생물영역을 중심으로- 고려대학교 교육대학원 생물교육전공 석사학위 논문
· 송기훈, 권용진, 김종근, 원창오, 이정관(2018) 한국정원식물 A-Z, 디자인포스트
· 이영노(1996) 한국식물도감. 교학사
· 이창복(1989) 대한식물도감. 향문사
· 최기학, 김종근, 이정관, 정우철(2006) 태안반도의 식물, 디자인포스트
· 플러스가든 http://www.plusgarden.com
· 한국양치식물연구회(2005) 한국양치식물도감. 지오북
· 환경부 국립생물자원관(2012) 한국의 멸종위기 야생동식물 적색자료집 관속식물
· 환경부령 제784호. 야생생물 보호 및 관리에 관한 법률 시행규칙. 환경부

Flora of Taean Peninsula in Korea

개정증보판 1쇄 발행 2022년 10월 5일
개정증보판 1쇄 인쇄 2022년 10월 5일

펴낸곳 디자인포스트
펴낸이 김광규, 김은경
지은이 최기학, 김종근, 엄의호, 이정관, 이주헌
감　수 김용식
편　집 김은경, 황윤정 안혜연, 김어진
그　림 김어진

출판등록 406-3012-000028
주　소 경기도 고양시 덕양구 삼원로 83, 1033호
전　화 031-916-9516
E-mail post0036@naver.com

ISBN 979-11-980223-0-1